A+U

住房城乡建设部

十三五

住房城乡建设部土建类学科专业"十三五"规划教材

A+U 高校建筑学与城市规划专业教材

天津大学研究生创新人才培养示范教材建设项目

Architecture

and

Urban

建筑类型学

汪丽君 著

第3版

中国建筑工业出版社

图书在版编目（CIP）数据

建筑类型学（第 3 版）/ 汪丽君著 . —3 版 . —北京：中国
建筑工业出版，2019.2
住房城乡建设部土建类学科专业"十三五"规划教材
A+U 高校建筑学与城市规划专业教材
ISBN 978-7-112-23183-6

Ⅰ . ①建… Ⅱ . ①汪… Ⅲ . ①建筑科学 – 类型学 – 高等学
校 – 教材 Ⅳ . ① TU

中国版本图书馆 CIP 数据核字（2019）第 010217 号

责任编辑：陈　桦　杨　琪　柏铭泽
责任校对：芦欣甜
书籍设计：付金红

住房城乡建设部土建类学科专业"十三五"规划教材
A+U 高校建筑学与城市规划专业教材

建筑类型学（第 3 版）

汪丽君　著
　　*
中国建筑工业出版社出版、发行（北京海淀三里河路 9 号）
各地新华书店、建筑书店经销
北京建筑工业印刷厂制版
北京市密东印刷有限公司印刷
　　*
开本：787×1092 毫米　1/16　印张：20¼　字数：524 千字
2019 年 4 月第三版　　2019 年 4 月第一次印刷
定价：**49.00** 元（赠课件）
ISBN 978-7-112-23183-6
　　　（33259）

序

大约在 20 世纪 60~70 年代，后现代建筑思潮在一片喧嚣声中登上了建筑创作的历史舞台。尽管共同的目标都一致质疑风行一时的现代建筑，却声调各异，都有自己独特的主张，以意大利建筑师罗西为代表的类型学也相继应运而生。由于在哲学上标榜理性主义，与其他学派相比，看起来比较斯文，作品也中规中矩，但很遗憾，没有引起我太多的关注。

平心而论，我不喜欢虚张声势、矫揉造作的所谓前卫派建筑师的作品，但也不会欣赏以罗西为代表的、以类型学为旗号的新理性主义建筑师的作品。只是出于好奇才粗略地翻阅一点有关类型学方面的书籍，本以为既然标榜理性主义，总要比那些非理性主义建筑大师的言说要好懂一些，殊不知在理性主义之前加了一个"新"字，读起来也颇不轻松，犹如鲁迅先生在一篇散文中所形容的那样，像是用手指摸着地图查找地名。对于像我这样的思想懒汉来说，实在是苦不堪言！

后来，我的一位博士研究生汪丽君同志，也就是本书的作者，她想把学位论文的题目选定为"建筑类型学"研究，这倒使我颇有点踌躇。对于博士研究生的论文选题，我一向是尊重其本人的兴趣而不加干涉，但这一次却不无疑虑：这类型学的研究当如何下手？如果只是定位于对某位建筑大师学说的诠释，就算是心得体会多多，最根本的东西还是人家的，那么又何言创新？而研究生的论文，特别是博士学位论文却贵在创新。作为导师的我，这种担心似乎也是理所当然的。但是当时我并没有把这种担心直言相告，主要是怕影响她的研究激情和勇气。再说，我也有一点自知之明，老年人思想不免保守，自己不敢尝试的东西不妨让青年人去试一试。事后证明，经过一番艰苦努力，她的论文终于完成。看了初稿之后，使我感到并非如我所料的仅停留在对于某位大师学说进行诠释的水平上。

自然，诠释也是必需的，特别是在论述建筑类型学理论起源、发展历史和哲学背景时尤其必要。即使是诠释，也是经过了消化、剖析、概括，以平实流畅、深入浅出、举重若轻的语言娓娓道来，并且论析有深度，能够以理服人，把头绪万千又众说纷纭的当代西方建筑类型学理论分析、归纳、质疑、解说得比较客观公正，并富有新意，不像以往看过的译文那样佶屈聱牙而令人费解。体现出作者学术修养的广泛，实为难得。

那么创新呢？论文虽然以罗西的学说为切入点，但却不限于此，而是宽泛地论证了这种学说的历史、文化和地域背景，把西方诸多带有类型学色彩的建筑师融为一体，并加以分析比较，从而阐明建筑类型学的深刻含义及普遍的适应性。读后使我感到，无论是哪一位建筑师，即使性格狂纵，在其方案构思的初始，也逃脱不开潜入其思维深处的某种"类型"。

既然突破了罗西式的仅从历史中寻找"类型"的戒律，眼界便豁然开朗，论文的创新之处首先就是将西方当代建筑类型学归纳为：强调内在秩序、从历史中寻找"原型"的新理性主义的建筑类型学，与关注自然启示、从地区中寻找"原型"的新地域主义的建筑类型学两大部分。这是一语中的的、准确的、明晰的、精彩的概括，在各种相关的复杂现象中抓住了本质；并结合建筑与城市、建筑与自然的关系来阐明建筑类型学的精髓，表现出独到的见解，能启示当代建筑师在原型建筑类型学与新地域建筑类型学两个范畴进行创作，这无疑打开了现代建筑师的创作思路。

其次，论文从解析的角度剖析了现代建筑类型学的设计方法与形态生成的法则；通过对具体操作实例的科学分析，归纳了当代西方建筑类型学形态创作特征和审美取向，弥补了以往单纯评价建筑类型学理论研究的欠缺，达到较深的理论阐释深度；特别是对其美学局限性进行深入的比较研究与批评，表现出作者的理论水平与批评意识；同时也反映了对"建筑创作实践是检验理论唯一标准"的尊重。

最后，论文在深入分析的基础上，突破了以往狭义"类型学"的范畴，得出对狭义建筑类型学进行整合与延续，建构开放的"广义建筑类型学"的结论。是一个很响亮的、很有理论概括力、很能切中当代建筑创作需求的，具有重要意义的理论主张，具有先导性；特别是联系我国当前城市建设中存在的一些问题，以"优化变异"与"隐性关联"作为切入点，去论述延续建筑类型学中合理"内核"的必要性与可能性，从而为未来建筑类型学的发展指明了方向。同时论文在结语部分结合信息时代下对计算机辅助设计借鉴类型学设计方法可能性的探讨，是对未来后续研究的深层次思考。这将对活跃创作思想、繁荣建筑创作具有非常重要的意义。

在初稿的基础上几经修改，论文便日臻完善，不仅在论文答辩中受到评委们的一致好评，而且在 2003 年建筑学专业指导委员会上顺利通过评审，并推荐作为建筑学教学参考书正式出版。其实，作为理论研究成果，作者对纷繁复杂的西方建筑类型学理论及其设计方法的全面系统研究将对开拓我国建筑文化的视野具有促进作用，对从事建筑创作的所有建筑师乃至理论研究学者也均具有重要的参考价值。以我个人而论，原先对罗西的某些作品也是不会欣赏的，这主要是由于不了解其中的奥妙，读了这本专著后，便极大地改变了我的审美取向，正如毛泽东在《实践论》中所写到的："感觉到了的东西，我们不能立刻理解它，只有理解了的东西，才更深刻地感觉它。"诚哉斯言，只有当我们理解了建筑类型学的理论之后，才能深刻地感悟到蕴涵在其作品中的美之所在。

彭一刚

2005.9.14 于天津大学

目 录　　　　　　　　　　　　　　Contents

中篇：解析篇

类型学具体体现了设计者恒常考虑的原则，
如同经验法则允许我们应用关于建筑问题的过去解答方案一样。
再一次强调，
类型学使用是有一段长远且值得尊敬的历史的。

——维德勒 (Vidler)

Introduction
绪论 Description of Research Problem
研究问题说明

0.1 当代西方建筑形态的美学动态概况

当代西方建筑形态的表现是喧嚣纷繁和躁动不安的。在这种复杂的表象下面，却暗藏着一股充满理性与积极探索的潮流，这就是相当多的建筑师正在自觉与不自觉地基于类型学的设计理论进行建构的形态表现。

第二次世界大战后，西方的现代建筑处于困难时期，随着柯布西耶的去世，进而失去了在理论和精神方面的依托，因而也受到越来越多的建筑思潮的严厉挑战。随着现代主义暴露出越来越多的弱点，建筑界对现代主义建筑反思的呼声也越来越高。新一代建筑师们纷纷寻求适合西方文化的道路，他们有的反对残存的学院派，努力探索形式语言的更新；有的以他们洞察现实的文化意识、建筑质量和对低造价建筑的重视而受到世界的瞩目。随着经济奇迹年代和工业化的姗姗来迟，大规模的城市化进程带来了一系列社会问题。因此在西方建筑界掀起了对城市建筑和社会政治问题的激烈讨论。于是随之而来的是冠以各种名目和标签的流派。总之，现代运动的盛期已经过去，而新兴的思潮脱颖而出，人们不禁惊呼"建筑正处于发展的十字路口"。

自从詹克斯宣称"现代主义建筑"死亡以后，西方当代建筑文化再次经历了一次主体文化终结的体验，仿佛一切既有的东西都无法满足人们的审美需求，一切都得接受新的检验，进行重新确认。一种寻找深层意义、建构深度模式的冲动，驱策着各种除旧布新的艺术实践，建筑界由此呈现出多元化的局面。因而摒弃、超越现代主义的形式，终止其恶性循环的无意义的形态表现，创造新的审美文化已经成为当代建筑美学的当务之急。

众所周知，现代主义建筑美学的核心是功能主义。然而现代主义建筑美学已经习惯于根据合理性事物的最平庸形式来定向，因而导致我们的审美感知力的全面钝化和形态创造力的全面退化。特别是现代主义建筑的非历史态度，割断历史文化联系的"无情景性"或者说"无场所性"，导致世界各地的建筑面孔僵化，千篇一律。这种态度实际上是拒绝承认历史的连续性，企图以自身的美学霸权建立无"内涵"的历史，结果反而使现代建筑陷入无根的、真空的尴尬境地；这不仅没有把建筑引向现代主义者初期所期望的那种令人兴奋的审美境界，反而导致了建筑审美文化的全面丧失。因此反现代主义的先驱们就率先对现代主义的功能主义美学提出质疑。路易斯·康就针对芝加哥学派沙利文提出的"形式服从功能"观点，提出了"形式唤起功能"（Form Evokes Function）的观点，并说："建筑是有思想的空间创造"[1]。作为现代主义营垒的最后一位大师，康从形式关怀的角度，批判了现代主义建筑对形式的忽视。

然而并不能简单地将功能与形式二者之间的辨证关系问题归结为建筑的最根本问题。新一代的建筑师们很快就意识到空间与场所才是建筑命题的主旨，他们开始倡导创造有现代意义的建筑。如凯文·林奇、诺伯特·舒尔茨，就在他们的论著《城市意向》和《存在·空间·建筑》中，从建筑与城市的相互关系角度，对建筑的空间创造特性作了更深刻的阐述。从功能与形式的二元对立到对空间创造的关注，显示了当代建筑师从封闭逐渐走向开放的美学观；同时也有效地避免了极端的功能主义或极端的形式主义。

在纷纷攘攘的当代建筑美学舞台上，以阿尔多·罗西为代表的新理性主义美学，称得上是最富有潜力而且最富有持久魅力的一支劲旅。在他所著的《城市建筑学》中，他提出了一整套新理性主义的类型学理论，试图针对欧洲乃至整个西方美学标

学 [M]. 南京：东南大学出版社，2001：27.

准的全面衰落，改善把建筑与环境和城市脱离开来，把传统与现实割裂开来的现实状况。罗西说道："实际上，建筑是由它的整个历史伴随形成的；建筑产生于它的自身合理性，只有通过这种生存过程，建筑才能与它周围人为的或自然的环境融为一体。当它通过自己的本原建立起一种逻辑关系时，建筑就产生了，然后，它就形成了一种场所。古代的神庙、教堂，我们时代的工厂与工业设施、桥梁、公路，就以同样的表情表现了某一地方的环境特性。"[①]在这里，罗西强调建筑同历史的联系，也强调建筑同环境即场所的联系，但我们必须注意到，罗西的根本出发点还是要充分尊重建筑自身的客观本性。也就是说，他并不希望看到人们为了历史感和场所感而改变或妨碍建筑与城市自身的合理性和逻辑关系，因为这样做的结果，很可能既破坏了城市自身的合理性和逻辑关系，又牺牲了建筑与城市的本性。以类型学为核心的新理性主义美学明确指出，设计来源于原型，但必须超越原型，只有这样，历史与现实、个人与社会、特殊性与普遍性才可以通过设计过程实现完美结合。

曾经作为反叛现代主义的先声，同时也是西方建筑人文传统的延续，以类型学为核心的新理性主义美学的创作思想在今天越来越得到建筑师们的认同。特别是近年来随着建筑与环境可持续发展的课题成为研究的热点，对全球化与地方性问题的讨论也进入了新的阶段，新地域主义建筑作为寻求建筑文化的特殊性和多样性的途径，和实现自然、人文环境可持续发展的创作方向，以及其富有表现力的形态，受到了广泛的重视。在新地域主义建筑的实践探索中，建筑师们不约而同地、批判地挖掘与继承地方传统的"原型"，在这个过程中，他们都在一定程度上自觉不自觉地采用了类型学的设计方法。这是因为类型学理论所包含的把城市和建筑视为同构的整体观；把传统与现代联系起来的历史观；把

城市、建筑和自然联系起来的生态观，充分体现当代社会生活的、文化的和美学的理想。在这样的背景下，尽管罗西等人创立的以类型学为核心的新理性主义美学理论还不是绝对的完善，也还存在着一些没有解决的问题，但类型学理论所包含的独特价值观及其创造性解决问题的方式正越来越受到国际建筑界广泛的重视。

0.2 我国建筑师所面临的一些问题

近些年来，我国的建筑创作呈现出前所未有的繁荣景象。像深圳这样的地方，人口可以在 15 年内从 0 增加到 300 万，发展成为一个霍华德绝对想象不到的"全新的城市"。除了经济增长、资金较以前丰裕，材料、设备、施工技术较以前优良等因素外，更重要的是市场经济引入竞争意识和竞争机制，使得政治和社会心理起了很大变化。这样的社会心理促进建筑形式多样化，也有利于建筑师发挥创造性，建筑创作正逐步走向繁荣，但同时也不得不看到存在着一些问题。笔者也曾走过国内许多传统城市，令人痛心的是很多城市的特色一天天的消失。代之以两种错误的倾向：要么是以新代旧，忽视城市发展连续性这一内在规律，破坏原有城市格局和空间形态；要么对传统形式生搬硬套，君不见到处都在争着兴建"仿古一条街""风情街"。单体建筑的设计成为个人风格的表现。一方面仅仅局限在用地界限内部空间主体的营造和表达，另一方面过于追求经济利益而漠视了人的心理需求。由此可见，用传统的现代主义建筑概念和设计方式来考虑建筑群及其与环境的关系已经不合时宜。

1. 文化是历史的积淀，存留于城市和建筑中，

---

① Aldo Rossi，The Architecture of the City[M]．Boston：The MIT Press，1982.

融会在人们的生活中；对城市的建造，市民的观念和行为起着无形的影响；是城市的建筑之魂。我国和欧洲许多国家一样，有着光辉灿烂的文化传统，但面对如此广博的文化遗产，我们何以待之？又如何从中汲取精华呢？

2. 建筑学是地区的产物，形式的意义来源于地方文脉，并解释着地方文脉。然而城市和建筑物的标准化与商品化致使地方建筑特色逐渐隐退，建筑文化和城市文化出现趋同现象和特色危机。当我们试图对它们作些改变时，为何又如此无能为力？

3. 随着我国工业化的进程的加速，城市的结构与建筑形态有了很大变化，物质环境俨然从秩序走向混沌。用传统的建筑概念和设计方式来考虑建筑群及其与环境的关系已经不合时宜。我们如何突破以往狭隘的各建筑孤立地偶然相遇？如何在"混沌中追求相对的整体的协调美和秩序的真谛"[1]？我们应如何利用类型学的观念，从群体和城市的角度来看待建筑？

在协调传统与创新的关系问题上，我国建筑师们的努力和探索是有目共睹的。但我们迫切需要的是冲破传统建筑的表层——即"师古人之心"，用现代的语言去表达传统建筑中深刻的历史、文化内涵的勇气。在未来的后续研究中我们将针对以上问题，把从单个建筑到建筑群的规划建设，到城市和乡村规划的结合、融合，以至区域的协调发展，都当成为建筑学考虑的基本点，在成长中随时追求建筑环境的相对整体性及其与自然的结合。

0.3　建筑类型学研究的现状、主旨和方法说明

无可否认，现代主义倡导通过科学技术进步来满足人们的愿望，这的确把人们从黑暗、拥挤的城市中解放出来。但人们很快发现，现代城市规划的严格功能分区，使城市各区域功能相互割裂而导致城市生活的支离破碎，城市空间无法满足心理上的渴求，人们对自己居住的城市的认同感逐渐消退，城市空间的人情味尽失。近些年来，我国的建筑创作比先前繁荣了许多，除了经济增长、资金较以前丰裕，材料、设备、施工技术较以前优良等因素外，更重要的是市场经济引入竞争意识和竞争机制，政治和社会心理起了很大变化。这样的社会心理促进建筑形式多样化，也有利于建筑师发挥创造性。建筑创作正逐步走向繁荣，但同时也看到存在着一些问题，随着我国工业化的进程的加速，城市的结构与建筑形态有了很大变化，物质环境俨然从秩序走向混沌。城市和建筑物的标准化与商品化致使地方建筑特色逐渐隐退，建筑文化和城市文化出现趋同现象和特色危机。我们看到大同小异的街道和广场、奔走在相似的城市中，城市的整体地域风貌和特色愈发消失和隐没。从城市形态角度来看，空间秩序的混乱和意义的丧失正成为当今城市空间与建筑形态发展突出的两个问题。

诚然，随着国外建筑空间形态理论的广泛传入，我国建筑理论界对空间形态问题相继作出了广泛的研究，不论在经验的归纳方面还是形态的构成方面都有其成就之处，对繁荣我国建筑创作也卓有成效。然而如果我们持一种相对主义的批判态度来审视其问题的话，可以说多是从空间的物质构成方面入手的研究，这种对建筑空间形态的涵盖难免有其偏颇之处。而西方当代建筑类型学的理论，却正是从群体和城市的角度来看待建筑空间形态：从单个建筑到建筑群的规划建设，到城市和乡村规划的结合、融合，以至区域的协调发展，都应当成为建筑学考虑的基本点，在成长中随时追求建筑环境的相对整体性及其与自然的结合。在全球化与地域性话题被

---

① 吴良镛. 北京宪章，1999 年北京国际建筑师协会第 20 届世界建筑师大会.

广泛关注的今天，有鉴于此，本书特意选择了这一论题，旨在通过对西方当代建筑类型学的理论及其设计方法对建筑形态影响的系统研究，联系我国国情和建筑设计创作的具体情况，从中得出若干有益的启示，如果能够对当代中国建筑的地域实践提供哪怕是些许的灵感与方法，那就已经超出了研究的初衷了。

选择这一论题的另外一个考虑，就是源于这一论题的挑战性。因为对于建筑类型学理论的研究，目前国内所见的多是集中在 20 世纪 80 年代末期到 90 年代初期围绕阿尔多·罗西设计思想的介绍，并且所有的研究也都狭隘的局限于新理性主义类型学的研究，90 年代以来几乎没有什么拓展与突破。这也是由于当时罗西连续在国际上获得奖项，其中 1990 年获国际建筑界诺贝尔奖——普利兹克建筑奖，1991 年获美国建筑师学会荣誉奖及 1992 年的杰弗逊纪念奖，这些无疑引起国内建筑界对罗西的注目，但由于罗西是一名以理论为长的建筑家，其作品冷静、晦涩的外观形态无法满足当时浮躁、追求时髦、商业功利性建筑市场的猎奇心理。因此在短暂的华彩过后，整个国内建筑界很少再看到有关类型学理论的系统研究。这种状况正如同万书元先生在他的《当代西方建筑美学》中描述的一样："具有讽刺意味的是，当代中国的一些建筑师一方面对当代西方建筑顶礼膜拜，并大胆地、无所畏惧地将当代西方建筑设计手段乃至于意象创造'借鉴'到自己的'创作'中，一方面又对当代西方建筑理论和建筑美学不屑一顾；一方面从当代西方建筑师那里学来的满口时髦术语，俨然以深得西方建筑真谛的专家自居，一方面对这些术语的含义和生成语境模棱两可、甚至一无所知……总而言之，一些建筑从业人员对当代西方建筑本身的关注与对当代西方建筑理论和建筑美学的漠视，已经形成了强烈的反差。"[①]这种只知道其"所然"而不知道其"所以然"

的粗暴的"拿来主义"作法，反映了当前文化中商业化实用主义和盲目崇洋的浮躁心态。建筑学是地区的产物，形式的意义来源于地方文脉，并解释着地方文脉。本书的研究正是出于这样一种考虑，笔者不仅希望自己能够把所从事的研究领域的理论研究透彻，而且还能够帮助引导其他的从业人员拓展知识面，提高理论识别能力和判断力，从而改善我国目前在借鉴传统进行设计时的无理论状况。这无疑是一项艰巨的任务，但同时也意味着将从这一工作中获得迎接挑战的兴奋和开拓新视野的愉悦。

本书旨在类型学的基础上探讨建筑形态的功能、内在构造机制及其转换与生成的方式。分类只是第一步，重要的是对类型作出功能、语义和结构上的分析，以期达到创造的可能。这实质是一种结构主义的研究方法。在这里，人、社会和环境将始终作为统一体来考虑，犹如过去、现在和未来应作为连续体来运作一样。

在本书中主要针对现代建筑之后到现在（即 20 世纪 60 年代至今）的当代西方建筑形态中涉及类型学理论的建筑实践加以归纳、总结和论述。从理论的角度归纳论述了建筑类型学理论发展的历程，总结了相关的概念范畴以帮助读者理解"类型"与"原型"的涵义。本书的重点是将西方当代建筑类型学概括为两大部分：从历史中寻找"原型"的新理性主义的建筑类型学；从地区中寻找"原型"的新地域主义的建筑类型学；并加以详细的分析和比较。本书拟从理论分析和实践考察的双重视角，对当代西方建筑类型学理论及其设计方法对建筑形态的影响进行细致的梳理，对其具体表现特征和美学价值取向进行深入探讨，以期发掘当代西方建筑类型学理论及其设计方法对建筑形态的影响中某些规律性的东西；在深入分析的基础上，本书突破了以往狭义"类型学"的范畴，提出走向开放的"广义建筑类型学"的观点。以期开拓我们的思维，并为未来

---

① 万书元. 当代西方建筑美学 [M]. 南京：东南大学出版社，2001：2.

的建筑设计实践提供参考和借鉴。

为了全面、准确、深入地把握当代西方建筑类型学理论及其设计方法对建筑形态的影响，本书在研究过程中依然采用的是宏观论辩与微观分析，理论思辨与实例考察相结合的方法。审慎地对各流派中不同建筑师的创作思想与代表作品进行系统的、整体的分析与研究。一方面运用大量实例分析帮助读者了解当代西方建筑类型学理论及其设计方法对建筑形态的影响；另一方面采取比较的方法，分析出他们的相同与差异，成就与不足。其理论研究的前提就是历史唯物主义和辩证唯物主义的严肃科学态度，而要做到这一点，就必须从当代西方建筑类型学理论的现实出发，从其设计方法对具体建筑形态的影响出发，对所研究的审美现象做出客观、准确、公正的论述与评判。只有这样，这种理论研究才具有可信性和说服力。

我们迫切需要的是冲破传统建筑的表层，用现代的语言去表达传统建筑中深刻的历史、文化内涵的勇气。只有不断地把生活的追求、观念的变更等一系列行为和精神上的意象巧妙地物化为建筑的环境特征，以及与这一特定环境相适应的建筑形制，才能实现对传统的发展和补充，才能更好地延续和发展地区的建筑文化。

0.4　研究内容与框架

本书共分上、中、下三篇，上篇是理论篇：

在第 1 章中主要从理论的角度归纳论述了建筑类型学理论发展的历程，总结了相关的概念范畴以帮助读者理解"类型"与"原型"的涵义。并指出从广义的范围来讲，只要在设计中涉及"原型"概念或者说可分析出其"原型"特征的，都应属于建筑类型学研究的范围。由于选择"原型"的来源角度不同，概括起来，当代西方建筑类型学的架构主

要有两大部分组成：从历史中寻找"原型"的新理性主义的建筑类型学，从地区中寻找"原型"的新地域主义的建筑类型学。

对于新理性主义的建筑类型学，在第 2 章中，主要通过对罗西、穆拉托里、卡尼吉亚、艾莫尼诺、格拉西、L·克里尔，R·克里尔、昂格尔斯以及诸多新理性主义者的类型学理论的介绍分析，以及他们之间的相同与不同之处的归纳，得出新理性主义的建筑类型学都是通过类型学理论来追踪"城市 - 建筑"同一这一观念。所以，新理性主义者眼中的形式，不是独创的对象，也不是诉诸感官的艺术，而是包容生活的形式，是记忆赖以附丽的载体，是地方性的标识。总之一句话，是与永恒人类生活相应的永恒形式。这就是"新理性"的真正含义。

对于新地域主义的建筑类型学，在第 3 章中，主要通过对阿尔瓦·阿尔托、马里奥·博塔、安藤忠雄、查尔斯·柯里亚以及诸多新地域主义者的类型学理论的介绍分析，以及他们之间的相同与不同之处的归纳，得出这些新地域主义的建筑师都在下意识地运用类型学理论批判地解决"建筑 - 自然"同一这一问题。这里的自然不是通常意义上的自然，而是与地域、传统、环境、气候相联系的人工化的自然。在新地域主义建筑师看来，建筑在概括性与适应性方面的程度总是依不同传统、背景与时代的不同融合作用而不同。这一观念表明建筑与自然是相互依赖、不可分割的。新地域主义建筑集结了生活的情感，感觉的记忆和对未来的焦虑、希求与渴望。这种精湛的直觉力与技艺来自于知识，也来自于对人文主义不懈的追求。

中篇是解析篇：在上篇弄清理论问题之后，通过归纳总结类型学的设计方法，将有利于我们进一步分析类型学设计方法对现代建筑形态构成的影响。

在第 4 章中主要在厘清了原型与建筑形态、设计的层次及意象的生成这些建筑类型学形态设计的基本问题的基础上，探讨建筑形态的功能，内在的

构造机制及其转换与生成的方式，并就类型学在形态设计上的具体方法进行论述。得出了类推设计的方法和类型学的三种应用途径。分类仅是第一步，重要的是对类型作出功能、语义和结构上的分析，以期达到创造的可能。

在第 5 章中，主要通过对 4 个单体建筑设计作品实例和 4 个城市设计作品实例的详细介绍，具体分析与归纳了类型学形态生成的法则，得出城市的形态是在城市的功能、社会、经济和政治等因素共同作用下形成的，各种因素的共同作用最终通过对形式的操作来达到。类型学理论在单体建筑设计与城市设计中应用价值就在于它能提供这样一种方式。即类型学通过探寻城市空间类型和建筑类型，通过对类型的选择和转换来取得城市形态的连续、和谐，因此得以维持城市的空间秩序，并从文化角度维护城市文化和历史中早已存在的永恒涵义的延续性，使城市空间意义不致失落。

在第 6 章中，通过着重研究拉斐尔·莫内欧的建筑作品与理论，梳理了莫内欧建筑事业的发展历程，归纳其作品与理论的特征，厘清类型学概念，并探讨了他的类型学设计过程类型抽象和场所化两个阶段的设计方法。第一，在设计原型的抽象过程中，从历史记忆和地域现实环境中寻找类型意象的"图式"，之后运用举例罗列、类比方法，分析其内在形式结构，抽象出反应本质的形式特征原型。第二，场所化过程将抽象的原型带入到了一个现实场所中去，对场地中的各种条件予以恰当的回应，使建筑

适应环境的要求，满足功能的需求，并表现出其独特的艺术特色。然后，通过对莫内欧完成的两个重要案例进行类型学设计的重点解读和分析，用图解分析方式，研究在完整的设计实践过程中对原型的多重抽取与组合，以及综合应对复杂环境与功能的场所化设计。从而启发建筑设计对历史记忆的延续与发展，对场所环境的整体协调，以及对社会民众的人文关怀。

在第 7 章中，主要针对当代西方建筑类型学形态创作特征和审美取向，及其美学局限性进行深入的比较研究与批评，并由此得出类型学研究应该是一个开放的体系。辨析建筑类型学形态创作的特征，并正视其中目前存在的这些局限性，将有助于我们不断地改进与完善建筑类型学理论，使之适用于更为广阔的领域。

下篇是本土篇：探讨了建筑类型学理论在中国本土化的发展与未来应用。

第 8 章通过对日本及其他东方文化地区现代地域性建筑的类型学启示，分析了中国当代建筑创作中的类型学实践发展，以及对中国传统地域建筑文化的类型学思考。

第 9 章是对建筑类型学这一理论研究的未来展望，通过对以往狭义建筑类型学进行整合与延续，提出了建构开放的广义建筑类型学的观点。同时结合当下计算机科学的发展趋势探讨类型、原型与参数化设计在未来结合的可能性。

本书的研究框架与流程如图 0-1 所示：

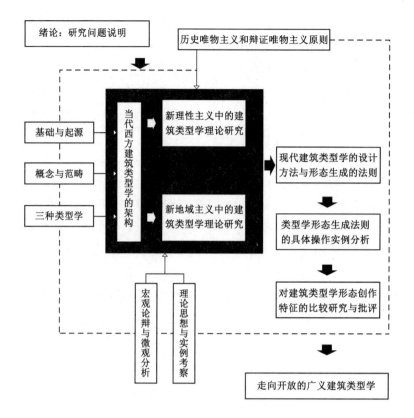

图 0-1　研究框架与流程

"一座建筑，一座希腊神庙并未描绘什么，仅仅是站在裂开的石山谷中间。

神像被建筑卫护着，开敞的柱廊才赋予它的含义。

和周围环境相联系使人想到生和死，痛苦和幸福，

胜利和耻辱，持久和衰亡，汇集在它本身的周围，

探索人类命运的奥秘，使一切事物显现出它们本身的外貌。

它屹立在从石础引出的平台上，坚守阵地，顶住了凌驾于它的狂风暴雨，因此也使风雨显露了它的凶狠。

巨石闪烁的光彩显示了阳光的恩赐，对照着辽阔的天空，浸润在曙光和夜的昏沉里，

是神庙这座建筑使这样的世界回到大地上，这大地本身只浮现为自然的土壤"

——海德格尔，艺术的源头

Chapter1
第1章 来自理性世界的思考
Thinking from Rational World
——建筑类型学理论发展综述

理性主义的产生和发展对欧洲许多国家的建筑都有很大的影响。理性主义者认为从客观的真实出发，通过有步骤的推理，科学可以日臻完美——这是理性主义者的信仰。他们力图排除经验主义的干扰与迷惑，从理论上否定主体论美学。因此，理性主义具有独立的，不受环境影响的理性原则，始终在一个封闭的系统中追求永恒的真理。

在19世纪建筑革新的历史进程中，理性主义有很大发展，理论上也有很大变化，开始比较注意自然和历史。建筑类型学理论正是在这种情况下逐渐发展成熟起来，成为当今广泛分析建筑的重要方式。因而任何一个讨论建筑的人不可不对它在建筑上的应用加以重视。可以认为有关类型的思想，构成了一种基本的建筑观念。

1.1　建筑类型学概况

1.1.1　类型学理论的基础与起源

1）相对于对生物的"克隆"，我们通过模子来复制一模一样的东西，这种"一模一样"用哲学语言说就是具有普遍性。最初人类对普遍性的理解囿于模子铸物，一种数量的积累。随着认识的深化，人类意识到不尽相同的一类事物也可能具有普遍性，这就是类特征。

分类意识和行为是人类理智活动的根本特性，是认识事物的一种方式。心理学研究成果告诉我们，人类认识事物具有多维视野和丰富的层次，认识过程和艺术创造过程本身就是类型学的，由此产生了庞杂的分类途径。世界万物在人类心灵上的"重叠"形成人类思维特有的概念，概念之间相互的运演又构成人类思维的分类网架。凭着此分类网架，人类得以正确认识世界，并使滔滔奔流的经历和印象分门别类；凭着此分类网架，人类通过预期和矫正进行着艺术的创造活动。

自然科学中的分类行为我们称之为分类学，而社会领域的分类行为则称之为类型学，二者既区别又联系[①]。但是，分类学往往对于"自然属性"进行

探讨，而类型学却可以用来研究可变性与过渡性问题，类属间变化越细微，限定自然类属的区别因素就越困难，所以分类学就越不胜任。在社会和文化的研究中，意义的区别并不像"属"与"类"这类概念那样具有分明的界限。

尽管如此，分类学与类型学之间严格的界限也是不存在的（这也是社会科学领域的问题）。特别是在对无条件现象进行条理化时，这种界限就更加模糊。一般来讲，分类学通常作为可变性研究的初级步骤。同时，由于类型学通常为追加的目的来进行条理化，所以分类学可以被看做限于条理问题的类型学。建筑学上常以功能、形态、结构、地域等分类，由此可见，建筑学中讨论的分类行为应该是类型学的而不是分类学的。

2）分门别类的研究方法古而有之。因而"类型"这个词是有着久远历史的，但其含义却一直在变化。"类型"在我国古代称之为"类"，有种类、同类、分类、类别之意。许慎《说文解字》释："类，种类相似唯犬为甚，从犬类声"；"型，铸器之法也，从土型声"。段玉裁进一步解释为："以木为之曰模，以竹曰范，以土曰型"。而早在墨家中就已经有了"类"学的研究；《易·乾文言》中亦有万物"各从其类"之说。可见在我国古代逻辑中，"类"就已被作为推理原则的基本概念和手段了。根据狄·莫洛（Tullio De Mauro）的考证：希腊语从史前文字中继承了

---

① 首先，分类学与类型学都是在现象间建立组群系统的过程，都要求系统内部元素和类型具有"排他性"和"概全性"——即诸元素或诸类间互不交叉，而它们的集合却可完整地表明一种更高一级的类属性。其次，分类学与类型学都要依赖于研究者的意图和从相应组织了的现象中抽出的特定秩序——即分类的尺度，这种秩序限定了材料被诠释的方法，只是类型学较分类学更松动而已。例如，红苹果与绿苹果都属于苹果类，但如果以色彩为分类标准，红苹果则又可能同其他红颜色的东西归为一类。

"typto"这个动词，意指"打""击""标记"之意[①]。而类型（Typology）一词，在希腊文中原意是指铸造用的模子、印记，与其同义的还有"idea"。"idea"本来也指模子或原型，有"形式"或"种类"的含义，引申为"印象""观念"或"思想"[②]。公元 6~7 世纪，在小亚细亚的希腊城镇中，就有了"typo"这个词，意指"relief""engraving""seal"。这种与具体雕刻、书写有关的，技艺性的含义常常出现在柏拉图、亚里士多德和伊壁鸠鲁的文字中。所以"类"有相似、类推、法式的含义。

　　"类型"在现代词汇中更加强调其方法论的特征，并且是当代建筑争论中十分活跃的中心词汇之一。在许多文献中"type""typological""prototype""archetype""stereotype""typologize"等词汇出现频繁。与之相关且常常伴随出现的还有诸如"model""structure""genre""species""system"等。这些词汇的核心都围绕性质相同或极其相近而形成的组群为其主要内容，组群成为类型形成的前提条件。

　　3）而所谓类型思想——即在文艺思想上崇尚占典，重视理性判断，迷信规则，则一直被认为是古典主义文艺的重要原则。类型思想，导源于古希腊学者亚里士多德的《诗学》和《修辞学》。亚里士多德处在古希腊文化史的最后阶段，这是一个重要的转折期：一方面，古希腊文艺——史诗、悲剧、喜剧、建筑、雕刻，积累了丰硕的成果需要作理论概括、提炼，从毕达哥拉斯学派到柏拉图的哲学思辨也提供了足够的启示和智慧可资借鉴；另一方面，马其顿远征突破了狭隘的城邦制，促进了经济的繁

荣。亚氏目睹了东西方文化的交流和撞击，特别是自然科学的发展。他放弃了过去的主观的甚至是神秘的哲学思辨，对客观世界进行冷静客观的科学分析，这是一种方法上的转变。亚里士多德认识到方法对科学研究的重要性，他写成了欧洲第一部逻辑学专著——《论工具》。在《诗学》和《修辞学》中，他用的都是很严谨的逻辑方法，把所研究的对象和其他相关的对象区分出来，找出它们的同异，然后再就这对象本身由类到种地逐步分类，逐步找规律，下定义[③]。

　　维特鲁威是将类型说移植到建筑学的始祖。从他的《建筑十书》中我们不难看出古典主义文艺理想给他的影响。维特鲁威提出建筑是"摹仿自然的真理"，并将摹仿归结为人的本性和行为。他认为类比或比拟，是建筑移植摹仿论后不可避免的方法。因为建筑本身属于一种几何性抽象艺术，如果它是一种摹仿，作为摹仿物的建筑与摹仿对象的自然之间只能维持一种比拟关系。通过与人体的类比，建筑构成要素被纳入性格类型中。并且他着重分析了起源于摹仿人物性格类型的三种神庙及具体做法：多立克式神庙"显出男子身体比例的刚劲和优美"；"爱奥尼式神庙显示'窈窕而有装饰的匀称的女性姿态'；科林斯式神庙'摹仿少女的窈窕姿态'。因为少女的年纪幼弱，肢体显出更加纤细，要是用作装饰，就会得到更优美的效果"[④]。以这三种性格类型的神庙为基本框架，他构筑了建筑类型学[⑤]。

　　到了近代，黑格尔基于"美是理念的感性显现"的美学观将建筑分为象征型、古典型、浪漫型三种类型。他的"理念"指艺术中的精神、意义，它是

① Tullio De Mauro：Typology，Casabella，1985．1&2：89．
② 朱光潜．朱光潜全集（第 7 卷）[M]．合肥：安徽省教育出版社，1991：363-366．
③ 朱光潜．朱光潜全集（第 6 卷）[M]．合肥：安徽省教育出版社，1990：84．
④ 维特鲁威．建筑十书[M]．高履泰译．北京：中国建筑工业出版社，1986．
⑤ 用亚里士多德的方法，维特鲁威从建筑中分离出六个构成要素：法式、布置、比例、均衡、合式和经营。其中"合式"（Decorum，又译为适合）是古罗马美学的一个核心范畴。合式，指艺术品应符合艺术惯例和业已形成的规范，即"式"。其要旨在符合类特征，协调融贯，成为有机整体，切忌不同类的东西混杂。在维特鲁威建筑类型学中，合式作为最重要的范畴，得到充分的阐释与强调——神庙的类型应符合所祭祀神的性格类型。为天神、雷神或太阳神造的神庙应为露天式的；战神、大力神须选择多力克式；花神和爱神宜选择科林斯式；月神和狩猎之神当用爱奥尼克式。显然，通过合式这一范畴，建筑物从整体到局部，都被贯彻了某种性格类型的规定。

抽象的、普遍的。"感性显现"指具体的形象。黑格尔认为："在用明确具体的形式使内容意义体现为实际存在（作品）之中，艺术就变成一种专门的艺术"[1]。也就是说，理念与不同的形式结合，产生了不同艺术类型。在黑格尔看来，理想的艺术是理念与感性形式完全契合。但实际上很难做到，于是就有意义低于感性形象的象征型，意义和形象平衡的古典型，以及精神超出形式的浪漫型之分。典型的象征型建筑有石柱、方尖碑等；典型的古典型建筑是古希腊和古罗马以柱式为基础的建筑；典型的浪漫型建筑有哥特建筑。也就是说，理念与不同的形式结合，产生了不同艺术类型。黑格尔的建筑类型说背后，有一条理念逐步上升的红线即：

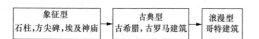

由此看来，在西方文艺发展的不同进程中，甚至同一时期不同艺术理论家之间，类型观并不尽一致，而这也正是类型学的难点之一。

4）但"类型学"方法推广应用的时间并不长。英语中"typology"（类型学）一词在一般字典（如现代高级朗文字典）中并未出现，而牛津字典亦是把"类型学"作为微生物学的词汇来解释的。直到19世纪晚期至20世纪初，在语言学和逻辑思想的影响下（如C.S.皮尔士，B.罗素等），类型的观念在思想界才获得了一种新的中心地位。那时产生的是非常抽象和一般的类型理论，并在诸多不同领域——如古生物化石学、心理学、医学、语言学以及社会学中——形成了系统的学问，谓之"类型学"[2]。

类型学在当代建筑论争中是十分活跃的中心词汇之一，在当代西方思想中占有相当重要的位置，建筑上的类型学理论，其初步还不在于具体的建筑设计操作，它首先是一种认识和思考的方式。我们在此必须明确三点：①分类是有层次的，每一类别可以继续分类下去；②分类可依据不同的标准和不同的方法，分类（Classification）不只是一种；③分类仅是一种认知方法，不能依此割裂类与类之间本源上的联系，各类别对立中仍有同一的成分，这是类型学思想中不可缺少的一部分。在18世纪，把一个连续、统一的系统（Continuum）做分类处理的方法用于建筑，因而有了建筑类型学。至于把类型学明确引入建筑设计，则还是最近几十年的事情。所以"建筑类型学"还是一门较新的研究课题。类型在建筑理论中亦有独特含义，作为一种形式创造手段，它也超出了史学范畴。

1.1.2 概念与范畴

1）类型进入建筑领域是源于人们的需要和对美的渴求。在新古典主义时期，法国的一些建筑家首先发展出一套类型学理论，将古典建筑的平面及立面整理出一些基本类型（图1-1）。它们进入建筑历史试图解决任何所遇到的景观、城市、个体各个层次上的问题。然而此概念似乎是只可意会而不能言传，一旦表现以文字，便可能削弱其真正含义。尽管有很多建筑理论家为此作了相当多的努力，却从未能明确定义"类型"这个概念。F·米里兹亚（Francesco Milizia）曾作过下述预见性的陈述："任何舒适的建筑包括三个主要的条件：基地、形式和各部分的组织方式。"这似乎触及了类型的含义，但与类型本身还有很大距离。类型学可以被简单定义为按相同的形式结构对具有特性化的一组对象所进行描述的理论。但最具权威性的定义是由巴黎美术学院常务理事德·昆西（Q.D.Quincy）在19世

---

[1] 朱光潜. 朱光潜全集（第15卷）[M]. 合肥：安徽省教育出版社，1991：25.

[2] 现在的类型学研究直接源于考古学中的"标型学"研究。瑞典考古学家A. 弗鲁马克 (Arne Furumark) 认为"类型学"的研究之所以对考古学有意义是因为"人类思维经常将物质文化的有序发展看作是逐渐发生的过程"。《辞海》中对"标型学"的解释为"它是将同一门类的遗物，根据它们的形态特征分成类型，以研究其发展序列和相互关系"。即使在1942年，Bruno仍说它是一个"新词"，并定义说"意在对类型进行分类的考察、描述和研究"。

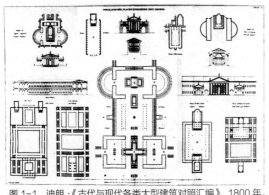

图1-1　迪朗：《古代与现代各类大型建筑对照汇编》，1800年，插页之一

其名著《建筑百科辞典》中提出的。他是通过区别"类型"与"模型"（Model）来阐明类型概念的。

这是一个较为开敞的定义，给后来的理解者造成困难，但并没有削弱类型学的意义，反而给多样化的诠释创造了条件。他说："'类型'并不意味事物形象的抄袭和完美的模仿，而是意味着某一种因素的观念，这种观念本身即是形成'模型'的法则……。'模型'，就其艺术的实践范围来说是事物原原本本的重复。反之，类型则是人们据此能够划出种种绝不能相似的作品的概念，就模型来说，一切都精确明晰，而类型多少有些模糊不清。因此可以发现，类型所摹拟的总是情感和精神所认可的事物……"；"我们同样可以看出所有的创造，虽然后来有些改变，但总是保持着最初的原则，在某种意义上，这很明显地证实了类型的意义和原理。就像一种绕着中心运动的物质形态的发展和变化，最后总是轻易地聚集起来进入它的范围之内。因此当成千上万的现象面对我们时，科学和哲学的首要任务是寻求现象最初和最本质的原因以掌握它们的意图。正如在其他任何发明与人类机构领域里一样，这正是建筑中所称谓的类型"[1]。在第一部分中，昆西否定了类型可以被模仿与复制的可能性，他坚信没有对"模型的创造"就不会有建筑的形成。第二部分中，昆西阐明建筑中有一个因素在起作用，它存在于建筑形式中，它是法则，是建筑的形式建构原理。

昆西的类型概念同所谓自然之本源的原理挂上钩，事实上是一种对自然的抽象。为此H·罗梭评论说："艺术的功能对他（昆西）来说就是摹仿，这不是指艺术必习自自然或仿制自然的意思，而是要求揭示自然本源的原则。他认识到纯粹审美途径的局限，单独和谐的狭隘，因而要求广泛的智性交流和对道德原则的表达。所以，他发展了一种形式主义，它等同地远离洛可可和浪漫主义。……亦远离布雷（Boullee）那种夸张的、不加批判的自然崇拜"[2]。

在中文语境中，"模型"与"类型"的定义。可以用"形""型"二字的辨析作为出发点，考察它们的差异。从字源上看，我们可以将作为名词的"形"理解为一种具象的、可被直接描摹的对象，而描摹过程是一种象形化的仿造。"型"字意符从土，本义为"铸器之法"，即用泥土制成的铸造器物的模子，后亦引申为类型、式样、楷模等。从字源上看，"型"并非一个具体可描摹的对象，这一点跟"形"不同；"型"是一种带有控制性的原则系统，一种产生形式的发生器（Generator），而不是可呈现的形式本身。因此，获得一个具体的"模型"并对其进行模仿、复制，可谓之"象形"；而将一套生成形式的法则、一种抽象而模糊的"类型"作为设计的发生器，则谓之"炼型"。[3]

2）德·昆西的《建筑百科词典》的意大利文译本出版于1844年，之后，"类型"这个概念一直都没有经过任何专门的讨论。直到1962年，意大利艺术史学家朱利奥·卡洛·阿尔甘（Giulio Carlo Argan）才根据德·昆西的词条作出了新的阐释。阿尔甘在其《论建筑类型学》一文中指出，"类型"

① 引自《建筑百科词典》。昆西，1755年生于巴黎；出版过《建筑百科词典》和关于拉斐尔、米开朗琪罗、卡诺伐等人的批判文章；《建筑百科词典》中关于类型的条款成为建筑类型的最原始概念。

② Helen Rosenau. The Ideal City[M]. Routledge and Kegan Paul, 1959.

③ 江嘉玮. 战后"建筑类型学"的演变及其模糊普遍性[J]. 时代建筑, 2016（3）：52-57.

应当被理解为形式的内在结构，或是某种原则，它包含了无限种可能的形式变体（Formal Variation）以及对"类型"自身更进一步的结构调整。与昆西不同，阿尔甘提到了"类型"的形式变体，并认为"类型"是后验的（Aposteriori）。"类型"的这种模糊性（Vagueness）或普遍性（Generality），使之不能直接作用于建筑设计或形式操作，这也解释了一种"类型"是如何形成的。"类型"从来不会先验地出现，而总是从一系列的案例中演绎而来。所以一座圆形神殿的"类型"从来不会跟这座或者那座"具体"的神殿相同，而是所有圆形神殿的差异与融合的结果。因此"类型"的诞生依赖于一系列建筑的存在，它们之间有明显的形式与功能上的可类比性。

由此可以看出。昆西更多关注的是理念化的基本原则，阿尔甘则开始偏向于类型学在历史与设计中的应用，而非仅限于理论方面。昆西认为"类型"虽然存在但模糊不清，它不是一种确定的形式，而是一种图式（Schema）或是形式概要（Outline of Form）。尽管阿尔甘认同这一点，但又认为"类型"总是从历史经验演绎而来的。通过"演绎"（Deduction）而不是"归纳"（Induction），阿尔甘尝试探寻"类型"的模糊性与普遍性如何存在于众多历史个案中。对他来说，"类型"不仅仅是理念上的原则，还必须带有实体化的一面。阿尔甘对"类型"的重新定义削弱了这一概念在德·昆西理论中的形而上学色彩，此后的学者也将这一点成功转化为建筑设计中的方法，并应用到城市的历史研究中来。阿尔甘据此将设计、历史、理论这三个维度在类型学中联系起来，提升了这一概念的方法论价值[1]。

3）因此我们可以说"类型"即一类事物的普遍形式（或者说理想形式），其普遍性来自类特征，类特征使"类型"取得普遍意义。作为一个恒量或者说一个常数，类型可以在建筑中呈现出来和被辨认出来。但由于与技术、功能、风格还有建筑制品的集体性质和个体要素辩证地相互作用，因此最后的表现形式总是千差万别，这在宗教建筑中表现得尤为明显。例如：中心集中型制是固定而具有决定力量的类型，但受教堂建筑的功能、营建技术还有参与教堂日常生活的公众对类型的作用，虽然每次都会选用集中型制，但我们可以看出古罗马的万神庙（图1-2~图1-4）和哥特时期的巴黎圣母院教堂散发着多么不同而同样圣洁的光辉（图1-5、图1-6）。

历史上，伯拉孟特（Bramante）设计的坦比哀多（Tempietto）"类型"以及它的先例与后世演绎（图1-7）是一个形象的案例。坦比哀多具有的若干形式特征，如环列柱廊、鼓座高窗、半球穹顶等，显然依赖一个"类型"，那就是维特鲁威在《十书》的第四书第八章里曾经描述的环柱廊圆形神殿。这座神殿通过某个具体的历史"模型"将进行"类型化"的抽象整合，从而使自身同时呈现为"模型"与"类型"。后世的这些坦比哀多变体，体现出一种普遍性在历史维度上对先例的调整，适配具体的历史语境。

类型，本身作为抽象的结果，它没有历史符号的

图1-2 罗马万神庙外观

① 江嘉玮. 战后"建筑类型学"的演变及其模糊普遍性 [J]. 时代建筑，2016（3）：52-57.

图 1-3　罗马万神庙室内巨大的穹顶

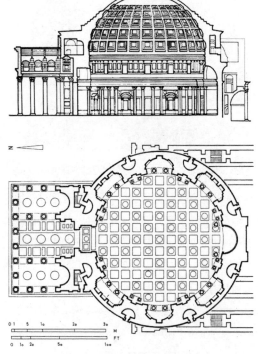

图 1-4　罗马万神庙剖面图与平面图

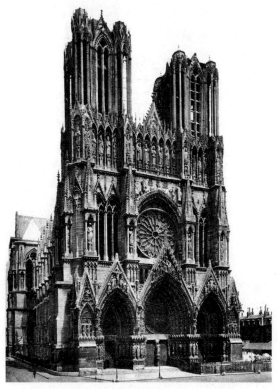

图 1-5　巴黎圣母院教堂外观

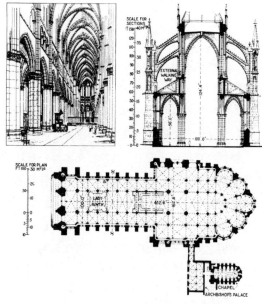

图 1-6　巴黎圣母院教堂剖面图与平面图

图 1-7 "坦比哀多"的原型以及类型演绎

意义，所以依照类型进行设计，事实上是把建筑纳入到一种永恒概念的具体显现这样一种思想中。在纵向，我们可以把它看作抽掉历史之维的"历史主义"——历史是永恒的。在横向，类型学扩充到城市，因而建筑与城市是同构甚至同一的。L·B·阿尔伯蒂就曾说过"在哲学家们看来，城市是一座大房子，而反过来一座房子即一小城市"[1]。更早的维拉特维斯说过："国家是一间房子，而房子则是一个小国家"[2]。这同海德格尔所说的（形式）语言很相似，类型作为"存在之家"，应是人类进行诠释的对象，人栖居于其中，正如诺伯格·舒尔茨所说的"人栖居于类型中"。

建筑作为形式，被视作某一永恒物（生活秩序）的对应物，所以建筑形式也具有永恒的性格。用罗西的话说，这种永恒性是通过所谓集体无意识，历史和记忆附着沉积于形式上，而具有一种"历史理性"，它的表述就是公共秩序和形式自主性。我们将在以后的章节进一步评论这一点。

4）为了更好地帮助理解类型的概念，我们把类型同以下几个范畴做一个比较：

类型与模型："模型"就像在艺术实践技巧和教学中理解的那样，可以被理解为与艺术作品的实际操作相关，它是一类可被重复的物体。相反，"类型"与不同人对艺术品的创作方式有关，这些艺术品无相似之处。在模型中，一切都是精确给定的；

而类型却相反，每个艺术家都可以根据它构想毫不相同的作品。因此昆西谈到"总之，有规则的建筑艺术源于先存的一种萌芽……人类所发现的，尽管有先前的变化，在意识上，在理智上总是可以看得见的和摸得着的。这一基本原则，好像一种核心，后来可以感觉到物体的形状的发展和变化，围绕着它，聚在一起，协调在一起……这就是建筑学上应该称做类型的东西"[3]。

类型与原型：荣格有关原型（Archetype）的概念是指人类世世代代普遍性心理经验的长期积累，"沉积"在每一个人的无意识深处。其内容不是个人的，而是集体的，是历史在"种族记忆"中的投影，"包含人类心理经验中一些反复出现的原始表象"，这种"原始表象"荣格称之为原型。罗西的建筑类型概念深受"原型"的影响。他认为建筑类型与原型类似，它是形成各种最具典型的建筑的一种内在法则。"类型是按需要对美的渴望而发展的，一种特定的类型是一种生活方式与一种形式的结合"。罗西努力使问题追溯到建筑现象的根源上去，试图使建筑的表现形式与人类的心理经验产生共鸣（图1-8）。

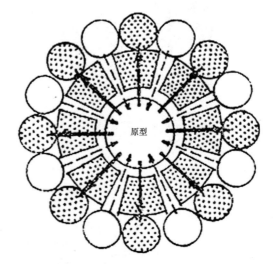

图 1-8 表明原型的得到和新类型产生的过程以及新类型同既存类型的关系（图中虚线表示还原，实线表示发生）

① R.L.Delevoy. Rational Architecture[M]. 1978:14.
② 沃拉德斯拉维·塔塔科维兹. 褚塑维等译: 中世纪美学 [M]. 北京: 中国社会科学出版社, 1991.
③ 朱光潜. 朱光潜全集（第 15 卷）[M]. 合肥: 安徽省教育出版社, 1991: 25.

类型与形式：建筑内在的本质是文化习俗的产物，文化的一部分被编译进形式之中，而绝大部分则是编译进类型之中。这样，表现形式就是表层结构，类型则是深层结构。表现形式是具像的而类型则是抽象的，它是形成某种建筑形式的法则。一个建筑类型可导致多种建筑形式出现，但每一建筑形式却只能被还原成一种建筑类型。

类型与图形：舒尔兹认为"图形"（Figure）是可识别性的类型学问题。"于是建筑语言变成了场所的表白。这个场所具有一定的位相性（Topological）和形态性（Morphological）结构，属于类型学的图形范畴。后者，即图形，是我们认识建筑的基本媒介"[1]。

类型与风格：如果说建筑是一种连续性的文化和社会表现，那么真正有价值的立足点应该是城市与建筑在时间长河中保持延续性和复杂的多意性。对此，风格的标新立异已无济于事，罗西认为类型学能够很好地"桥联城市和建筑比例之间的沟壑"，从而优于单纯考虑风格或造型问题。他说："类型学的重点，即类型选择的重点。过去、现在，对我来说都比形式风格的选择重要得多。"[2]这样风格问题就退居于建筑类型这个基本问题之后了。

1.1.3　三种类型学

近代建筑类型学研究已经有了一段很长的历史，经过一个多世纪的探讨和争论，类型学原理已在不同层次上全面影响着近代建筑活动，并且已成为必不可少的批判性和实用性的双重工具。从卡特勒梅尔·德·昆西到迪朗到柯布西耶到艾莫尼诺再到阿尔多·罗西，类型学经历了"原型类型学"，"范型类型学"，发展到"第三种类型学"。

1.　原型类型学

1）建筑的类型学的萌芽可以追溯到 15 和 16 世纪意大利文艺复兴时期建筑师圣迎罗（Antonio da Sangallo，1455?—1534）、卡塔奈奥（Carlo Cataneo）、瓦萨里和斯卡莫齐（Vincenzo Scamozzi，1552—1616）等的理想城市的模式，以及帕拉蒂奥对建筑模式的系统化的探求等。但直到 18 世纪法国启蒙时代，才有真正意义上明确的建筑的类型学概念。这时的建筑思想中有着强烈回归建筑自然起源的因素。这种思想氛围可见自卢梭、孟德斯鸠、伏尔泰和狄德罗等人的著作中。同时，18 世纪欧洲的自然科学，在物理、化学、生物等领域都积累了大量材料，为理论形成准备了条件并等待着整理和分类。"自然科学积累了如此庞大数量实证的知识材料，以致在每一个研究领域中有系统地依据材料的内在联系，把这些材料加以整理的必要，就简直成为不可避免的……"[3]。这时出现了劳吉埃尔（M.A.Laugier）的"原始茅舍"理论。

劳吉埃尔在其名著《论建筑》的第一章中叙述说："初民，在树叶搭起来的蔽护物中，还不懂得如何在四周潮湿的环境中保护自己。他匍匐进入附近的洞穴，惊奇地发现洞穴里是干燥的，他开始为自己的发现欢欣。但不久，黑暗和污秽的空气又包围了他，他不能再忍受下去。他离开了，决心用自己的才智和对自然的蔑视改变自己的处境。他渴望着给自己建造一个住所来保护而不是埋葬自己。森林的落枝是适合目标的良好材料，他选择了四根结实的枝杆，向上举起并安置在方形的四个角上，在其上放四根水平树枝，再在两边搭四根棍并使它们两两在顶端相交。他在这样形成的顶上铺上树叶遮风避雨，于是，有了房子"[4]。

劳吉埃尔描绘了一种建筑始源，并认为是一种艺术（图 1-9）。只有返回最基本的完美性，真理

[1] Christian Norberg-Schulz. The Demand for a Contemporary Language of Architecture[J]. AD, 1986.

[2] Aldo Rossi. The Architecture of the City[M]. The MIT Press, 1982.

[3] 引自《马克思恩格斯选集》第三卷：465.

[4] Marc-Antoine Laugier. A Essay on Architecture[M]. Los Angeles：Hennessey & Ingalls, 1977.

里，一切都是出于必要，只有必要的构件才是美的。对照起来，古典建筑复杂的装饰是没用的、多余的东西。所以，对自然还原的追求势必会导致这样的想法：建筑因素是从自然因素推导而来的，形成了一条剪不断的链并按照固定的原则相互作用；城市本身成为茅舍的聚集，要通过园艺家艺术引入理性秩序才能驯服。

形式理想、自然的原理，正是古典主义艺术摹仿论的精髓。18、19世纪的新古典主义思想（这同詹克斯所说的后现代主义第三个方面的新古典主义不同）正是在自然之本质与外表的永恒争执上显出其魅力的。但总的来说，昆西所定义的类型与劳吉埃尔的"原始茅舍"在取向上是不同的，他们的差别是理性主义与古典主义的差别。尽管如此，他们都围在启蒙哲学思想的麾下并与现代的新理性主义形成一种渊源关系。

2）18世纪末，以面向世界的视野来比较事物和组织分类系统获得了重大的发展，而建筑本身的分类被认为是以建筑的外观来确定其种类[1]。因此事

图1-9 劳吉埃尔《论建筑》1753年，卷首插画

和美才得以满足。从这个森林隐喻中我们看到，人受自然的启发，受需要的驱动，逃往然后又放弃洞穴和森林，最终建立起一个小屋并完善它。原始的质朴茅舍包含了经发展了的一切建筑元素的胚胎：垂直方向的树枝使我们想起柱子；水平环绕的树杆又使我们想起柱顶檐口；相交的顶部又给我们山墙的启示（图1-10）。劳吉埃尔的原始茅舍隐喻对古典主义建筑风格的权威性提出质疑，在劳吉埃尔那

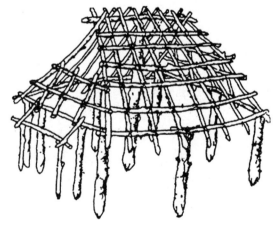

图1-10 史前茅屋的复原图，位于古罗马七丘之一的帕拉丁

---

[1] 在生物学中，应用的准则和辨认与生物学上独特的相面术有密切关系，如林奈（Linnaeus）和布丰（Buffoon）的分类系统。林奈：Linnaeus，1707-1778，瑞典植物学家及探险家，首次提出了生命体繁殖器官和种类的定义原则，并建立了其完整的命名体系；布丰：Buffon，1707-1788，法国博物学家，因在自然史和风格方面的精深著作而闻名。这为现代生物分类学的建立奠定了基础；在19世纪早期，以外观为切合点的分类法又转向了内在结构构造形式的分类法（由居维叶提出，Cuvjer，1769-1832，法国动物学家），即功能分类法。在人类学中，德国人类学家布卢门巴赫（Johann Friedrich Blumenbach）提出了人类五分法；在语言学中，德国语言学家施列格儿兄弟（F.von.Schlegel和A.W.von.Schlegel）将世界语言划分为三种等等。这些方法是具有普遍性的，是跨学科的，能被学科之间相互借鉴的。对于迪朗来讲，他直言他正是从语言学家毛德鲁（Jean Baptiste Maudru）那里获得了帮助。

物的内在结构和它们的构造形式被看做集合成"类型"的准则。接着以类似种性构造组织的措辞，述及平面和剖面的分布：轴线和脊椎成为实质上的同义词。这产生了自然建筑的隐喻中的一种基本转移，即从植物的（树/茅舍）到动物的类比。

法国建筑师、理论家、新古典主义的代表人物让·尼古拉斯·路易斯·迪朗(Jean-Nicolas-Louis Durand, 1760—1834)是建筑类型学较早的创立者，他的《古代与现代各类大型建筑对照汇编》(Recueil et Parallele des edifices de tout genre, anciens et modernes, 1800)是世界上第一部关于建筑类型学的论著。在这本论著中，迪朗试图用图式说明各个时代和各个民族的最重要的建筑物。书中，所有的建筑都以统一比例的平面图、立面图和剖面图来表示。迪朗将历史上的建筑的基本结构部件和几何组合排列组合在一起，归纳成建筑形式的元素，建立了方案类型的图式体系，说明了建筑类型组合的原理（图 1-11）。建筑类型的比较并非前无古人，历史上诸如帕拉第奥等人都对建筑类型作过比较。然而，这些比较仅仅把自己限于单个建筑类型中好的案例之间，似乎只适合去解决一个特殊的构成问题，或者去为设计提供有特效的诀窍，而不是去运用一套系统的方法论。这也就是说前人在为建筑个体而比较，而迪朗是在为类型而比较；前人比较的对象是少数几种类型的建筑（往往是具有相同功能），目的是单一和特殊的，而迪朗的比较放眼于整个庞大的建筑系统，就好像林奈为生物界所做的一样，目标是普遍和一般的；前人的比较只是类型意识不自觉的、零散的体现，而迪朗的则是一次有意识、系统的建筑类型学的运用。[1]

除了在广度上对建筑类型的比较，在他的另一本重要著作，为法国巴黎理工大学开设的建筑课所写的《建筑学课程概要》中，迪朗还在深度上将建筑解剖为诸多功能性的元素，设计成为这些元素的组合

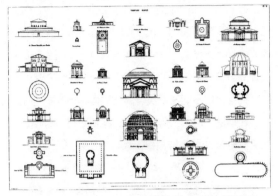

2. J.N.L. Durand, Temples ronds, Recueil et Parallèle des édifices, 1801.

图 1-11　迪朗的《汇编》按明确的分类方法分组展示过去的建物方案类型

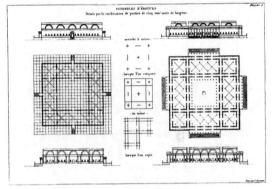

10. J.N.L. Durand, Ensembles d'édifices, Partie Graphique, 1821.

图 1-12　迪朗的《课程概述》插图之一

（图 1-12）。无论是研究还是设计，都包含元素、部分与整体三个层次。他说："正如墙壁、柱子是构成建筑的元素一样，同样地，建筑物则是构成城市的元素"[2]。由此可以看出，一方面迪朗将认识的对象看做是一种多层次的、递进的结构和一个由简单的个体构成的复杂整体；另一方面，迪朗也指出认识的方式是多层次的、递进的和从简单到复杂的。这种方法无疑体现着结构主义的特征。由此迪朗提出了一个对现代建筑与城市设计十分重要的影响方法——"网格图构系统"。这是在迪朗理论中有着特殊地位的更高一级的设计辅助工具。迪朗认为网格不仅仅是一种绘图的辅助工具，还是发挥个人创造力、产生多样的

① 薛春琳，仲德崑. 迪朗和他的类型学 [J]. 华中建筑，2010，28（1）：11-16.
② 郑时龄. 建筑批评学 [M]. 北京：中国建筑工业出版社，2001：356.

平面组织方式的设计工具。网格绘图纸——这种在现代人看来司空见惯的工具，在迪朗那个年代无疑是一项改变设计方法的创举。迪朗的通过绘图纸格网这种媒介的融合，把结构的基本构件，按照产生于无止境的排列组合的不同建筑类型所归纳推导得到的构图规律，在相同的层次上集合起来，并将所有可能出现的建筑图形都由此类推出来（图1-13）。图中并没有建筑，只有几何图形。可以认为，每个图形都是一个或多个建筑的抽象，实际上它是"能够用在任何项目上的构成程序"的案例。这种类型学与图像学的综合将建筑纳入严谨的标准化和类型学的系列关系中进行考察。从此，包括建筑与城市设计的类型学方法成为

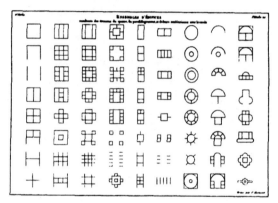

8. J.N.L. Durand, Ensembles d'édifices resultants des divisions du quarré, du parallélogramme et de leurs combinaisons avec le cercle, Précis des leçons, 1802.

图1-13 迪朗的方案类型：1802年的第一版《课程概述》中有一份名为"由方形、平行四边形的切割及其与圆形结合而来的建物组合方式"，图版轴线和网格作为构图法的根源，使得所有可能的建筑图形产生出来

一种以原型为基础的设计原则，并成为新古典主义的方法论与建筑批评的基础。

迪朗作为一个古典主义者，但同时也是一个持有科学观的建筑研究者。通过庞大的世界范围内的建筑系统内的类型比较，他力图在建筑学领域去建立一种类似于其他科学学科的知识体系。尽管排列的规则有些模糊，但我们依然能够体会到迪朗的一些目的。一方面，他是在对一些建筑、景观进行形式上的比较，深层的是"对特征和类型观念的思考"，换句话说也就是形式逻辑的思考。另一方面，他试图在建立一种与类型有关的"库"，以便能够被检索和参考。虽然

有后人把他的这个研究成果称作是折中主义建筑素材的备选"库"，同时也批评其诸多不完善的地方，但是作为当时的参考资料它无疑为学生提供了一种非常快速、有效的认识建筑的方式。

尽管迪朗公然厌弃劳吉埃尔——嘲笑他的没有墙的观点——但正是迪朗把有机类型学的孪生分流合成建筑实践的一种词汇，使得建筑师至少能够无需进行类比而集中注意于构造的事务上——即无论哪一种都将建筑的发展归结在建筑的原始类型上，我们将这种类型学说称做"原型类型学"（Archetype Typology）。原型类型学显然扮演了一种类似于牛顿在自然科学中的角色，使"原始质朴性"的想法等同于牛顿为物质世界建立的基本原则。

综上，若钊对建筑内外在为切入观点来做区分，则劳吉埃尔（Laugier）的原始茅舍理论即属于以外观为切入点的分类法，而迪朗（Durand）为内在结构构造形式的分类法。类型学的目的是企图从以往多种多样的排列中发现建筑的普遍原则，当这些原则回到实践中时，必将产生新的形式以适应新的、发展了的环境。至此，原型类型学作为建筑类型学的第一阶段，经过欧洲理论者的反复探讨，基本上为建筑类型学构筑起了完整的理论框架。

2. 范型类型学

19世纪末，第二次工业革命之后，大量性生产的要求日趋强烈，更确切地说是由机器来进行大量性生产，产品定型化与标准化成为大量生产的主要依据，建筑物不可避免地被归入机器生产的世界。寻找它侧身其间的本质特性，基本上以理性科学和技术成果代表形式上的进步。因此在20世纪初，"类型"（包括"模型"）演变成为"范型"。

建立在范型基础上的类型学（维德勒称之为第二类型学）把新类型的产生当做中心主题，但不再信奉第一代原型类型学者的"图构系统"，而是认为"人是新类型的根本"。典型的代表就是柯布西耶提出的"多米诺体系"（Domino House，1914—

1915），它作为概念原型，其形式、结构与建造特征承载了工业化批量建造的构想，并在柯布西耶相近的作品中多有体现。之后在 1927 年柯布西耶则更明确地提出："由于法语中类型一词的双重含义，法语为我们提供了有益的定义。语意的变形在普遍的语言中导致了一种等价——即人＝类型；从类型变成人这一点出发，我们把握了类型的重要扩展。因为，人—类型（MAN-TYPE）是唯一性的身体类型的综合形式，并可述诸充分的标准化。按照同样的法则，我们将能为这种身体类型建立一种标准居住设施：门、窗、楼梯、房间高度等"[①]。

对于这一思想的理解，可以使我们认识 20 世纪初类型学理论的整体思路：即"人－住房－效率"和与之对应的"材料－机器－效率"，两条线的交点是效率，这表明了一种时代愿望，也是现代类型学的主要特征。可见，范型概念是工业化社会的发明物，同 21 世纪初的自然观及价值观休戚相关。它将手段－结果、原因－结果的辩证方法同经济的准则结合以替代古典的适用、坚固、美观的三位一体说，把建筑看成只是技术事务。而边沁（Bentham）的"圆形监狱"理论[②]可以说是范型类型学的典例。

原型类型学向范型类型学的转变是历史的必然。这一点列维斯特劳斯（Claude Levi-Struss）说得很充分，他认为："理所当然，生物性家庭一直存在并表现于人类社会中。但是，以血族关系为社会属性的并非那些使自然原封不动的东西，而是使人类同自然分离的根本步伐……"[③]这种自然观的转变必然反映在建筑的表现系统上：原型类型学

以自然界（第一自然）作为背景，范型类型学则以人工化了的机器自然（第二自然）为背景。这两种类型学都将建筑与建筑以外的另一种"自然"相比较并获得其合法性。在原型类型学中，对于原始人及其生活的偶像崇拜占主导地位，即所谓基本主义（Fundamentalism）。黄金的原始时代曾经在一个相当长的时期内影响着理论界，例如，原始茅舍或其他不同形式曾经被当做建筑进化的起点，在学校第一年的设计课程中被教授。范型类型学则试图打破这种传统，改变原型学说的第一自然观，代之以发展了的第二自然。这可以说是一种进步，但从根本上说范型学说仍是返归"自然"的，却不是摹仿自然形式表面的浪漫主义风尚，而是要揭示自然运动的科学规律[④]。在这里有一点应该强调：潜在于现代主义范型类型学中的自然类比，最初是用以解决一战后城市的贫困现状的，进而发展成对整个自然的强权，即以"第二自然"取代"第一自然"，这使城市的诗意淹没于人类创造整体都市环境的勃然雄心之中。

3.　第三种类型学

人类思维活动的轨迹总是呈现出循环向上的规律，以解决新问题开始，又总是以新问题产生为结束。在类型学领域也是如此。由于现代主义范型类型学贬低了形式及其携带的情感因素（当然是历史的），于是在 20 世纪 60 年代的欧洲，尤其是意大利出现了对类型学的热烈讨论。意大利的悠久和丰富的城市历史和文化为类型学的讨论提供了适宜的"土壤"

---

① 马清运 . 类型概念及建筑类型学 [J]. 建筑师，1990,38.
② "圆形监狱"的概念是由 18 世纪末英国著名的功利主义者杰雷米·边沁（Jeremy Bentham）提出的。它的同名著作不为人知，然而米歇尔·福柯（Michel Focault）在其《监禁与惩罚》一书中却称之为"人类心灵史上的重大事件"，"政治秩序中的哥伦布之蛋"。按照边沁的描述，"圆形监狱"原则是这样的：一个像圆环一样的环形建筑；在中央造一座高塔，上面开很大的窗子，面对圆环的内侧；外面的建筑被分割成不同楼层的一间间囚室，每一间都横穿外面的建筑；这些囚室有两扇窗户：一扇朝内开，面对中央塔楼的监视窗户；另一扇朝外开，可以让阳光照进来。这样就可以让看守者呆在塔楼里，把疯子、病人、罪犯、工人和学生投进囚室。禁闭者不仅可被监视者看到，而且是被单独地看到，由于禁闭者无法察知监视者是否在塔楼内，因此他必须将监视当成恒久与全面的督察，而注意自己的行为。简言之，地牢的原则被颠倒了。阳光和看守者的目光比起黑暗来，可以对禁闭者进行更有效的捕获，黑暗倒是具有某种保护的作用。圆形监狱形式的完美在于虽然无监视者出现，这个权力机器仍可以有效地运作。
③ A·维德勒（Anthony Vidler）. 第三类型学（The Third Typology）.
④ 这种类型概念同斯宾塞的进化理论十分相似，带有极强的生物技术决定论色彩。它把建筑的形式特征排除在设计者有意识的干预之外，把它作为功能、效率的产物。

和"气候"。建筑历史与理论家维德勒（Anthony Vidler）将这个时期产生的类型学称为"第三种类型学"（The Third Typology），并认为新理性主义的作品表现了第三种类型学。第三种类型学并不试图在建筑和城市之外寻求有效性，而是要求强调城市形式和历史的延续性。作为第二次世界大战后60年代反思的中坚思想之一的类型学的兴起，正是出于一种全新的评价，即对现代运动的批判——使建筑从消费成员中解救出来，改变其在工业城市中被技术经济力量埋没的地位，这是越出科学技术嫡系实践之外的研究。

阿尔多·罗西的研究将类型学的概念扩大到风格和形式要素、城市的组织与结构要素、城市的历史与文化要素，甚至涉及人的生活方式，赋予类型学以人文的内涵。罗西在设计中将类型学作为基本的设计手段，通过它赋予建筑与城市以长久的生命力，并具有灵活的适应性。他的类型学关注的是城市与建筑的公共领域，在类型学中倾注了他的建筑理想，一种以形式逻辑为基础的建筑理想。在这一方面，卢森堡建筑师R·克里尔的类型学理论受奥匈帝国建筑师和城市规划师卡米洛·西特（Camillo Sitte，1843~1903）的城市空间理论的影响，试图重建城市的公共领域，从历史的范例中寻找城市空间的类型。R·克里尔的类型学方法注重回归历史，注重操作性，他对类型学的研究深入到城市的基本元素和建筑的基本元素之中，着重于城市空间的研究。他的《城市空间》（Urban Space，1975）和《建筑构图》（Architectural Composition，1988）应用类型学方法讨论了城市空间的形态和空间类型，提出重建失落的城市空间的问题，从形态上探讨建筑与公共领域，实体与空间之间的辩证关系。第三种建筑类型学——即当代建筑类

型学的方法在实质上是一种结构主义的方法，是一种对建筑与城市的结构阅读，这种方法建立在欧洲悠久的历史文化的基石上。

伊格纳新·索拉-莫哈勒（Ignasib Sola-Morales）曾说过："建筑类型是可以对各时各地的所有建筑进行分类和描述的形式常数（Constants）。这种形式常数起着容器的作用，它可以把建筑外观的复杂性简化为最显著的物质特性。从类型论视角，你可以理解作为系统的建筑形式，这个系统描述建筑自身的构成逻辑，描述某些形式的全部作品中的各个成分转变。类型的观念也允许研究城市的生产关系以及形式的发展和破坏。最后，城市的物质结构和城市建筑的物质结构可在整体分析中联系起来"[1]。这可以说是对新理性主义类型学的最精确解释。

第三种类型学，以新理性主义为代表，标志着当代类型学的形成。在前两种类型学中，建筑（人制造出来的）曾和它本身以外的另一"自然"进行比较并使其合法化。同前两种类型学相比，当代类型学研究不再以外在的"自然"来使类型学元素合理并系统化，而是作为艺术形式理想的变体在城市的层面上展开，显示出真正建筑类型学的特点。处在不同层次上的建筑实在物，比如柱子、房屋、城市空间，联系在连续的一条链上时，只涉及它们自身作为建筑因素的性质，它们的几何性既非自然主义的也不是技术性的，而是本质的建筑的。新类型学把城市当做元素集合的场所和新形式产生的根本，表达了突出形式与历史连续性的愿望。城市作为显示在有形结构里的整体，其过去和现在应同时被考虑。所以城市本身就是一个类，一个建筑类型层次的终端形式，这种思想导致了城市-建筑（Urban-architecture）的产生。而这正是我们所见到的当代类型学的基本性格[2]。

① Ignasib Sola-Morales，Neo-Rationalism and Figuration，Dr. Andreas C，Papadakis & Harriet Watson. New Classicism. London：Academy Group LTD，1990.
② 对照过去的类型学片断。这种类型学不是被分离的构件所形成，也不是根据用途、社会意识形态或技术特征进行分类的事物所集合而成：它完整地坐落在那里准备被分解成片段，这些片段并不重新创造有组织的类型-形式，也不会重复过去的类型学的形式，而是根据意义的三个层次推导得到的准则来选择和重新集合，这三个层次是：第一，继承过去存在形式所属的意义；第二，从特定的片段和它的边界推导出来，并往往跨越以前的各种类型之间；第三，把这些片段在新的脉络中重新构成。

因此，这种新类型学的英雄们不属于 19 世纪那些怀旧的社会乌托邦主义者之间，也不理睬 20 世纪的工业与技术评论。建筑不再联系到设想的"社会"；不再是"建筑的确描绘历史"，从而使建筑免除了作为"社会教本"的角色，成为本身独立自主和专门化的领域。他们以一种持续的类型学把设计技巧引向去解决大道、拱廊、街和广场、公园和住房、社会机构和设施等问题。

1.2　当代西方建筑类型学的架构

当代西方建筑类型学在审美意识与形态构成上形成了独特的美学风格，这也正是当代建筑类型学产生诱人魅力的所在。然而现代建筑类型学理论在欧洲及世界各地有着广泛的支持者与追随者，其表现与侧重也是纷杂而非单一的。在这些建筑师中有相当多是使用类型学进行设计的好手，他们有诸如芬兰的阿尔瓦·阿尔托（Alvar Aalto），意大利的罗西（Aldo Rossi），瑞士的博塔（Mario Botta），德国的昂格尔斯（O.M.Ungers），西班牙的拉菲尔·莫内欧（Rafael Moneo），卢森堡的克里尔兄弟（R&L.Krier），美国的斯蒂文·霍尔（Steuen Holl）、安东尼·普瑞多克（Antoine Predock），拉尔夫·约翰逊（Ralph Johnson），印度的柯里亚（Charles Correa），墨西哥的巴拉甘（Luis Barragan），埃及的哈桑·法赛（Hassan Fathy）等人。他们都为建筑类型学与地域文化的发展作出了贡献。从广义的范围来讲，只要在设计中涉及"原型"概念或者说可分析出其"原型"特征的，都应属于建筑类型学研究的范围。由于选择"原型"

的来源角度不同，概括起来，当代西方建筑类型学的架构主要有两大部分组成：从历史中寻找"原型"的新理性主义的建筑类型学，与从地区中寻找"原型"的新地域主义的建筑类型学。下面将逐一概述。

1.2.1　新理性主义

20 世纪 50 年代后期，现代主义暴露了自身致命的弱点，建筑被作为"居住的机器"，其自身美学价值被大大忽略，割裂传统的做法造成许多历史城市被破坏。因此 20 世纪 60 年代在西方文明发源地的意大利爆发了一场对古典主义建筑再认识的运动——以阿尔多·罗西为代表的新理性主义运动（Neo-Rational）。

1）新理性主义是当代西方最有影响的美学思潮之一，它所设计和建立的里程碑区别于相对集中成"团状"的城市设想，这个设想是由一些新理性主义者提出的，如比利时建筑师莫里斯·居洛，卢森堡建筑师罗伯特·克里尔和里昂·克里尔。近来它趋向于一种英雄式的反工业化立场，更加教条化，因而更脱离了物质条件的现实性。他们坚持回到手工业基础章法的文化准则是一种对工业化现实的救世主式的抵制，使北欧理性主义脱离了意大利新理性主义者所持的更为禁欲主义和"消极"的现实主义态度（图 1-14）。

坦丹萨学派[①]是新理性主义运动思潮的一个重要组成部分，他们关注建筑类型学与城市形态学的研究，特别是城市重建或新建中的历史向度，与场所和集体记忆有关。代表人物有卡洛·阿尔甘（Giulio Carlo Argan）、穆拉托里（Saverio Muratori）、艾莫尼诺（Carlo Aymonino）、格里高蒂（Vittorio Gregotti）、阿尔多·罗西（Aldo Rossi）（图

---

① 坦丹萨（Tendenza）学派 —— Tendenza 在意大利语里是"趋势"的意思，因此又称"倾向派"，出现在 20 世纪 50 年代意大利北部，该学派目的旨在使建筑艺术摆脱商业消费的影响，并在理论上把它从由于无孔不入的高度集约化的技术和经济实力而招致破坏的状态中拯救出来。它以两本别具创意又互相补充的著作作为发端。即阿尔多·罗西 1966 年的《城市建筑学》和乔奇奥·格拉西 1967 年的《建筑的逻辑结构》。

1-15）。对该运动起过促进作用的还有阿道夫·纳泰里尼、马西莫·司各拉里及恩西欧·庞番蒂——后二人于 1969 年创立新理性主义的杂志《反空间》（Contraspazio）。此外，曼弗雷多·塔夫里的评论文章对新理性主义运动有很重要的影响。将类型学发展为一类进行城市建筑调研与设计的方法，并以此表达对城市历史研究的立场。

图 1-14　里昂·克里尔描绘的"极乐世界"

图 1-15　讨论建筑类型学与城市形态学的意大利坦丹萨（Tendenza）学派主要成员

除了意大利，受坦丹萨学派影响最深的是瑞士的提契诺，从 20 世纪 60 年代初就有一个理性主义学派在那里积极活动，其中也有不少有国际影响的建筑师，如奥莱列欧·戈费蒂、吕杰·斯诺齐和马里奥·博塔。他们对类型的理解各有差别，但共同点是，"类型"概念或多或少带有理想化的特征。

这一种类型学思考指向建筑的本质问题。

新理性主义是运用古典原型的现代主义，从本质上讲仍是古典理性主义。它不是通过运用现代新材料和结构等技术，而是运用接近自然的、传统的，或有传统和自然感的材料，结合新的结构、构造技术来追求现代的"古典美"。另一方面，新理性主义表现出对城市空间的极大关注，力图解决现代主义所带来的城市问题。新理性主义健康的保守势力不仅希望能复兴过去的物质形式，而且力图将历史和城市生活的连续性重新建立起来。为此，新理性主义抛弃了刻板的功能主义教条，试图通过对类型学的研究，将经过几代才完善起来的形式精华纳入能满足各种变化的适宜结构中。它从根本上改变了城市和建筑设计方法。并且还力图寻求神秘、主观和经验等一些将人与人自身及其环境相关联的潜能。由于它不排斥自然、社会和文化等多元因素，具有一定程度的后现代折中主义倾向（图 1-16）。

2）建筑中的理性主义同哲学中的理性主义一样，有着相当悠久的历史。其实早在拿破仑时代，法国就曾出现过以勒杜和布雷为代表的理性主义，这就是 18 世纪后半期由皮拉内西、勒杜、布雷和勒屈等人提出的所谓"纯形式"。他们试图简化装饰，以纯几何形体表现古典精神。

未来主义连接了意大利的现代建筑与传统文

图 1-16　担任过阿尔多·罗西助手的意大利建筑师马西莫·斯科拉瑞所描绘的"无地域城市"

化。自 1909 年 2 月马里奈蒂 (F.T.Marinetti) 发表了未来主义宣言以后，它囊括了立体主义、构成主义和新印象派艺术，一度成为主导世界的潮流（图1-17、图 1-18）。未来主义以其对机器时代的赞颂和对变革建筑的追求使这一艺术运动冲击了现代文化和建筑，成为国际新文化的基本组成部分，并直接导致了后来意大利的"理性主义"运动。

1926 年在米兰成立了理性主义 7 人集团，这一运动比未来主义的探索更为沉着，标志着现代意大利建筑的成熟，他们强调传统与现代的关系，坚持不在形式上走现代主义的极端立场，希望找到现代建筑和古典建筑之间互相补充的形式。并且它不再停留在信仰和概念的陈述上，开始进行理智指导下的创作实践（图 1-19~ 图 1-21）。其最具风格的代表性作品是由古列尼等 4 人于 1937~1942 年设计的位于罗马的"意大利民族宫"（图 1-22）。这个庞大的建筑整体为方形，钢筋混凝土的现代主义立面，不带丝毫古典装饰的动机，但整个建筑上下全部反复采用典型的罗马拱券作为窗形，具有很强的形式感，使古典主义和现代建筑之间形成一种非常突出的平衡关系。正如"理性主义"运动宣言中所指出的"新建筑，真正的建筑应该是理性和逻辑的紧密结合……我们并不刻意去创造一

图 1-17　未来主义设想的"发电站"

图 1-19　理性主义七人集团作品——佛罗伦萨的圣玛利亚·诺维拉火车站

图 1-18　未来主义的代表桑蒂里亚（Antonio Sant'Elia）设想的理想城市蓝图之一

图 1-20　理性主义作品——罗马大学城物理学院（1932）

图 1-21　理性主义作品——戴拉尼（G. Terragni）设计的科莫
法西斯宫（Casa del Fascio, Como, 1933）

种新的风格……我们不想和传统决裂，传统本身也在演化，并且总是表现出新的东西……"①。这种建筑思潮及创作手法逐渐主宰了意大利建筑界乃至整个世界，影响直至今天。为新理性主义的形成提供了启示。

3）新理性主义基本上承袭了 20 世纪 20 年代产生于意大利的理性主义，同时，发展引申出自己独特的理论体系，其中心理论是一套类型学的方法论。以罗西和格拉西两人的著作为例：罗西在

图 1-22　理性主义七人集团最具风格的代表性
作品——罗马的"意大利民族宫"

其《城市建筑学》一书中强调已确定的建筑类型在其发展中对城市形式的形态结构所起的作用（图 1-23）；而格拉西在《建筑的逻辑结构》一书中则试图为建筑学形成某种必要的组合法则——格拉西自己通过高度克制的表现手法达到了这种内在的逻辑性。两人都坚持必须满足人们的日常需要，但同时又拒绝"形式追随功能"——人类工程学的原理，而肯定了建筑秩序的相对自治性。他们都提出"回

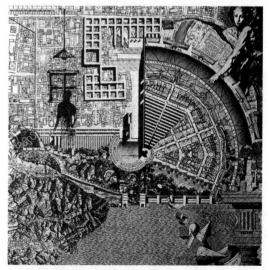

图 1-23　罗西在其《城市建筑学》中强调已确定的建筑类型在其
发展中对城市形式的形态结构所起的作用

① 肯尼斯·弗兰姆普敦. 现代建筑——一部批判的历史 [M]. 原山译. 北京：中国建筑工业出版社，1988.

到理性"的口号，这意味着在建筑的乱世中，他们急于结束无序的混乱状态，寻找建筑与科学的结合点，创造有序的、合乎结构逻辑和规律的新空间。

新理性主义与他们 20 世纪 30 年代的前辈不同，他们相当坦率地承认他们有"强化的教条主义"倾向。这使人毫不怀疑他们的真诚，他们的观点明确、连贯一致，是相当热情和令人信服的。他们认为一切建筑都来自于古代人创立的有限的几种形式，并且这些形式已经被人类和一定的种族所认同，因此反对把建筑作为时髦的产品或奇巧的噱头，而应追求其永恒的价值。建筑师的任务就是寻找活在人们集体记忆中的"原型"形式，并在这种原型中挖掘永恒的价值，从而生成富有历史感的新意。在他们看来，缺乏原型的形式充其量不过是一种肤浅的几何学游戏，它绝对不能经受住时间的考验，因而也无法获得永恒的普遍价值。

1.2.2　新地域主义

人类文化的发展在同一历史时期就地域而言是不均衡的，因此尽管这些地域文化都是人对自然的反映，但不同的地域具体的表现形式会存在差异性。所谓新地域主义[①]（Neo-regionalism），是指建筑上吸收本地的、民族的或民俗的风格，使现代建筑中体现出地方的特定风格（图 1-24）。作为一种富有当代性的创作倾向或流派，它其实是来源于传统的地方主义或乡土主义，是建筑中的一种方言或者说是民间风格。新地域主义不等于地方传统建筑的仿古和复旧，新地域主义依然是现代建筑的组成部分，它在功能上与构造上都遵循现代的标准和需求，仅仅是在形式上部分吸收传统的动机而已。

1）新地域主义的出现可以说是对现代主义的极端性进行反思的重要潮流之一。它几乎与新理性主义具有等同的广泛影响。它首先是对现代建筑的城

图 1-24　约旦建筑师拉什姆·巴登设计的位于沙特阿拉伯首都利雅德的 Al-Jame 清真寺，选择了伊斯兰传统的砖体建筑和山墙类型

市化理想的抵抗性反应。城市化与全球化的发展趋势侵蚀了建筑的地域特征，使人们的居住环境退化为单纯的商品，导致人们厌弃大都市的生活，向往前工业社会的生活模式，追求更舒适和更具个性的生活环境。弗雷德里克·詹姆逊说："新地域主义与新的少数民族相似，它是一种按地域划分的特殊后现代形式；它是对后期资本主义现实的一种逃避，是在地域（像种族群体那样）已经基本消失——已经被缩小、标准化、商品化、分散化或理性化——的形势下的一种补偿性的意识形态"[②]。建筑设计领域正是在这样的背景下，很多当代建筑师不愿照搬过去的古典语言，但又反感美国的后现代建筑师们随意拼贴古典符号的装饰主义做法，新地域主义则为之提供了可接受的模式和灵感，并作为"自觉地去瓦解世界性的现代主义"的反现代主义的一支生力军而悄然崛起了。

2）诚然，地域主义并不是一个全新的概念，它有着深厚的历史根源。如果追溯地域主义的起源，18 世纪下半叶英国的风景画造园运动可以说是地域主义建筑思想的始端（图 1-25）。这时期的地域主义也被称为浪漫地域主义，它是 19 世纪摆脱衰退的绝对

① 也称作新地方主义，新地区主义或新乡土主义，是指在建筑构思过程中，结合地方特色并适应各地区人民生活习惯的带有地域风格的一种倾向。在 20 世纪 70 年代后广泛影响到北欧、日本，特别是亚洲的第三世界国家，这种风格既区别于历史式样，又为群众所熟悉，能获得艺术上的亲切感。因为它具有广泛的民族基础，现正成为多元论思潮中的一支劲旅。

② 弗雷德里克·詹姆逊. 时间的种子 [M]. 王逢振译. 桂林：漓江出版社，1997：58.

图 1-25　纳什（John Nash）设计的模仿印度伊斯兰风格的英国
布莱顿皇家别墅

主义贵族统治的政治运动在文化上的反映。这种浪漫
地域主义所发展的实际上是种怀旧和记忆的建筑，观
者在这种建筑面前所体验到的是一种近乎幻觉式的对
过去的参与。这种基于民族和地域的传统的 19 世纪
的地域主义虽然已是过去，然而浪漫地域主义的建筑
仍然在持续出现。尽管其表现略显凌乱和冲动，但毕
竟"那种意义上的地域建筑价值观，代表了一种渴望
摆脱通用、异域的设计规范而归属于单一种族共同体
的感情"[①]。在 20 世纪甚至于今天，我们仍可在马克
维奇（I. Mackouecz）的作品里体验到它的痕迹。

　　而现代建筑史上的地域主义至少可以追溯到戈
迪，他的建筑在表现加泰罗尼亚的地方传统方面，
取得了很高的成就（图 1-26）。并且早在现代主
义运动的初期，一些北欧建筑师就已经在摸索具有
兰公寓地域特色的崭新的建筑发展道路了，如瑞典
建筑师奥斯特伯格（Ragner Osterberg）与阿斯
普兰德（E.G.Asplund）。这一时期的建筑风格
呈现民族浪漫主义的特色，建筑师们往往把地区传
统与当地的地方材料结合在一起。但直接对新地域
主义产生影响的是芬兰建筑师阿尔瓦·阿尔托（图
1-27）。他是最早用乡土主义的设计方法反击现代
主义美学的大师之一，他通过恢复北欧砖石传统、
塑造不规则体量与色彩和材料质地的对比等方式突

破了现代主义方盒子的束缚，把北欧民族斯堪的纳
维亚地区的热情、进取性格及浪漫主义精神表露无
遗。关于他对新地域主义建筑类型学的理论贡献我
们将在后面的章节中着重论述。

图 1-26　高迪设计的具有自然形态特征的米兰公寓

图 1-27　阿尔瓦·阿尔托设计的伏克塞涅斯卡教堂

① 亚历山大·仲尼斯，丽安·勒法维. 批判的地域主义之今夕 [J]. 李晓东译. 建筑师 47 期：88.

1947 年，路易斯·芒福德（Leuis Mumford）在《纽约人》杂志的专栏中对 20 世纪 30 年代千篇一律的"国际风格"（international style）提出批评，认为建立在机械美学基础上的功能主义是"走了样的现代主义"。芒福德的文章挑起了 1948 年 2 月在美国纽约现代艺术博物馆举行的有关"国际主义"与"地域主义"的公开辩论。之后越来越多的建筑师开始在理论上强调地域性。如十人小组（Team X），这个富有反叛性的小组在 20 世纪 50、60 年代积极探索地域性的重要作用，他们修正了纯理性主义的教条，强调现代城市规划中地域特征和心理方面的功能。在其理论的影响下，当时英国出现了许多强调地方性和心理功能的住宅建筑。1957 年斯特林（James Stirling）在其论文《论地域主义与现代建筑》中对柯布西耶战后运用地方传统技术的设计转变大为赞赏，认为这种做法较易与大众文化结合在一起，并明确地将"地域主义"与他称之为"所谓的具有强烈的纪念性和新折衷主义色彩的国际式"[1]相并列。

另一成功的新地域主义建筑师，荷兰建筑师冯·艾克（Aldo van Eyck）则更是将毕生的精力用于建立一种适合于 20 世纪后半期的"场所形式"，并以其人类学的经验专注于研究"原始"文化以及此类文化显示出的建筑形式的永恒性[2]。他认为，当代建筑师和规划师对多样性的地域文化知之甚少，更无能掌握，他把这种窘境归为地域风格的丧失所造成的文化空白，并强调建筑师不通过地域文化的介入是无法满足社会多元化的需求的。在冯·艾克近年的作品中，他运用变形的地方性基本语汇，并与现代主义混合，获得了独特的场所感。不仅如此，他还保留了古老城市中的街道线型与住宅原型，如 1975~1977 年设计的佐尔居住区就是依循了这座历史古城所遗留的一条中世纪街道的线型来安排传统式的联排住宅（图 1-28）。

最后要提到的是出生于瑞士提契诺的建筑师马

图 1-28　冯·艾克设计的佐尔居住区

里奥·博塔（Mario Botta），他是一位在新地域主义和新理性主义领域均取得卓越成就的建筑师，也是最受弗兰姆普敦推崇的"批判的地域主义"建筑师。关于博塔的批判的地域主义建筑类型学我们也将在后面的章节中着重论述。

3）如果说新理性主义是一种执着于文化传统的寻根倾向，那么新地域主义则是一种执着于地域特性的寻根倾向。前者的原型是一种还原历史的"宏大叙事"，它更关注于深层次面上的隐性形态，因此它更具共性与普遍性；而后者的原型则是一种还原某一特定区域地缘文化的"微观叙述"，它则更关注于表层面上的显性形态，因此往往更具个性和特殊性。

新地域主义的着眼点在于本土建筑文化与其他地域的差别。和新理性主义一样，新地域主义建筑必先获得它所要表现或暗示的原型。这种原型可以是实体的，比如本地的民居；或是文化的，比如与本地的信仰与民俗相关的象征；甚至是基于本地地理条件与气候特点的。无论如何，建筑师选取的原型必须具有本地独特的文化品格与个性，并运用已经在人们头脑中扎根的价值与建筑记忆使产生的新建筑融会于现存环境当中，因而具有人道主义的性质。

新地域主义并没有固定的模式，只要是把建筑

① 李晓东. 从国际主义到批判的地域主义 [J]. 建筑师 65 期: 90.
② 肯尼斯·弗兰姆普敦. 现代建筑——一部批判的历史 [M]. 原山译. 北京: 中国建筑工业出版社, 1988: 345.

置于特定的地域文化场所中，并且使它表达了这种特定的场所精神，任何设计表现都是可以被接受的。因此它不拘一格、多种多样，但又是易于识别的。如德比夏（Andrew Derbyshire）设计的伦敦黑林顿市政中心（图1-29），其采用的原型是当地的民居和村落形式：一直延伸至接近地面的坡屋顶，如画的轮廓，层层跌落的砖墙，矮胖的细部以及各种当地建筑材料都是普遍存在于当地居民记忆中的建筑代码，具有鲜明的维多利亚时期的风格。而美国墨西哥裔建筑师普瑞多克（Antoine Predock）设计的怀俄明州美国遗产中心（图1-30）则表现的是另外一种简洁、抽象的情致：由于地处西部开阔原野，背靠高耸大山，因此普瑞道克将建筑设计成好似印第安人帐篷的封闭式山形，将强有力的水平感与大胆的锐角尖顶并置，非常严峻和冷漠，这是他对周围自然环境感触的自然流露。

总之，新理性主义与新地域主义的建筑观都是倡导在建筑全面发展的同时，自觉寻求与人类心智、自然环境、文化传统以及技术和艺术上的地方智慧的内在结合；体现文化传统的真实延续；强调技术发展与人类心灵的协调。使人类的建筑在超越地域条件限制的同时，在精神上为人类心灵的安详构筑一个具有根源感的场所。随着地缘范围的日渐宽泛，建筑所蕴涵的文化表征意义会相对地模糊。因此，

寻找建筑原型就成为新理性主义与新地域主义建筑师们最煞费苦心的一项工作。而如何在建筑中表达原型，则是衡量建筑师类型学设计技巧和才情的一个重要标志。在下面将用两个章节的内容就此问题作具体的论述。

图1-29 德比夏设计的伦敦黑林顿市政中心

图1-30 普瑞多克设计的怀俄明州美国遗产中心

城市事实上像一个古人和今人共同生活过的大营地。

其中许多元素遗留下来如同信号、象征与痕迹，

每当假期结束，剩下来空荡的建筑令人生骇，而尘土再度耗蚀了大街。

这里存留下来的，仅是用一种特定的执着再继续开始，

重新构建元素和道具，以期待下一个假期的来临。

——阿尔多·罗西，一个科学的自述（A Scientific Autobiography）

Chapter2

第2章 Internal Oder

内在的秩序

——新理性主义中的建筑类型学理论研究

　　随着现代建筑的不断发展，建筑类型学经历了历史的推敲，不但没用统一认识，反而呈现出多方面、多层次的现象。从纯理论到实践都有它的踪影。即使在新理性主义流派的建筑师当中，由于每位建筑师的背景与性格上的不同，以至于他们在原型的理解与把握上也存在着差异。新理性主义以"类型学"理论为基础，下面我们就类型学的这一多层次现象，择其代表，分析一下新理性主义对当代类型学发展的主要贡献。

2.1　历时性与共时性的交汇——阿尔多·罗西的建筑类型学理论

　　如果说，当今哪一位建筑师对建筑类型学理论贡献最大，人们不禁会想起意大利建筑师与学者阿尔多·罗西（Aldo Rossi）。他是当代国际建筑界具有重大影响的建筑师，他的理论得到了世界建筑界的广泛重视。瑞士、德国、美国、意大利等国先后都举办过他的个人作品展，各国建筑杂志和书籍也纷纷对他的理论和作品进行介绍。时至今日，他的贡献已成为不可争辩的事实。在这一节中，将就其本人及其关于建筑类型学和城市形态学的理论详细分析他的类似性城市与类推设计的思想。

2.1.1　生平简介和创作历程

　　1）罗西（图2-1）1931年5月3日出生于意大利米兰，1959年毕业于米兰工业大学建筑学院，导师是罗杰斯（Rogers）和萨蒙纳（Samona）。就读期间罗西就为著名建筑杂志《卡萨贝拉》（Casabella）撰稿，1961年任该杂志编辑，直到1964年罗杰斯被解除杂志领导职务为止。1963年任夸罗尼教授的助教并任威尼斯建筑研究所研究员。1965~1966年任米兰工业大学副教授，同年出版了其名著《城市建筑学》（L'architettura della Citta）。1970~1971年任米兰工业大学教授，1972~1974年任瑞士联邦技术大学教授，并举办了"罗西、路易斯·康和海达克"作品联展以及题为"罗西，理性主义建筑"的展览。1975年任威尼斯建筑学院教授，1980年任美国耶鲁大学教授，后还曾在多所美国大学里执教，包括哈佛大学和匡溪艺术学

院。他赢得了许多奖项：其中1990年获国际建筑界诺贝尔奖——普利兹克建筑奖，1991年获美国建筑师学会荣誉奖及1992年的杰弗逊纪念奖，1996年他被提名为美国艺术与文学院的荣誉会员。

图2-1　阿尔多·罗西

　　2）由此简历可知，罗西一生与大学结下了不解之缘。意大利著名学者班狄尼（M.Bardni）认为他的学术生涯可大致分为四个阶段：①卡萨贝拉（Casabella）阶段；②城市建筑阶段；③各种设计方案阶段；④对国际建筑界的影响阶段。

　　第一阶段非常重要，首先因为他卷入了富有刺激性的社会和政治潮流中；其次是使他得以通过写作来建立起所关心的文化主题，该主题在晚些时候成为他的理论框架。正是从这时起他开始了对城市进行文化渊源的探讨。学生时代他的兴趣在新古典主义，后侧重文化渊源的探讨，继而转向意大利城市论战，1964年前后则关注在城市层次上研究类型学和形态学之间的关系。

　　第二阶段从1965~1969年，在此期间他参加了编辑、出版工作并从事理论、教学活动。在教学

方面的兴趣，对他的思想演化至关重要。他根据学生的问题有条理、有计划地在教学中组织材料。例如1966年出版的《城市建筑学》原是在威尼斯为学生写的教学提纲；他还兼做《城市》（一套建筑著作）的编辑。罗西借此选引各种题目，并加进他喜爱的论题，将建筑确定为自主的对象并认为建筑的正确与否应通过历史上的惯例来确立。他将建筑作为严格精确的领域，建筑是理性地构造起来的，并认为在建筑领域中任何一个操作均有严格的意义。他的理性思想在此阶段得到充分体现。

在第三阶段，即1970~1980年，罗西的理论建立了起来，并将理论和实践紧密结合。他试图建立一套视觉形象的框架，该框架在内部是坚实一致的，在外部又适于广泛的理论讨论。在此阶段，写作和设计对他同等重要，但他更偏爱用图像媒介来表达他的思想。1971年是他生活的转折点，由于他支持学生运动而与其他8位教授一起被免去教职。在理论方面他参加写作了《帕杜瓦城》，这是一部城市分析和更新方法论的重要著作，在其中，城市形态学和类型学的概念得到进一步阐述。在设计方面，他在摩德纳的桑卡达尔多墓地设计竞赛中获一等奖，并完成了米兰的加拉拉特西住宅及布罗尼学校的扩建设计。

第四阶段，即1980~1997年，以实践为主，前面阶段的理论活动好似为此阶段作的准备，他的作品坚实地奠定了他在国际建筑界的地位。

2.1.2　城市的自由——罗西的历史主义与人本主义的建筑类型学

我们在第1章探讨类型学理论发展的过程中，通过对第三种类型学和新理性主义的论述已经涉及了一些罗西的建筑理论。其实新理性主义的特征罗西大都具有，例如首先强调已建立起来的建筑类型在决定城市的形态学结构方面所起的作用；其次则试图为建筑制定必要的构成或结合的规则和标准，即所谓建筑的整体性、必要的逻辑清晰性、简洁性以及操作的合理性。但同时罗西又进一步引申了类型学理论，有着自己的独到见解。

可以说阿尔多·罗西是欧洲新理性主义理论的主要创立者之一，也是新理性主义建筑实践运动中执牛耳的人物，也是西方建筑界的"新左派"（新马克思主义）的重要角色。他的建筑理论是一以贯之的，尽管不能为所有建筑师所信服，但他所企图建立的城市建筑的思想体系—即一种充满着理性和意义的语言，并把这一切编织到传统城市之中去，是足以为楷模的想法。在罗西的建筑生涯中，他遵守两个重要原则，一是"实践之前必须先有理论"；二是"坚持相同的主题"。因此他一直致力于重建"建筑"的坚实基础理论研究工作，试图在建筑的理论构造中发现一致的内在逻辑，这形成了他的理论思想。他的理论从对城市和建筑问题的考察中得来：一方面是从意大利特殊的历史文化和社会政治的角度，另一方面则从更为广泛、本质的人类文化角度来构筑。综合其理论可归结为两种主要思想：其一是理性主义和历史主义的类型学（Typology）；其二是打破时空概念的"类似性城市"（Analogues City）的思想。前者罗西用来阐述建筑的意义及其形式之间的关系，并论证形式的永恒特性；后者则强调人对城市场所及建筑的集体记忆，并借助这种记忆，将人的心理存在转化为真实的城市实体。世间存在的结构、永恒的生活秩序都不是历史逻辑可推导的，它们有着形而上的性格，因而也是不变的。罗西相信，形式是变的，生活也是可变的，但生活赖于发生的形式类型则是亘古不变的。这永恒不朽的静态观念自然与前逻辑的诗性相一致，难怪罗西被誉为建筑诗人。

1. 罗西的"类型学"（Typology）理论

《城市建筑学》（图2-2）是罗西最重要的一部理论文献，在书中，罗西力图将以往城市研究中的那些很有价值但却零散的成果和发现，纳入一个更为科学的理论构架之中，以逐步建立一门自主的城市建筑科学，即在城市层次上的建筑学。它深刻地探讨了城市与建筑、城市与场所之间的关系，是罗西关于建筑本质的论述。罗西在这本书中认为建筑是一种基于逻辑原则的活动，建筑设计就是对这些原则加以发展而来的，由此而产生了他的"理性"设计方法，但他认为这个理性并不仅仅是抽象的逻辑演绎，他的理性方法来自"类推思维"，这要比简单的逻辑思维复杂得多。类推设计与他的理性思想结合就产生了类型学理论。罗西的类型学理论存在着两个基本属性：其一是历史的内涵；其二是抽象的特性。下面我们就结合这本书中的主要内容来探讨一下罗西的"类型学"理论。

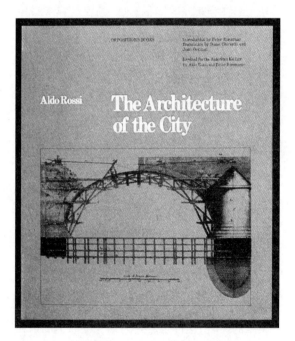

图2-2　《城市建筑学》是罗西最重要的一部理论文献

1）城市—建筑

类型学是罗西建筑理论的核心，要弄清罗西的类型学，首先必须了解罗西对形态学的定义。罗西的形态学其实是指由人类在其漫长的生活与艺术实践中，历史地、约定俗成地确定下来的各种形态与形态关系，它既原始又新奇。由于它是人类共同创造的智慧结晶，因此，它曾经而且必将永远被人们所接受。所以对城市规划、设计都应该建立一个科学的对待城市的认识，即罗西所

谓的"科学的"城市学。"科学的"（Scientific）这3个字当然不是指自然科学那种科学，而是一种人文科学。罗西的类型学理论把城市当做元素集合的场所和新形式产生的根本。城市本身就是一个类，一个建筑类型层次的终端形式。城市构成了建筑存在的场所，而建筑则构成了城市的片断。作为城市有机整体的一部分，任何建筑的创作不应脱离其团体——城市，而应与城市现存的历史空间形态相结合。城市中存在的现实形态凝聚了人类生存所具有的含义和特性，城市是它的聚合体，融合了意义和实体。城市是时间场所中与人类特定生活紧密相关的形态，其中包括历史，它是人类文化观念在形式上的表现。由此罗西认为应抛开任何有关功能主义的浅薄幻想，使建筑回到建筑秩序的另一极形式，从而寻找一种形态学关系——即所谓"建筑实际上是一座小城市，城市则是一座大建筑"。建筑的类型决定着城市的形态结构，城市的形态结构受制于建筑的类型。因此必须建立一套建筑类型学。罗西从认识论的角度阐述了城市与建筑之间的关系，这种类型思想构成了罗西建筑理论的主要内容，也是他进行建筑实践的前提。

2）永远的类型学

按照一般的理解，类型是自然、社会或艺术大系统中使形态和结构相同的一组样式得以聚合为一个有机整体，同时又使形态与结构相异的那些样式分离开的概念。然而罗西的建筑类型概念不仅受昆西的影响，还深受荣格（Jung）有关"原型"（Archetype）理论的影响。它一方面是一种以"模型—类型—模型"的循环变异手法选择和抽取的最简形式，同时也是对最具典型性的人类情感和心理的一种发掘。荣格有关原型的概念，意指人类世世代代普遍性的心理经验的长期积累，"积淀"在每一个人的无意识深处，其内容不是个人的，而是集体的，是历史在"种族记忆"中的投影，而神话、图腾等往往"包含人类心理经验中一些反复出

现的原始表象"[1]，这种"原始表象"（Primordial Image）荣格称之为"原型"。荣格认为原型其实就是人类精神和心理的一种"祖型重现"（Throw Backs）。因为在荣格看来，"……每一位文明人，不论其意识的进展如何，其心灵深处仍然保有古代人之特性。正如人类与哺乳动物所具有的关联性，以及许多须溯源至爬虫时代的早期进化阶段所遗留下来的残余特征一样，人类的心灵亦是进化的产物，倘若我们追溯其来源的话，我们一定会发现它仍然表现出无数的古代特征"[2]。

罗西认为建筑类型与之相似，"类型的概念就像一些复杂和持久的事物，是一种高于自身形式的逻辑原则"[3]。这种原则不是人为规定的，而是人类世世代代发展中形成的，它凝聚了人类最基本的生活方式，其中也包含人类世世代代与自然界作斗争的心理经验的长期积累。所以建筑的形象、功能都不是由建筑师和规划师所决定的，而是由它们的接受者决定的，因此，与人们的潜意识是否相符就决定了人们对建筑、城市和相关环境的好恶。

荣格的原形理论使罗西看到了人类亘古以来所具有的共同经验蕴涵的巨大能量。罗西在一些建筑草图中常常会频繁出现咖啡壶、刀叉和犬舍这类东西，这是因为罗西认为从形态学的角度看，它们属于一些永恒不变的物体，即使你在设计中有风格上的考虑，即使你有创新的才能，对这样一些显而易见的原型形式而言，要想改变它们的本质是不可能的。在罗西经常提到的一些画面很大的草图中，一只蓝色的咖啡壶常常占据了相当大的视域。壶是人类生活的一个最基本也是最原始的用具（图2-3）。罗西用它暗示了建筑的形态，从而也暗示了建筑的类型。在这个草图中，壶身被罗西用作一种锥形的建筑结构形式，同时它又被变成了一个矮胖的"烟囱"，"烟囱"里面是一部楼梯，这

又使壶、烟囱的意象同建筑联想嵌在一起。在这个设计中，罗西在生活与建筑之间徘徊、回味，试图赋予建筑一种永恒的价值。

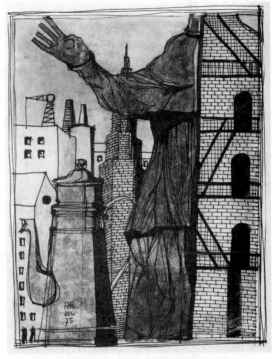

图2-3　罗西：壶与建筑草图

罗西就是这样，运用抽取和选择的方法对已存在的建筑类型进行重新确认、归类，从而形成一些新的类型。他认为用这样的方法，城市的建筑就可以简化为有限的几种类型，而每种类型又可以还原成一种理想主义或者说是理性主义的简化形式。因此，每一种建筑，从宫殿到茅屋，都可以变为一种单一的"房屋"类型，而这一类型又可以约简为更为简化的几何形式。从而所有现存的"房屋"都变成一种单一公式般的永久凝缩，这就是建筑的原型（Archetype）。同时，罗西还认为类型学要素、要素的选择，过去、现在和将来都要比形式风格上的选择重要。类型的概念是建筑的基础，它是永久而复杂的，是先于形式且是构成形式逻辑的原则，

① F•弗尔达姆. 荣格心理学导论 [M]. 刘韵涵译. 沈阳：辽宁人民出版社，1988.
② C. 荣格. 现代灵魂的自我拯救 [M]. 黄奇铭译. 北京：三联书店，1986：60.
③ Aldo Rossi. The Architecture of the City[M]. Boston: The MIT Press，1982.

大多数现代建筑师试图创造新的类型，甚至创造严格的原型。罗西则不然，他对简单创造新的类型没有兴趣，而是试图恢复那已经存在的类型，并在已存在的类型中选择，对其进行抽取，再形成一种"新"的类型。他深知，这些被抽取出的类型是经过了历史的淘汰与过滤，是人类生存及传统习俗的积淀，因此，具有强大的生命力。它不同于任何一种历史上的建筑形式，但又具有历史因素，至少在本质上与历史相关。与建筑师脑中意象的"新类型"相比较，它具有更多的历史意义和文化内涵。罗西还认为，即便所有的建筑形式都简化为类型，也没有一种类型与一种形式等同。简化还原的步骤是一个必须的、逻辑的过程，没有这样的先决条件，形式问题的讨论是不可能的。从这个意义上说，他认为所有的理论都是类型学理论，这就是将类型学在"无理论"（Meta Theory）的层次上进行讨论的思想。

罗西认为所有理论都应是类型学的理论，所有有关建筑的思考均限制在对类型的态度上。他将类型学作为基本的设计手段，通过它赋予建筑以长久的生命力和灵活的适应性，并由此沟通城市和建筑尺度之间的关系。建筑的内在本质是文化习俗的产物，文化的一部分编译进表现的形式中，绝大部分编译进类型中。这样，表现就是表层结构，类型则是深层结构，建筑类型是抽象的，但建筑和城市本身却是具象的。因此，我们可以理解类型是原型在建筑和城市领域的一种变化，它们都试图通过事物的表象去探索事物内在的、深层的结构。他还认为类型与人类的生活方式相关，他说："类型是按需要对美的渴望而发展的，一种特定的类型是一种生活方式与一种形式的结合，尽管它们的具体形态因不同的社会有很大差异。[①]"他认为类型学原理是永恒的，这一论点把建筑设想为一个结构，这种结构呈现在作品中而被认识。

　　3）形式自主性原理

　　城市的功能、社会、经济以及政治都是城市的共同促成因素，它们不可分割地、整体地形成城市。然而，这些复杂的集合因素则恰恰是以形式的操作来达成的，所以罗西认为城市的自主性是一个根本的原则。因为不管城市、建筑为什么样的功能服务，它最终将要归结为形式操作及形式结果。我们观察、阅读一个城市或建筑也只能凭借其形式把握而达成表象。对城市建筑而言，城市组织才是根本交汇点。

罗西正是这样对功能主义教义提出异议的。虽然就罗西纯净、朴实的审美趣味而言，他与现代主义中的纯净主义倾向不无相通之处，但就对建筑的终极目的观而言，他与功能主义的美学观却大相径庭。在功能主义者眼中，是功能把形式结合起来形成城市和建筑的，城市形态研究终将退回到对功能的研究。然而城市的复杂性使我们无法理解现代城市组织何以凭功能而把握。在罗西看来，实际上功能本身是无定性的，功能不能成为形式的组织者，它只能在具体的历史情景中被确定，它也是处于历史的发展中的。功能主义的观点，与其说是一种理论不如说它是一种策略，它影响形式但不决定形式。形式的决定因素是它的结构，即类型和规则。罗西在《城市建筑学》中明确指出，在时间的演进过程中，功能主义所标榜的"形式追随功能"应彻底颠倒过来，使功能适配形式。功能与形式的因果论难以成立，功能主义事实上处在形式自身的内在规定性之外，而这恰恰是每一门艺术的核心。他举例说，艾勒斯（Arles）剧院后来被改建成综合住宅楼，居住的实际功能取代了表演和观看的娱乐功能，从而实现了功能适配剧院这种形式的目的。在这里，多种功能最广阔的适应性与最精确的形式正好相适应。

罗西认为形式是物质存在与精神的统一体。确认形式两重性质的就是形式自主性原理，这种自主性正是通过类型的永恒性质来达成的。无独有偶，荣格也认为艺术品的创造过程并不全受创造者的自觉意识控制，并把艺术品称为"自主情节"（Autonomous Complex）。从这里我们再一次发

① 沈克宁. 建筑现象学理论概述 [J]. 建筑师. 1996, 6(70).

现，罗西的思想与荣格有着多么紧密而深刻的联系。

罗西在设计中习惯于从集体记忆和人类原型中抽取和寻找建筑意象的方法，恰恰表现了他的非功能主义的美学理想。这里必须指出的是，和先锋派建筑师不同，罗西在理论上从不走极端。所谓非功能主义，说罗西在功能与形式之间，更乐于把形式摆在第一位。并且罗西的形式不是光秃秃的形式，而是同原型相关的具有深刻内涵的形式，具有建筑自主性的形式。形式自主性，实际上就是城市组织、城市结构的永恒价值，它把城市从功能主义的"奴役"中解放出来，同时要求城市建筑形式的永恒的审美价值。因为人类创造建筑，是以需要作为驱动力，又以审美作为形式的规定性，这两者是不可分割的，它们共同地促成建筑。因此罗西类型学的特点就是自主的"形式类型学"。他从不把建筑视为一种受建筑师随意摆弄的无生命意志的"物"，相反，他把建筑视为一种自主的生命体，它有着独立的生长和发展逻辑，不受人类意志制约。罗西甚至神秘地把自己设计方案的发展，也视作一种自主、独立的"理性进程"。而自己对它的回忆，就好像描述一个"客观"的事件。

罗西注重类型学对城市整体形态的分析作用。他认为有些形式语汇根本不受功能制约，它们的使用可以从很大程度上改变城市的面貌，甚至比功能的影响更直接更突出。所以罗西说"形态学是生命"。对形态学的重视使得罗西在对城市建筑的理解上也与一般建筑理论家不同。罗西理解的城市建筑是，只有当建筑同那些在历史上被赋予特定意义的元素或形态发生关系时，这种建筑才可能是建筑，否则，就不是建筑。罗西试图回避现代性的两头怪兽——其一是实证主义逻辑，另一是对进步的盲目信仰——其方法是恢复到19世纪后半期的建筑类型和构造形式。为此目的，罗西在1973年设计的底里埃斯特市政厅就采用了修道院的形式（图2-4），它既是对19世纪地方建筑传统所表示的敬意，也是对现代官僚机构的本性所持有的嘲笑。

图2-4　底里埃斯特市政厅

罗西认为建筑应该是自组织的，这是对现代主义的修正。现代主义强调城市建筑中意识形态的影响，强调城市和建筑改造社会的作用，将城市问题和意识形态问题混为一谈。现代主义由政治或意识形态上的乌托邦导致对城市的幻想，如柯布西耶说："不是（新）建筑，就是革命"以及"明日城市"理论等。罗西虽然反对乌托邦和意识形态的参与，但并不试图取代和废弃源于现代运动的文化。他不制造幻想和抛弃那种认为建筑可以对社会道德和政治负责的观点，试图恢复现代建筑的本来面目，引导其回到目前的现实中。罗西的观点虽然是反乌托邦的，但并非全无政治意义，他并不竭力反对城市与政治的关系，而是认为城市的形象是在其政治制度的构架中揭示的。威尼斯大学建筑史教授塔夫里在《建筑与乌托邦》一书中区分了两种对待城市的态度：一种是将城市作为带有政治色彩的改造社会的手段，这是乌托邦实现政治的产物；另一种是将城市作为自主的对象。罗西对待城市的态度是两者的结合。我们可以看出罗西的类型思想将城市要素作为具有意义的实体来感知，它具有原初性和权威性。

罗西的建筑类型学主要意在阐述形式与意义间的辩证关系：熟悉的形式或原型物体虽然具有恒定性，但设计者却可赋予这些固定的形式以新的意义。形式随场所的变化而被赋予新的意义，而场所和物体随新意义的增加而变化。形式与意义的这种互动关系，恰恰源于理性主义的客观逻辑，而其终极目标又落在"人类永恒的关怀"之上。这正是罗西建筑类型学的美学价值支点所在。

4）中立的分类法

罗西从城市学、地理学思想中吸取灵感，如从让·特里卡尔（Jean Tricart）的"社会内容"（Social Content）的整体性观点，M·普埃蒂（Marcel Poete）、P·莱维丹（Pierre Lavedan）的形式持续性观点以及 F·米里兹亚（Francesco Milizia）对功能不定性的观察等，形成了普遍与特殊的两类分法。

正如艾森曼所指出的：罗西对建筑的重新定义，既不同于 16 世纪人文主义所强调的主客体统一，也不像 20 世纪现代主义主客体的分离，而是非英雄的，自主的研究，"就像心理分析同行那样与客体保持距离"[1]，抱着中立的立场。从罗西的中立立场，他看到城市组织中可变的因素与不变的因素。关于不变的因素，我们现在仍可以体验。历史存留物仍然控制着今天的发展，过去为现在所体验，就是这些不变的因素在起作用。

罗西认为城市中两个主要的持久物（城市要素）是"住宅"和"纪念物"。前者如大量的住宅与私人宅第。后者如纪念性建筑，城市总平面，城市结构。罗西将前者区分为"住宅"和"单独的房屋"。住宅在城市中是持久的，单独的房屋的存在则是瞬时的；城市中的住宅区可经历若干世纪而不改变，但在街区、住宅区中的个体房屋则趋于变化。住宅归属于民俗传统，民俗传统直接而不自觉地把文化——它的需求和价值，人民的欲望、梦想和情感，转化为实质的形式。它是缩小的世界，是展现在建筑和聚落上人民的"理想"环境。住宅比纪念物要更密切地关系到大多数人的文化和真实的生活。这解释了形式和其所衍生的文化之间的密切关系和某些形式固守了如此之久的事实。在固守中，单体住宅慢慢变化调整，

以满足大部分的文化、实质和维持方面的要求，单体本身较不重要，单体间关系的意义和重要性更强。但是，住宅"类型"却持久不变，这是许多人力、许多世代的结晶，也是其建造者和使用者同心协力的结果。由此住宅类型经过人人的认可而成立，并被尊重和遵守。

城市中心纪念物的情况恰好相反，正是个体的制品保持下来。纪念物的物质形式产生了个性和有关场所的意识——即历史的记录和记忆的储存库。记忆以物质的痕迹被记录下来，纪念物记录了事件，事件在城市制品上留下印迹（图2-5）。罗西定义纪念物为城市中的基本要素，纪念物作为具有象征功能的场所的性质与城市中的另一要素——住宅区别开来。纪念物与住宅不同，它具有象征功能和场所性质。作为具有持久性的纪念物可以加速都市化进程，即具有推进性。其作用近于支撑点，这种形式有能力超越时间，适应不同的功能。作为城市中永久和基本的要素，纪念物与城市的生长辩证地联系起来。所以罗西首先要把自己放到一个旁观者的位置上，冷眼观时事，中立地完成形式的历时性过渡。没有这种中立、超然，是不可能从历史形式中分离出其"客观"的规则的。这里要求强调城市形态本身的客观性、"可经验的事实"等，设计者退居到幕后，以便（通过类型的概念）释放历史形式的自主的动力。

图2-5 雅典城市广场景象（历史的场景融合于现代的生活，纪念物记录了事件，事件在城市制品上留下印迹）

① 引自 P·艾森曼为罗西的《城市建筑学》英文版所写的前言。

2.　"类似性城市"（Analogous City）

"类似性城市"思想是罗西继类型学理论之后，阐述他城市思想的又一重要理论（图 2-6）。城市通过它集中物质和文化的力量，加速了人类交往的速度，并将它的产品变成可以储存和复制的形式。通过它的纪念性建筑、文字记载、有秩序的风俗和交往联系，城市扩大了所有人类活动的范围，并使这些活动承上启下，继往开来。城市之所以能够把它复杂的文化一代代地往下传，因为它不但集中了传递和扩大这一遗产所需的物质手段，也集中了人的智慧和力量。罗西假设城市文明所有现存的各种纪念物都集中了起来，这种情况有时是真实的，但绝大多数情况是心智关系存在于这些"片断"（指建筑）之中，人的心智关系将这些片断结合起来，形成了一个认识中的城市，或意象的城市。罗西从这个观点出发并结合对城市组成部分的研究形成了他的"类似性城市"的理论。

图 2-6　罗西关于"类似性城市"的图解

1）城市—集体的人工制品

罗西强调城市是人工制品，也就是说是人用双手制造出来的一个人工环境。因此关键问题在于强调其人工特性就必须建立一个城市文化的人类制作的基本观念。甚至城市不仅是一个人工制品，它还是集体的人工制品，其集体的性质把城市带进文化的地带。"城

市仿佛一个复杂的文明与文化'黑箱'，它让人的交往、文化的发展变得频繁、高速[①]。因此罗西说："城市反映了人类理性的发展"。他还说，"为什么只有历史学家能给城市以完整的图景？这是因为历史学家把城市当做一个整体的人造物来看待的"[②]。

这是一种整体结构的观点。所以罗西的基线是以建筑来看待城市，或对城市采取建筑手段，准确地说即"城市—建筑"互参原则。这里"建筑"二字不仅仅指可见的建筑事实，而且指一种"建构"，长期的集体建构；它涉及人类在制作过程中注入作品的精神因素。所谓"人工制品"，当然也不仅限于客观产品，还包括历史、地理、结构等与城市关联着的事实。总之建筑（人工制品）具有超越物质的客观规定性的意义，而与精神因素相统一，其性质是集体的。城市，这个人工制品的集体性质使它作为一个所给予的实体，融合了历史与文化，并成为一个艺术品。

2）集体记忆

"集体记忆"可以说是"集体无意识"在城市研究中的变体。它并不是某一代或某时期人类心智记忆的产物，而是整个人类文明史和改造环境历史中的整体产物。每个历史阶段人们都为这个整体、这种"集体记忆"增加新的内容。集体记忆在人类历史文化中由作为个体和群体的人类以口述、文字、操作实践和人工环境的形式保存下来，成为文化和物质基因延续下去。由于个体生命的历程与物理环境相比较相对短暂，由此物质环境形式的相对持久得以成为取代人们的记忆并进而影响对环境塑造的活动，从而保持了环境的相对稳定。如前所述，罗西有关类型性（或者说类比）的理论在很大程度上是从荣格的理论中获得灵感的。因为从根本上讲，原型就是一种类型概念，它着眼于人类共同的经验。罗西曾经写过一篇题为《类推建筑学》（An Analogical Architecture）[③]的文章，其"类似性"

① L·芒福德. 城市发展史 [M]. 倪文彦，宋峻岭译. 北京：中国建工出版社，1989：417.

② 沈克宁. 建筑现象学理论概述 [J]. 建筑师，1996，6（70）.

③ Dr. Andreas C. Papadakis & Harriet Watson：New Classicism[C]// London Academy Group LTD. , 1990.

的概念同荣格的集体意象显然有着深刻的联系。罗西认为城市类型其实是"生活在城市中的人们的集体记忆，这种记忆是由人们对城市中的空间和实体的记忆组成的。这种记忆反过来又影响对未来城市形象的塑造，……因为当人们塑造空间时，他们总是按照自己的心智意象来进行转化，但同时他也遵循和接受物质条件的限制"[1]。罗西希望通过对"集体记忆"中原型的构拟，生成一种"共同的现实"，从而传达一种深度意义。

城市作为集体记忆（Collective）的场所，"它交织着历史的和个人的记录，当记忆被某些城市片断所触发，过去所遇到的经历（即历史）就与个人的记忆和秘密一起呈现出来"[2]。"集体记忆"是无数个同种类型的经验在心理上残存下来的积淀。它们是超个人的、长远的种族经验在人脑结构中留下生理的痕迹，成为生而具有的集体无意识。集体无意识无法从个人的经验中推演出来，任何人都具有那种或多或少相似的内容和样式的记忆，它在所有人中是相同的，因此组成了超越个人的共同心理基质，并通过每个人表现出来。这表明在精神中存在着一定的时常出现的形式。个人的城市记忆虽因人而异，但总体上具有"血缘"的相似性。因此不同的人所描绘的城市具有本质的"类似性"。这是"类似性城市"的哲学基础。

"集体记忆"是专用于描述人类城市生活的记忆状态的。当形式与功能相分离而仅有形式保持生命力时，历史就转化为记忆的王国，历史结束，记忆就开始了。例如，可以说欧洲城市已变成死亡之屋，它的历史和功能都已结束，于是变成了记忆之所，但已经不是早期的个体具体记忆之居所，而成为集体记忆之场所。它成为一种精神实在，产生于它是幻想和幻觉的场所，是一种作为转变状态的生与死的类似。罗西试图在建筑中包含着时代（过去和未来），这是一种无言而又永恒的

形式。他试图通过城市制品的简洁形式唤起永恒使用的观念。他用"记忆"代替历史，"集体记忆"使罗西将类型的思想进行特殊的转化，将记忆引入客体，客体就具有了思想，也具有了对思想的记忆。此时，时间、记忆、城市制品就与类型结合起来。

建筑的意义依赖于那些早已建立的类型，它是隐藏于现实中单体建筑物无限变化的形式背后不变的常数。类型可以从历史中抽取，抽取出来的是某种简化还原的产物，简化是得到类型的基本手段，因此类型不同于任何一种历史上的建筑形式，但又具有历史因素，在本质上与历史相联。这种精神和心理上的抽象得到的结果，即我们曾提起过的"原型"。按荣格的观念，原型是共有的，这样类型学就与集体记忆联系起来，不断地将问题带回到建筑现象的根源上去。建筑师就像炼金术士一样，要将人们头脑中这种隐藏着的，却又强有力的原型唤醒，使人们感受这种种族的原始纪念。人在这种建筑作品面前，不需要靠个人的经验、联想就会本能地获得这些原型的深刻感受。每一个时代都应有自己时代的建筑作品，即使是帕提农神庙、万神庙也不能代替今天的作品，但凝结在古典建筑作品中的意义和艺术风格，仍然与今天人们的审美情趣相吻合。因为沉积在这些建筑作品中的情理结构与今天人们的心理结构有相呼应的同构关系。人类的心理结构创造了建筑艺术也创造体现了人类流传下来的社会性的心理结构，罗西认为如果作品能震荡积淀历史的人们的心理结构，唤起人们对原型的深刻印象，它就是成功的。

3）记忆与历史

罗西十分崇尚古典建筑的类型和完美的形式，因此他在他的建筑理论和设计中强调历史记忆、重复和原型，他为探索建筑永恒的奥秘所作的努力是他另一重要的贡献。对罗西来说，如此久远，早以

① 沈克宁. 建筑现象学理论概述 [J]. 建筑师, 1996, 6(70).
② P·Buchanan. Aldo Rossi: Silent Monuments[J]. AR, 1982.

成为陈迹的古典建筑，为什么仍能感染、激励着今天和后世呢？经历了现代建筑运动的洗礼，即将进入新世纪的建筑师们为什么要一再回顾和欣赏这些古迹斑斑的印迹和早已成为废墟的古典精品呢？为什么古典建筑作品的艺术风格仍然同今天人们的审美情趣相吻合呢？是不是积淀在这些建筑中的心理结构与今天人们的心理结构有相呼应的同构关系呢？

罗西关注于人类的整个历史，他把历史作为他本人理论与实践的起点，这里历史就是建筑作为事件的发生。参与事件的相关因素均在该建筑（事件）上留下记号或者说烙印，但它们在建筑的使用中并不显现或被人认识到。而历史结束时，即建筑物失去原有功能，成为一个纯粹形式而呈现在我们面前时，促成它的相关因素作为记忆呈现出来——即所谓"历史结束之日，记忆开始之时"。例如他认为："罗马时期的纪念物，文艺复兴时期的宫殿、城堡、哥特大教堂构成了建筑。作为建筑的组成部分，它们总是回复到历史和记忆中去，更重要的是它们成为设计的要素。[1]"这种情况是我们都曾有所体验的：每当我们登临古迹、凭吊遗址时，历史是作为追忆而进入脑海的。如果我们仅把建筑看做功能的产物，那么，当功能失去之时，建筑亦失去了意义。可是，事实上恰恰在这个功能失去之时，形式的全部意义才显现出来。这里有一个时间的概念，时间并非一个等刻度的单向向量，它是永恒的过去、现在和未来的3个阶段的统一体（当然也可作为一种三分法），它们在形式上是统一的，并且具体地体现在类型上。时间在类型上成为永恒。过去之所以是可以经验的，因为记忆对形式的附着；未来之所以可以运作，因为可以类推（Analogy），所以类型学的类推成为一种测度。

罗西说道："我相信找到了一种不同的历史感，不是把它简单地想象为事实，而是视为一系列事件，可以被记忆或在具体设计中被采用的可爱物体。因此，我相信我发现了卡拉莱托（Canaletto）绘画的魅力所在，在他的绘画中，由帕拉第奥设计的各种建筑作品和它们在空间上的迁移（Removal），构成了一种难以用言语表达的类似性意象……今天，我在一种广泛的联想、相似和类比语境及限制中看待我的建筑。[2]"显然，罗西的所谓历史感实际就是一种历史记忆，是人类文化观念在形式上的表现。

罗西在《城市建筑学》中探讨了历史的要素和类型学，认为历史是一种"骨架"，这种骨架是对时间的衡量，骨架承着未来历史将在其上留下的痕迹。罗西把起点放在历史与记忆的交接点上，在记忆的层面上操作形式。"当形式作为一个赤裸的形式之时，记忆才能凸现[3]"。所以罗西把形式设计规则交给历史而不是当下，"类似性城市"理论的重心之一就是对历史意象的充分重视。由此，设计（形式操作）的逻辑是历史的逻辑，建筑形式因而在设计中实现它的"历史理性"。

4）类推的设计方法

对罗西来说，历史不仅仅属于博物馆，城市自身也应是博物馆，但又不是凝固了的文物。他说："城市是人类生活的剧场。[4]"这剧场不再是一个意象而已，它已经是现实，它吸收事件和感情，每一新事件里包括了对过去的记忆和记忆未来的潜能。因此，类型学设计的建筑是延续了历史记忆的建筑，它首先属于历史，但生活又是新的。所以罗西说："我倾向于相信，自古以来，类型并不变，但这不是说实在的生活也不变，也不是说新的生活方式不可能。[5]"这里呈现出一种"历史舞台"和"现实生

---

① 沈克宁. 建筑现象学理论概述 [J]. 建筑师，1996，6(70).
② Aldo Rossi. An Analogical Architecture[C]// London Academy Group LTD, 1990.
③ 沈克宁. 建筑现象学理论概述 [J]. 建筑师，1996，6(70).
④ 沈克宁. 建筑现象学理论概述 [J]. 建筑师，1996，6(70).
⑤ 沈克宁. 建筑现象学理论概述 [J]. 建筑师，1996，6(70).

活"的拼贴，从而体现出历史与现实、未来是亲和的，有一条永恒的人类生活的红线贯穿其间。从恢复历史记忆的原型论出发，罗西提出了建筑设计不应被视为一种随心所欲、凭空想象的设计，而是在历史与现实的语境中选择恰当类型的复杂过程。他说："熟悉的物体，如谷仓、马厩等，它们的形式和位置已经固定下来，但是，意义却是可以改变的，这些原型物体在共同情感上的吸引力揭示了人类永恒的关怀。这些物体处在记录与记忆之间。关于记忆问题，建筑也被转变成自传的经历。理性主义似乎已经还原到一种客观逻辑，一种终将产生特征性的还原过程操作。[①]"要完成这样一种复杂的过程，必须采取理性而客观的设计方法。罗西关于"历史—记忆"的关系的讨论，事实上确认了建筑的物质形式与精神含义的统一性，明确了阅读其含义的方法及表达（设计）手段，这手段就是类型学类推。

但如果光在"历史与现实之间寻找相似性"这个意义上，并不能完美解释"类似性城市"是什么意思。罗西提到类推首先是一种思维方式，它不同于"功能－形式"的逻辑推理，类推或者说类比是原始思维的特点，它与隐喻同类——即用此一物表示另一物。类推这个词最初由古希腊人使用，指的是由比例关系的相似性推出未知的数量。比如由 $1:2=2:x$，推出 $x=4$，或者从尺度不等的相似几何图形推出未知边长。这里有两点要义：其一，类推是一种由已知事实导出新事实的方法，意在"推"；其二，类推的前提是类似性。这个前提的类似程度相当关键，完全类似（如上述两例），推得事实必然。不完全类似或类似性无法确认，所推事实或然。实际问题中，完全类似的条件很难满足，多为非必然性类推。类比推理的逻辑结构在亚里士多德的著作中已经确定。即：前提：A 对象具有 a、b、c、d 属性；B 对象具有 a、b、c 属性；推论：

所以 B 对象可能也具有 d 属性。这个前提条件的实质是：A、B 对象可能类似。使用类比推理时需注意，不同逻辑类型的对象之间不可类推，正如我国古人所说：不可以头发长短去推国库粮食多少。而不同逻辑类型对象的"类推"，实质是一种"比拟"或"隐喻"。抽去罗西类型学的哲学内涵仅从形式逻辑看，当他说历史城市与今日城市类似，使用的是"类比推理"，罗西的类似性城市的说法就是一种形式类推，一种比拟或隐喻，它在本质上承认城市与建筑的一致性。

综上，罗西的理论来自于他深刻的洞察力和思想体系，更来自于意大利特定的历史环境和文化传统。我们知道现今欧洲建筑类型学理论的研究正全力追索的建筑本质是"构造的先验"（Construction a Priori），也可以说是建筑在构造上的一种内在逻辑。其目的在于揭开构造的神秘，建构全人类共通的建筑"本体论"（Ontology）。罗西的城市建筑理论偏重理性精神和对传统建筑本质之探求的结合，代表了当今世界建筑理论发展的一个方向，特别是他那一整套有关类型学理论的方法论，对实践有着重要的指导意义。这种理性的科学思维方式是极其诱人的、极富成效的。彼得·艾森曼曾指出："类型学的方法对于历史的使用与美国目前流行的对历史的掠夺是非常不一样的……美国是一种复兴主义的历史主义，而历史主义如果没有类型学的方法将流于摹仿……[②]"罗西的工作开辟了城市研究的新道路，他提出了很多重要而又富有争议的研究议题和论点。将启蒙时期的建筑类型学概念拓展为城市类型学，使得城市作为最具活力的外部性再次与建筑学的图示相关，从城市环境和心理世界微妙而根本的联系推进了城市建筑的研究，拓展了建筑学的话语空间，从而具有特别积极而重要的意义。

①　Aldo Rossi. An Analogical Architecture[C]// London Academy Group LTD, 1990.
②　引自 Architecture Review, 1983, 10.

2.2　意大利"形态类型学"（Typo-Morphology）研究传统

20世纪50年代，在意大利北部，以卡洛·阿尔干（Giulio Carlo Argan）、穆拉托里（Saverio Muratori）、艾莫尼诺（Carlo Aymonino）、格里高蒂（Vittorio Gregotti）、阿尔多·罗西（Aldo Rossi）等为首的学者圈将类型学发展为一套进行城市建筑调研与设计的方法，通过使用类型学的方法理解建筑环境和城市历史发展，发现建筑与城市形态的内在逻辑，从而在设计中继承和延续这种内在的规则，保持城市的历史连续感。并由此形成了意大利"形态类型学"（Typo-Morphology）研究传统，并延续至今。他们对类型的理解各有差别，但共同点是，关注"类型"概念以及关于城市重建或新建中的历史向度。这一种类型学思考指向建筑的本质问题，与场所和集体记忆有关。

这一学派的理论依据和方法学主要建立在对意大利古城缓慢发展变化的观察和理解之上，认为城市是个有机体，每个特定时期和地域产生的类型都代表当时当地的社会、技术、经济和文化的要求，因此历史和人的自发意识对建筑和城市形态的发展至关重要[①]。他们针对城市的演变和发展提出了一系列重要的概念：例如类型过程（Typological-process），城市肌理（Urban Tissue），类型在时间上的变异体（Synchronic Variant）等[②]。由于英文文献的缺乏和与该学派直接交流的机会极少，对意大利类型学理论的解读在国内一直没有得到系统和完善的发展。

1994年，随着国际城市形态论坛（ISUF: International Seminar of Urban Form）的成立，

促使该学派与欧洲另一个以地理学研究为基础的德国—英国城市形态研究传统（Conzenian Approach 康泽恩城市形态学）全面融会，越来越多的世界范围的建筑学者意识到"形态类型学"的分析潜力并展开深入讨论。尽管到目前为止，关于"形态类型学"这种分析方法仍然没有形成全面的研究框架和公认的定义。但由于形态学和类型学在哲学理念和方法上有很多类似之处，形态类型学便结合了这两个理论的特点和长处，成为分析理解城市形态演变发展的重要工具（图2-7）。

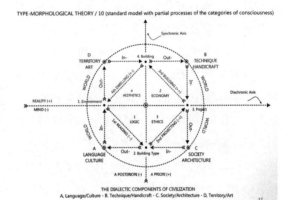

图2-7　在西班牙瓦伦西亚理工大学举办的第24届ISUF国际城市形态学研讨会主题演讲"Towards a General Theory of Urban Morphology"讨论了城市形态类型学逻辑理论的发展历程

类型过程（Typological Process）的概念在此学派的一系列概念中最为突出。类型过程的研究是探讨基本类型如何通过历时演变（Diachronic Transformation）发展变化成为各种特定时期的变异体（Synchronic Variant），并对相关的变异形态进行类型解读（Typological Reading）。每一个特定时期的类型都反映了当时的社会、技术、经济和文化要求。新的类型是历史类型经过时间的沉淀，进行自身调识，以适应新的要求的结果。类型过程的方法对确定和分析有价值的类型元素提供了有力

---

① 陈飞. 一个新的研究框架：城市形态类型学在中国的应用 [J]. 建筑学报，2010（4）：85-90.
② G. Caniggia, G. L. Maffei. Architectural composition and building typology: interpreting basic building [M]. Alinea Editrice: Firenze, 2001.

的工具。新的城市变化应存在于现存的形态框架之中。发掘历史建筑和城市肌理类型，同时寻找适应特定环境的方法并应用于新的发展建设是城市设计的重要课题[①]。

2.2.1 穆拉托里(Saverio Muratori)：可操作的类型学

20 世纪 50 年代后期，穆拉托里（1910—1973）来到威尼斯建筑学院教授"建筑空间类型"课程，在此期间他带领学生以地籍图为基础，细致研究了威尼斯和罗马的城市形态（图 2-8），并开始建立所谓的"城市形态学"理论。1959 年和1963 年，穆拉托里先后发表了《威尼斯城市历史的可操作性研究》[②]《罗马城市历史的可操作性研究》两书。从标题可以看出，他关注的目标不是城市历史而是为建筑师的设计工作提供参考。其中最为突出的研究成果是一种特别的地图，被称为"类型学"地图（Typological Map）：即一个城市或区域所有建筑物的地面层平面图（Ground Floor）。这种地图与考古学家绘制的遗址地图非常相似，能够清晰地展现城市形态结构，并可以通过类比（Analogy）的方法研究建筑类型（图 2-9、图 2-10）[③]。城市形态学研究的基础工作包括广泛的社会调研，穆拉托里将"类型"看作一种形式结构，它反映不同规模的城市里存在内在的连续性。尽管穆拉托里认同"类型"具有理想化的一面，但他并没有将"类型"看作一个抽象概念，而是倾向于将它看作一种要素，辅助当代人类更好地理解城市是如何生长和扩张的。这种城市形态学的方法通过分析个别要素与整体之间的关系来认识城市中的建筑，"类型"主要被用做分析工具。从方法学的角度来看穆拉托里的类型

学是直指设计操作的。他对类型的定义和运用是在一个连续的尺度层级之内，小到材料部件和住宅单体，大到城镇和区域。新的设计在每个层级都应该和有价值的历史和现有的形态相融合，并应当是当地建造历史的参照和传统的延续。

图 2-8　穆拉托里的威尼斯城市调研

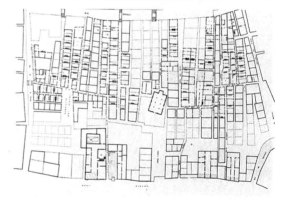

图 2-9　穆拉托里绘制的哥特时期的威尼斯圣索非亚区，1959

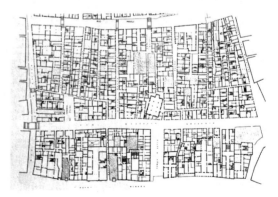

图 2-10　穆拉托里绘制的 20 世纪的威尼斯圣索非亚区，1959

① 陈飞，谷凯. 西方建筑类型学和城市形态学：整合与应用 [J]. 建筑师，2009,4(138).
② 穆拉托里曾将威尼斯的城市调研成果结集出版：《威尼斯的城市历史研究》（Studi per una operante storia urbana di Venezia）。他的城市形态学方法体现在，比如，他调研威尼斯的哥特式建筑，便将这类建筑作为一种类型，基地平面、立面装饰、功能等都是从建筑角度理解城市整体的要素。
③ Marc Trisciuoglio，董亦楠. 可置换的类型：意大利形态类型学研究传统与多元发展 [J]. 建筑师，2017,12(90).

穆拉托里构建了意大利当代建筑理论和设计中类型学概念的基础，并发展出一套动态历史城市研究方法，对历史文化遗产的保护具有重要应用价值，因而被称为"文脉主义之父"，对罗西的早期工作也有重要影响。他将建筑及其外部空间的关联特征不仅作为城市分析的基础，而且还看作从历史角度出发，理解城市结构的唯一途径。因此也被称为可操作的类型学（Operational Typology），即"类型"可以用来支持设计和创造。因此建筑类型学架构了城市和建筑单体尺度的桥梁，填补了它们之间的断层。

2.2.2　卡尼吉亚（Gianfranco Caniggia）：房屋类型学

作为穆拉托里的学生和助手的卡尼吉亚进一步发展和传播了穆拉托里的类型学的思想，并且在实践中将其演变为一套完整的设计方法。其最重要的学术贡献在于他和玛费（Gian Luigi Maffei）合作的《建筑构成和建筑类型：解读基本建筑》（*Architectural Composition and Building Typology: Interpreting Basic Building*）一书，这本著作自 1979 年问世以来再版 12 次，其英文版在 2001 年出版。书中详细介绍了类型学的相关概念和形态类型学分析的基本工具。这种完整而有效的城市阅读工具包含了基本房屋类型、城市肌理（由多种类型组合而成）、街区（多种城市肌理的连接体）和整体城市形态（由不同街区及其周边景观构成的复杂层化结构）4 个层级[①]。并将这种方法应用于意大利很多古城的城市研究（图 2-11）。

卡尼吉亚致力于创造一套能够解读任何城市聚落的科学体系，这种努力尤其清晰地体现在他对意大利传统城市科莫的研究中（图 2-12）。研究的成果是一幅巨大的、描绘 19 世纪上半叶城市历史中心的地面层平面图（图纸比例 1:200），从图中可以看到，1850 年之前科莫的城市结构（及其地理特

征）主要由古罗马建筑和广场组成。卡吉尼亚对科莫具体而深入的解读表明任何新的建设都无法避开那些依然存在的古代印记。

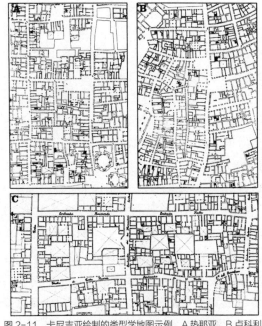

图 2-11　卡尼吉亚绘制的类型学地图示例，A 热那亚，B 卢科利，C 科莫，1979

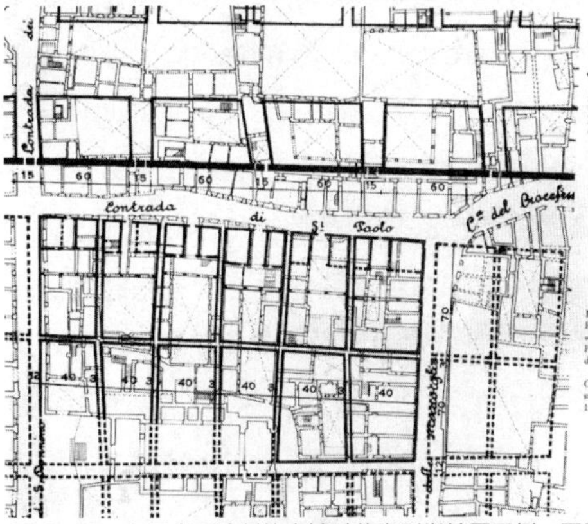

图 2-12　卡尼吉亚绘制的古城科莫类型学地图示例，罗马时期考古地图与现代城市类型学地图叠加，1963

卡尼吉亚继承了穆拉托里对建筑历史与房屋历史的认知，将城市各种构筑物划定为基本类型（Basic Type，即住宅）和特殊类型（Special Type，即公共建筑）两种类型。在他看来，建筑的建造过程和人的意识（Consciousness）密切相关，意识可以分为两类：自发意识（Spontaneous Consciousness）

---

① Marc Trisciuoglio，董亦楠. 可置换的类型：意大利形态类型学研究传统与多元发展 [J] . 建筑师，2017，12（190）.

和批判意识（Critical Consciousness）。前一种根植于人性本身和当地传统的自然表现（内在因素）；后一种来源于不同环境和时期人类文化经济技术和社会条件的影响（外在因素）[1]。当建设条件（基地状况、经济、文化和社会背景）相似时，房屋就会被建设成类似的形式。现存的房屋集合会"暗示"建造者：当面对类似的条件时，"复制"这种形式将可以成功完成建造物（客体）。这种形式的抽象化和概念化就是类型，因而，类型带有强烈的历史性和先验性。但是每次建造活动都是独一无二的，建设条件、建造者自身条件与经济实力都使建造者在设计与建造过程当中不断调整初衷。这时，批判意识就开始左右建造物的最终形式，产生类型的建造特例。很明显，类型先于实体而存在，而针对房屋的类型学分析会表现出"滞后"的状态，这被卡尼吉亚称为"后验式分析法"（Posteriori Analysis）。

通过这种自发意识和批判意识互动，类型投影出实体的演进过程。卡尼吉亚通过对城市基本类型（住宅）跨历史与地域的研究，认为共时性变体（Synchronic Variations）与历时性变体（Diachronic Variations）是"类型"在时空"蔓延"的两种特性（图2-13）。其中，共时性可以简单理解为同一时期中不同区域出现同种类型的特性，表现为类型的地域性演变；历时性则是同一区域不同时期出现同种类型的特性，表现为类型的历史性演进[2]。这一概念可以扩展到城市肌理类型（Urban Tissue Type），在更广泛的城市规模上分析建筑与周围环境与空间的结构关系和历史特性。

20世纪80年代初，卡尼吉亚在古城热那亚的昆多区（Quinto）设计了一片新的居住区（Costa Degli Ometti）。他遵循意大利传统山地聚落的结构逻辑和热那亚地区传统聚落的形态研究，布置了一系列顺应山体等高线的房子（图2-14、图2-15）。新建住宅源于热那亚地区传统"排屋"类型。

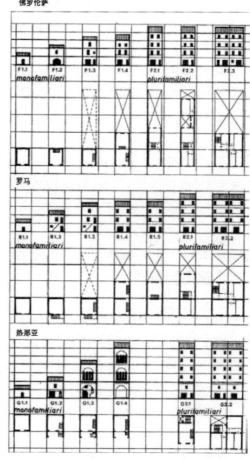

图2-13 卡尼吉亚绘制的佛罗伦萨、罗马和热那亚的房屋主要历时性变体的平面与立面对比（F1, R1, G1为单个家庭住宅，F2, R2, G2为集合住宅；横向列出的都是历时性变体，而竖向列出的是共时性变体）

图2-14 卡尼吉亚设计的热那亚 Costa degli Ometti 居住区图纸，1980

① 陈飞，谷凯. 西方建筑类型学和城市形态学：整合与应用 [J]. 建筑师，2009,4(38).
② 陈锦棠，姚圣，田银生. 形态类型学理论以及本土化的探明 [J]. 国际城市规划,2017, 2(32).

图2-15　卡尼吉亚设计的热那亚 Costa degli Ometti
居住区实景，1980

图2-16　艾莫尼诺出版的《建筑类型学的视角与议题》，1963；
《建筑类型学观念的形成》，1964

2.2.3　艾莫尼诺（C.Aymonino）：独立的类型学

艾莫尼诺是威尼斯学派（Venice school）的主要代表人物。所谓威尼斯学派是指威尼斯建筑学校在一个时期内的建筑活动，这是欧洲最早的建筑学校之一。1963~1965年，罗西接受艾莫尼诺的邀请，作为助理教授参与其在威尼斯建筑大学的"建筑的组织特征"（Caratteri distributivi degli edifici）课程，并将讲义结集出版：《建筑类型学的视角与议题》（Aspetti e problemi della tipologia edilizia）（1963年）、《建筑类型学观念的形成》（La formazione del concetto di tipologia edilizia）（1964年）（图2-16）和《论城市形态学与建筑类型学的关系》（Rapporti tra la morfologia urbana e la tipologia edilizia）（1965年）。艾莫尼诺与罗西通过这些文本发展出了一整套关于"建筑类型"（Tipo edifiliza）的概念。穆拉托里的城市调研方法在艾莫尼诺与罗西那里也得到了延续，艾莫尼诺曾调研了帕多瓦（图2-17、图2-18）[1]，罗西调研了米兰[2]。

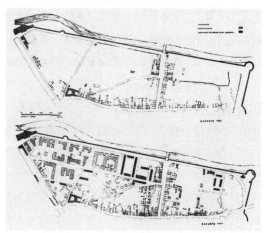

图2-17　艾莫尼诺的帕多瓦城市调研，街区平面

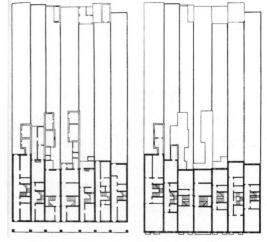

图2-18　艾莫尼诺的帕多瓦城市调研，联排住宅平面

[1] 艾莫尼诺的《城市现象研究》（Lo studio dei fenomeni urbani）（1977年）首先借助马克思理论来阐述类型学与形态学的城市研究视角，书中的研究案例包括帕多瓦、巴黎、维也纳等。这些具体的案例研究提供了资本主义城市的模式。
[2] 罗西1959年在米兰理工大学的学位论文是关于米兰的一座文化中心与剧院。罗西的《城市与建筑文选（1956—1972年）》（Scritti scelti sull'architettura e la città）收录了他对米兰新古典主义建筑的概念传统研究。

他们的活动对现代主义运动的重新评价和对类型学与形构（Figuration）的理解作出了相当大的贡献。其主要目标是要构成一种探索城市形态学（Urban Morphology）和建筑类型学（Architectural Typology）关系的科学方法论。他们的问题似乎是：建筑与城市之间的关系是否有据可寻？显然只有把建筑看作是人类居住（Human Settlement）历史中的经常现象，这一问题才能成立。既然将建筑、城市之间的关系理解成历史现象，那么这种关系只有通过对诉诸居住思想的社会要求的认识才有可能把握。比如，工业革命和中产阶级的胜利给社区生活带来的变化就曾影响了这种关系。根据艾莫尼诺的看法，类型学和形态学不仅是单纯形式上与常数和规范有关的东西，还集中反映了生产方式、社会思想规范、文化模式等的深层结构。这样的类型学和形态学才是构成和激发社区生活的基本因素。这样的研究结果会比从某个单方面的结论更具有可辨性（Discernibility）。

艾莫尼诺与罗西在威尼斯建筑大学的教学讲义中，艾莫尼诺的分析清晰地指向诞生了现代布尔乔亚社会的城市环境，涉及新兴的中产阶级以及启蒙建筑师的乌托邦设计。他将"类型"的概念看做在城市环境及使用功能之外寻找建筑最根本特征的途径。艾莫尼诺将这些根本特征分为三类：（1）特定的主题，尽管它的"类型"可能需要适配一种或多种活动；（2）不受外部影响，它的发展变化只与自身平面有关；（3）独立于建筑法规，只以自身的建筑形式作为特征。"类型"被艾莫尼诺当做从上古城市、启蒙时代城市、工业城市，一直到当下城市的转变过程中所创造出的新的理想城市要素。[①]

法国城市规划师主要接受了艾莫尼诺的理论和主张。类型学在法国驻留的原因是20世纪70年代的法国对文化的传宗接代同样深感忧虑，对于深刻的文化需要同样有所反应。但他们更加表现出对"没有建筑师的建筑"的热心。B·于埃（Bernard Huet）甚至认为类型学有助于消除建筑师为自己树立纪念碑的不良欲望。菲利普·帕尼莱（Philip Panerai）在他的论文《类型学，建筑研究手册》中总结，认为这些已确定的类型并不只属于纪念性建筑和经专家并由方案折衷了的结果，也同样存在于民间的建筑物之中……（图2-19）。

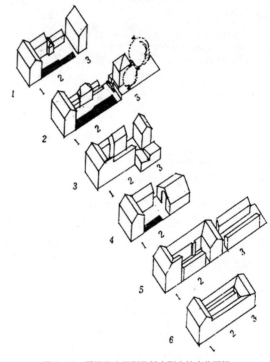

图 2-19　民间住宅类型及基本型态的变化可能

从这里我们可以也看出艾莫尼诺的表现与罗西不同，他与罗西的分歧其实反映了类型学应用的一种基本态度，一是独立的类型学（Independent Typology），二是应用的类型学（Applied Typology）。前者如艾莫尼诺，把类型学用以鉴定形式、区别和分类；后者如罗西，把类型学用以弄清城市变化过程中，一种特殊类型的耐久性。相对于艾莫尼诺的"类型"概念，罗西强化了"类型"自身凝聚的城市集体记忆，明确指出类型学上的创新是不可能的。也就是说，只有历史足够长的"类型"才是罗西认同的"类型"。罗西的"类型"概念以类似于历史范例的方式出现。

① 江嘉玮，陈迪佳. 战后"建筑类型学"的演变及其模糊普遍性 [J]. 时代建筑，2016（3）：52-57.

2.2.4　格拉西（Giorgio Grassi）：应用的类型学

格拉西（Giorgio Grassi）是新理性主义的另一位著名理论家，他和罗西一样也深受荣格原型理论和结构主义哲学的影响。他1935年生于米兰，1960年毕业于米兰理工大学，1961~1964年为《美好生活》（Casabella 著名意大利建筑设计期刊）撰稿，师从 Ernesto Rogers。这些经历都和比他年长4岁的罗西类似，同样相似的还有对类型、城市形态研究的痴迷，以及两人共同推崇的前辈，现代主义建筑师：阿道夫·路斯（Adolf Loos），希尔勃赛玛（Hilberseimer），海因里希·特森诺（Heinrich Tessenow）等人，甚至使用相同的案例，这些基础都让格拉西成为战后意大利新理性主义坚定的一员，罗西先生授课时的好搭档。他经常出没于米兰理工大学、ETH，也和很多西班牙建筑师过从甚密，不过大部分情况下，格拉西好像总是站在罗西先生阴影里的人，虽然一定程度上他的活动领域与后者并不重合，并且在思想上更为坚定的格拉西先生最终与罗西先生分道扬镳，在1992年获得了 Tessenow 奖，又被戏称为"一根筋奖"。

与罗西不同的是，格拉西追求那种不证自明的、不引人注目的独立简单的解决方式。他在建筑中努力寻求一种具有逼人力量和集体信任感的结构，建筑的集体性社会状况甚至可以说是他信仰的基础。在他看来，只有社会和集体认为是合理的，建筑形式才可能成为看起来合理的东西。因此他拒绝主观方法，反对经验主义，而注重研究对他的形式起决定作用的各种客观因素。在格拉西看来，那些只会使建筑师一味追求所谓创新，只会唱一些美学的高调，却忽略了建筑及建筑传统这些最基本的东西。所以格拉西采用两种方法：一是无个性特征的建筑方法；二是客观建造方法。通过几十年对乡村建筑、哥特式独户住宅和现代主义运动的住宅的深入研究，他企图在客观规定的、社会可接受的图形与住宅建筑之间寻找一个交汇点。他孜孜以求的是一种简洁语言，一种排除了个人主义奇想和噱头的语言。

像罗西一样，格拉西也追求原型的表现，也同样把自己对历史的兴趣表达为一种浓厚的记忆还原形式：即对永恒的建筑遗产、多样性和构成精确语境（Context）的基本逻辑联合的记忆还原形式。但他要比罗西严格得多，在他的作品中，建筑的集体性社会状况并不只是简单地得到重新确认，甚至可以说是他信仰的基础——如他于1984年设计的柏林斯塔德公寓（图2-20）。在此，他要求人们注意新理性主义的一个最富有特征性的选择——简化选择。他解释说，新理性主义的简化是在诸多元素之上实现的，只要你在建筑中找到了建筑的效益和社会认可的证据，建筑的类型和构成要素——极少的几种，并且简化为最本质的图式特性——就都是可接受的。建筑的类型和要素，只有符合建筑的构造逻辑并且符合它在历史发展过程中的功能理性时，才具有本质的有效性，这准确地强调了建筑的普遍性和一般特征。

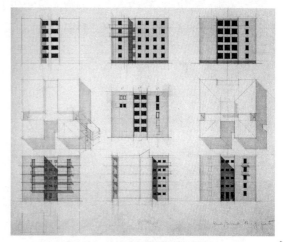

图2-20　格拉西设计的柏林斯塔德公寓

格拉西的设计反映了他所苛求的社会伦理体系，具有浓厚的无个性（Anonymity）倾向和把主观消解在集体性中的倾向。在他的骨子里似乎天生就有某种悲观主义的因素。正是这种暗含的悲观主义情绪使他在探索一种无表情式的静默式建筑时，呈现

出持久而悲壮的热情。如他于1969年设计的意大
利保罗实验室（图2-21），白色的立面、方形的壁
柱，以及整齐而毫无装饰的矩形窗户，使得这个空空
荡荡的庭院更显寂寞。这个方案的原型显然来自于
文艺复兴和新古典主义时期带有罗马风的上部开矮
窗、下部开长方形窗的母题。这种母题曾经引起欧
洲建筑师持续的兴趣，并在建筑设计中获得了永久
合法的地位，从而成为建筑中不可或缺的重要元素。
朗布热拉力（V.M.Lampugnani）曾这样评价格拉
西的作品，"他有节制的表现形式和优雅的色彩，
准确地反映了想象的建筑特征：轮廓、体量、空间、
情感力量。这种图形和概念的严肃主义（Rigorism）
……是一种强烈的心智和艺术过程的产物，它企图
通过有意义的自我模仿，实现卢卡契（Lukacs）的
现实主义美学要求。其结果是形成一种排除表面愉
悦的微妙的中性抽象"[1]。换句话说，格拉西的建筑
具有一种相对的客观性。一方面，他善于利用智慧
和艺术来催化一种富有原型内涵的形式，再用化简
和抽象的方法在建筑中生成一种无表情的中性冷面。
另一方面，为了追求这种荣格式的对集体幻想的约
束力，使得在他的建筑中，形式远远高于意义，甚
至没有给意义留下足够的空间。即所谓"这种形式
的内涵是如此清晰，以至于它要冒丧失内在信息的
危险"[1]。

　　为了获得普遍而适切的有效形式表现，格拉西
并不讳言模仿。而泰西诺的箴言则使格拉西更加大
胆地探索人类共同的形式结构。他说："设计领域
中可能的形式世界，通过在历史进程中发展的意
象，展示了它同过去数不清的联系。（形式世界）
只有面对过去的背景，才能揭示自己，只有在具
体的积极模仿的情况下，才能变为现实。"[1]但格
拉西仅把模仿作为一种出发点，而不是终点。在他
看来，尽管设计来源于原型，但却必须超越原型，
建筑师应该通过设计这一环节，把历史与现实、

个人与社会、特殊性与普遍性联系起来。1976年
格拉西设计的基耶蒂学生公寓（Chieti Student
Residences）（图2-22、图2-23），其原型
来自于意大利北部的乡村建筑（图2-24），同时
也使人们回想起第二次世界大战前理性主义影响最
胜时期的作品。通过对原型进行重新组织和简化，
以优雅而简洁的形式，从结构和类型学的角度，实
现了建筑审美品位的提升。他通过两组平行的高大
体块，构成了一个街道空间，形成了一种城市意象，
很明显地表达了建筑是一座小城市、城市是一座大
建筑的思想。那些拔地而起、细长的柱子及其光与
影的对比给建筑带来了韵律感和统一性，同时也暗
示了建筑服务于公共目的的类型学特质。在这里，
格拉西想尽可能地表现出一种简洁与简化的美，虽
然你不会发现任何令人吃惊的创新，但却能感受到
一种对熟悉的建筑学现象的新认识和对有价值的形
态学母题的新表现。

图2-21　格拉西设计的保罗实验室

① Heinrich Klotz: The History of Postmodern Architecture[M]. Boston: The MIT Press, Massachusetts, 1988: 264.

图 2-22　格拉西设计的基耶蒂学生公寓外观图

图 2-23　格拉西设计的基耶蒂学生公寓室内与总平面图

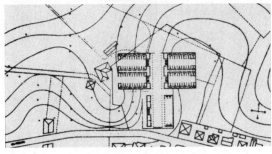

图 2-24　格拉西设计的原型—意大利北部带拱廊的乡村建筑

作为两位有影响的新理性主义建筑理论家和实践者，格拉西与罗西的差别在于：前者包含着明显的集体主义幻想和以形式涵盖意义的一元论倾向；后者则包含着明显的双极性或双重性以及多种矛盾。

2.3　其他一些新理性主义建筑师的建筑类型学理论

2.3.1　克里尔兄弟（Rob Krier & Leon Krier）的城市重建理论

新理性主义流派还有两位十分重要的人物值得一提，他们就是卢森堡建筑师——R·克里尔和 L·克里尔。他们的目标是致力于寻找像岩床般永恒不变的设计规则与信条，特别是有关于类型学的概念与城市实践。

其中罗伯·克里尔 (Rob Krier)(兄)，1938 年出生于卢森堡，随即移居奥地利。他致力于对城市空间结构的研究，同时他还较重视保护历史文化。因其出版的城市空间理论以及对斯图加特、维也纳、柏林等城市所做的规划方案，特别是在柏林城市开发"IBA"中设计的集合住宅，使他一直颇具影响力。1979 年他出版了代表作《城市类型学》（Urban Typology）一书，该书包括了对欧洲不同城市具有意义的城市空间分析，显露出他对城市形态学的理解，是 R·克里尔最重要的一部理论文献。在书中，他将欧洲各城市中主要的广场和街道关系记录下来，以类型学的观点将之归纳为几十种类型，以此作为持久不变的城市设计的依据（图 2-25~图 2-27）。在他看来，整个城市空间存在着街道和广场两种基本的结构元素，而城市空间，特别是古典城市空间，正是由"广场原型"转化的各种形式并同街道，通过这两种元素多样的结构组合法则而形成的。因而其在论述欧洲广场时所罗列出的上述形式正是"广场原型"转化后所生成的形式，R·克里尔希望通过对这些转化形式的分析，提取出"广场原型"本身。于是，其首先分析了广场和街道这两种元素的结构，在垂直面和水平面上对两者进行了划分，并认为在垂直面上应着重研讨断面及立面的形式，并罗列了 24 种断面形式及类型立面形式；
而在水平面上则提出三个基本广场的类型——即圆
形、方形、三角形。他认为古典广场本身在人类的
心理中反映出的原型都是这三种类型，但这三种类
型可以通过插入、分解、附加、贯穿、重合或变形
等手段形成多样的"转化后形式"（图 2-28），这
也间接成为罗西观点的有力证明。

形式问题。

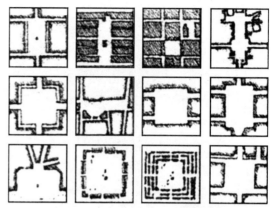

图 2-27　R·克里尔对广场的原型分析

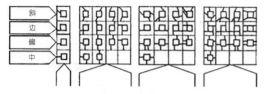

图 2-25　R·克里尔：广场与道路的连接类型

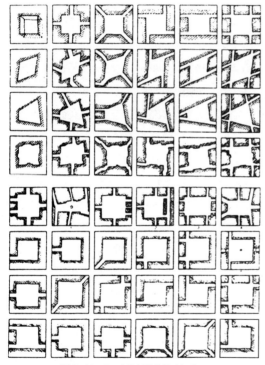

图 2-26　R·克里尔总结的广场类型

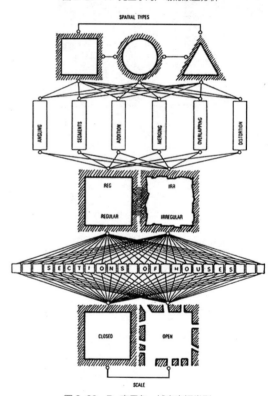

图 2-28　R·克里尔：城市空间类型

　　为了理解这样的分类对克里尔兄弟和其他所
有现代理性主义建筑师的重要性，我们有必要回
忆起类型学作为理性主义的基本准则是通过一种
批判的历史主义思想的逐渐成熟。无可否认，这
种分类体系受到了迪朗的巴黎美术学院教育体系
的影响，它旨在解决摆在建筑师面前的由于新建
筑类型、新材料及不断变化的社会需求所带来的

　　一直以来，对类型学的一个基本反对观点就是，
作为一种前工业时代的遗迹，它是僵化的机械主义，
否认变化并强调自动复制。克里尔兄弟指出了这种观
点忽视了类型与模型之间的区别，即德·昆西理论中
最著名的部分——模型是一个终极形式，而类型则是
引导设计者的向导，并不是强制性地精确复制；通过
预先决定的类型，使很多无关紧要的外在选择被剔

除，因而宝贵的时间不必被浪费在寻找新的探索。R
·克里尔在 IBA 计划①中的出色领导，意味着类型学
的设计标准——迂回地从德·昆西那里得来的——
已经被制定出来。"白色住宅"（1977-1980）这
个作品位于柏林的里特大街（Ritterstrasse）（图
2-29）。R·克里尔打算把它建成一个重建计划中
的原型。这个历史街区在 1945 年几乎全部毁于战
火，然而这里更痛苦于战后 50 年以来毫无规划的盲
目建设所带来的更大破坏，在市场利益的驱动下，不
加选择的更新导致了平淡无趣的塔楼孤立地耸立在荒
凉而空旷的城市荒地上。R·克里尔企图恢复战前传
统的以低层街区为特征的城市框架。这个住宅单元作
为被 R·克里尔称为所谓"梦计划"的一部分，即
作为城市西部弗雷德里希南大街重建的一部分。它是
一个典型的理性主义介入的作品，因为它跨立在一条
道路上以树立起整个街区将要且必须跟随的范例，而
不是被安置在不起眼的角落与那些孤立的塔楼待在一
起。R·克里尔的"梦计划"的进行是紧随着《城市
空间》在德国出版之后的，这好像成为一次验证他所
提出的类型学理论的机会，特别是对于城市的公共空
间。白色住宅（图 2-30）"H"型的窗户，从中间
跨度的小方洞到两端的大方洞，以及不加任何装饰，
使人不禁想起罗西的加拉拉特西公寓。窗户的大小反
映了它们背后的公寓单元，其中共有 23 套公寓，安
排有一室户到三室户不等。相对大一些的单元有时
设有两层通高的起居空间——集中在两端，面向花
园。中间跨度的扶墙下的较大开敞与其下方的小窗
户形成对比，而这些又可以被比喻成一个中古世纪
大门上方的枪洞口。这个"门"并不会阻碍街区中
央的人行路线，作为一个过流装置，它既允许被人
们看做公有的户外空间，同时也阻止了无心地闯入
（图 2-31）。而这之后于 1981~1985 年完成的柏

林蒂尔戈顿住宅（Tiergarten）则再次延续了"白色
住宅"的设计原则（图 2-32）。

图 2-29　R·克里尔的"白色住宅"跨立在道路上

图 2-30　R·克里尔"白色住宅"立面局部

① 西德曾经在 1957 年举办过一次推动现代主义、国际主义风格的城市规划与建筑的展览活动，被称为"国际建筑展览"。1979 年，
一批后现代主义建筑家采用同样的名称在柏林举办"国际建筑展览"（the International Building Exhibition），简称"IBA"，以与
1957 年的展览对抗。这次展览的副标题是"重建城市"（The Reconstruction of the City），展出的作品有计划地全部否定和反对现
代主义、国际主义风格的城市规划和建筑。他们以当时东柏林"斯大林大街"的刻板、划一、缺乏人情味的现代主义面貌来批判现代主
义城市规划的极权主义色彩。展览中表现最突出、最积极的就是罗伯·克里尔。

图 2-31 R·克里尔"白色住宅"内院

图 2-32 R·克里尔设计的柏林蒂尔戈顿住宅

　　当 R·克里尔通过大规模的建造来增强自己的理论观点时，里昂·克里尔（Leon Krier）（弟）则提出了"城市重建"策略，对欧洲城市的未来规划产生了重大影响。L·克里尔 1946 年出生于卢森堡，1968 年到英国伦敦与詹姆斯·斯特林一起工作了 6 年。后又陆续在普林斯顿大学、弗吉尼亚大学及耶鲁大学出任建筑学教授和城市规划学教授。L·克里尔因其在城市形态方面的理论及实践获得了很高的国际声誉。他对于城市规划和建筑的态度具有非常极端的立场，对于改良的、调侃的、戏谑的后现代主义方式不太满意，而希望能够全面恢复传统城市的面貌。他几乎是独自尝试反转欧洲城市传统的建造构架，并把自己的全力倾注在绘制视觉图表和广泛发表富有争论性的文章来说明自己的理论。1976 年 L·克里尔在其代表作《理性建筑》一书中写道："R·克里尔和我通过自己的方案所试图提出的争论是用城市形态学

反对规划师们的城市分区，也就是说，用恢复城市空间精确形式的方法来反对城市分区所造成的一片废墟。……一方面应当是一般性的，足以容纳灵活性及变化；另一方面则应当是精确性的，足以在城市内部创立空间及建筑的延续性……①"

　　L·克里尔以类型学理论为基础来分析城市形态是如何构成时，显然受到结构主义的影响，注重分析城市形态的结构体系，并把空间当做城市和建筑整体系统中的构成元素。他认为城市的形态并不取决于城市的各项功能，而是由构成元素及其组织法则（结构系统）来决定的。因此他在分析欧洲城市形态时，首先将城市分为街区（Urban block）、街道和广场三种元素，并且认为建筑街区必须成为城市在类型学上最重要的元素，作为一个类型学上固定的元素，它决定了街道和广场的形式，通过街区的组合可以产生城市空间，但街区也可由街道和广场的安排来决定，于是他将城市组织中建筑街区、街道和广场的连接分为三类（图 2-33）：街区是由广场和街道决定产生的，而广场和街道可由类型中加以选择；街道和广场的产生是由街区的位置决定的，而街区本身由类型中加以选择；街道和广场直接形成，无明确街区存在，公共空间由类型中加以选择。

 街块是街道与广场型制的结果……

 街道和广场是街块位置的结果……

 街道和广场是精密的空间类型，街块是结果。

图 2-33 L·克里尔：城市组织的三种不同公共空间类型

① Leon Krier. The Reconstruction of the City[M]. Rational Architecture, 1978: 36.

他还是最积极推动欧洲民俗建筑与古典建筑复兴的建筑师，曾提出各种规划方案来试图改造城市面貌。其中较为突出的例子就是1986年设计的伦敦斯皮塔菲尔德市场改造计划（图2-34）。对整个市场的规划和建筑作了非常详细的设计，提出了具体到人行道、广场、建筑类型的整体计划，希望能通过统一的设计使之恢复到文艺复兴式的类型特征。

图2-34　L·克里尔的伦敦斯皮塔菲尔德市场改造计划，通过细节设计透视图，他计划把这里改造成具有浓郁复古特色的街区

　　L·克里尔是一个激进的资产阶级文化的坚决批判者和彻底的历史主义者。他大有彻底改造资本主义消费文化而重建社会秩序的愿望，他的言语具有明确的条理性，对工业化社会和现代主义建筑进行了批评。他认为无限制的技术进步和科技发展已经使一些最发达的国家在物质供应和文化方面处于耗尽的边缘，为追求短期利益的狂热，工业生产竟然在短短不到二百年的时间里已然破坏了经过几千

年发展得来的传统城市和郊区结构。他说："现代主义残酷地毁灭着经过数百年岁月成熟起来的，各种建筑类型所具有特征的自主性，而将所有建筑类型一律化。时常制造出工厂式的事务所大厦和修道院式的住宅，甚至频频发生形态和功能不统一的问题。这与其说是革新，不如说是混乱。"[①]柯布西耶曾说过"风格是谎言"，L·克里尔对风格也这么看，不过他认为风格是一种弥合知识与人工体力劳动两者距离的意识形态，这是一种消费。现代建筑放弃风格不足为奇，但它却激进化了这种消费过程。因为现代运动没有给建筑和城市以自主性（Autonomy），相反仅仅把它纳入社会经济领域和渠道，促进了建筑工业生产，成为"最大利润追求对象"。这样风格虽被放弃，却以媚俗（Kitsch）[②]的方式生存下来。现代社会疯狂的消费欲望将艺术的永恒价值出卖为商品价值，以不顾一切的方式，事无巨细地把城市环境中社会功能的贫乏掩盖起来。

　　L·克里尔对形式类型的重视是出于对现代建筑可识别性减小、千篇一律的不满，他把形式雷同与模糊不清的弊病称为"不可命名（Nicknames）"，在他看来，古典建筑在形式上同它的目的必然有类型上的默契，即指教堂看上去像教堂，剧院看上去像剧院。这种规律性的"可命名性"（Names）是人类通过劳动和智慧在历史中逐步获得的，是保留在人类记忆中的"原型"，它有着持久的影响力。而现代建筑却忽略这种影响力，与之相反，现代建筑往往将建筑按随意的方式（the Random Form）建造，形成建筑的"不可命名性"（图2-35）。正如L·克里尔所说："这好比将咖啡壶和酒瓶混淆了……，对于一个没有丝毫习俗的人类而言，他可能会用咖啡壶装酒，而用酒瓶装咖啡，但对普通人而言这是不可能的，因为一旦用酒瓶去装加热

① 渊上正幸著. 现代建筑的交叉流 [M]. 覃力译. 北京：中国建筑工业出版社，2000，3.
② Kitsch，即媚俗，流行于19世纪的德国，意指不择手段地去讨好大多数人的心态的做法。媚俗的"强腐蚀性"在于它对群体思想和审美口味的操纵，使人们屈从于一种对某一事物的认同和反对之中，而无法摆脱其缠绕；反媚俗，甚至也是媚俗的一种表现形式。现代文化最大的任务之一是对媚俗的挣脱并努力解放自身的活力。

好的咖啡，他会将手指烫伤的。"①现代建筑在尺度、比例、形式、特征、类型和风格上的错误正是源于现代建筑的"不可命名性"，因此他极力主张恢复传统建筑在形式上的"可命名性（Nameable Object）"，以此体味细腻的人类情感。事实上，晚期工业现代派拒绝接受过去的形式，执行"净化"，然而"倒洗澡水把婴儿也泼了出去"，导致现代建筑形式的"不可命名"。在 L·克里尔的心目中，

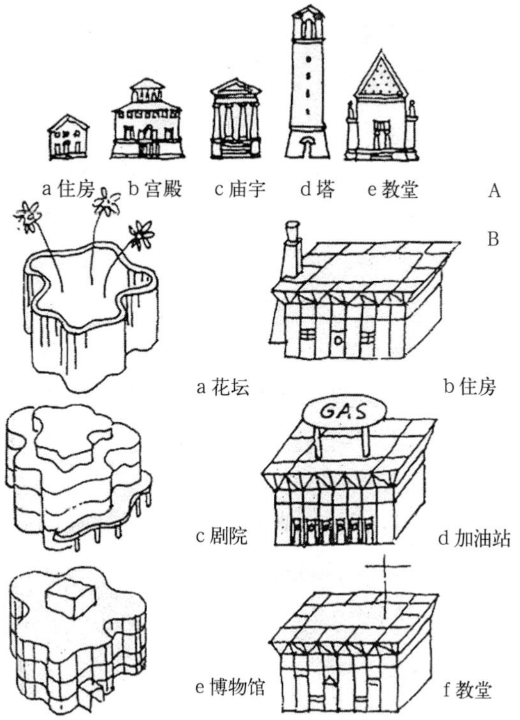

图 2-35 L·克里尔：建筑的"可命名性"和"不可命名性"
A：传统建筑"功能类型"与"形式类型"相统一
B：现代建筑两种类型不分

a 住房   b 宫殿   c 庙宇   d 塔   e 教堂   A

a 花坛   b 住房

c 剧院   d 加油站

e 博物馆   f 教堂

B

第二次世界大战后现代建筑在社会环境和物质环境上对欧洲城市的破坏胜过历史上任何一个时代，甚至包括两次世界大战在内，他说他这一代人是"这种空间的文化悲剧的见证人和受害者"，"分区理论加速了城市综合体空间连续性的解体"②。他希望，教会就要像教会，学校就要像学校。他将建筑定义

为从旧的秩序和传统的法则中，开创出新局面的可承传的系统。这无疑是更具人性化的观点。

L·克里尔的"城市重建"的城市规划构思是非常明确的。他批判现代主义是贫困的、复旧的、禁欲的，相反，历史主义与古典主义则是富饶的、创新的、有欲望的。在他看来，现代建筑把城市变成缺乏文脉的、冷漠的、机械化的钢筋混凝土森林，他的目的是要改变这种面貌，使之重新成为具有人情味和文化内涵的居住和工作中心。在他的一系列建筑和建筑群设计方案中始终贯穿着这种设计思想，如 1982 年设计的"劳伦提姆住宅群"（图 2-36）和 1991 年设计的"庞德伯雷（Poundbury）居住区"（图 2-37，图 2-38）完全采用古典类型要素进行设计，按照 L·克里尔的说法，只有这样的建筑才能够达到高文化含量的目的，但遗憾的是前者没有实施。而 1985 年设计的美国佛罗里达州"海滨住宅"（图 2-39）则是把多种历史风格混合使用，特别是古典主义和民俗风格的混合，基本上每栋住宅都由他亲自设计，因此都具有他的设计风格特点与别致的情趣。然而由于是在佛罗里达空旷的野外建造的新区，虽然建筑本身具有某些古典主义和民俗情趣的建筑符号特征，但整个区域却依然没有能够出现和达到欧洲式文脉的目的。这个居住区设计也从一个侧面向人们证明了"文脉"的人为建立几乎是不可能的，它只能存在于真正的历史氛围之中。

图 2-36 L·克里尔 1981 年设计的"劳伦提姆住宅群"模型

① Leon Krier. Houses, Places, Cities[J]. AD, 1984, 7/8.
② 马清运：类型概念及建筑类型学 [J]. 建筑师，1990, 12（38）.

图 2-37　L•克里尔 1991 年设计的"庞德伯雷居住区"总平面图

图 2-38　L•克里尔 1991 年设计的"庞德伯雷居住区"

图 2-39　L•克里尔 1985 年设计的美国佛罗里达州"海滨住宅"

综上，克里尔兄弟通过对城市建筑的理解，形成了一套体现其思想的设计方法，并在实践上运用这些方法进行设计。他们希望通过这套方法阐述城市意义和其形式之间的关系，并由此论证城市形态的永恒特性。我们能够非常明显地看到他们的方法论同其认识论的连贯性。克里尔兄弟的类型学理论没有罗西的那么玄奥复杂，也没有罗西那样中立、冷静。他们说："建筑史和城市文化史即类型史。……无名建筑构成了城市的'肉'、公共空间的'皮'。它们虽不是高雅艺术的结果，但也是建筑之传统[①]。""所以类型学包括了城市中物质和空间的统一。城市空间与建筑空间、实与虚、私密与公共的辩证关系不应当是政治社会因素的结果，而是一种综合的所谓文化的理性意向"[②]。显然，罗西和克里尔兄弟的一个共同特征就是把城市看作经济、文化、生活等活动的综合载体，城市本身就是其中一个不可分割的组成部分。他们的原则是理性的，方法是历史的，他们都试图借助于形态学、类型学及手工业方式探索出"原型"，以获得建筑的意义。然而他们的弱点在于欧洲的建筑工业已经合理化到如此程度，难以再把高质量的手工生产作为规范标准来维持。

克里尔兄弟为重新创造美丽城市所作的努力，其目的与美国的文脉主义相同。他们的著作可以同 19 世纪卡米罗•西特（Camillo Sitte）所著的《按照艺术原理规划》（Planning According to Artistic Principles）一书相类比（尽管西特呼吁人们加强对建筑的保护和警惕现实中极端形式主义现象，他真正关心的却只是些理论问题）。C•詹克斯在其《新古典主义及其出现的原则》一文中评价克里尔兄弟时谈道："克里尔兄弟轻易沉迷于上述观点之中是出乎人们意料的。但是我们应当看到，克里尔兄弟表现出的对欧洲城市命运的关注是值得尊敬的。那些粗制滥造的现代建筑和重建工程导致了千篇一律、

① 马清运. 类型概念及建筑类型学 [J]，建筑师，1990,12(38).
② 陈伯冲. 建筑形式论——迈向图像思维 [M]. 北京：中国建筑工业出版社，1996.

丑陋和缺乏特色现象的出现，它们破坏了作为文化标志的城市；还应当看到，克里尔兄弟对历史的研究也是令人钦佩的，他们的目的在于使人们更好地理解被现代建筑运动的反历史主义完全抛弃了的历史原理，……克里尔兄弟的兴趣在于重新建立过去那种紧密的城市结构，恢复旧城市的活力和精神。……如果克里尔兄弟能够发现一种更合理，更适合于现代技术和现代生活方式的新式建筑语言，那么他们的理论也许会成为一种真正有价值的文脉主义。然而这可不是一件轻而易举的事情，现代的生活方式似乎是在同罗曼蒂克的思想作对，只有未来才能告诉我们这种思想究竟在多大程度上能以一种更实用的方式起作用。"[1]

克里尔兄弟的理论固然过于浪漫甚至矫情，但其彰显街道、广场与纹理型态的重要性论证确实一语道破现代城市设计问题；更因其提供了图文并茂而操作简单的设计方法，从 20 世纪 80 年代后期到 20 世纪 90 年代，这个理论成为当代欧美的主流都市设计学者的范型——如弗瑞德·科特（Fred Koetter），安杜勒斯·杜实尼（Andres Duany），伊丽莎白·普拉特赞伯克（Elizebeth Plater-Zyberk）夫妇，彼德·卡尔索普（Peter Calthrope）等人建立的所谓"新城市主义"，进而影响到 SOM，Sasaki 之流商业事务所的开发方案设计，其效果不可谓不深远。

2.3.2　昂格尔斯 　　　　　（Oswald.Mathias.Ungers）

奥斯瓦尔德·马休·昂格尔斯 (Oswald. Mathias.Ungers）是 20 世纪 60~70 年代涌现的新一代建筑师中非常重要的人物。他 1926 年出生于德国的艾费尔丘，1950 年毕业于德国的卡尔斯鲁厄理工学院建筑系，同年开始了他建筑师的职业生涯。1963~1968 年在柏林理工学院任教，1969 年

移居到美国，先后在康乃尔大学、哈佛大学、加利福尼亚大学洛杉矶校区和伯克利校区担任建筑专业教授，在这段时期，他对建筑理论进行了深入的研究，也在此期间大量从事建筑描绘训练，在绘画和建筑哲学方法上都达到很高的水平。1976 年回到德国，在科隆、柏林等地开设自己的建筑设计事务所。作为建筑师，昂格尔斯注重建筑与城市"类型学"（Typology）的探索，通过不断的建筑实践验证着自己的新理性主义观点，并为建筑学这种伟大的知识形式留下了丰富的作品。作为教育者，昂格尔斯把自己的建筑思想传授给下一代，他在部分青年建筑师中提倡使用类型学的设计方法来改变国际主义风格的垄断，即使是后现代主义形成的时期，依然提倡理性主义为核心的设计原则。他的新理性主义和类型学设计方法在 20 世纪 60~70 年代具有很大的影响。活跃于当代的很多建筑师，包括阿尔多·罗西、马里奥·博塔、克里尔兄弟及雷姆·库哈斯等都曾经从其思想中受益。因此可以说不但在德国，在国际上昂格尔斯也是非常活跃的建筑师。

我们知道，理性主义建筑的主要特征包括：建筑的整体性、逻辑清晰的必要性、简洁性和有效合理性。理性主义发展到当代，出现了一些新的倾向，除了上述几个特征外，更注重历史、人性等因素的融入，因此又被称为新理性主义（Neo-rationalism）。这一点在昂格尔斯的作品中得到了充分表达。昂格尔斯的设计主张是不采用装饰符号，而仅仅在理性原则下，使用简单的几何形式，通过变化多端的组合达到建筑形式多元化的目的。詹克斯曾经把他列入后现代主义范畴，但笔者认为，从他的建筑缺乏任何后现代主义符号的特征来看，他应该属于新理性主义。

1. 建筑

在昂格尔斯的职业生涯中，他一直在对建筑学的本质内涵进行着不懈地探索与研究。他把"类型"

---

[1] 詹克斯. 新古典主义及出现的原则 [J]. 建筑师，1991(42).

的概念与几何关系紧密结合，以基本几何要素的关系作为原型，再衍生变体。颇具代表性的是 1975 年为纽约市所做"罗斯福岛"规划设计竞赛方案（图 2-40）。在这个方案中，昂格尔斯拷贝并等比例缩小了曼哈顿的城市网格，且设计了几十种以立方体为基准的变体，通过对简单到无以复加的几何形状加以重叠、错位、组合，由此生成不同的形态并达到装饰性的效果。

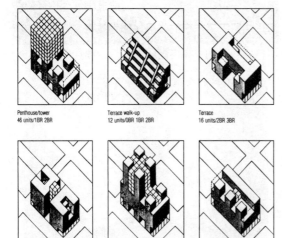

图 2-40　纽约街廓类型的变化（昂格尔斯所作的纽约市福利岛竞赛方案）

　　1976 年的德国马尔堡（Marburg）城市住宅方案是他早期较为成功的使用"类型"变体进行设计的作品。马堡尔像很多德国中世纪城市一样，保留了大量平面与立面形态各异的住宅。该住宅位于一个历史地段，并与一栋历史悠久的建筑相邻。昂格尔斯参考了这些住宅的"类型"，并在他的设计中划定网格，在网格里推敲这个"类型"的各种当代变体，表现出各有差异的形式语言，最后确立采用"L"形构型。该 L 形由 5 个立方体构成，它们并置于旧建筑的周围，形成新建筑的"基形"。此后，他转而研究和设计低一个层次的内容，即"变体"。而后将变体置入原固定网格之中，由此生成不同的形态（图 2-41、图 2-42）。从该方案的线性发展过程中可清晰

地看到类型学的一些基本设计方法和建构规律，诸如选择固定"要素"，设计它的"变体"或称"原型"，以及"衍化"关系的选用等。

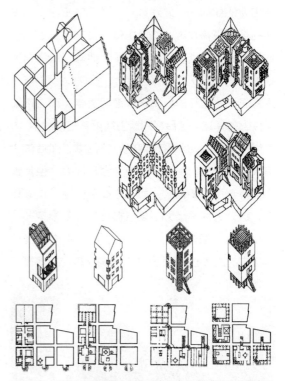

图 2-41　昂格尔斯在常数平面网格中对独立式基本类型转换所形成的几种不同组合方案一

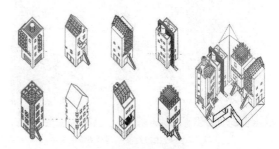

图 2-42　昂格尔斯在常数平面网格中对独立式基本类型转换所形成的几种不同组合方案二

　　在使用类型学设计方法的欧洲建筑师中，昂格尔斯的作品最好地体现了新理性主义的传统。昂格尔斯的建筑立场是企图通过超现实主义的方法把建筑带入具有寓意的、形而上的境界。他对于意大利 20 世纪初期超现实主义画家契里科的作品具有非常浓厚的兴趣，努力通过自己的建筑设计体现他的

作品中的超现实主义精神，他的建筑经常采用连续的列柱、简单无华的白色几何形式，这都可以在契里科的绘画中找到踪影。类型学的因素与昂格尔斯的信仰——即建筑就是建筑的主题在他设计的法兰克福建筑博物馆中体现得非常清楚。这栋建筑完成于 1983 年，在设计期间，博物馆的经理海因里希·科劳兹（Heinrich Klotz）充分赞赏了昂格尔斯的城市建筑理论哲学（在城市连续性上的评述）。昂格尔斯围绕重新整修过的 19 世纪的意大利式别墅建造了一堵围墙，然后依次是天窗采光的门厅，环形的通道与展廊。但其核心仍是其中心要旨——即一栋抽象的硬山山墙住宅，这让人联想起劳吉埃尔提出的住宅原型——原始茅舍（图 2-43）。体现了他希望恢复经典现代主义的决心，从而开拓了德国建筑的新途径。

图 2-44　德国柏林泰尔尕顿泵站

图 2-43　德国米兰的法兰克福建筑博物馆室内

于 1987 年完成的柏林泰尔尕顿泵站(Tiergarten Pumping Station，Berlin）则更是从历史主义的角度阐释了对现代建筑的理解，在这里，昂格尔斯采用了纯净的形式与英雄般的尺度设计了这个巨大的工业建筑；四角高耸的四根烟囱围绕着黑色的镀锌坡屋顶，让人联想起中世纪的教堂（图 2-44、图 2-45）。

图 2-45　德国柏林泰尔尕顿泵站室内

即使在进入了 20 世纪 90 年代以来，他依然在此方面作着积极的探索，这当然要得益于其广博的艺术造诣背景。1995 年竣工的美国华盛顿特区德国大使馆官邸（图 2-46），是昂格尔斯近期作品的代表。其朴素的外观让人联想起贡纳·阿斯普劳德

（Gunnar Asploud）的作品，但其纪念性的九立柱正立面的严谨套路还是回应了内部的功能。即除了把此建筑看做一栋居住建筑外，昂格尔斯还把它看做是德国文化的标志。因此它理所当然应当表现为严谨、内敛、冷漠，也许这种形式更符合其作为一栋政府官方使用建筑的性格。然而，由于其特殊的功能性质限制，在 30,000sq·ft（约 2,787m²）的面积内，很难把此建筑做得充满家庭情趣。像一些公共功能空间，如接待厅与宴会厅占据了首层，而私人餐厅与起居室、卧室、客房、卫生间则都放置在上层。整栋建筑的混凝土框架被覆盖以佛蒙特州产的石灰石，它站立在高冈上俯瞰波托马克河（Potomac），而它的抽象的柱廊则让人回想起曾经站立在这里的那栋希腊复兴式住宅。

图 2-46　美国华盛顿特区德国大使馆官邸

2. 城市

　　昂格尔斯是一个建筑师，他的新理性主义观点形成于他的建筑实践，并在城市设计中得到延续和发展。1997 年他出版了《辨证的城市》一书，通过对 1991~1997 年间参加的 8 个城市设计案例分析总结，阐述了自己的城市设计观点。在书中，人们可以清晰地看到昂格尔斯所使用的分析与综合的理性方法。在他看来，现代主义忽视了城市的多样性，试图通过技术的手段把城市作为一件完整的艺术品来看待，其局限性是显而易见的。昂格尔斯提出这

样的担忧："城市就像空港。[1]" 人们进进出出，却没有可以驻留的场所。因此现代城市设计不应是乌托邦式的幻想，也不应是怀旧的传统模式的重复。用一个单一、具体的模式来适应复杂的城市系统是不切实际的。面对这样的现状，昂格尔斯提出了两条重在调和对立面的城市设计对策：一是场所的互补（the City as Complementary Places），即城市是由互补和有意味的场所共同组成的整体系统，通过加入其缺乏的功能或完善已有的设施，不同意义的场所就能表现出该地区的独特性。在这里，昂格尔斯用"城市中的城市"（City within the City）阐明了每一个互补的场所自身具有的主题特性，并强调这种场所特性不是任何理想化概念的强加；二是"层"的概念（the City as Layer），即认为城市是由一系列叠加的"层"组成，它们可以是互补的也可以是对立的。这些"层"如交通系统、基础设施、公园、水域、建筑物等，作为复杂的城市结构的一部分，可以分别考虑，这样就加强了可操作性。这就使得城市设计可以跳出纯感性方法论的泥沼，而趋向于理性的决策。就这两条对策的关系而言，前者可以作为后者的理论前提，后者可以作为前者的实践方法。

　　昂格尔斯 1968~1969 年在柏林执教期间主持了名为"1995 年的柏林"的设计工作室，就较为直接地体现了他的城市设计理念。"1995 年的柏林"旨在对 20 世纪末的柏林城市状态进行预测和展望。在这个设计活动中，昂格尔斯认为，在现代城市中充满着英雄主义、孤立的、反社会的建筑，因此，不应把个体的建筑作为孤立的艺术品来设计，而应充分重视城市的整体性和延续性，将城市作为设计的焦点和目的。因而，昂格尔斯并没有预先设定目标，而是按照他提出的设计原则带领学生进行实验。为保持某种程度的客观性，他甚至还把历史上曾经提出过的针对大城市的规划方案等比例地代换到柏林。通过对传统城市的再认识，他将城市形态要素归纳为两种基本要素：一种是公共性形态要素（Public）；

① Oswald. Mathias. Ungers；The Dialectic City. Milan，1997.

另一种是个人性形态要素（Private）。昂格尔斯认为整个城市形态都是通过这两种元素的组合而构成的，并确定公共性形态要素在整个城市形态中是具有"统治"（Dominant）地位的，因而决定了它在类型上的形式多样性和复杂性；而个人性形态要素则只能从属于公共性形态要素，其类型应当是普遍性、单一性的（图2-47）。他的这个要素划分决定了城市各要素的层级性，明显地崇拜传统城市的整体美，向往清晰而富有意味的连续空间。在这里，昂格尔斯体现了一种建筑应以城市为参照的含义，也就是说，在城市图底关系中，大多数建筑仅仅应作为底层的背景出现，而不应作为突出形象来考虑，其形态应由城市空间及文脉的形态来决定；同时对于公共性要素而言，要考虑其在水平和垂直方向上延伸对整个城市的整体性的影响，明确点与面的关系。这个设计活动的最终成果是把柏林具有历史价值的街区和代表着历史记忆的重要建筑、广场，即所谓公共性形态要素保留下来，拆除其余平庸的建筑，同时代之以从属于公共性形态要素的新多层街区。这样形成的城市就是传统空间与代表了舒适、速度和效率的现代城市空间并置与对立的共存（图2-48）。

昂格尔斯的设计手法清晰地反映了一个建筑师的职业习惯——理性。即在强调历史及场所感的重要性基础上引入理性构图，把系统加以解剖，提取分析要素，然后叠合、复归为整体。他的信条是"形式、隐喻、类推"。所以说他所探求的设计语言实际上是把建筑语言扩展到城市范围，例如他习惯通过方格网模式的引入来控制形式的生成，从而解决设计问题。这一点曾经引来批评，但昂格尔斯通过大量的建筑设计和城市设计作品很好地表明，设计者若

公共性形态要素   个人性形态要素   城市形态要素

图2-47 认为城市由公共性建筑及个人性建筑构成，而公共性建筑具有统治地位，形态应较灵活；而个人性建筑处于从属地位，形态应较单一

图2-48 昂格尔斯为波茨坦广场与莱比锡广场设计的方案

善于将分歧和矛盾综合起来，不仅能完成形式上的追求，而且可以对历史延续性和场所感都作出贡献。例如他在对波茨坦广场与莱比锡广场（Postdamer and Leripziger Plata）的设计中，他试图把"场所的互补"和"层"的概念融入图面的表达之中，"层"的概念使得城市设计这一复杂的体系分解为单一要素的叠加，这种分离的操作方法使得地块的划分是通过后期规划的城市网格与现有的交通网络的叠加来确定的，而高层建筑则依循历史街区的网格，这样，一种延续历史的发展就建立起来了（图2-49）。正如他在《城市设计的概念》一书中提到的，不管摆在设计师面前的挑战是什么，最终设计师都不可避免地会把问题的解决诉诸到设计程序中去，经济的、社会的、技术的种种因素都将融入一纸设计构图之中，这正是典型的理性主义的做法，即"通过永恒的形式来沉思事物正是理性的本质"。尽管昂格尔斯主张从城市的角度阐释和组织建筑空间，但和罗西不同，他的理论里面掺杂了实用主义的成分，或者说他的所谓新理性主义是建立在对经济、功能、社会现实等一系列实际因素的考虑之上的。

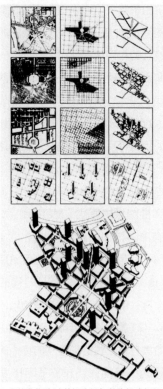

图 2-49　昂格尔斯为波茨坦广场与莱比锡广场设计的方案

城市是极其复杂且充满矛盾的，它不是机器，而是一个具有自组织能力的复杂系统。建筑与城市的设计并不是一个单纯的设计过程，而是一个综合各种矛盾因素的决策过程。昂格尔斯通过大量的实践始终表明了一个坚定的立场，即在充分保持城市多样性、地域性和历史延续性的基础上引入秩序，同时以方格网主导的秩序又复归入城市，成为环境的一部分。当理论家们在意识形态领域喋喋不休的时候，昂格尔斯却怀着小心求证的态度迈出坚实而富有创意的一步。他将理性的类型学设计模式与对城市辨证的认识结合起来，并注重操作手段的可行性，从而使他的实践闪耀着理性的光辉，同时也为世人提供了一种新的城市设计方法。可以说他是少有的能够把建筑理论与建筑实践联系起来的现代建筑师，在理论与实践上都有所建树，并且能够通过自己的努力，把建筑的过去、现在和未来贯穿一体，形成一个全新的、自我的诠释。因此，虽然他本人并不极力推销自己，但却被视为德国当代建筑的领导力量之一。

2.3.3　拉菲尔·莫奈欧（Rafael Moneo）

被喻为西班牙建筑诗人的拉菲尔·莫奈欧 1937年出生于西班牙的图德拉。他长期在西班牙从事建筑设计，同时又在哈佛大学执教并进行评论活动。因此他注重学习教育方法，也注意通过深入观察其他建筑作品来促进评论工作。但是与大学教师和评论家相比，他更喜欢被称为建筑师。在高中时代，他曾喜爱过影视艺术和哲学，但因受到土木工程师父亲的影响，他最终还是成为建筑师，这与他具备精通建筑技术的家庭背景是分不开的。莫奈欧很早就受罗西影响，在设计观念上与罗西有千丝万缕的联系，以其对场所和项目的敏锐感知，对建筑历史和传统城市的深入理解，以及对类型学思想的独特运用，使得他在面对每个项目时都能提出与众不同而又耐人寻味的诗意阐释。

莫奈欧的类型学思想与罗西具有相似的立场，他主张对现代主义进行改造，反对那些时髦的"即时性"建筑风格，强调创造一种对社会具有持久意义的建筑的重要性。特别是运用类型学思想，在比例上、在建筑总体外形上执着追求建筑的永恒性，达到设计上的历史韵味，并在社区计划上达到建筑与邻里的和谐和统一。在他看来，建筑的核心是与城市文脉的统一性和联系性，而不是单独的存在，无论单独的建筑多么完美，如果和城市文脉脱节，就不是一个值得研究的建筑了。

不同于德·昆西提出的关于"类型"的理想化的先验"形式"，在莫奈欧看来，类型是一个用来描述一群具有相同形式结构的事物的概念：作为一种形式结构，它同时也与现实保持着紧密的联系，与由社会行为所产生的对建造活动的广泛关注保持着紧密的联系。最终，类型的定义必将根植于现实和抽象几何学两者之间。即作为内在形式结构的类型包括两方面的内容：现实和抽象几何学——现实是"因"，抽象几何学是"果"。因此类型不是先验的，而是现实的结果——是社会环境、自然环境作用的综合结果。

与罗西一样，莫奈欧也认为类型是一个传递历史文化信息的媒介。如果不根植于过去，不根植于历史和传统，要建立一个有着坚实基础的未来，或是一个能够真正保证人类文明社会持续良性发展的文化是不可能的。建筑师应该成为文化的保护者和鉴定家，而且也应该是它的创造者。因此在其早期，莫奈欧执着于对建筑历史的深入研究，并思索着在建筑发展过程中，那个具有持久生命力，揭示了历史关联性的事物是什么？在《有关类型学》的文章中，莫奈欧写道："对于德·昆西而言，类型的概念将使建筑重新建立起与过去的联系，形成一种与人类第一次面对建筑问题并从一个形式来识别它的那个时刻的隐喻性的联系。换句话说，类型解释了建筑背后的原因，而这个原因从古至今并没有变化。类型通过它的连续性来强化那永恒的最初时刻，在那一时刻里，形式和事物本质间的联系被人们所理解……并且，从古至今，每当一个建筑与一些形式联系在一起的时候，它就隐含了一种逻辑，建立了一种与过去的深刻联系。"[1]可见，建立在文化、生活方式和形式的连续性基础上的类型正是莫奈欧所寻找的答案。

莫奈欧是城市绝好的赞美者，他在访问日本的一次讲演中，曾涉及建筑和时间的内涵。他说建筑凝结于瞬间，又将工程所耗费的时间也封存于建筑之中，因此建筑的本质是永久性的。建筑物中潜在着超越时间而永久存在下去的欲望。事实正是如此。过去的建筑师，因为考虑到即使本人谢世后，建筑也将继续存在若干世纪，而对建筑倾注了毕生的精力。一旦建筑完工，建筑所具有的自立、自主性的生命将一直延续下去。而自己完成的建筑，将给周围的环境带来激励，开拓迈向新的建设的道路，起到连锁反应，决不会让建筑成为孤立存在的灌木丛。正是建筑，才是我们人类美好创造物——城市的重要组成要素，而且正在城市中发挥着最重要的作用。

① Rafael Moneo. On Typology[J]. Oppositions, 1978(13).

但是最近，由于不仅要追求建筑物的耐久性，而且还要考虑其经济性，使建筑物的寿命，渐渐缩短下去。当今建筑的目的和用途是非常明确的，一旦其目的达到，立即便被处理掉。他对建筑已堕落成一次性物品的现状，深为感叹。当你目睹他的代表作——建于梅里达的西班牙国立古罗马艺术博物馆（1985年）那对现代建筑反叛的外貌时，便会理解他那始终如一的批判的设计风格了。

国立古罗马艺术博物馆（图 2-50）坐落在西班牙中西部的小城梅里达（Merida），是人们所熟知的具有考古价值的古罗马的遗址城市。该城建于公元前 25 年，是罗马帝国殖民地鲁西塔尼亚（Lusitania）的首府，城中罗马时代的古迹非常丰富。这座具有历史城市文脉的博物馆所在地，是诞生莫奈欧"建筑是从建筑师与场地自由对话之中产生出来的具有独立性的物体"的论点的强有力的母体。博物馆的场地就选在位于阿格里帕建设的

图 2-50 拉菲尔·莫奈欧设计的国立古罗马艺术博物馆

"圆形剧场"的对面。其周围散落着作为考古研究对象的罗马时代遗址的发掘区。方案的初始意向是希望建造一个博物馆，使当地的居民能够在已经建立了新城市的土地上，有机会了解这个已经逝去的罗马古城的历史，唤起人们对那一时代的美好追忆。

莫奈欧不希望通过严格模仿古罗马的建筑风格来解决设计的问题，因为它是属于当代的；但它又不能是一个完全现代的作品。因为它要向人们述说那段历史的故事，该如何做呢？为此他提出了涉及建筑的场地、特异性和时间三个重要的主题，并巧妙地将这三个主题融会在国立古罗马艺术博物馆的设计中。

埋没在古代罗马城历史脉络之中的这一场地，具有令人回到2000年以前的古代异文化支配的历史的特异性，因此整个建筑的流线组织和空间的展开，能从古罗马空间意象中发现它们的影子。博物馆的主空间表现为一系列平行的隔间（图2-51），彼此之间通过巨大的拱券连通，形成了古代建筑壮观的透视效果。特别是在深处，一束肃穆的光束射向那遥远的古代，更增添了效果，具有很强的轴向性（图2-52）；主空间的楼面是一个连续的活动平台，一侧有作为陈列室的夹层；有部分光线从侧高窗进入，但最主要的照明还是来自顶部的自然光线。光线以一种不可捉摸的方式，投射到材料的表面。显然，这是顶部采光的多柱式大厅类型的一个变体，也是传统巴西利卡类型的一个变体。博物馆中最放异彩的是地下室（图2-53），这里是展示场所，但却完好地保存着发掘现场，2000年前古罗马时代的风情，栩栩如生地展现在人们的眼前，恰似时光倒流的空间。那砖砌成的墙壁也在昏暗的扩展中，呈现出一副时代悠远的古色苍茫表情。在这里，罗马建筑中极其丰富的室内空间被淋漓尽致地表现出来，人们漫步其中，仿佛进入了历史的底层。陈列着的古迹和表征着的历史，在柔和的自然光下，一次次静谧地展露出来，久远的历史和永恒的罗马

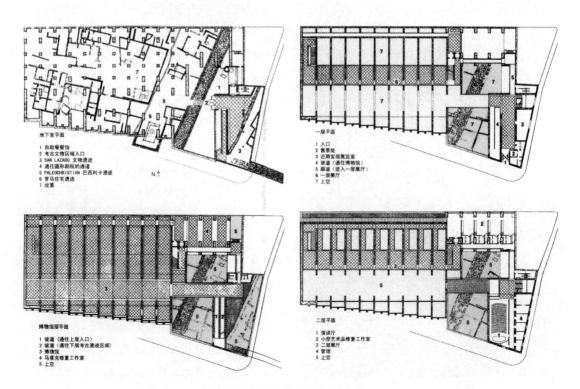

图 2-51　国立古罗马艺术博物馆平面图

图 2-52 国立古罗马艺术博物馆室内

图 2-53 国立古罗马艺术博物馆地下地下室发掘现场

艺术，回荡在连续的拱券周围（图 2-54）。以这种方式，莫奈欧创造了一种对话的场景：对古代的追忆与对现代的感知紧密地交织在了一起，人们在它们不断的对话中，感受着过去与现在。

博物馆的外观，通过对历史和地方的感知，是用特意定购的极薄的罗马砖砌成的精密细致的墙体，让人在感受到层层重叠的砖体细密的质感的同时，也对该城市所沉积的历史的高密度性有了深入的了解。从外壁水平的无限细密的砖体纹理，可以触摸到古罗马时代的建设技术（图 2-55）。无论是色彩的调和，还是材料的质地，甚至从古代建筑或者遗迹上，人们都可以深深地感受到遥远古代的社会风情。该建筑物宛如从地下长出，没有任何人为的痕迹，土色的外墙坚实地扎根于大地，给人的印象非常自然、优美。同时为了唤起对现在的感知，莫奈欧使用一种特殊的连接方法创造了一种无缝的、现代的砖墙表面。这同样体现了他的类型学思想：墙体本身是一段记忆，而不是一个复制品。

在这里，莫奈欧创造了一个令人回味的场所：他的博物馆，建在真实的废墟之上，呈现出一种古老建筑的神采，同时它又适合于现在的用途。建筑物明示着特异场所的属性，也产生着自立性结构设计与周围的背景紧密相关的对白。现代的混凝土薄板跨越在拱券之间，钢结构的阳台从罗马砖砌成的墙体中伸出，如同是在以前就存在的建筑物上新加入的构件。于是他的博物馆反映了三个时代：一个真实的过去，一个想象的过去和一个真实的现在。可见，莫奈欧正是遵循他的类型学思想工作着，通过对类型的多重抽取和转换，通过对材料、构造、细部的场所化阐释，他的建筑同时具有了对过去的记忆和对现代的感知，具有了自己的生命力，最终成为场址所期待的建筑。

在莫奈欧看来，类型不是图像，不是简单的历史强加。他反对将承载了历史信息和人类生活方式的类型任意地肢解或武断地使用。在提到罗伯特·文丘里等人的后现代作品时，莫奈欧写道：

图 2-54　国立古罗马艺术博物馆精密细致的墙体拱券

图 2-55　国立古罗马艺术博物馆外观

"只有外在的形象被保留了下来，而且文丘里只将他所需要的元素放了进去——如窗子、楼梯等，

① Rafael Moneo. On Typology[J]. Oppositions, 1978(13).

而没有更多关注原始的模型。因此，定义住宅的建筑形象包含了许多仅有一般特征的元素，而当这些元素几乎都成为标准组件的时候，它们也就丧失了与形式结构间任何意义上的明显联系。①"

可见莫奈欧认为，对于文丘里而言，类型已经被简化成了图像，或者说，图像就是类型；组成建筑形象的各个元素很明显地都来自建筑历史，但是元素间传统的相互依赖的关系却消失了，作为内在形式结构的类型消失了。对此，莫奈欧提出一个问题，"当一些新建项目只是解释了古老城市的生长过程，那么它们是否可以被认为是严格遵循了类型学的思想呢？"①莫奈欧认为，他们只是在现实中提供了一个城市的"类型学的景象"，并没有利用类型的思想来制造城市本身。因此以前已经被类型所解决的城市和场所之间，城市和时间之间的关系被破坏了，今天的类型学已经被简单地理解成为一种构图的手法。所谓的"类型学研究"也只是在形象的生成或是传统类型学的再生上有所作为。因此可以这样说，是因为对类型的怀旧之情，而不是对类型思想的真正体会给予了这些作品以形式上的连贯性。

长期活跃在西班牙国内建筑舞台上的莫奈欧近期也走出国门。2002 年完成的新作——被喻为天使之城的洛杉矶圣母大教堂（图 2-56），已成为洛杉矶城市象征的靓丽景观。莫奈欧借用了当代技术和对宗教的更新观念，以自己的方式重新诠释了天主教现实与神圣传统之间的平衡。教堂显得颇具现代化风格，其纪念碑方块状的造型，尤其建筑东部，与 11 世纪罗马式教堂有异曲同工之妙。巨大的钢筋混凝土剪力墙矗立当中，尽管钢桁架被盖住，仍不失人情味，直白地表现了砌体的稳重与力度。这不是哥特式教堂，所以特意弱化了石头的作用，而去营造轻巧的骨感（图 2-57）。

这种设计也让人想起早期拉文纳（Ravenna）

图 2-56 拉菲尔·莫奈欧设计的洛杉矶圣母大教堂

图 2-58 洛杉矶圣母大教堂室内二

图 2-57 洛杉矶圣母大教堂室内一

图 2-59 洛杉矶圣母大教堂室内三

王宫式的基督教堂，莫奈欧没有刻意选用马赛克瓷砖来转变呆板的二维平面或蹩脚的外墙，而是选用混凝土抹面、樱桃木凳、雪松木及毛皮天花板和金色石灰路面。超过 1580m² 的雪花石膏由双面镶嵌的通风系统保护，用于折射光线，使光线变得暗淡和柔和（图 2-58）。雪花石膏在小型开放式高外墙的罗马风格教堂可以看到，这是莫奈欧的挚爱。由

于这种古老的材料不能经受阳光曝晒，现在已经几乎绝迹了。但现在的技术可以把它转换成轻质墙板，而材料仍然保持透明。

从整个城市角度来看，这个教堂给洛杉矶增添了一些让人称奇的东西：城市里一个面向宗教的地方，是城市里一个不常用的奇怪元素。中殿，教堂里的主要集散地，也是如此拉丁化，有如一艘船乘

风破浪，一个异国元素，但可以知道的是，这艘船包含宽容、坚忍和速度。中殿也是信众获得宽容和坚忍（假如不追求速度）的地方，而莫奈欧设计的木天花板看起来仿佛真的船底（图 2-59）。教堂庭院、喷泉广场、风景、淡黄和橘黄色的塑料凳子在咖啡店边散布，与周围的文明空间相接，像城市般包容所有的冷落或误解，由此加大聚集信众的力度。

可见，与罗西不同的是，在莫奈欧看来，类型还应包括发展和变化的内容——即类型需要不断场所化和现实化。我们知道，罗西习惯将自己的作品建立在抽象的基础上，借助于最简单的几何形体，表达一种回归自然的超现实主义思想。他认为没有任何一种形式能像抽象的几何形体那样，表达出他的这种思想。然而，正是由于罗西对类型抽象表现的偏执，他的建筑面临着一个如何现实化和环境化的问题，"罗西的类型只能与它们自己和它们理想化的环境进行交流。它们只是一个理想化的，或许根本就不存在的过去的一些无声的暗示"[①]。反对类型学的观点经常认为类型学是一种"僵硬的机制"，它排斥变化，并强调一种近似机械的重复。然而莫奈欧认为，真正的类型概念已经暗含了变化和转换的思想。在莫奈欧的类型定义中，已经表明了类型与现实间的紧密联系。"类型的概念本身在一定范围内是允许变化的，它意味着一种对现实社会的意识，当然，也包括一种对变化可能性的认识。……因此，类型可以被认为是在其中进行变化的框架，一个历史所要求的辩证的连续关系所必需的要素。……一些例子中形式的连贯性和稳定性，不应该认为是因为类型的概念而造成的；而应该归结为由于要解决的是相同的问题，因此最终的形式也大致相同。或者换句话说，一个社会的稳定性——这种反映在行为、技术和图像上的稳定性同样也反映在了建筑上"[①]。

因此，莫奈欧眼中的类型学思想的设计过程就是"建筑以及这个由建筑所构成的物质世界，不仅需要通过类型来进行描述，而且需要通过它来进行创造。……设计过程就是一个将作为形式结构思想的类型学元素，带入到一个现实状态中去的过程。在这个过程中，真实的现实状态将赋予每个独立的作品以特征"[②]。

对于莫奈欧而言，作为人类宝贵财富的历史和文化传统是一个至关重要的设计源泉；而类型学思想探寻的正是建筑的内在本质，它架起了历史、文化传统与现实之间的桥梁。类型问题是建筑的本质问题，其根本点在于对人的关怀。建筑的根本意义在于对人的关怀。在人类文明的演进中，作为承载人类生产和生活的舞台，城市和建筑留下了人类生存的永恒印记；而作为形式内在结构的类型，它保持了形式背后的理由。正如莫奈欧所荣获的 1993 年度布鲁诺奖的评语中对他的评价——"他的作品，体现了强有力的现代实用主义，因诚心尊重场所的传统而受到好评，因执着于材料和细部创作而显得丰富。他的建筑，使"风格是精神"的最终观念的格言产生了动摇"[②]。

2.3.4　斯蒂文·霍尔 (Steven Holl)

斯蒂文·霍尔是当代美国建筑界使用类型学较为成功且引人注目的建筑师，他在当今的日本、美国，甚至全世界都可以说是闻名遐迩。霍尔出生于 1947 年，相对于很多建筑大师，应算作是能代表下一代，很早就成名的建筑师之一。对于现代主义建筑他虽然没有强烈的反感，但也不满足于现代主义建筑过于具体、过于坦率的结构表现，他强调寻找建筑的"难以捉摸的本质"（the Elusive Essence of Architecture），他的设计因此强调空间的巧妙处理，不追求表面的宏大和突出表现，而讲究平易

① Rafael Moneo. On Typology[J]. Oppositions, 1978(13).
② 渊上正幸著. 覃力译. 现代建筑的交叉流 [M]. 北京：中国建筑工业出版社，2000，3.

之中包含巧妙的形式和内容、空间处理。纵观霍尔成功的原因，在于他深刻地研究美国地方传统建筑的类型并一直致力于将从传统中获得的精神和设计逻辑运用在设计中。他深入研究了美国城市网格系统与欧洲传统城市设计的区别，在他的专著《乡村和城市住宅类型》一书中，他系统收集了美国传统的住宅类型，从中提供类型设计方法以试图代替那种令人厌烦的行列式住宅（图2-60）。在霍尔看来，民间住宅所展示的简洁性、诚实性和整体性可以和早期现代建筑的追求联系起来。

霍尔对建筑的基本观点是：将思想回到或还原到建筑的本质，抛除一切的先验或将一切先验"暂停"，体会建筑、场址、地形，真正领悟建筑和场所中所感受到的经验和意义，使得纯粹的心智与自然、场所、建筑交融去获得真实。霍尔对文脉、社会、文化和场所的考虑贯穿在他的作品中，例如他的马撒曼园宅就充分体现了典型的类型住宅的构成要素，这些要素均是可变化、可选择的，如将其中的部分要素代之以其他的要素形式，这座建筑的"精神"仍然存在（图2-61）。在这个项目中他认真研究建筑的特殊场所的特定地理条件：一面是海，一面是荒原。这幢住宅的类型属于海滩住宅，霍尔在保持这幢住宅的木框架的顶部在同一水平面的同时，将建筑的地板悬浮在地表之上来保持海岸住宅的传统（图2-62），但地板随着地表的高低而起伏，随海岸的坡度而逐级下降，最终是一个眺望海面的悬挑木平台，由此建筑与地形取得关联。这幢南北向的建筑北朝大海，南面则是荒原，建筑处在两个地理特点不同的特殊场所，建筑将原是一体的自然地形分为两个部分，一个是海向的，一个是陆向的。霍尔对两个方向采取了不同的处理方式：在陆向的一面采用了城镇化的入口方式，与北面的眺海平台形成对比，从而造成一种类型学上的区别（图2-63，图2-64）。

霍尔将现象学思想和类型学方法结合起来，力求透过空间关系、功能、结构组织等表层分析去真

正掌握建筑与场所的精神实质，以求还原"生活世界"的本来面目，然后在特定场所中"锚固建筑"，寻求所谓"诗意的连环"，即建筑要依据场所特有的内涵设计，与场地融合达到超越物理和功能的要求。这一点是通过建筑与场地的现象学经验结合而得来的。在设计中他充分体现了典型的类型住宅的构成要素，并利用这些要素来调节、表达和强化场所经验，但这些要素均是可变化、可选择的，如将其中的部分要素代之以其他的要素形式，这座建筑的"精神"仍

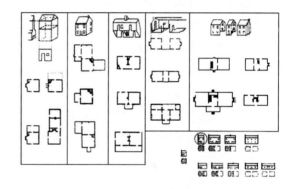

图2-60　美国乡村和城市住宅类型

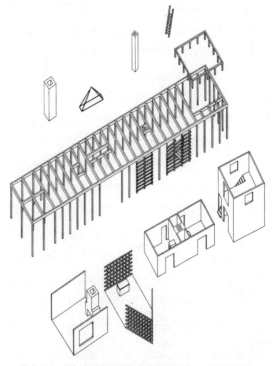

图2-61　霍尔应用类型学构成要素的设计——马撒曼园宅

图 2-62　马撒曼园宅将建筑的地板悬浮在地表之上来保持
海岸住宅的传统

图 2-63　马撒曼园宅西立面

图 2-64　马撒曼园宅东立面

然存在。这样就形成了一种包括地点因素、个人经验因素、建筑本身的存在因素的结合。他对此观念有所阐述，认为这些因素的结合具有以下四方面的联系方式：场地的历史关联；规划性的关联；文学性的关联；场地的地理学的关联。他的这种立场，使建筑设计在很大程度上必须考虑地点因素、地点的历史因素、规划性因素、文脉因素等相关因素，是把现代主义原来仅局限于功能性因素上的观念加以扩展的重要一步。

日本福冈纳克索斯 11 号住宅设计（Nexus World No11, Fukuoka-city, Fukuoka, 1989~1991）是霍尔应日本建筑师矶崎新之邀在福冈"纳克索斯世界"国际住宅展上设计的一幢集合住宅。该住宅与建筑师雷姆·库哈斯及马克·迈克的作品一起被称为此次国际住宅展中最成功的作品，而霍尔也因此第六次获得 PA 建筑进步奖（PROG-RESSIVE ARCHIT-ECTURE AWARD）。在日本福冈纳克索斯住宅设计中，霍尔智慧地使用类型学设计方法创造了一件既具有城市景观特色，又融于自然环境景观中的杰作。他细致周密地考虑了日本的风土人情，并以"虚空间"（Void Space）和"链合空间"（Hinged Space）两个各具特色的空间把它们具体表现出来。根据基地条件与功能的要求，28 个住宅单元沿向南开敞的 4 个庭院展开布置。在充分了解基地的各种环境因素及文化背景的基础上，共设计了五种不同类型的住宅单元以满足不同的需求，同时也形成了内部空间的多个不同方面。北侧由一条带形通廊将五个单元联为一体，南侧住宅底层沿街是商店，上部是住宅（图 2-65）。南侧部分由流淌于各栋楼之间的水面营造出宁静、恬美的空间。清澈如镜的水面所编织出的光与影映出随着春夏秋冬的时光推移而带来的万般景色，这些庭院"虚空间"使得建筑物获得超出本身容量之外的空间，其寓意就是"无"。在此，霍尔出色地将体现着禅的精神的"无"的空间展现出来，在日常普通的家居生活中创造一种神圣的空间感觉。

霍尔以他惯有的十分理性的分析方法将建筑的

各种组成要素条理清晰地加以研究，恰如其分地处理了与前部沿街道路、后部庭院及两侧建筑的关系，并真实地反映在建筑的平面布局和剖面设计中（图2-66）。

图2-65 向南开敞的4个庭院与底层的商店

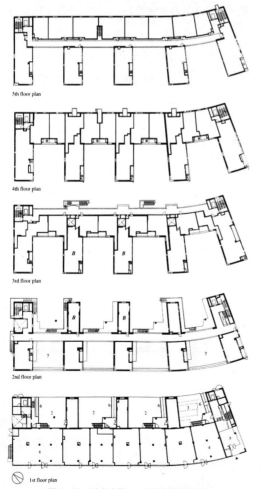

5th floor plan

4th floor plan

3rd floor plan

2nd floor plan

1st floor plan

图2-66 纳克索斯11号住宅的各层平面

在5层不同平面上，他重复地采用不同的要素：在1、2层上采用公共建筑的构成要素进行重复，住宅入口在庭院的一角，设有楼梯曲折而上；在2层，商店的屋顶是大面积的水池，水池边一条宽阔的走廊从横跨商店的住宅下穿过，把两侧住宅入口及两端的楼梯、电梯间清晰简明地连在一起；在3~5层上对住宅的构成要素进行重复，产生一种韵律感；在3层，连接住宅入口的公共走廊被戏剧性地抛在了建筑外侧，所有住宅入口均设在北边，其中布置了部分向上跃层的住宅；在4层，没有了公共走廊，只在北侧设少量凌空而架的悬梯，该层均为跃层住宅；而在5层，公共走廊又回归原位，北侧有少量向下跃层的住宅（图2-67）。

在外部空间构成上，霍尔采用现代建筑的混合类型的构成方法，通过对不同的使用空间进行空间与其体量的"混合""杂交""迭合"，造成一种要素的重复和变化的类型效果（图2-68，图2-69），单纯明确的线条与冷静的块面组合，创造出理性又富有活力的建筑形象与外部空间。朴素的混凝土预制构件拼合，窗口的开设和入口、楼梯的设计都具有强调工业化的特征。霍尔的类型方法产生了形式上简洁、韵律性很强的作品，但住宅组合的丰富性和入口形式的多样性又同时表现出一种内在的历史文化持续感（图2-70）。可见建筑师在理性、简约的条件下对生活的多样性进行了不懈的追求。

"链合空间"是内部空间设计思想的关键。考虑到日本人采用推拉门的传统习惯，可活动的墙隔断被广泛采用，使得每个住宅单元的内部空间得以灵活划分，并根据家庭结构的长期变化来增减房间的数量。配合白天与夜晚使用功能的不同，可将房间扩大与缩小，因而内部景观也随着阳光的变化而变化，在一天中呈现不同的变化（图2-71~图2-74）。整个内部空间的构造就像一把精巧的乐器，可以为居民演奏一曲光与空间变换的美妙旋律。"链合空间"的想法，即利用墙体的轴向旋转来变

图 2-67　北侧凌空而架的悬梯

图 2-69　外部空间的"混合、杂交、与迭合"——5 层的通路

图 2-68　外部空间的"混合、杂交、与迭合"——庭院道路

图 2-70　入口大厅

图 2-71　室内的"链合空间"一

图 2-74　室内的"链合空间"四

换空间，对于 21 世纪是极具重要性的，特别是对于
小尺度的住宅。

　　1992 年设计完成的芬兰赫尔辛基现代美术馆
（图 2-75），是霍尔在海外规模最大的作品。基
地位于土鲁湖的端点，这里介于由商业区转换为市
郊的过渡地带，处在都市主要轴线与交通枢纽位置
上，东侧为沙里宁设计的"赫尔辛基中央车站"；
北侧是阿尔托设计的"芬兰大楼"；西侧是国会大
厦，城市网格也在此汇聚，基地状况颇为复杂，富
有挑战性。"Kiasma"在芬兰语中是交错的意思，
而这栋建筑物则正是以直线与曲线相交的形式出现
在芬兰国父铜像广场曼纳林姆（Mannerheim）大
道上，以便与周围景观交融结合（图 2-76）。据说
霍尔在设计时曾到基地考察过五十多次，还不断地
与业主和当地市民沟通，以期能完成一栋兼顾地方
历史与文化的建筑。在这里，建筑物的方向性主要

图 2-72　室内的"链合空间"二

图 2-73　室内的"链合空间"三

图 2-75　霍尔设计的芬兰赫尔辛基现代美术馆

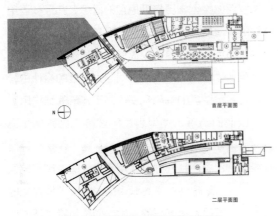

图2-76　芬兰赫尔辛基现代美术馆平面

图2-77　赫尔辛基现代美术馆室内坡道空间

是依循都市轴线及日照率的方位而确定的，房间的大小因建筑物的微微弯曲而有所变化，也适应了赫尔辛基市的高纬度的水平面自然光。室内的空间有许多交错的斜坡道，随着自然光以不同的方式照入建筑，造成了强烈的空间流动感，而空间的穿插与灵活性因为光线的原因而更加令人惊异；垂直动线运用坡道与楼梯，其巧妙的接合带来了行走的乐趣（图2-77）；所使用的材料也以简单不多加修饰的朴实风格来呈现；而主要的出入口则以钢结构的形式形成雕塑作品的感觉。对于霍尔而言，它似乎是一个新的尝试，他运用不同材质制出一种多层次的晕染效果，使得空间感犹如水彩画般，其原先线条锐利的感觉逐一消失，而充满神秘色彩和雕塑感的曲面造型又表现出一种崭新的冲击力（图2-78）。

霍尔的建筑看似简单，但这些简单的要素却构成了意味深长、最丰富、最有说服力的作品。可以说他的绝大多数作品都具有一种寂静、沉默和内省的类型学特点。霍尔不拘泥于已有学说的框束，其设计魅力完全出自于自己的新颖创造。其在无名的前卫建筑中寻求模式是霍尔建筑装饰设计的原点，他长期以来探索着构成这些建筑类型根底的形态、结构及心理侧面。

霍尔这种突破形式之围的类型学设计方法代表了当代设计发展的方向，建筑不再一味强调某种形

图2-78　赫尔辛基现代美术馆外部充满神秘色彩
和雕塑感的曲面造型

式上的极端主义；也非某种不顾现实、社会的乌托邦；更非某种艺术或哲学上的故弄玄虚。因此这既不是现代主义，也不是后现代主义，更不属于颓废主义，它不会导致解构主义式的孤芳自赏，而是关心社会、文化、历史和传统，重视经验与场所的建筑现象。依靠谨慎的比例感觉，运用极简的传统形态和材料的自然美，以及富于创造性的适宜的装饰物与调和的丰富色彩，霍尔将前卫建筑类型掌握在自己手中，使他在平凡中创造着非凡。

总之，罗西、穆拉托里、艾莫尼诺、格拉西、L·克里尔，R·克里尔以及诸多新理性主义者都通过类型学理论来追踪"城市—建筑"同一这一观念。这一观念表明建筑与城市是作为一种自主、独立的实体，作为人类生活的舞台而呈现在我们面前。它的背后是"永恒的人类生活"（阿尔多·罗西语），这是人类的生活理性，而建筑则是这一理性的产物和象征。尽管他们对类型的理解和运用存在差异。

例如罗西的类型学更接近原型的概念，并且多运用拼贴的手法使"类型元素"出现在他的建筑设计作品中；而克里尔兄弟比较提倡古典的建筑和城市类型，且多体现在城市公共空间等大尺度的设计中；莫内欧对类型学的解释几乎等同于建筑的结构原则等，但他们都承认类型表达了城市文化和集体记忆并可以在时间演变中延续下来。这不仅是一种自发的城市现象还是一种可以用于设计的城市建筑语言。所以，新理性主义者眼中的形式，不是独创的对象，也不是诉诸感官的艺术，而是包容生活的形式，是记忆赖以附丽的载体，是地方性（locus）的标识……一句话，是与永恒人类生活相应的永恒形式。这就是"新理性"的真正含义。依此看来，建筑形式不能被用来解决社会问题，不能被用来作为英雄主义的象征，它也不能被用来作为技术发展的奴婢，它要以自身的"形式理性"完成它自己的理性目标。

建筑与它的细节在某种程度上都与自然相联系。
也许它们都像大鲑鱼和鳟鱼,它们生下来还不够大;
甚至不在它们一般生长的海里或水里出生,
它们出生在几百英里外的家乡,
那里的河流还是小溪,是荒野中间清澈的小溪,是最初融化的冰水,
同它们日后的生活如此遥远,就像人类的感情和直觉远离日常的生活一样。
——阿尔瓦·阿尔托,鳟鱼与溪流

Chapter3
第3章 Natural Inspiration
自然的启示
——新地域主义中的建筑类型学理论研究

　　如果说新理性主义建筑具有哲人智者的风范，那么新地域主义则具有一种隐逸的风度，而新地域主义建筑师也怀有隐士的情怀。他们决不张扬，他们的作品也远离城市的喧嚣与纷扰。既可以稚拙浑朴，以大俗的方式表达大雅；又能精致亲切，以大雅的方式表达大俗。在他们看来，只要把建筑置于特定的文化与地域场所之中，并且使建筑表达了这种特定的文化与场所精神，任何设计方法都是可以被接受的。由于对地域特性和文化精神的理解不同，存在着两种地域主义，一种是通常意义上的地域主义，通常采用地方符号、象征，甚至是方言。这是一种显性的地域主义，代表人物有第 2 章中提到的 A. 德比夏等。另一种就是弗兰姆普敦所谓的"批判的地域主义"，以贵族式的谦逊和谨慎态度，在敏锐地关注地方情景的前提下，使用现代工业材料。这是一种隐性的地域主义，代表人物有阿尔瓦·阿尔托、马里奥·博塔、安滕忠雄等。前者以丰富的色彩和独具个性的直观形式来表达地域风貌与场所感，通过渲染民俗风情，体现出一种与现代工业文明相疏离的浪漫情调，其在地域原型的抽取与应用上多偏重于表层符号；而后者则以较为含蓄的手法来表达地域内在的精神与场所感，把地域精神融入现代材料与手法之中，表达了现代工业文明同人类生活的和谐关系，其在地域原型的抽取与应用上多偏重于深层类型，更接近我们所探讨的类型学理论。因此在本章节中，我们主要就批判的地域主义，择其代表，分析一下新地域主义对当代类型学发展的主要贡献。

3.1　当代批判的地域主义——马里奥·博塔的建筑类型学理论

　　瑞士建筑师马里奥·博塔（Mario Botta）的作品大多具有类型学的特点。他认为建筑活动是积极的、建设性的活动；是改变原有环境、创造新环境的活动；是打破旧的环境平衡、创造新的环境半衡的活动。在设计方法上，他首先考虑建筑所处的环境，他认为新建筑与原有环境的关联至少应该反映出它们之间固有的、新与旧的关联。但在建筑与自然的关系问题上，博塔并不信仰阿尔托的有机主义原则——将建筑融于自然，而是认为建筑应是对自然的反抗与控制，并使之称为建筑环境的重要组成部分或构成元素。他力求在他的建筑诗篇中将所有看不见的层面物化为单一的要素，在这里，导致一个建筑产生的全部理念最终凝结为一个强有力的、鲜明的符号，它铭刻于大地之上，一经形成即打破了原有的平衡。因此，博塔的作品是带着使自然环境个性化的目标建造起来的。在其漫长而紧张的设计生涯中贯穿着一条不变的线索，即他一直致力于把来自两个方面的考虑综合起来：一方面是对形式的关注，另一方面是对实际工程的需求。

3.1.1　生平简介和创作历程

　　1）马里奥·博塔 1943 年出生于瑞士提契诺省的孟德里索（Mendrisio）。15 岁起在卢加诺（Lugano）的卡洛尼（Carloni）和凯米尼什（Camenisch）建筑公司当学徒，自此开始建筑生涯。1969 年到意大利威尼斯大学建筑系学习，对于意大利传统设计建筑，特别是古典主义和文艺复兴风格有很深刻的了解。他曾在数位现代主义大师手下工作，其中以柯布西耶和路易斯·康对他的影响最大。1970 年，博塔在卢加诺开设了自己的建筑事务所。从那时起，他通过自己的建筑作品逐渐形成了结合现代主义建筑和具有符号象征特点的结构和立面混合的新建筑立场，同时也成为现代建筑理论界的重要人物之一。

　　博塔广泛地在欧洲、亚洲、北美和拉丁美洲各地进行讲学。1976 年他成为瑞士洛桑联邦工业大学的客座教授；1988 年又成为美国耶鲁大学的客座教授；1993 年荣获米兰布宜诺斯艾利斯 CICA 奖；1996 年获阿根廷科多瓦国立大学荣誉教授及瑞士工程院院士称号，同年，新的瑞士意大利大学成立，博塔被指定为孟德里索新建筑学院的课程与机构筹建负责人；1997 年获 SACEC 奖（瑞士—美国文化交流学会）、英国皇家建筑师协会荣誉会员，布宜诺斯艾利斯巴勒摩大学荣誉教授；1999 年获意大利罗马圣卢卡学院外籍院士及法国巴黎"国家骑士荣誉勋章"。

2）纵观博塔的建筑作品实践，我们不难将其创作生涯分为两个阶段：第一阶段，20 世纪 60 年代至80 年代初，他的绝大多数作品是集中在其家乡提契诺省周围的乡村住宅，这些作品是现代的，但能使人联想起建筑师的故乡——提契诺省传统的古朴、大胆的几何形建筑风格，而且它们与古典建筑之间也存在着紧密联系，这些联系通过轴线布局与对称表现出来，正是这些住宅设计为博塔赢得了声誉，倍受国际建筑界瞩目，例如著名的斯塔比奥圆形住宅（图 3-1）；

图 3-2　旧金山现代美术馆外观

图 3-1　博塔的斯塔比奥圆形住宅

图 3-3　旧金山现代美术馆室内之一

第二阶段，1980 年代至今，他设计了许多城市大型公共建筑，而且范围涉及巴黎、旧金山、首尔、大阪、东京等地，从而真正地活跃在国际建筑舞台上。他在这些大尺度的城市建筑作品中进一步发展了其住宅作品设计的主题，表达了对历史和环境问题的热切关注——如城市景观、地方建筑传统、过去与现在的文化等。代表作品有美国旧金山现代美术馆（图 3-2～图 3-4）、瑞士的哥塔多银行、法国艾弗利天主教堂、日本东京的和多利艺术馆（图 3-5、图 3-6）、瑞士凯伊马特办公楼、Centro5 办公与集

图 3-4　旧金山现代美术馆室内之二

合住宅、以色列特拉维夫的辛巴利斯塔犹太教堂及文
化遗产中心（图3-7、图3-8）等。

图 3-7　以色列特拉维夫的辛巴利斯塔犹太教堂及文化遗产中心外观

图 3-5　日本东京的和多利艺术馆外观

图 3-8　以色列特拉维夫的辛巴利斯塔犹太教堂及文化遗产中心室内

图 3-6　日本东京的和多利艺术馆室内

3.1.2　形式的符号化与象征性——马里奥·博塔的批判地域主义建筑类型学

　　现代主义在瑞士这个国家有很深的国民基础，这是由于瑞士人一向比较理性，有时候甚至近于刻板，因而对现代主义情有独钟。战后初年瑞士平面设计界创造的"国际主义平面设计风格"又被称为"瑞

士国际主义风格"，就足以证明这个国家对于现代主义理性成分的喜爱和拥护。这种理性传统对博塔有深刻的影响。作为世界上最有影响的城市建筑师之一，马里奥·博塔在现代主义建筑的复兴中担当了相当重要的角色，博塔的设计把抽象、清晰的现代主义建筑形式与对人文需求的敏锐洞察力结合在一起。与罗西相比，博塔更多的是一位用作品来说话的建筑师，他并没有希望建立自己严格的建筑设计理论体系，而是在设计过程中表现出对历史传统的尊重，对地域文化的深度挖掘以及对现代主义批判地继承，由此体现出他对现象和本质的理解。博塔通过独有的具有象征意义的符号对他的作品加以标识，这些符号表现在：在空间构成上对几何形式纯熟运用；在立面造型上鲜明线条以及在采光处理上对光造型能力的充分发挥等。不仅如此，博塔还通过赋予其作品以形式和伦理方面的意义强化它们的个性。那些简明的、本初的符号像指纹一样具有唯一的印记标识性，永远地与动态的空间紧密结合在一起。概括起来，他的设计理论包括三个主要方面：一是结构主义的历史观与建筑观；二是以基本几何形体为基础的类型结构；三是环境与建筑的象征意义。下面将逐一论述。

1. 结构主义的历史观与建筑观

　　20 世纪 70 年代以后，越来越多的建筑师受到结构主义哲学与方法的影响，特别是在设计中涉及类型学理论的建筑师都无一例外。结构主义对历史观与建筑观有独到看法。1959 年荷兰建筑师、理论家冯艾克在 Otterlo 国际会议上提出了结构主义历史观，他强调说："现代建筑师们不停地说我们的时代是如何的不同，以至于忘记了本质永远相同的东西。人的本质是永远相同的，不论在何时何地。人的心智匹配也是相同的，虽然有不同的使用方式，那就是依照他的文化或社会背景，依照他所遭遇的又成为其中一分子的特别生活模式"[①]。1967 年他又在 Form 一书中写下了极精彩的一段话："对我来说，过去、现在和将来必须在心底当做一个连续体来运动，若非如此，而代之以人工制造方式，必然是被打断而无由透视……，今天的建筑师是病态地习惯于改变，认为改变是一种追求，不停的追求，我想这就是为何大家要切断'过去'的道理，结果（现在）老是觉得难以达到而失去其短暂的重要性。我不喜欢好古，一如不喜欢像技术主义那样热切于将来，两者都是建立在受传统约束和钟表机器的观念上。所以让我们为过去而变，也让我们来了解人是永远不变的。"[①]结构主义抓住空间与人这一不可分割的关系，把建筑看成是表现人类环境的空间关系与特征的象征系统。几千年来，建筑因不断改善人类的生存条件而具有意义。在建筑营造的过程中，使得人类在时间与空间中获得了立足点，所以建筑被认为是比人类实际的物质需要具有更大的作用，它具有人类存在的意义；同时，建筑把这种意义通过物质的构成转变为各种空间形态。因此，建筑不能仅用几何学和符号概念来描述，建筑应当被理解为具有意义和特征的象征形态。这就是结构主义的历史观和建筑观。

　　仔细审视博塔的作品，我们就会发现其建构活动的本质所在。其作品所体现出来的建立新的环境平衡、较强的象征性、空间领域感等特征，都可以从结构主义哲学的历史观与建筑观中找出相应的哲学思考的痕迹。在谈及历史的延续性问题时，博塔说："一个建筑师不可能为所有的人作设计，他不可能通过一个建筑对来自不同背景的每个人的不同要求给予解答。但建筑师能在更深的层次上，对综合了人性的、原始的过去进行延续。……我们并不通过风格来认知历史，历史不是一个形象问题。后现代主义运动混淆了历史，因而犯下了错误。它试图通

---

① 彼得·柯林斯. 现代建筑设计思想的演变 [M]. 英若聪译. 北京：中国建筑工业出版社，2003.

过再现那些柱式与山花来复兴传统，但建筑实际上远比这些形象深刻得多。建筑并不属于某一个特定的纪元，也不是什么新古典或什么复兴，它就是整个生活空间的历史，在不同的时代中得到不同的表现。建筑师的任务之一就是用今天的语言实现对祖辈印记的回应，就像艺术作品对过去的伟大思想，对远古的、原始的力量的表现一样。符号的世界性证明了一种根植于我们的记忆中的历史的存在。这种存在我们可以从亨利·摩尔、毕加索、保罗·克利等人的作品中感知到，它们是今天的艺术，但里面蕴含着上古时期的力量。①"

可见博塔受结构主义的影响，强调共时性的研究并重于历时性，他以结构的封闭性及稳定性为重点，认为事物的变化仅是外部现象的变化，而事物的内在结构是稳定的。对事物本质的研究不仅应从事物"历时"的外部变化入手，而应同时静态地、共时地（横向地）考察事物内部要素的相互关系，把握稳定不变的因素。在对待历史的延续性问题上，博塔的观点与罗西的"类似性城市"观点类似，都是基于结构主义的历史观，把城市看做一个历史性与共时性交汇的产物来加以阐述的。

因而博塔首要的设计方法不是对自然现实的简单模仿，而是可以理解为一种秩序的重组，并且它还具有一系列固定模式。房子在博塔这里其实早被划分成一些不同的成分了。比较典型的如：对称布局、封闭的墙、凉廊、壁炉、天窗、镂空；并且把凉廊作为内与外的唯一接触点，内部的秩序也围绕着它进行组合；凉廊多设在二层，与楼梯和上下贯通的狭缝空间共同构成内部的节点，狭缝空间的上空则往往是一条天窗；同时，三层的书房和卧室常常有挑台、平台设于起居厅或凉廊之上，形成夹层上空。这些成分、模式在博塔的作品中反复出现，但通过不同的编配重组，

每一个作品却呈现出不同的意向（图3-9~图3-11）。由此可以看出，形成不同布局的关键是博塔进行编配重组的技巧。这很明显是结构主义思想影响的结果，因为在结构主义看来，技巧是一切创造活动的本质，于是结构主义就与其他类

图3-9　博塔早期的设计作品——普瑞加桑纳独户住宅（Single-Family House, Pregassona, Switzerland）

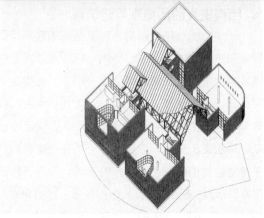

图3-10　博塔早期的设计作品——巴勒那手工艺设计中心（Craft Center, Balerna, Switzerland）

① 引自 World Link, 1988, 3: 88-99.

图 3-11　博塔早期的设计作品——麦萨哥诺独户住宅（Single-Family House，Massagno，Switzerland）

型的分析或创造性活动不一样，因为在这里对象按照一种新的方式被组合起来。由此我们可以了解到博塔从建筑本体出发的构成活动，其观念是分析和编配的。正如巴尔特所说的那样："这一重造活动能揭示对象据以发挥作用的规则……在这种情况下，创造或反省并非是世界的惟妙惟肖的'复写'，而是与本来世界类似的另一世界的真实创生，但它并不企图模仿本来世界，而是想要使其成为可解释的。"[①]在结构主义历史观与建筑观的影响下，博塔的作品展现了一种严谨的类型结构，其对固定模式进行编配重组已经是典型的类型学手法了，尽管他所使用的语汇总是在变化之中。

2.　以基本几何形体为基础的类型结构

　　通过大胆的基本几何形式来传达建筑的意义是博塔建筑创作的一大特点。单一的几何形体，均匀的连续材质，以及细节上的符号化与极少主义，这些象征性几何学的传统，在博塔的作品中都得到了进一步的发展。这无疑是得益于路易斯·康的设计思想对他的深刻影响。康对形式有着独特的理解。对康而言，组成远古时期建筑的元素是最基本的、也是永恒的。各种基本形式本身是不可能随意地组合使用的，因为它们必须遵循一定的秩序——这种秩序就是几何学。在康看来，几何学是建筑师的通

用语言，是表达事物内容的方式而不是目的。在康的作品中，基本几何形体运用的重要性是显而易见的。正方形、圆形、三角形，它们被康当成了产生了非凡的效果的"原型"。通过对这些基本几何形体的排列与重复以及立面上对单一材质——砖的精简而考究的细部处理，他的作品给人以强烈的视觉感染力。博塔继承了这一手法，康的交叠砖拱、弧形墙面上的三角形洞口与窄缝，都在博塔的建筑中有所再现。如他设计的伯那莱焦别墅（图 3-12），博塔使用了一个 1/4 的椭圆形，墙面的材质是连续不变的红砖，光滑的表面仅被几个开口所打破；在主入口旁边下垂的三角形和其下低矮的拱形组成带有神秘色彩的图案；其边缘的线条通过立砖加以勾勒，这些有节制的细节使建筑具备了内省的性格，与康的立面给人的空间感受如出一辙。

图 3-12　博塔设计的伯那莱焦别墅

　　博塔除了继承前辈的素色砖墙面以外，在材质的处理上也做出了一点自己的改进：或通过双色材质，或通过砖的不同砌筑纹理来形成水平条纹。这在著名的美国旧金山现代艺术博物馆（图 3-13）中表现最为突出，它综合地使用了两种条纹：中央的圆厅用灰白两色的石材条纹，周围退台的展厅则使用暗红色砖的图案式砌筑条纹。

　　博塔主张现代主义的功能主义发挥和古典主义的比例结合，从而摆脱了抄袭古典图案的困惑，或

① 苗刚. 地域·理性·创造—博塔建筑理论及作品实践研究 [D]. 天津大学硕士研究生论文，1997,3: 28.

图 3-13　博塔的美国旧金山现代艺术博物馆

者现代主义的呆板、缺乏生气的特点。他认为古典主义的核心和精神内涵是比例，而不是细节装饰。对博塔而言，作品的功能在某种角度上讲是第二位的，因为他首先要通过可感知的形式形成富于内涵和意义的空间。这种态度使他能够回溯到建筑学科历史发展的最初阶段，对很多原型加以表现。毫无疑问，博塔的工作方式直接与建筑的原始体验相关，或者说在博塔的建筑中，存在着一种原始主义情结，这在今天的建筑界显得尤为重要。在这种体验中，沉重的砖石同时也可以是轻巧的，厚实的墙体同时也可以是通透的，无形的屋顶同样也可以形成遮蔽物。我们切不能把它与简陋或野蛮混淆起来。柯布西耶说过："新的建筑必须从一些基本的形式开始：从圆厅、穹顶和金字塔开始。"[1]博塔显然恪守了这一信条，始终进行着用基本的几何形式来定义空间的探索。正是这一追求使他为一项又一项的设计注入了历史的深刻内涵。

1989~1993 年间完成的凯伊马特办公楼（the Caimato Office Block, Lugano, Switzerland）就是一个显著的例子，这个方案保留了基地中既已存在的所有树木，从而维护原有环境不可剥夺的景观要素（图 3-14）。建筑物完全采用清水砖墙的外立面，整体体量为"U"字形，两条对称的臂翼和中间的内庭院增强了前部空间的

开敞感和纵深感（图 3-15~ 图 3-19）。南立面是一个充满动感的立面，它面向湖面、树林和马吉奥山谷敞开，最典型的特征是两翼的端部向内抹了一个 45° 斜角以迎合通向内庭院的道路；它们耸立在那里仿佛一种舞台装置的背景，与其他立面差异很大（图 3-20）。在这里立面景观是被多重定义的：既有太阳投影形成的横向条饰，同时也有内凹的深洞打破这种光影的韵律。光与影的变化构成了整个表面视觉颤动的灵魂（图 3-21、图 3-22）。内院立面的设计也非常的独特，人行天桥与巨大的底层矩形空洞使人们对建筑物深度与通透性产生错觉（图 3-23）。

图 3-14　凯伊马特办公楼全景

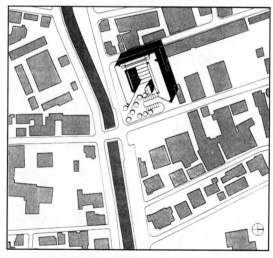

图 3-15　凯伊马特办公楼总平面

① 加布里埃尔·卡佩拉托. 符号，形式，设计 [J]. 世界建筑，2001, 9: 23.

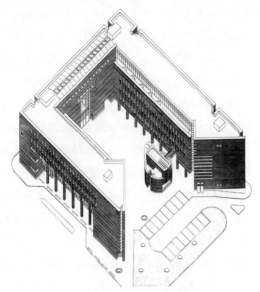

图 3-16 凯伊马特办公楼轴测图

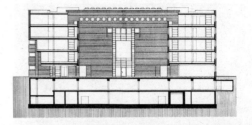

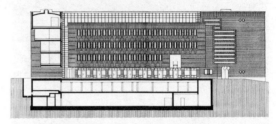

图 3-19 凯伊马特办公楼剖面图

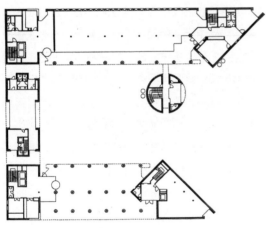

图 3-17 凯伊马特办公楼首层平面

图 3-20 凯伊马特办公楼南立面

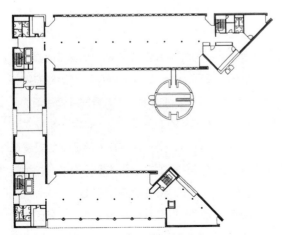

图 3-18 凯伊马特办公楼二层平面

博塔作品的形式内涵既不是单纯的视觉因素，也不是单纯的功能因素。它们是理性原则、地方传统、社会心理和自然环境等因素的综合。这种综合是产生其形式的源泉，是先于功能的。事实上，只有当形式摆脱了功能的强制般的束缚时，形式才能充分地表现自然和社会的情感。这种因对更有意义的内

图 3-21　凯伊马特办公楼细部光影变化——从南侧看的景观

图 3-22　凯伊马特办公楼细部光影变化——白色钢结构的天桥与
红色的砖墙形成鲜明对比

容的追求而淡漠功能的神圣的形式，绝不是那种以新和异为基础的、肤浅的形式。在每一个工程面前，他总是扮演着双重角色：一个是孩童，另一个是智者。也就是说，他总是发现自己面临着如下的选择：是以相对简单的、古朴的形式在其限定的范围内进行对无限的探索，还是在丰富的变幻与多样性中进行对无限的探索。可以肯定的是，博塔的作品始终努力保持着基本几何原型那种"童稚"般的单纯。

　　光线在历史上的象征性基本几何形体作品中从来都是点睛之笔，博塔的作品也不例外。值得一提的是与其他建筑师相比，博塔对于光线的运用似乎显得更为意味深长。其作品又通常可被描述为石块掩盖下的玻璃房子。他似乎追求一种通透性的反转——即被称为"凉廊"或"龛"（Loggias）的东西，室内外的过渡空间通过虚体来构成。他在很多的设计作品中反复使用这种虚体类型。通透性被引入室内，房子似乎在它自己的内部。博塔把光线看成空间组织的统帅构图要素，光线的造型作用不仅被运用在室外，更是在室内的"表演"。他对天光的喜爱使他在任何可能成立的地方采用顶光照明。特别是在宗教建筑与博物馆建筑中，沿周边墙面倾斜而下的光线，以及在地面上投下的一连串光斑，为参观者提供了一种静逸的、深思的环境，同时也为室内本已丰富的墙面质感加上了一层动态的线条，随日间光线的变化而变幻（图 3-24~ 图 3-26）。委身于这种洋溢着玄学气氛的"虚空间"中，有一种被吸入其间的浮游感觉，而这正是博塔设计的空间所特有的那种令人身心愉悦的诗一般的情调。密集的墙体与无形的光线之间的强烈对比使他的建筑实际上综合了两方面的诠释：一是针对建造逻辑的；二是针对抽象符号的。在博塔看来，每一个形式都是一种特定的语言，是一种存在的品质。如果建筑要宣称自己是属于形式符号化的话，那么它在类型学方面就必须展现出自身语言的一致性。

　　象征性几何学之所以成为"象征性"，是因为它借助几何形式传达了建筑的意义。博塔把这种意义归

图 3-23　凯伊马特办公楼内院立面

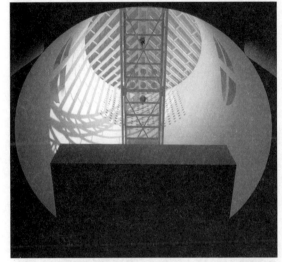

图 3-24　旧金山现代艺术博物馆室内

图 3-25　圣・乔瓦尼・巴蒂斯教堂室内

图 3-26　法国艾弗利天主教堂室内

结为人的存在与大地之间的关系，这听起来仿佛有些故弄玄虚，但实际上是指人们能够把建筑作为一种精神上的寄托。我们除了在建筑中感到亲切、舒适、便捷之外，还能体验到一种自省的情感，诱使我们能够在建筑的空间内审视自身及生存的价值，这种冥想的境界也许正是建筑能够带给人们的"诗意"。

博塔的思路突出了一种持续的努力，即对人本身以及人对自然的控制力的展现与赞扬。他通过自己的空间观念把一系列功能需求过滤为建筑形式的前提，而轻质、通透材料与厚重、不透明材料（如砖与石）的正面碰撞是这种空间观念的基础。博塔的建筑让人一看就可以感受到结构非常坚固。从外部到内部空间都尽善尽美地恪守着建筑本身应有的使命。这与目前世界上流行的伊东丰雄、库哈斯、努维尔等人设计的那种具有透明感、既轻又薄的建筑风格形成强烈的对比。他力图通过如此简单、直接与本质的建筑形式来实现对它们所表现内容的综合，因而也涉及了一些更为大众化的方面。实际上，如同历史上的罗马风建筑一样，它们实现了思省的愿望，使头脑简单的大众与沉稳渊博的知识分子都能因之而满足。

3. 环境与建筑的象征意义

对统一的追求是语言学的一个基本主题，是建筑师在创作中树立目标，确定形式所必须的手段。在当今的时代，博塔比他的象征性几何学先辈们面临着更为复杂的与环境统一的问题。使个性极强的基本几何形体适切地融入城市肌理，是博塔必须履行的义务。这样，在已有的地界内加入新的建筑实体就不可避免地具有象征性的价值，这种价值来源于建筑所传达的活力。博塔不赞成靠临摹环境的细节来达到与周围环境的协调，而是主张通过对环境肌理的分析和类型学方面的建构来实现对城市的发展。一条基本的规律是，封闭形式自身的内部可看做是单一的元素，可被当做一个整体来感知，它的组织依赖于既定的、看不见的法则。对任何一个设计项目，他总能找到一个纵贯全局的灵感，并由之创造出一种新的奇迹体验，一份激发好奇心的情感，一个迷惑感官的把戏，或者说是一件不可思议的发明。

在博塔的理解中，每一个建筑作品都有着它自己的"环境"，或简单地说是它的"地域"。从设计进程的最早阶段开始，建筑就与其地域之间建立了一种相互依赖的关系。创作一个建筑要做的第一件事就是了解它的地域，建筑设计过程中所作出的选择不可避免地定义、明确了各种关系，从而形成了对地域的诠释与解读。建筑与地域之间的关系不是一成不变的，而是动态的、延续的。它在设计过程中逐步明确化，在建筑竣工后通过新平衡的建立得到巩固。从那时开始，它又进入新一轮的动态循环之中，一方面持续地限定变化中的与环境的关系；另一方面又持续地与建筑自身进行对话，就像变化中的时间与历史的对话一样。因而博塔说道："只有当建筑被当做一种人居模式被提出时，只有当它所处的环境具有了新的意义并得到巩固时，建筑的真正定义才得到了充分的表现……我热爱建筑，并不是爱它的实体，而是爱它在其实体与其'环境'

之间建立的空间的、情感的、阳光普照般的关系。"①

莫比奥中学（the Second School at Morbio Inferiore，Morbio，Switzerland，1972-1976）是博塔环境理念运用的成功之作。他完美地将整个学校和谐地融入村落的景致中（图3-27），并创造出独立且颇有刺激的建筑环境。博塔的设计完全不是那种富有乡村特点的表现（作为一种规律，人们在这样的环境下往往会提出那样的表现），他展示给我们的是一个富有韵律感的透空的朴素立方体（图3-28，图3-29）。这正像他所说的："建筑必然与自然处于矛盾之中，在那些无穷的把建筑与自然融合在一起的奢望中，建筑与自然双方都会受到损坏。②"

图3-27 融入村落景致中的莫比奥中学

图3-28 莫比奥中学全景

① 引自 Domus，762，1994：78-80.
② 引自 Interview with Mario Botta，GA INTERVIEW.

博塔总是喜欢选择制约条件少的基地环境，喜欢能提供他一个有创造余地的基地。而该校地处郊区，杂乱无章的发展现状给了博塔一个创造的机会。出于他对自然环境的独到理解，博塔意识到这一区域缺乏一个中心，因此便设想利用学校建筑群来弥补这一缺陷。他巧妙地利用一个半圆形的露天剧场把教室和体育馆组合在一起。实际上，这个半圆形的空间不仅是学校主要的入口，还是整个学校群体的中心（图3-30）。从建筑形态到植物，从邻近的建筑到一棵树，甚至远处的山峦，博塔从不放过对建筑物周围一切因素的考虑；并且借助于透视草图及其他一些视觉上的手段对此进行评估。这就使得博塔的作品深刻地反映出对环境的阅读与理解。

正如外部形象处理依靠光在表面和开洞处的表演来表现，莫比奥中学的内部空间也体现了光线赋予生命的重要角色。博塔用惯用的开洞手法来组织内部空间和功能安排而不用窗。在多数博塔的作品中，顶光担负着照明和赋予建筑最重要的空间以生气的重要作用，因此首先要处理的就是与顶光相配合的特殊空间，天光强调了最重要的元素——建筑围绕其组织骨架。在莫比奥中学的设计中，尽管三层的图书馆和二层的教室有不同的光源——小天窗和侧窗，整个学校的布置还是围绕三角形玻璃屋顶天窗产生的光展开。由于建筑沿南北轴线来布置，建筑是东西向的，建筑有两侧天窗照进来的光线照明，从而在建筑内部即可知日出日落，随着时间的推移而形成建筑的中心（图3-31）。照入建筑心脏的天光强调了建筑的内向性格，划分了内部空间精确的等级秩序，从而赋予博塔作品一种空间垂直组织手法的典型标志。

在博塔看来，在建筑与其"环境"的关系问题上，时下流传着一些严重误解，其中最突出的一个就是在评价建筑与其"环境"的关系时对历史进行割裂，这种割裂的前提是认定所有的新建筑都具有凌驾于其建造环境之上的地位。这种理论坚持认为，地域

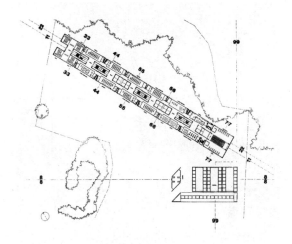

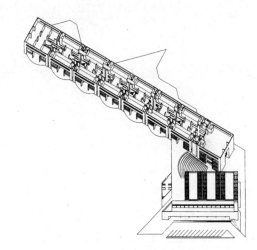

图3-29 莫比奥中学平面图与轴侧图

图3-30 莫比奥中学的室内

图 3-31　莫比奥中学的室内侧天窗

或"环境"是一种需要保护的、以免受到新作品侵犯和破坏的东西。这种态度在各种社会和阶层中十分普遍地存在，如景观保护、环境保护等。它把环境中已有的平衡看成是静态的，是充满各种各样的价值与意义的。而实际上这些价值与意义在绝大多数情况下是因为未来危机——新的建造活动本身的降临而显现或是被重新发掘出来。这种对建筑与环境关系的认识直接影响了一大批现有的建筑师和建筑法规，同时也在一定程度上形成了社会性的共识。它们非但没有使我们免受劣作之灾，反而在多数情况下怂恿助长了今天我们看到的刺眼的、危险的建筑出现。

在对建筑与"环境"的关系与意义的分析中，博塔的很多观点都与罗西的类型学思想相似，他说："我相信，好的建筑总是对其周围环境作出积极的解释，对于构成场地的文化和历史状况进行的任何一种新的改动便创造了新的环境。[1]"博塔认为在这个问题上存在着三个基本因素：一是将"环境"作

为一种客观事实，对其进行解读与诠释，它们将成为新的建筑事实的参照对象，同时也将成为建筑事实与客体事实之间对话的一部分；二是将"环境"理解成历史与记忆的记录，它包括了除客观物质事实以外的所有东西，因而环境包含了象征性的层面，包含了深藏在大地之中的鲜为人知的奋斗历程，它们不是怀旧式的过去的回想，而是以真实的形式存在着的价值，是指引工作的信号；三是要重视存在于建筑与环境之间的时间因素，在与自然周期性规律的联系（如四季变换、日夜交替）使建筑成为一种延续的、动态的时空，体现着我们在宇宙中生存的价值。因此，对于环境的价值，博塔认为不应说保护，而应该说提升。基于这种认识，很多误解都可以被消除。原先那种虚幻的、空想的、不可能被实现的保护将让位于一种明智的、基于更深刻理解的人与环境之间的新的动态平衡。只有在这个意义上，作为历史表现形式的建筑才能扮演一种积极见证人的角色，目睹并承载属于我们文化的灵感、焦虑与希望。

综上，在 20 世纪的后半叶，在各种新技术与新社会关系的压力下，喧嚣的建筑界或是诚惶诚恐地寻找能与计算机芯片和太空时代相对应的建筑风格，或是以玩世不恭的态度对过去时代的历史进行简单的拼贴。而博塔是这一时代少有的几位能够保持冷静的头脑和敏锐的洞察力的建筑师之一。他以一种在其他人看来几乎是"落伍"的方式，精心地维护与发展着从先辈那里继承来的传统，探讨着建筑作为一种人工环境的本质含义。他的天才来自于他性格中复杂的、类自然式的自发性质，这也是他真正的魅力所在。出于这种原因，他的作品既存在着现实的、浮华的，甚至是忘我的成分，也存在着隐含的、纯真的符号与隐喻性的成分。在博塔手里，基本的几何形体如同在过去的大师手中一样，依旧承载着象征性的内涵，也依旧带给人们以新鲜感和满足感。

① 苗刚. 地域·理性·创造—博塔建筑理论及作品实践研究 [D]. 天津大学硕士研究生论文，1997，3：28.

3.2 有机类型学——阿尔瓦·阿尔托的建筑类型学理论

　　芬兰建筑师阿尔瓦·阿尔托（Alvar Aalto，1898—1976）是现代建筑第一代著名大师之一，历来都被人们看做是人情化理论的倡导者。作为一名建筑大师，他独到的见解、丰富的构思、灵活的手法，不仅具有自己鲜明的个性，而且给世界留下了广泛的影响。虽然他不是公然鼓吹类型学理论的建筑师，但从他一开始接受现代建筑思潮起，他就反对那种千篇一律的方盒子倾向。他从民族与地域风格中提取建筑造型词汇，使他的建筑具有自然纯朴的风格。概括地说，作为一名理性主义建筑师，在强调功能与民主化的同时，他把现实主义与浪漫主义融为一体，探索了一条更具人文色彩的有机类型学设计道路。出生于希腊后又移居美国的建筑师波菲里奥斯（Demetri Prophyrios）曾在他的论文《记忆的突然显现》中这样评价阿尔托，他说："从阿尔托很早的作品中，人们就可以辨认出他类型学思想的根源，立面处理的三段法无疑是他新古典主义研究的体现。"[①]波菲里奥斯在这里想证明阿尔托的作品具有明显的规律，可以从理性和历史的角度来分析。阿尔托不善言辞，论著也很少，也不习惯以演讲来解释自己的设计思想。在这一节中，我们将主要就其作品来详细分析其有机类型学的设计思想。

3.2.1 生平简介和创作历程

　　1）阿尔托 1898 年 2 月 3 日出生于芬兰的科塔涅（Kuortana，当时还是俄属城市），1921 年毕业于赫尔辛基的芬兰理工学院建筑系。此后，他曾到瑞典和中欧旅游考察，参观学习各地传统建筑，了解欧洲当时建筑发展的情况。1922 年他的第一个作品"展览亭"在芬兰坦佩雷市工业展览会上崭露头角；1923 年他曾到瑞典哥德堡（Gothenburg）博览会的设计室短期工作；同年他回到芬兰，在于伐斯屈拉市首次单独开设了建筑事务所；1927 年他移居图尔库（Turku）；1928 年他参加了国际现代建筑协会（CIAM）；1929 年与艾里克·布莱格曼（Erik Bryggman）合作设计了为庆祝图尔库市建城 700 周年而举办的朱比利展览会建筑（图3-32），使现代建筑风格首次在芬兰得到表现；1940 年他被聘为美国麻省理工学院的客座教授；1947 年获美国普林斯顿大学荣誉美术博士学位；1955 年他成为芬兰科学院院士；1957 又年荣获英国皇家建筑师学会的金质奖章；1963 年他继赖特、格罗皮乌斯、密斯、柯布西耶与小萨里宁之后荣获了美国建筑师学会的金质奖章；1963~1968 年间他一直担任芬兰科学院院长；1976 年 5 月 11 日在赫尔辛基逝世。

图 3-32 朱比利展览会建筑

---

① 引自 Architecture Design，1979，5-6.

2）在阿尔托一生的建筑实践中，涉及的工程与方案非常之多，范围相当广泛，从区域规划、城市规划到市政中心设计；从民用建筑到工业建筑；从室内装修到家具和灯具以及日用工艺品的设计，无所不有。根据他建筑思想的发展和作品的特点，他的创作生涯可大致分为三个阶段："第一白色时期"；"红色时期"；"第二白色时期"。

第一阶段从 1923~1944 年，这是他创作的初期阶段。在这个时期中的作品基本上是发展欧洲的现代建筑并结合芬兰的地域特点，形成独特的芬兰现代建筑风格。作品造型简洁，多呈白色，因此也被称为"第一白色时期"。这一时期的创作经常在阳台板上涂上鲜艳的色彩或是在建筑外部利用当地特产的木材饰面，而内部空间则采用自由设计。代表作品有图尔库报社办公楼（1928~1929），帕米欧结核病疗养院（1929~1933）（图 3-33~ 图 3-35），维普里[①]市立图书馆（1930~1935），1937 年在巴黎和1939 年在纽约的国际博览会的芬兰馆以及努玛库的玛利亚别墅（1938~1939）。

第二阶段从 1945~1953 年，这是他创作的中期，或者说是成熟时期。这一时期他常喜欢利用自然材料与精细的人工构件相对比，建筑外立面常采用红砖砌筑，因此也被称为"红色时期"或"塞尚时期"。这一时期的创作造型自由弯曲，变化多端，且善于利用地形和自然绿化。室内强调光影效果，形成抽象视感。代表作品有为拉皮省省会罗瓦涅米市制订的规划（1944-1945）和为拉皮省作的区域规划（1950-1957）；全国年金协会大楼（1952-1956）；珊纳特赛罗市政中心（1950-1951）（图 3-36~图 3-39）；以及为麻省理工学院设计的著名的学生宿舍贝克大楼（Baker House）。1954 年他在瑞士苏黎世举办了个人作品展。

第三阶段从 1953~1976 年，是他创作的晚期，也被称为"第二白色时期"。这一时期他又回到白

图 3-33　帕米欧结核病疗养院全景

图 3-34　帕米欧结核病疗养院一隅

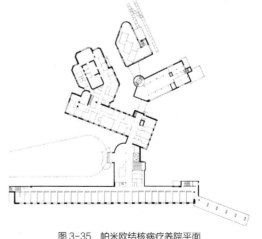

图 3-35　帕米欧结核病疗养院平面

① 维普里（Viipuri）原属芬兰，1940 年划归苏联，改名为维堡市（Viborg），现属俄罗斯。

图3-36　珊纳特赛罗市政中心全景

图3-39　珊纳特赛罗市政中心室内

图3-37　珊纳特赛罗市政中心外观

图3-40　赫尔辛基的芬兰音乐厅

图3-38　珊纳特赛罗市政中心平面

色的纯洁境界，建筑作品以抽象的自由体型表现了他成熟、稳重、求新的特点，风格素净且空间处理变化莫测，进一步表现流动感，体量构图既有功能因素，但更强调艺术效果。代表作品有威尼斯展览会的芬兰馆（1956）；靠近伊马特拉（Imatra）的伏克塞涅斯卡教堂（1956-1958）；德国不来梅市的高层公寓大楼（1958-1962）；中芬兰博物馆（1959-1962）；德国沃尔夫斯堡的沃克斯瓦根文化中心（Volkswagan Culture Centre, 1959-1962）；亚琛剧院（1959-1980）；芬兰理工学院建筑群（1962-1966）；瑞典乌普萨拉大学（Uppsala University）学生会大楼（1963-1965）；赫尔辛基的芬兰音乐厅（1967-1971）（图3-40）；以及阿尔托博物馆（1971-1973）。

3.2.2 建筑的人情化——阿尔瓦·阿尔托的有机建筑类型学

阿尔瓦·阿尔托在建筑上的国际知名度与赖特、格罗皮乌斯、密斯和柯布西耶等人齐名，但他在建筑与环境的关系、建筑形式与人的心理感受的关系方面都取得了其他人没有的突破，因此在现代建筑史上的地位举足轻重。他强调有机形态和功能主义原则相结合的方式，并且在作品中广泛采用自然材料，特别是木材、砖这些传统材料，使他的现代建筑具有与众不同的亲和感。尽管他从未以理论著述的形式表达过他的有机类型学设计思想，但从其众多作品表现中我们可以分析出类型学思想对其潜移默化的烙印。概括起来，他的设计理论包括三个主要方面，即："信息理论"（Information Theory）"表现理论"（Expression Theory）和"人文风格"（Humanist Approach）。下面将逐一论述。

1. 信息理论（Information Theory）

所谓"信息理论"是指设计具有信号特征（Signals）。他说道："信号不像铁路上的火车运输煤炭那样简单。我们不如说，信号实质上具有一种信息的内容，这种信息内容是具有潜在的选择性的。信号是基于接收信号者的怀疑之上提供选择的，信号在选择中产生选择和歧视的力量。"[①]从这段话中我们不难看出，阿尔托在对"信号"的理解和选择已具有类型学的设计特征，对"信号"的选择与摒弃的过程正是类型选择的过程。在他的设计过程中，他常常抽出一个个体，对它进行反复发挥，并且把它戏剧化处理，这样可以产生"记录"式的视觉和感觉效果。就好比是墙上的裂纹一样，大量的裂纹使人难以忘却，这就是类型重复的效果。但利用大家熟悉的同样的设计语汇，却达到完全不同的感受和功能效果，这正是阿尔托有机类型学的独特之处。这使得他的作品具有单一的设计而

同时拥有多方面的意义和感受，被称为"多义性"（Multivalence）。这正是阿尔托对设计上的民主主义思考，其所传达的信号内容对建筑的观察者和使用者来说都具有先入为主的选择权，有人会喜欢，但也有人会怀疑，在这里，信号的作用是提供选择。而这种选择是具有双重意义的：或是对于喜爱者的一种积极选择，抑或是对于不喜爱者的一种歧视。可以说他的信号不具有模棱两可的、皆大欢喜的特征，或者爱，或者恨，别无他选。

阿尔托所采用的基本设计语汇都是典型现代主义的语汇，如同样采用混凝土、玻璃和钢这些材料，建筑是六面的（包括底部），未加任何装饰等。但是他对细节的处理，特别是曲面处理，加上部分采用木材，有机的形态细节，并且针对寒冷的芬兰地区发展出自己独特的设计思想，使他的作品与现代主义的经典作品完全不同，因此具有强大的感染力。例如阿尔托在国际上第一个具有影响的作品——1937年巴黎国际博览会的芬兰馆（图3-41）。当时在博览会上，新古典主义思潮重新抬头，苏联馆带有明显的民族形式，德国馆则以古典复兴形式象征国家的气魄，连一向追求新艺术表现的法国馆也在外观上设立了巨大的柱廊。唯独芬兰馆以小巧精致、自由淡雅的造型屹立于一片树荫之中，在阳光炽热的天气里成为与众不同、特别吸引观众的地方。芬兰馆仿佛是一首关于木材的诗，它的柱子都是以几根圆木用藤条绑扎而成，外墙也是用企口木板拼接。为使展品取得良好的天然采光，展览厅围绕庭院布置。当人们参观过德国与苏联严肃冷酷的展馆后，备感芬兰馆的和蔼可亲。芬兰馆外墙与内部庭院的墙面都是采用曲折的有机形态，这种手法在阿尔托以后的作品中一直延续，它除了传达出追求有机性和蔑视几何规则的信息外，还取得了视觉上的兴奋作用和反映政治自由的象征。这一点在后来为意大利设计的雷拉（Riola Church）教堂中也有所体现（图3-42）。

---

① 王受之. 世界现代建筑史 [M]. 北京：中国建筑工业出版社，1999：158.

概括起来，他的造型特点是两种符号：一种是直线和规则形的面；另一种是曲线和不规则的面。包括建筑的空间和剖面，以及他的抽象绘画都是如此。在某种程度上这也是在隐喻大自然的景观，尤其是那些波浪形的折线，它成了芬兰地区大海波涛与茂密森林的象征。阿尔托对自然的热爱和在建筑中对自然的隐喻直到 20 世纪中期才逐渐受到恰当的评价，其尊重自然与灵活布局的特点使现代建筑又恢复了失去的活力，因而备受世人瞩目。

2. 表现理论（Expression Theory）

1957 年阿尔托在英国皇家建筑学会上做的演讲中对现代主义一元化的观点进行了批评。他说："正如所有的革新一样，它开始于热情激昂，停滞于某些独裁专断。[1]"阿尔托为麻省理工学院设计的著名的学生宿舍贝克大楼（图 3-43、图 3-44）就是一种反叛精神的体现。这栋为高年级学生设计的宿舍楼位于查尔斯河畔，是一块面对河岸的东西向的狭长地块，其间有一条交通繁忙的街道穿插而过。在满足宿舍数量需求的基础上，阿尔托为了最大化各个住房的河景视野以及获得最好的南向日照，选择在东西向条形基地上做一个弧形曲线的集中式体量。通过这种方式，除了能够获得最多的南向房间外，同时也能弱化条形板楼对河岸空间的影响，而每个房间因角度的不同，人在其间所看到的河景也不尽相同。相对于河岸南侧的弧形外墙，北侧楼梯的集合形体也赋予了宿舍楼另一个强而有力的形象特征（图 3-45、图 3-46）。这个建筑是一种在理性主义原则下同时表现反理性的形式，是使现代主义走向自由的标志。实际上所谓"表现主义"就是一种不遵从现代主义纲领的委婉说法。正是阿尔托的"表现主义"率先打破了现代主义国际式的僵化，使现代建筑继续朝着多样化的健康道路发展。

图 3-41 阿尔托很早就开始实验以有机形态从事设计，这奠定了斯堪的纳维亚的有机功能主义的基础。这是 1937 年巴黎国际博览会的芬兰馆的内部庭院，可以看出其熟练地运用有机形态，达到了非常好的现代效果，同时又区别于国际主义风格

图 3-42 意大利的雷拉教堂室内

① 刘先觉编著. 阿尔瓦·阿尔托 [M]. 北京：中国建筑工业出版社，1998：34.

图 3-43　麻省理工学院学生宿舍贝克大楼北侧立面

图 3-44　麻省理工学院学生宿舍贝克大楼南侧立面

图 3-45　贝克大楼平面

图 3-46　贝克大楼门厅室内

　　阿尔托的表现主义特征是非常隐晦的，因为他主要的强调点在于具有人情味道的现代主义特征，因此，他的"表现主义"是可以屈从于基本功能要求的表现主义。在他的早期作品中，如帕米欧结核病疗养院和维普里市立图书馆等，都较少具有表现主义特征，真正出现强烈的表现主义特征是在第二次世界大战后的晚期作品，那时标准的现代主义已经成为国际主义，如果没有更多的个人表现特征的话，作品就会流于平庸。同时由于经济的发展和技术的日益发达，也使得这种表现成为可能。

　　阿尔托的建筑设计具有轻松感、流畅感和高度的耐性，与咄咄逼人、高度理性的柯布西耶形成鲜明的对比。这里特别值得提及的是伏克塞涅斯卡教堂（Church in Vuoksenniska）（图 3-47）。美国著名建筑史学家斯卡利（Scully）在为文丘里的《建筑的复杂性与矛盾性》一书所题的序言中曾高度评价过它，他说："阿尔托的伏克塞涅斯卡教堂由于重复体积组合，三个分离的平面和声学吊顶形式反映了真正的复杂性，这座教堂代表了一种恰如其分的表现主义，它的复杂是由于整个设计的要求和结构部分的暴露，并非是为了达到表现欲望的手段。[1]"它除了作为礼拜场所之外，还用于各种社交活动。建筑的造型充满雕塑感，室内空间自由流动，把过去曾经在维普里市立图书馆所应用过的手法发展到了极致，虽然有现代主义的棱角特征，但从教堂顶部的象征性塔楼，到内部简单明了的布局，三个十字架的安排方式，都具有强烈的个人乃至宗教的表现意味。其隐喻的意境使人不禁联想起柯布西耶的朗香教堂，但二者对空间的理解却大不相同。对柯布西耶而言，空间是一种抽象的概念，可以隐喻某种思想；而阿尔托所想表现的空间却是以人为中心的环境，正如他所说："建筑，这个实际的东西，只有当我们以人为中心时才能悟知。[1]"因此，对阿尔托来说，重要的是表现形象。例如著名的赫

① 刘先觉编著. 阿尔瓦·阿尔托 [M]. 北京：中国建筑工业出版社，1998：41.

尔辛基文化宫就采用布满凸凹起伏的特殊红砖墙面，使整个建筑仿佛一件凝重的抽象雕塑（图3-48，图3-49）。

在阿尔托看来，设计的个体与整体是互相联系的，一旦有了明确的形象，整个设计的系统将围绕这个形象而发展开来。椅子服从墙面，墙面服从屋顶，屋顶服从天空，而建筑是自然的一部分，最终控制形象的还是自然。他重视视觉的统一，重视视觉与自然环境的关系，希望通过他的设计表现出这种内在的主从关系来。因此他一直致力于把观众和使用者引入他的"形象表现"中，其目的在于让使用者能完全参与，而不是简单的强加于他人。这一点使他与其他具有先知先觉、救世救民思想的现代主义大师们不同。他使自然与他的建筑融为一体，设计则成为一种下意识（Subconscious）的存在。他利用有机功能主义的原则引申出许多不同的表现风格来，尽管他的设计风格各异，但总的立场是稳固的，因而具有鲜明的个人和地区特征——即复杂的木结构和高度统一的风格，也被称为阿尔托主义（Aaltoesque）。

3. 人文风格（Humanist Approach）

阿尔托真正最大的贡献，在于他的人文主义原则，即探索民族化和人情化的现代建筑道路。他强调建筑应该具有真正的人情味道，而这种人情风格不是标准化和庸俗化的，而是真实的和感人的。阿尔托一生都在寻求与现代世界的协调特征，而不是简单地创造一个非人格化的、非人情味的人造环境。1940年他在美国麻省理工学院演讲时就曾着重阐述过建筑人情化的观点。他说："假如建筑可以按部就班地进行，即先从经济和技术开始，然后再满足其他较为复杂的人情需求的话，那么纯粹是技术的功能主义，是可以被接受的，但这种可能性并不存在。建筑不仅要满足人们的一切活动，它的形成也必须是各方面同时进行的……在过去的一个阶段中，现代建筑的错误不在于理性化本身，而在于理性化

图3-47　伏克塞涅斯卡教堂

图3-48　赫尔辛基文化宫

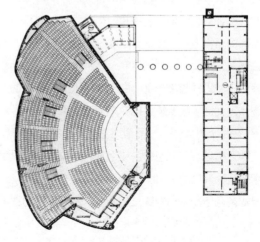

图3-49　赫尔辛基文化宫平面

的不够深入。现代建筑的最新课题是要使理性化的方法突破技术范畴而进入人情和心理领域。[①]"

阿尔托对人情化的表达是全方位的，为使他的设计更具人情味，无论室外还是室内，他都考虑到使用和视感的舒适。他大量采用自然材料，特别是热衷于使用木材和红砖，因为他认为木材和红砖本身具有与人相通的地方——即自然性的、温情的（图3-50），并且利用各种材料质地上的差异，有机地对比与协调，使建筑中的矛盾得到统一；他还经常在室内外墙面上采用植物攀缘，间或做有花池，以柔化环境界面（图3-51）；在建筑的外形处理上，他尽量使之与周围环境相协调，并利用自然地形与绿化条件，使人工创作与天然景色相得益彰（图3-52）；他喜欢采用具有生物学特性的有机形体和空间，波形面与连续空间的使用为建筑艺术塑造了新的空间形式（图3-53）；他还是善用光线的大师，他创造性地应用了天窗和高侧窗的手法，一方面通过自然光线的相互交叉漫射，使室内空间产生奇异的效果（图3-54），另一方面把黑夜时的人造光源与日光归于同一顶部来源，在心理上造成太阳还没有落的感觉，从而减少因日落早造成的心理压抑感，利用人工照明暗示白天和黑夜的正常时间差距，这是非常聪明的设计，迄今为止还在斯堪的纳维亚国家得到广泛应用。

在设计方法上，阿尔托也有与众不同的地方。他从不在设计时使用丁字尺，徒手画是他起草方案设计的基本方法。他充分了解，一旦使用尺子，就会在各方面受到规矩的限制，特别是在思想的自由表达上和形式的流畅上。由于他主张的是有机的形态，因此徒手画能够使他的想象和构思得到充分发挥。在整个构思成熟之后，他才进入具体的结构设计。这种把构思阶段采用自由徒手画和结构设计阶段采用严格建筑制图分开的方式，人们的评价褒贬不一，但却是阿尔托设计的突出特点，它保证了他的建筑

图3-50　阿尔托1953年设计的芬兰夏季别墅，他采用不同尺寸的红砖，在砌筑上具有多变的特点，非常温馨且具艺术韵味，丰富砖的表现力

图3-51　阿尔托自宅，利用植物柔化建筑与室外环境界面

图3-52　阿尔托1972年设计的丹麦阿尔堡艺术博物馆与周围的自然环境十分协调，相得益彰

① 罗小未. 外国近现代建筑史 [M]. 北京：中国建筑工业出版社，1986：271.

图 3-53　阿尔托 1958 年设计的德国亚琛剧院
富有动感的波浪形外观

图 3-54　阿尔托设计的伏克塞涅斯卡教堂内部，
创造性地应用天窗和高侧窗的手法，使室内空间
产生奇异效果

图 3-55　玛利亚别墅

本身的活泼、形态丰富而不刻板的特征，也是为什么他会在现代主义建筑的奠定和发展时期，就从理性功能主义飞跃到非理性的有机形态的原因。

阿尔托对建筑人情化的探求是由来已久的。作为一名人民建筑师，他从不故弄玄虚，标新立异，他的宗旨就是要为人们谋取舒适的环境。不论是民用建筑还是工业建筑，他都不放弃这一人道主义原则。他认为工业化与标准化都必须为人们的生活服务，必须要适应人的精神需要，概括为一句话即要求非人性的技术与亲近人性的自然相融合。阿尔托并不回避现代技术，而是坚持技术为人情化服务。但他也从来不把自然凌驾于人之上，既不想坠入自然神秘主义与原始主义，也不愿与丰富多样的自然世界完全分离。阿尔托对芬兰的地质地貌了如指掌，丘陵的岩石地和广袤的森林，虽然给建设带来不便，但是给建筑师提供了创作的良机，可以使特殊的环境变得更为生动活泼。1938 年完成的玛利亚别墅（图 3-55）是当代最出色的住宅之一，这座纯朴风貌的庭院建筑既不傲气凌人，也不自谦自卑，而是在人与自然之间架起了一座桥梁，它反映了人们尊重自然、适应自然、利用自然的思想。阿尔托的这种人与自然和谐统一的思想贯穿其所有的作品，我们看到他的城市建筑可以把自然要素融入人工环境，使人工与自然交相辉映，并使建筑形式适应复杂的功能要求。同样，他在乡村的作品，也会使人赞叹他成功地把城市文化融入自然景观。这正是阿尔托在应用类型学时所把握的原则。

总之，从阿尔托的作品中，我们可以看到，塑造其个性的是斯堪的纳维亚地区独特的自然环境和文化传统，其作品中最为可贵的品性就是对自然的敏感、丰富的直觉和人性化。他把抽象艺术的隐喻渗入到作品之中，重视建筑作品的有机性及其乡土根源，在建筑中既表现出传统的地方特色，又不失时代的功能要求和科技要求。这种对地域传统和古典的借鉴可以说是对内在规律的吸收，也是一种生物学的原则，它使我们在其作品中体会到一种既承担着"世界文化"谱系的进展，又使优美的建筑作品显示某种根植民族的意向和回归自然的天性，这种高度的批判自觉性，也许正是当今工业化社会最迫切的希望。

3.3 亚洲及拉丁美洲地区新地域主义建筑师的类型学探索

　　亚洲和拉丁美洲地区具有比较悠久的传统历史，而现代主义建筑基本都是外来的体系，是从西方引入的，而不是本地产生的。因此在亚洲和拉丁美洲地区，人们很容易把现代主义建筑视为西方的文化，而传统建筑则是本土的文化。在亚洲和拉丁美洲地区现代建筑中非常令人瞩目的是它的现代建筑大师都一方面具有对传统的深刻理解与热爱，另一方面又努力通过自己的设计实践来把传统与现代建筑结合起来，形成具有亚洲地区特点的现代建筑。在经济迅速发展的 20 世纪 70~80 年代，受国际主义风格的影响，亚洲和拉丁美洲地区国家的主要注意力基本在发展西方式的现代建筑，基本很少发展民族的、民俗的、地方性的建筑。具有民族特点的建筑仅是某些大型公共项目，以体现国家面貌，如日本东京奥林匹克运动场等。到了 20 世纪 90 年代，由于东南亚国家都进入到经济发达水平，在建筑上盲目追随西方的情况得到改正，因而产生了一批建筑师，希望能够通过地方风格、传统风格（不一定是固定的历史风格）、民俗风格来改造西方现代主义带来的刻板与单一面貌。但亚洲和拉丁美洲地区的地域主义建筑并不等于地方传统建筑的仿古与复旧，这里的地域主义依然是现代建筑的组成部分，在功能与构造上都遵循现代的标准和需求，仅是在形式上批判地吸收传统的动机而已。这就形成了亚洲和拉丁美洲地区建筑师对新地域主义的类型学探索。下面，将择其代表进行评述。

3.3.1　安藤忠雄 (Tadao Ando)

　　弗兰姆普敦曾将安藤忠雄与博塔都归入批判的地域主义建筑师。我们知道，安藤与博塔同样都是以住宅作品作为自己设计活动的起点。其实不止在这一点

上，在其他方面安藤与博塔也有很多共通之处，如在历史观念、美学观点、方与圆的形式构成等方面。特别是与博塔固执于砖和混凝土模块这些简单的材料相对照，安藤也执拗地以始终如一的态度不断地追寻着以清水混凝土为素材的建筑美学。对此博塔说道："安藤是我十分尊敬的一位建筑家，是当今时代具有真正意义的建筑师。我们虽然是在完全不同的传统和文化的基础上去工作……但现在建筑师面对的问题是世界性的共同问题，而且不管政治和地理上的障碍……在当前的信息化社会中，我们建筑师同时作为一个人有着共同的希望和思考……当然也有不同之处，如果打

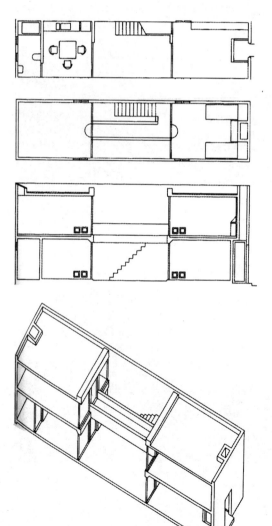

图 3-56　住吉长屋的轴测图与平面图

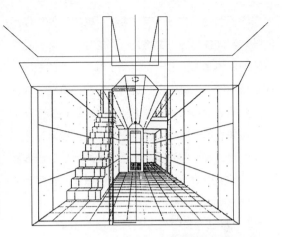

图 3-58　住吉长屋的内庭院轴侧图

图 3-57　住吉长屋的内庭院　　　　　　　　　　图 3-59　安藤忠雄设计的水的教堂

个比方：安藤是一个东洋的武士，而我只是一个欧洲的农夫而已，这就是不同点，即作为人、作为建筑师在形成上的不同之点。[①]"

　　"东洋武士"与"欧洲农夫"的形象比拟非常传神地道出了同为著名建筑师的安藤与博塔的似与不似。他们都批判地继承了现代主义的精髓，而当建筑师面对现代环境普遍存在的"无地方性"时，他们又有着自己的思考。安藤的建筑可以说是对战前柯布西耶手法的纯净化，让柯布西耶的混凝土空间向密斯靠拢，但与此同时，他的独特之处在于以混凝土来探索日本式的感性表现。以 1976 年设计的出世之作"住吉长屋"（图 3-56）为例，它以清水混凝土的箱形表现展示出都市内传统住居的现代形式，特别是住吉长屋内庭的设计手法，它体现了人与自然之间建立的一种新型对话关系（图 3-57）。

对此，安藤解释道："住吉长屋是用混凝土、铁和玻璃这样的现代建筑材料和技术建成的，可以说是代表建筑普遍性的工作。但在箱形几何学外观的背后，插入了中庭，使内部空间产生矛盾。现代建筑是排除这种矛盾的，它把建筑中的矛盾、人生活中的矛盾、产生趣味空间的矛盾都排除在外。住吉长屋正是在合理的现代建筑形态中加入了这种矛盾。在现代建筑中，机能空间之间流畅的连接是一般的原则，但在此把作为建筑外部的中庭放入了建筑内部，机能的连续由于中庭的介入而中断。这种不连续性的趣味是打动人的重要因素。该建筑成为我以后从事建筑创作最珍贵的原点和刺激。[②]"

　　安藤在此的设计思想与罗西颇有相似之处，清水混凝土的、抽象的、理性主义的设计作风（图 3-58）。而其对封闭的"墙"这一元素的重视又与

① 苗刚. 地域·理性·创造—博塔建筑理论及作品实践研究 [D]. 天津大学硕士研究生论文，1997: 22.
② 吴耀东. 后现代主义时代的日本建筑 [J]. 世界建筑，1995，5: 19.

博塔不谋而合，这在一定程度上反映出了他们作品的强烈封闭性与内省性格。不同的是，安藤作品中封闭的墙体意在创造一个存在于城市之外的空间，在喧嚣的城市环境中以它特有的冷静表情给人以依托感，同时其封闭的混凝土外观在木结构的传统街区中自然独具一格；而博塔设计的众多散落在风光旖旎的自然景致中的住宅作品，虽然也呈现出强烈的封闭性，但却是为了在大自然中建造出有强烈领域感与识别性的场所。

日本传统建筑中的诸多因素，比如简单、明确、使用模数单位、紧凑、多功能性等都在安藤的建筑作品中得到充分发挥。在安藤的建筑作品中，可以说其用于类比的原型是一种传统建筑中静美的氛围，用罗西的话说就是唤醒已被忘却的场所原有的记忆，并把之强化。安藤在此的做法并不是借用传统建筑的固有模式，而是通过他对混凝土材料魔术师般地把握，以其几何学的空间创造，通过"空间体验"的深度引起人们的精神共鸣。人们印象中一贯与粗糙相联系的混凝土在安藤的手中变得细腻柔滑，这是与日本传统中追求材料的温和与轻柔的倾向相联系的。同样，安藤对光线的运用也与西方建筑师的表现不同，他的光空间更趋向淡柔，没有博塔建筑中由对比造成的力量感。因为在日本传统的空间中，通常是由幽暗的顶棚、微亮的壁龛，以及透过格栅拉门的淡雅斑驳的光影形成的一种和谐的美，而这正是东方美学的内涵特征。在著名的水的教堂（图3-59）中，安藤把绿、水、光、风等纯粹的自然经过人的意志抽象化、建筑化，通过与纯自然的对峙，产生出"圣洁的空间"。在它们的内部空间里我们可以体会到一种寂静的美，与日本枯山水庭院有着相同的气氛。

而位于意大利特雷维索的贝纳通研究中心设计（Benetton Communication Research Cener, Treviso, Italy, 1994），就是以他所认定的"场所·几何学·自然"观念来进行这项建筑创作的。这项工程的初衷是修复基地上的一座17世纪的帕拉蒂奥

式的别墅，使其重获新生。这个研究中心将接待来自世界各地的年轻学生，展示建筑设计、摄影艺术、绘画艺术、图像媒介和纺织品等实用艺术的成就（图3-60、图3-61）。

图 3-60　贝纳通研究中心全景

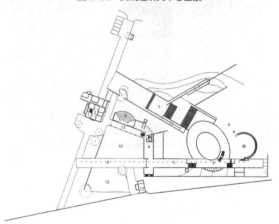

图 3-61　贝纳通研究中心首层平面图

在安藤看来，日本传统建筑的水平意向非常显著，并且是非几何学的，由此形成了非整合的空间，但表现出来的却是建筑与自然成为一体的空间。在这里，安藤想做的是把这种传统空间意向与几何学空间体系融合为一（图3-62）。因此，在保留旧别墅的同时，设计充分考虑到了特雷维索（位于意大利北部，距离威尼斯30km的城市）郊区具有独特的田园风情这一优势。新建筑的主要结构都尽量仔细地安置在地下，通过一个阶梯形广场与一个两层高的下沉式椭圆形庭院相连。新建的有列柱的室外画廊有7m宽，从旧别墅中穿过并且使其与新建筑相连（图3-63、图3-64）。新建筑内部设有几个研究室、工作室、操作间、一个艺术画廊、一个报告厅、一个影剧院和一个图书馆。全部设施的入口

图 3-62　从南侧看室外画廊

图 3-63　室外画廊列柱细部

图 3-64　列柱终点倒映在水面上

图 3-65　从别墅柱廊看室外画廊列柱

图 3-66　改造前的老别墅

图 3-67　改造后的老别墅

都面向广场并通过广场彼此连通，而在广场上很适合举办各种社会性的、创造性的交流活动。

　　同样，安藤对光线的运用也与西方建筑师的表现不同，他的光空间更趋向淡柔，没有博塔建筑中由对比造成的力量感。因为在日本传统的空间中，通常是由幽暗的顶棚、微亮的壁龛，以及透过格栅拉门的淡雅斑驳的光影形成的一种和谐的美，而这正是东方美学的内涵特征。而在安藤的这个设计（图3-65）中，他借助旧别墅柱廊把绿、水、光、风等纯粹的自然经过人的意志抽象化、建筑化，通过与纯自然的对峙，使人们可以体会到其内部空间里一种寂静的美，与日本枯山水庭院有着相同的气氛。

可以说新建筑将老别墅从沉睡中唤醒了，其目的是重现旧别墅的魅力与生机（图3-66、图3-67），在整体的和谐中使新旧元素之间产生超越时间限定的、相互催化的关系。因此，可以期待来自世界各地的年轻人在这里工作，相互启发并交换看法。很显然，这里体现了新建筑与老建筑互相对话的精神，因此，也一定会激发新的创造力的出现。

下面要提到就是最近竣工的美国德克萨斯州沃斯堡现代美术馆（Modern Art Museum of Fort Worth，Texas，USA，2002）。这个美术馆位于德克萨斯州沃思堡郊区（图3-68），是一个占地近44000m² 的城市公园的一部分，它最显著的特征是毗邻路易斯·康的杰作——金贝尔美术馆（图3-69）。安藤赢得了1997年的这个国际设计竞赛，并被指定负责这一项目的设计实施。

很自然，设计竞标过程中的主要问题是，如何处理新博物馆与金贝尔这个现代经典作品的关系，以及如何处理大面积的基地特征的问题。对于这个问题，安藤的回答是："我的确希望能与康伟大的灵魂对话，以汲取他设计的简约而清晰的空间的精华，并使新建筑充满这种力量。[1]"

首先，考虑到基地面积很大，安藤运用了"艺术凉亭"的概念，有意地消除内外空间之间的差异，使整个区域都成为适合展示艺术品的空间（图3-70）。基地东侧的一部分被改造为一个水的庭院，在交通繁忙的十字路口前设置了一小片树林，从而创造出一个被水和绿色植被环绕着的基地环境。在这个区域内，6个长方形建筑排成一行，每个建筑都由一个双重结构组成，玻璃盒子包裹着混凝土盒子。这6个长方形建筑中2个较长的内部是公共活动区，

4个较短的内部是展区。虽然总体构成很简单，但通过将这些双层的矩形体量排成一行，并利用各种方法将自然光引入建筑之中，使得展示空间可能容纳多种平面布置方案（图3-71）。

在安藤的建筑作品中，可以说其用于类比的原型是一种传统建筑中静美的氛围，用罗西的话说就是唤醒已被忘却的场所原有的记忆，并把之强化。安藤在此的作法并不是借用传统建筑的

图3-68　沃斯堡现代美术馆外观

图3-69　路易斯·康的杰作——金贝尔美术馆

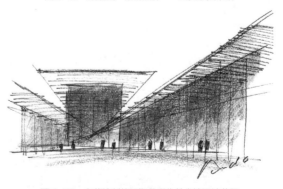

图3-70　安藤绘制的沃斯堡现代美术馆设计草图

① 吴耀东. 后现代主义时代的日本建筑 [J]. 世界建筑, 1995（4）：16-27.

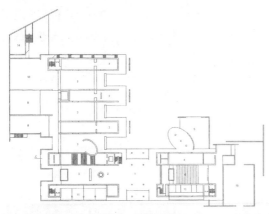

图 3-71　首层平面图

图 3-72　内部水庭景观之一

图 3-74　从室内看水庭

复试验，安藤开发出玻璃和混凝土的这种双层表皮结构。在混凝土外包裹玻璃可以更加突出玻璃的透明性。相反，玻璃表皮则减轻了混凝土的重量感，在周围环境中创造出一种宁静的氛围（图3-72、图3-73）。混凝土结构的稳定性可以使艺术品免受沃思堡恶劣气候的伤害。混凝土盒子可以确保结构的安全性，而外层的玻璃盒子可以降低外部环境对展示空间的直接影响，从而增加艺术品的安全性。玻璃表皮和混凝土表皮之间的地带类似日本的"缘侧"空间。水、绿色植被和光被引入室内，而玻璃表皮又使内部展示空间的状况得以传达到外部（图3-74）。

图 3-73　内部水庭景观之二

固有模式，而是通过他对 20 世纪最具代表性、也是我们最熟悉的材料——玻璃和混凝土材料魔术师般地把握，以其几何学的空间创造，通过"空间体验"的深度引起人们的精神共鸣。安藤试图仅利用这两种材料创造出一座具有空前魅力的建筑。人们印象中一贯与粗糙相联系的混凝土在安藤的手中变的细腻柔滑，这是与日本传统中追求材料的温和与轻柔的倾向相联系的。通过反

除了满足艺术欣赏和项目研究的需求外，这座博物馆更将成为普通民众的社区核心，在恶劣环境中为他们创造出一片绿洲。这里可举行音乐会、草地聚会、节日庆典或类似的娱乐活动。参加这些活动的人的确能感觉到那些艺术品的存在，因为它们就点缀在草坪和水的庭院之间。同时无论现在还是

将来都有利于延拓人们的想象力。

综上，在安藤看来，建筑之所以成为建筑，有三点是必不可少的：一是"场所"，这是支撑建筑存在的大前提；二是纯粹的"几何学"，这是支撑建筑的基体或骨骼；三是"自然"，这里说的自然并不是真的自然，而是人工化的自然。从自然中抽象出秩序，抽象出光、水、风。在他看来，只有这样，建筑这一人类理性的形式才能感动人。正如他所说的："今天建筑的根本问题是自然与人的关系问题。传统的西方世界，建筑强调人的理性，强调征服自然；而日本人自古强调'我'与'自然'的平等，其实更强调人是自然的一部分。但我认为这种传统的自然观是不充分的，人与自然之间要建立一种新型关系。我想要构筑一种自然与人类之间保持紧张感且相互对峙的建筑，只有保持这种紧张感，人类才能觉醒自身，实现自我。自然并不是理性的对抗物。[①]"

3.3.2　安东尼·普瑞多克（Antoine Predock）

新地域主义在应用类型学上并没有固定的模式，只要是把建筑置于特定的地域文化场所中，并且使它表达了这种特定的场所精神，任何设计表现都是可以被接受的。因此它不拘一格、多种多样，但又是易于识别的。例如墨西哥建筑师安东尼·普瑞多克（Antoine Predock）。普瑞多克出生于美国密苏里州，新墨西哥大学毕业后又就学于哥伦比亚大学，没有在纽约停留就回到新墨西哥。他喜欢新墨西哥的荒漠，毫无顾忌地称自己为"沙漠之鼠"。这只老鼠在沙漠一住就是35年，是一只被沙漠所拥有的严酷暴力气候所感惑的老鼠。

安东尼·普瑞多克喜好各种体育运动，他经常进行慢跑运动，作为中年骑手他还拥有很长的摩托车史，自行车运动也运用自如，最近还热衷于滑旱冰，

是一次跑了15mi(约24km)的铁人，而且在登山、滑雪方面也很在行。人们期望既是建筑师又具有超人能力的体育狂终于在安东尼·普瑞多克身上变成了现实。但普瑞多克说他并不是为了所谓的健康才搞体育，而是"为了做一个建筑师，必须在锻炼身体的同时，通过活动自己的身体去了解土地和城市，这是非常重要的"[②]。这就是他的信念。这么看好像普瑞多克是典型的地方主义者，被新墨西哥的风光和力量所吸引。但他不仅是新墨西哥的地方主义者，在设计欧洲迪士尼"Santa旅馆"（图3-75~图3-77）时中他去了巴黎，又成了那里的地方主义者——即他所谓的"移动型地方主义者"。在普瑞多克看来，人们一到达某个新的城市，就被它的来龙去脉所压倒，完全忘记了地质学。在新墨西哥，不可忽视其地质学的场地性，而在这个设计中，他首先就想对城市型的巴黎进行超娱乐性描述。考虑其地质性、空间多重文化等。

普瑞多克在苦苦追寻新墨西哥当地的文化记忆，企图解开印第安、西班牙、墨西哥、欧洲等各种文化的多重性。因此他的作品频频出现强有力的水平感与锐角山形的东西并置，就是起因于不折不扣的新墨西哥的风土人情。亚利桑那州立大学的"涅尔松美术中心"（图3-78）的尖塔状山形和"拉斯维加斯图书馆和发现博物馆"（图3-79、图3-80）的锐角尖顶，都是普瑞道克风格特色的东西。特别是其中怀俄明州"美国遗产中心与艺术中心"采用了陡峭圆锥形的大胆形状（图3-81、图3-82），表现的是一种简洁、抽象的情致：由于地处西部开阔原野，背靠高耸大山，因此普瑞道克将建筑设计成好似印第安人帐篷的封闭式山形，将强有力的水平感与大胆的锐角尖顶并置，非常严峻和冷漠，这是他对周围自然环境感触的自然流露，也就是把他所说的"水平性对场地有明快的亲地性"具体化了的东西。

而且，普瑞多克设计的另一个特征是拥有一种

① 吴耀东. 后现代主义时代的日本建筑 [J]. 世界建筑, 1995（4）: 16-27.
② （日）渊上正幸编. 现代建筑的交叉流 [M]. 覃力等译. 北京: 中国建筑工业出版社, 2000.

图 3-75　普瑞多克设计的欧洲迪士尼"Santa 旅馆"外观

图 3-77　欧洲迪士尼"Santa 旅馆"夜景

图 3-78　普瑞多克设计的亚利桑那州立大学的"涅尔松美术中心"

图 3-76　欧洲迪士尼"Santa 旅馆"总平面图

图 3-79　普瑞多克设计的"拉斯维加斯图书馆
和发现博物馆"圆锥塔外观

图 3-80　"拉斯维加斯图书馆和发现博物馆"室
内俯瞰楼梯间效果

叫"空"的洒脱的技巧。由于把建筑物的一部分空洞化，所以它就变成了一个空架子。在他设计的"加利福尼亚大学迪威斯社会科学与人文科学大厦"（图3-83）中，就以不同的手法表示了挖空的关系，这些通透的框架使蓝天成为建筑物的一部分，据说

这都是普瑞道克对有限空洞的憧憬。他在设计开始的时候，先把一种叫"观念发掘"的有关用地概念进行发掘作业，像考古人员那样去挖掘出地质的、文化的过去。像给他以很大影响的赖特和康那样，他使建筑物在精神上、场所上扎了根，

图 3-81 普瑞多克设计的"美国遗产中心与艺术中心"夜景外观

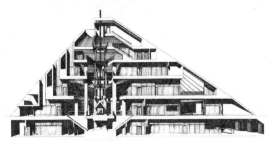

图 3-82 "美国遗产中心与艺术中心"剖透视图

图 3-84 普瑞多克设计的亚利桑那州"祖伯住宅"外观

图 3-83 普瑞多克设计的"加利福尼亚大学迪威斯社会科学与人文科学大厦"

图 3-85 "祖伯住宅"内院

换句话说就是，他将建筑物存在的景观抽象化，创造了人工地形。

普瑞多克的建筑血统本质上是不折不扣的美国式。那就是利用类型学回归到路易斯·康的纯粹纪念性和 F·L·赖特对场所的敏锐反应性。例如 1989 年竣工于亚利桑那州的"祖伯住宅"（图 3-84~ 图 3-86）所采用的原型是当地的民居和村

图 3-86 "祖伯住宅"从平台远眺城市中心夜景

图 3-87 普瑞多克设计的作为南加利福尼亚地区新地标的"希维克艺术剧院"外观

图 3-88 "希维克艺术剧院"充满梦幻与神秘色彩的室内大厅

落形式：舒缓的轮廓，层层跌落的砖墙，矮胖的细部，光线的流动，以及结合当地的建筑材料反映沙漠色彩的变化等都是普遍存在于当地居民记忆中的建筑代码。而1994年完工的作为南加州地区新地标的"希维克艺术剧院"则利用了空间的神秘与天空的联系（图3-87、图3-88）。即使不是戏剧性的，也是严重怀旧的。那带有鲜明的新墨西哥的表情，也是属于美国西部的表情。

3.3.3 亚洲其他第三世界国家的新地域主义建筑师

在亚洲的其他地区，一些第三世界国家，如印度、泰国、马来西亚、斯里兰卡、新加坡等地，很多新地域主义建筑师也在积极探索用类型学的方法对传统地域建筑进行重新的诠释（Reinterpreting Tradition）。他们提炼亚洲地区的传统建筑符号来强调文脉感，简化传统形式，并将他们扩展为现代的用途。比如教育机构、文化场馆、大型旅馆、度假中心等，这些类型的结构是传统地方建筑以往没有的，这就形成了功能上的扩展，而空间形态氛围上则是传统的。

马来西亚建筑师卡斯图利利用极为简单的几何形式象征性表现地方传统的方法设计的"林本·达兰"住宅（图3-89），泰国的阿基才夫建筑事务所1996年在马尔代夫共和国采用当地民俗茅屋原型设计的"榕树马尔代夫度假旅馆"（图3-90），都具有类似的特点。这种方式在亚洲很受欢迎，因为它不仅仅局限于传统的框架内，还能够用将"原型"反复扩展、重叠的手法来强调地方传统建筑的动机，还同时达到为现代服务的功能性目的，是应该得到提倡的一个途径和方式。

泰国建筑师斯梅特·朱姆赛（Sumet Jumsai）也是一名在地域主义探索中独具特色的建筑师。他把自己对泰国传统建筑抽象化的作品称为"抽象美术传统"。他所设计的"曼谷国际学校"（图

3-91）、"泰国经营协会总部"（图 3-92）和"泰玛萨特大学校园"（图 3-93），就是这样的作品。在这里，两坡屋顶和部分暴露柱桩的建筑方式仍是亚洲东南亚地区使用的共同语言，并且从选用的材料和尺度上都体现了泰国文化那独特的纤细性，但不同的是，朱姆赛运用构成手法追加了鲜艳的色彩，因而在他的作品中，仍然可以看到具有西欧先锋意

识的空间。而这也正是他的建筑作品获得高度评价的主要原因之一。

还有一些建筑师的表现则更具批判性，这意味着他们在传承传统建筑类型的同时也传承了建造模式对形式的精神意义的肯定。特别是关注现代形式与气候的关系，能够用现代的语言或方式将室内外环境与气候融通在一起。代表人物有印

图 3-91 斯梅特·朱姆赛设计的曼谷国际学校

图 3-92 斯梅特·朱姆赛设计的泰国经营协会总部

图 3-89 卡斯图利设计的林本·达兰住宅

图 3-90 阿基才夫的"榕树马尔代夫度假旅馆"

图 3-93 斯梅特·朱姆赛设计的泰玛萨特大学校园

度建筑师查尔斯·柯里亚和斯里兰卡建筑师杰弗里·巴瓦。

1. 查尔斯·柯里亚（Charles Correa）

　　印度，由于气候和风土对建筑有着直接的影响，所以地域烙印成为建筑形态的重要参数。在近40℃的酷暑中，没有什么比"露天空间"（Open-to-sky Space）更适合这里的天气。所谓"露天空间"是指有植物覆盖的中庭和枝叶繁茂的大树树荫下凉爽的院子。著名的印度建筑师查尔斯·柯里亚（Charles Correa）认为从家中通过走廊来到中庭，就会感到微妙光线的移动和周围充满变化的空气，这种充满诗情画意的气氛与知觉体验，即是从印度建筑中浸出的精华。对柯里亚而言，在考虑节省能源并在意自然通风的国度里，"露天空间"是从严酷的印度气候中派生出来的重要范例。如他1986年设计的"孟买比拉普尔集合住宅"（图3-94）。从类型学的角度看，是参照引用了莫卧尔的"红堡"原型。面对冬冷夏热的印度北方气候，完全是靠中间的庭院来调节。

　　而后在帕雷克"管式"住宅中，柯里亚通过设计两个相互并置的剖面一起放置在一个连续的住宅空间内，分别来适应夏季和冬季不同的气候条件。夏季剖面呈金字塔状，形成良好的空气吹拔效果。相反，倒金字塔的冬季剖面，使室内向天空开敞。继承和发展传统地域性建筑中的气候设计方法，从而到达节约能源和持续发展的目的（图3-95）。

　　另一对柯里亚创作有着重要影响的原型是在印度语中被称为"akash"[1]的空间。它不只是单纯"空"的涵义，而有着比那更广泛的涵义。围绕这种空间的动线是古老寺院中仪式巡礼的通道，并作为体验自我反省的精神经历，循着它可以唤起埋进人类精神深层结构的原始记忆。柯里亚把这种自古以来寺院建筑所具有的传统空间"原型"大量地运用到自己的作品之中。例如国立手工艺品博物馆（图3-96），其中展示印度丰富多彩的手工艺品的回廊

图3-94　柯里亚设计的孟买比拉普尔集合住宅

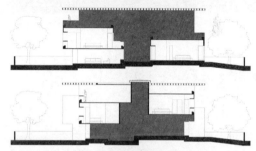

图3-95　柯里亚设计的帕雷克"管式"住宅剖面图

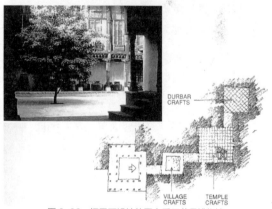

图3-96　柯里亚设计的国立手工艺品博物馆

就配置在连续开口的庭院群周边，各种庭院又用仪式通道相关联地连接起来，这既是对印度街道的隐喻，也是对印度城市的隐喻。

　　而在浦那天文学与天体物理学校际研究中心（图3-97）和斋浦尔文化中心（Jawahar Kala Kendra）的设计中，则是以古代"曼荼罗"（Mandala）原型为借鉴（图3-98）。在柯里亚看来，这种以宇宙解释为基础的模式直接导源于人脑记忆的深层结构。在亚洲与西方不同，在不把庭院作为娱乐手段

① "akash"还有"akasha"都是印度的哲学用语，是空虚、空的意思。

的印度，要神圣地看待庭院的自然，而柯里亚正是表现宇宙玄学概念的现代印度建筑界代表。

图 3-97　柯里亚设计的浦那天文学与天体物理学校际研究中心

图 3-98　柯里亚设计的斋浦尔文化中心（Jawahar Kala Kendra）是以古代"曼荼罗"原型为借鉴

　　因此，在谈及亚洲现代建筑的地域传统与创新问题上，柯里亚说："从这个意义上，建筑需要既旧又新，因为它是三种力量的产物。首先是技术与经济的；第二是文化与历史的；第三是人民的愿望。第三个力量也许是所有中最重要的。在亚洲，我们生存在有伟大历史传统的社会中，这个社会装扮着她的传统，有如印度妇女披上她的莎丽那么容易。在理解和接收过去的同时，我们也不要忘记现代人既存的现状，以及他们为争取美好未来的斗争。只有颓废的建筑才沉溺于向后看。建筑以其强大的生命力，成为推动变化的力量。"①

2.　杰弗里·巴瓦（Geoffrey Bawa）

　　斯里兰卡建筑师巴瓦（Geoffrey Bawa）无疑是一位"批判地域主义"的典型践行者。经过四十余年的实践，巴瓦成功地为自己的祖国斯里兰卡创建了一系列革命性的建筑原型。在一个被统治了四个世纪刚刚独立出来的国家背景下，他融合了复杂的民族构成中的不同分支，挖掘出丰富的历史遗产，铸造出一种新的标志性建筑。正如马来西亚建筑师杨经文所言："对我们许多亚裔建筑师而言，杰弗里·巴瓦将始终在我们的心目中占有特殊地位，他是我们首位英雄，也是我们首位宗师。"1981 年设计的斯里兰卡皮里亚达拉的综合教育学院建筑群（Institute for Itegral Education），采用依靠山坡起伏的形状设计带顶走道，联系所有建筑单体的形式，这种做法在传统斯里兰卡建筑中虽然存在，但是从来没有如此大规模地使用，这样就扩展了传统和地方建筑的构造和形式（图 3-99），使之具有了现代的功能和内容。

　　巴瓦 1919 年出生于当时的英国直辖殖民地锡兰。在世界地图上，斯里兰卡位于亚洲大陆边缘一个不太重要的位置，远离中央政权以及主要的贸易路线。它的历史曾被提及主要是因为它毗邻印度，并且在阿拉伯海与孟加拉湾之间的印度洋上具有战略性地位。斯里兰卡最早的居民和这个国家两种主要的宗教：佛教和印度教都源自印度，而阿拉伯和中国的航海者则从海上来到此地。在 20 世纪，斯里兰卡的人口翻了六倍，现在已达到二百万。总人口中近三分之一是僧加罗人，他们大多信仰佛教；大约五分之一的人口为泰米尔人，主要是印度教徒；其余部分由莫尔人或是穆斯林—阿拉伯航海者的混血后裔，小股的马来西亚人、舍第人。荷兰自由民以及欧亚混血儿构成。

　　巴瓦的早期作品包括办公楼、工厂、学校等，作品受马科斯维尔·弗莱尔（Maxwell Fry）和简·德鲁（Jane Drew）的"热带现代主义风格"（Tropical Modernism）影响，而追根溯源还是勒·柯布西耶。他 1960 年在科伦坡为教会学校设计的教学区就是个典型例子。另一种主要类型是私人住宅。一个多

---

① 查尔斯·柯里亚，王辉. 转变与转化 [J]. 世界建筑，1990（6）：22-26.

世纪以来，斯里兰卡国内的建筑大多参照英国模式，传统的庭院形式大部分都遭忽视被遗忘。典型的英式"平房"是细胞状发展的别墅，在概念上是外向的，往往占据宽阔的花园式基地的中心部位。然而，斯里兰卡的人口急剧增长，科伦坡由一个绿意盎然的花园城市迅速转变为一个现代化的亚洲都市。地价飞涨而建造基地却不断缩小，平房这种形式在私密性和通风方面的局限性暴露无遗。巴瓦凭直觉抓住了问题并着手寻求解决方法。

　　1969年，巴瓦设计的本托塔海滨旅馆建成了。这是斯里兰卡第一个有目的建造的度假旅馆，标准之高为后来者无法匹敌（图3-100）。旅馆之精美犹如昨日世界，像是古老的王宫，中世纪的贵族宅邸，还有那殖民时期的豪宅，可它却又能迎合现代旅游的需要，旨在创造一种独一无二、令人难忘的经历。巴瓦将旅馆建在一个海岬的咽喉部位，海岬把班托塔河与印度洋分离开来。建筑被放置在一个高台基座上，基座外面围以碎石矮墙。建筑外形简洁，掩盖了空间的复杂性和剖面上的微妙变化。建筑的平面让人联想到勒·柯布西耶设计的拉图莱特修道院（图3-101）：主要的接待空间被置于山顶，一连串房间围绕方形庭院布置，院子上面的两层客房，就像漂浮在空中一般，逐层向外悬挑（图3-102），客房阳台朝外，面向大海。站在阳台上，客人们体验着旅馆院墙以外的热带风光：大海汹涌澎湃，摇曳的棕榈叶上阳光闪烁，孔雀尖声啼叫，还有夕阳滑入地平线时的橙色余晖。然而，走出房间，他们将面对楼下庭院的人文景观，晚宴香气扑鼻，觥筹交错声与喧闹的异域口音不绝于耳。

　　即使在旅馆还是新的时，建造所选用的材料，诸如粗糙的花岗石，磨光的混凝土面，陶砖陶瓦，黑迹斑斑的木材，手摇纺织机等都使它给人一种用旧了的，有人住过的感觉，就好像这是一幢被发掘出来的老宅而不是被设计出来的新屋。因为旅馆是在建材紧缺的时期构想的，所以完全由当地力量施

图3-99　巴瓦设计的皮里亚达拉综合教育学院

图3-100　巴瓦设计的本托塔海滨旅馆

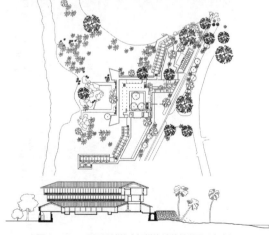

图3-101　巴瓦设计的本托塔海滨旅馆总平面与剖面

工。只出了区区三十张图纸，许多细部都是巴瓦在现场跟工匠们一起做出来的。几乎所有的家具都是在办公室里设计好后在当地加工的。客房里布满了

图 3-102　巴瓦设计的本托塔海滨旅馆逐层用向
外悬挑的立面

图 3-103　巴瓦设计的斯里兰卡新议会大厦

巴瓦的朋友们创造的艺术作品。

　　巴瓦的这种对于传统构造的善用正是让他在之后的职业生涯中受益无穷的好习惯：因为明白以自己不太扎实的专业能力无法完成对设计成果的控制。巴瓦选择顺水推舟地引导经验丰富的手工艺者帮助自己去实现想法。这样的出发点让巴瓦自然而然地走向了朴实低技的设计风格，与此同时，也命运性地开始碰触到最具地域色彩的建筑本质。

　　1977 年的大选后，联合国民党政府重新执政，他们承诺恢复自由的市场经济。作为巨大的建设浪潮的一部分，总统杰雅渥登（Jayawardene）要巴瓦在科伦坡东部约 8km 的考特准备设计一个新国会大楼。巴瓦完全可以自由行事，条件是项目必须及时完成，并在 1982 年正式开放。巴瓦建议把戴亚万纳·欧亚（Diyavanna Oya）的湿地山谷淹没，以产生一个巨大的湖面，并把新国会大厦建在高地圆丘之上，使它成为一个湖心岛屿。它那重重叠叠的铜屋顶从 2km 长的入口大道望去，像是漂浮在新开的湖面上一样。设计把主要的议院放在中央大楼，四周簇拥着五个附属楼阁，每个均为其伞状铜屋顶所确定，仿佛从各自柱基中长出来一般，尽管那些柱基事实上连在一起，以形成连续的底层和二层平面（图 3-103）。主楼为国民集会大厅，呈对称布局，不过，这种轴线感因为周边附楼的不对称布置而有所淡化。结果是，每个楼阁都保有各自的识别性，却又在一个向上倾斜的屋顶中得到统一，这种像帐篷一样的屋顶是根据传统的康提式屋顶结构抽象而成的（图 3-104、图 3-105）。

　　从当地民众的角度来看，巴瓦是一个国宝级的文化艺术家和建筑师，他改变了原本殖民地式的独栋的围廊式的住宅的模式，发明了一种内向空间的

图 3-104　巴瓦设计的斯里兰卡新议会大厦室内

图 3-105　巴瓦设计的斯里兰卡新议会大厦立面细部

城市院落式的房子，这或许是受到意大利建筑比如罗马庭院等的影响，只不过在热带地区，空间更加开敞了。他没有特定的风格或标签，但他处理建筑与环境的关系是内在一致的。在这个纪念碑般的建筑中他并没有使用任何僧伽罗或佛教的元素，而是以一种含糊而抽象的方式使用了历史传统，结果反而使建筑成为一个可以立即识别出的"斯里兰卡"和"政府的"标志。

　　总之，阿尔瓦·阿尔托、马里奥·博塔、安藤忠雄、查尔斯·柯里亚、杰弗里·巴瓦以及诸多新地域主义建筑师都在下意识地运用类型学理论批判地解决"建筑—自然"同一这一问题。这里的自然不是通常意义上的自然，而是与地域、传统、环境、气候相联系的人工化的自然。在他们看来，建筑在概括性与适应性方面的程度总是依不同传统、背景与时代的不同融合作用而不同。这一观念表明建筑与自然是相互依赖、不可分割的。新地域主义建筑集结了生活的情感，感觉的记忆和对未来的焦虑、希求与渴望。这种精湛的直觉力与技艺来自于知识，也来自于对人文主义不懈的追求。艺术是诗意的，它来自于那些永不磨灭的情感，因为生命既不是永恒的，也不是重复的。

从类型论视角，你可以理解作为系统的建筑形式，

这个系统描述建筑自身的构成逻辑，

描述某些形式的全部作品中的各个成分转变。

类型的观念也允许研究城市的生产关系以及形式的发展或破坏。

最后，城市的物质结构和城市建筑的物质结构可以在整体分析中联系起来。

——伊格纳辛·索拉 – 莫哈勒（Ignasib Sola-Morales）

Chapter4
To Construct with the use of Typology
第4章 以 类 型 从 事 建 构
——现代建筑类型学的设计方法与形态生成法则

类型学设计方法在本质上是从社会文化和历史传统角度入手的。它并非一种崭新的设计手段，在前工业社会或传统社会中它是唯一的设计方法。以至于现代运动中的建筑师和理论家认为类型学是前科学的，是受习惯势力影响的，是与手工艺制品相联系的。他们认为在工业和科学社会中需要与科学技术思想相适应的新设计方法，但现代主义抛弃类型学的实践最终是不成功的。随着新理性主义的发展，类型学理论逐渐赢得了一批遍及欧洲大陆乃至世界范围的倡导者和追随者，有识之士开始认识到建筑设计需要类型学设计法。

4.1 形态、逻辑与情感——建筑类型学形态设计的基本要素

类型学理论是以生物学、心理学为基础的，生物学的分类法为类型学提供了方法论的指导，而心理学研究成果则是其认识论的来源。建筑类型学与"现代""后现代""解构"这些派别不同，后三者从本质上看都属于"批评理论"，批评理论都立足于变，使人们的头脑更加开放，打破教条，批判历史与传统。而类型学则注重"不变"，追求建筑的内在本质及其永恒因素，进而将"静"与"动"联系起来考虑，探索"不变"与"变"之间的关系。按照一般的理解，类型是自然、社会或艺术大系统中使形态与结构相同的一组样式得以聚合为一个有机整体，同时又使形态与结构相异的那些样式分离的概念。伊格纳辛·索拉－莫哈勒曾说过："建筑类型是可以对各时各地的所有建筑进行分类和描述的形式常数（Constants）。这种形式常数起着容器的作用，它可以把建筑外观的复杂性简化为最显著的物质特性。"[①]由此可见，建筑类型或者说建筑的"原型"是某一类建筑形态的一种单一公式般的永久凝缩。为了更好地理解类型学的设计方法，我们有必要先弄清建筑类型学形态设计的一些基本要素，特别是作为实现新理性主义类型学基本美学手段的"原型"的涵义以及它与建筑形态的关系。

4.1.1 原型与建筑形态

新理性主义的类型学在发展德·昆西和维德勒的类型学的基础上，主要受到原型批评的一个重要代表人物——瑞士心理分析学家卡尔·荣格（Carl Gustav Jang）的影响。特别是作为新理性主义的代表人物的罗西，在某种程度上，可以说是照搬了荣格的原型论。

荣格的原型理论是其心理学理论的重要组成部分，通过对人格结构的分析，他发现人对外界的认知有赖于人的心理结构。荣格认为，人类心理结构可分为自觉意识、个体无意识和集体无意识三个层次。自觉意识是"人心中唯一能够被人直接知道的部分"[②]，而无意识并非像弗洛伊德所说是一个单一混沌的东西，相反，无意识具有两个层面：表层只关系到个人，可称之为个体无意识；而深层无意识是与生俱来的，称之为集体无意识（Collective Unconscious）。"集体无意识"处于这一结构的最底层。集体无意识是心灵的重要组成部分，一部分可以根据"其自身存在不依赖个体经历的事实这一特征来区别于个体无意识"[③]。个体无意识是由曾经被人感知过的内容所构成的，只是由于种种原因进入了无意识层。例如某人知道许多朋友和熟人的名字，但这些名字并非随时都留存在他的意识之中，然而一旦有需要，它们就会被记起。而集体无意识的内容在个体的整个生命过程中却不会被人直接感知。人一生下来就有思维、情感、知觉等种种先天

① Ignasib Sola -Morales. Neo-Rationalism and Figuration[J]. New Classicim. London：Academy Group LTD，1990.
② 霍尔等著. 荣格心理学入门 [M]. 冯川译. 北京：三联书店，1987：80.
③ 范文. 潜意识哲学 [M]. 西安：陕西人民出版社，1995：76.

倾向，集体无意识则是种种先天倾向的储藏所。比如，人并不需要通过亲身经验就有对蛇、猛兽的恐惧。与个体无意识不同，集体无意识对全世界所有的人来说都是共同的，因为它的内容在世界上每一地方都能发现。比如世界上所有的原始聚落，不管在什么地方，都是圆形的，这绝非偶然。

而荣格对"原型"的定义，恰是指人类心理经验中反复出现的"原始意象"（Primordial Image），这种原始意象也就是荣格所谓的"集体无意识"。"集体无意识"反映了人类以往历史进程中的集体经验，实际上是人类大家庭全体成员所继承下来并使现代人与原始祖先相联系的种族记忆。他说道："原始意象即原型——无论是神怪，是人，还是一个过程——都总是在历史进程中反复出现的一个形象。因此，它基本上是神话的形象。我们再仔细审视，就会发现这类意象赋予我们祖先的无数典型经验以形式。因此我们可以说，他们是许许多多同类经验在心理上留下的痕迹"。[①]因为人类的心灵亦是进化的产物，所以每一位文明人，不论其意识如何，其心灵深处仍然保持有古代人之特性。这里的"原型"其实就是指人类精神和心理的一种"祖型重现"（Throw Backs）。

荣格认为，每个人的内心深处都携带着来自远古祖先的记忆或者原始意象（原则），这过去的遗物即称为集体无意识。包含着连远祖在内的过去所有各个世代所积累起来的无数特殊的或同种类型的经验，通过血缘纽带的遗传系统传延下来，形成无意识内容，这些内容沉入并储存在深层心理之中，成为人类操纵外在事件的先天普遍感应性反应倾向或反应模式。

原型（Archetype）是"人类永远重复着的经验的沉积物……是人类经验之永恒主题具体化的形式或模式"[②]，是构成集体无意识的主要内容。它"如同一种晶体的轴架，只是这种轴架预先决定了溶液饱和之后所出现的结晶体之形态，但轴架本身却不具有任何物质存在……；它确定晶体之结构，而不是晶体之具体形态，……原型早有一种永恒不变的型蕊的含义，它决定的是表象显现的原则，而不是具体的显现"[③]。但是，原型不是一种自在的实体，也不是某种遗传下来的观念或意象。荣格认为原型是某种遗传下来的先天反应倾向或反应模式，只是一种潜能，只有当它转化为有意识的形态时，通过具体的形象或"原型观念"才能表现它自身。这些具体的形象或"原型观念"往往通过象征的手法来外显原型，即自然象征和文化象征。自然象征源于心理的无意识内容，代表基本原型的众多变异；文化象征表现着"永恒的真理"，历经了许多变化，已成为集体形象，而为文化社会所接受，如神话、宗教、艺术等。作为原型的重要表现方式，构成宗教、神话、艺术等的形象或符号常常被应用于社会生活的各个方面，相应地派生出许多具体的图式，为社会历代因袭。这些图式或形象及符号只是原型的同类物，类型也是原型的同类物。

在荣格看来，原型向我们提供了集体无意识的内容，并关系到古代的或者可以说从原始时代就存在的形式，即关系到那些自亘古时代起就存在的宇宙形象，作为集体无意识的内容，原型给每一个个体提供了一整套预先设立的形式，这种形式被作为"种族记忆"保留下来，是一种一切心理反应所具有的普遍一致的先验形式，这种先验形式是同一种经验无数过程的凝缩和结晶，是通过大脑遗传下来的先天心理模式。荣格企图通过对原型的揭示来探讨人类精神上共相的方面。因而他说："集体无意识绝不是裸露的个人系统，把它说成其他任何一种东西都要比这更合适些。这是彻头彻尾的客观性，它与世界一样宽广，它向整个世界开放"[④]。正是在

① 万书元. 当代西方建筑美学 [M]. 南京: 东南大学出版社, 2001: 70.
② John Lobell 著. 静谧与光明一路易斯·康建筑中的精神 [M]. 朱咸立译. 台北: 台北书局, 2007.
③ 滕守尧. 审美心理描述 [M]. 北京: 中国社会科学出版社, 1985: 402.
④ 荣格. 心理学与文学 [M]. 北京: 三联书店, 1987: 72.

这个意义上，"原型"具有一种不受个人好恶左右的自主性，是一种神秘的、难以言说的形象或思想力量。它作为一种共通的"原始意象"，作为人类精神"集体形象"的反映，因此才超越了普通心理学的范畴，而与柏拉图意义上的形式或理式遥相呼应。按照荣格的"原型"观点来看待建筑，建筑是由人创造的，并为人使用，在城市和建筑漫长的发展历史上，每一时期各种建筑类型必然会在使用建筑的人类心理上留下"记忆储藏"的片段，一些"记忆储藏"是属于"个人记忆"的，它是个人后天通过各种经验产生的，而另一部分则属于"集体记忆"，是个人先天所具备的，是普遍存在的。这些存在于人们心中的"集体记忆"外在具体表现为各式各样的"原型"，而往往正是这种"原型"决定着建筑和城市的形态（图4-1）。可见，荣格通过原型这种特殊的形式，把他的原型论和建筑形态与审美形式联系在一起。

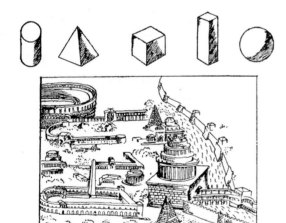

图 4-1　柯布西耶对原型决定建筑和城市形态的理解

因此，类型学理论中的原型是集体无意识的，可以具体外化为表现形式的某种普遍性和原初性的叙述结构或意象。原型一方面表现为集体无意识对人的想象、知觉、思维的先天约束作用，成为人们知觉、把握事物现象的工具；另一方面，古代神话

和伟大的艺术品之所以具有永恒的魅力，就在于它们凭借着原型所凝聚的祖先感受、认识、情感，表达出了超个人的深层结构。作为原型的同类物，类型与原型维持着一种类似的关系，因为原型是空洞的，不进入人的自觉意识，如同梦境般飘渺朦胧。

在建筑发展的历史上，建筑形态是属于审美和艺术总体观念层面上的基本概念。就这一意义来说，"建筑形态"作为一种美学的"纯粹概念"（范畴），既是关于"形式"的美学知识，是它的载体；又是我们对其进行美学阐释的方法，我们关于"形式"的美学知识必须通过"形态"的概念系统阐释而获得。

建筑类型学理论中的"原型"始终是同形态相联系的。在荣格看来，"原型仅仅在艺术的形成了的材料中，作为一种有规律性的造型原则而显现"[1]。因此就建筑艺术作品而言，我们只有依靠从完成了的形态中所得出的推论，才能重建这种原始意象的古老本源。就创作过程来说，在我们所能追踪的范围内，建筑艺术创作就在于从无意识中激活原型意象，并对之加工，使之成为一部完整的作品，从而使我们找到一条返回生命源泉的道路。因此，"原型"这个被艺术所一再重复强调的形式，也就成了处在短暂的历史和时间中的我们与永恒及人类普遍状况进行对话的一种媒介，甚至它就是那历经千万年的心理积淀本身通过艺术在不同时代的复活。

这似乎形成了一种循环论证：人们按照原型去创造艺术，于是人们也就在艺术中发现了原型。但是如果我们把这个问题放在原型与形态的关系坐标中考察，则不难看出荣格原型思想的深刻。一方面，原型本身反映了人类心理长期形成的而又未被意识所直接知觉的"集体无意识"，作为艺术的本真或本源方面，它是潜在的，预示了"个人系统"与"宇宙形象"沟通的可能范围；另一方面，原型又必须得到外化，由潜在的神话形象转变成显在的艺术形象，从而实现人对自己所属的类的确认。从这个意义上讲，原型转变为"有内容的形态"的过程，是一个外显的、动态的过程。这个作为过程性存在的原型，是等待形式化的原型。换句话说，在荣格的理论中，当原型体现在建筑艺术形态中时，建筑形态就分化为两重涵义：其一是原型的载体，其二是原型的实现方式。

如前所述，罗西的有关"类型"，或者说"类比"的理论在很大程度上是从荣格的理论中获得灵感的。罗西曾说"形态学是生命"[1]，对形态学的重视使得罗西对建筑的理解与一般的建筑理论家不同。罗西理解的建筑是，只有当建筑同那些在历史上被赋予特定意义的元素或形态发生关系时，这种建筑才有可能是建筑，否则就不是建筑。罗西认为，新理性主义建筑类型学的使命就是要抛开任何有关功能主义的浅薄幻想，使建筑回到建筑秩序的另一极形式，从而寻找一种形态学关系。这里的形态学，其实是指由人类在其漫长的生活与艺术实践中，历史地、约定俗成地确定下来的各种形态和形态关系，它既原始又新奇。由于它是人类共同创造的智慧结晶，因此，它曾经而且必将永远为人们所接受。所以，建筑类型学理论在设计中强调历史记忆、重复和原型，实际上是希望通过对原型意象的新形态构拟，生成一种"共同的现实"，从而传达一种深度意义。

4.1.2　设计的层次——"元设计"和"对象设计"

"元"的概念是类型学的基本概念之一。波兰哲学家塔尔斯基在分析语言的逻辑问题时认识到：讨论语言问题时，人们常常陷于混乱的境地，而这正是由于人们没有分清语言的层次问题，即试图用同一种语言互相描述。然而，用一种语言描述同一种语言在逻辑上是有困难的。这就需要将语言分出层次，从一个层次来研究另一个层次的语言。这种分层次的，在某一层次上来研究另一个层次的语言所引发出来的逻辑问题即为所谓的"元逻辑"（Meta-logic）。在分层次的语言系统中，描述的语言也就是用做工具的语言被称为"元语言"（Meta-language），而被描述的语言被称做"目标语言"或"对象语言"（Objective-language）。

这种问题在建筑设计领域同样存在。大多数建筑理论讨论总是集中在一个层面上，而建筑类型学则是研究建筑的"元"理论。正是通过类型学才使得建筑师们了解到设计的"元范畴"（Meta-Category of Design）这个概念，即在设计或设计的过程阶段中，利用类型的方法区分出"元"与"对象"，区分出"元设计"与"对象设计"的层次。然后生成一套属于"元语言"层次的字母单位与方法，用这套"元语言"去构造具体的建筑作品。

具体地说，"元"即类型，类型学既然考虑到层次问题，在作为设计方法时，它也要在设计中指导人们对设计中的各种形态、要素部件进行分层的活动。对丰富多彩的现实形态进行简化、抽象和还原而得出某种最终产物。但这种最终产物不是那种人们可以用它来复制、重复生产的"模子"。相反，它是建构模型的内在原则，人们可以根据这种最终产物或内在结构进行多样的变化、演绎，产生出多样而统一的现实作品。比如说，庭院是中国传统住宅的普遍形式（即类型），北京的四合院、云南的"一颗印"和安徽的"四水归堂"等则是庭院类型的变异、演化。从大量同类建筑中提取类型模式的过程便是"元设计"的过程，即类型选择的过程，前面章节所述的克里尔从大量的欧洲城市广场中分析总结出来的种种几何形就是一种"元设计"，各种形态不同的广场都是由圆形、方形和三角形的几何形

① Heinrich Klotz. The History of Postmodern Architecture[M]. Boston：The MIT Press，Massachusetts，1988：247.

构成的。类型成为描述这类建筑的工具（元语言）。而一个具体的设计任务则进入"对象设计"的层次，它们在类型概念指导下生成具体形态不同的建筑。例如，提取"四合院"的"合院"概念便是"元设计"的过程，它是人们从大量四合院实例的变化中总结出来的，并用于描述这类建筑（图4-2）。至今这种传统的居住文化依然具有活力，根据这个概念，人们至今仍可以设计出千变万化、形态各异的、保留了合院建筑基本叙事格局的新"四合院"。

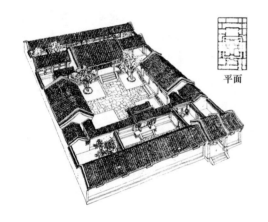

图4-2　菊儿胡同提取"四合院"的概念进行设计
上：历史上的四合院原型　下：菊儿胡同的新四合院建筑群

由此可以看出类型学设计方法的层次就是首先构造出一套"元语言"，即对构成建筑的几何要素词汇和基本句法进行构造（研究和设计），当对这套"元语言"构造完毕之后，再去考虑如何用这套"元语言"去构造具体的建筑作品，即"对象语言"。

4.1.3　生成意象

"元语言"最终要通过图形规则或语言规则，完成造型，生成并且传递意义和情感。但"元语言"实际只能算作一个基层语素，它的最终涵义要放到整体语言结构中去理解。"元语言"在整体结构中生成意象的过程，其普遍涵义会产生语义的互涉，这就是列维－斯特劳斯（Claude Levi-Strauss）所说的"语义裂变"。

"语义裂变"不仅发生于特定的语法结构中，而且也是一种客观存在的现象。结构主义将原始类型的功能划分为初始功能和二次功能：初始功能主要指其外延的实用性"功能"；而二次功能则是指其象征性的"内涵"。在从类型生成形态意象的过程中，这两者随时间变化而呈现出不同的状态：

1）初始功能的意义已经耗失；而二次功能的大部分尚存。例如希腊的神庙，尽管现在它已经不在作为供奉神明的殿堂，但其原有的象征性内涵依然被人们把握着，并且可以借助与古希腊人相似的感受来理解。

2）初始功能依然存在；而二次功能耗失。例如北京原有的一些独户四合院在新中国成立后分给多户居住，成为"大杂院"，其用于居住的初始功能依然存在，但其作为封建"合院"的象征意义已耗失。

3）初始功能已耗失；而二次功能大部分耗失；原来的二次功能借助更为丰富的代码被新的东西所取代。例如金字塔，它们作为君王坟墓的初始功能已耗失，而它原有的大部分象征性代码，如占星术和几何学的代码也大都耗失，这些代码曾决定了古埃及人了解金字塔的内涵，但现在金字塔的内涵却成了地域文化标志的象征。

4）初始功能已耗失，别的初始功能取而代之；而二次功能则用更丰富的代码加以变形。例如由1900年巴黎万国博览会火车站改造而成的奥罗赛美术馆（图4-3），其作为火车站的初始功能已丧失，而今作为美术馆使用。同时与火车站有关的原有内

图 4-3 盖·奥兰蒂设计的奥罗赛美术馆改造方案

涵变形了，于是由世纪初作为技术象征的东西转变为世纪末作为文化象征的东西。

以上分析说明，传统类型的意义并非恒久不变，它可能随时代的变迁而陈废，它包括构件在结构上的意义，空间格局在人的行为方式上的意义，传统类型的形而上的意义等，仕历史的过程中类型与意义形成了一种复杂的替代关系。这种客观存在的现象与瞬息万变的技术革命、社会变动以及通信范围的扩大等多种因素结合起来，强化了我们的时空感，使意义处在游移之中，突出反映了后现代时期文化状态的复杂性和不确定性。这一过程清晰地勾画出形式的消耗和价值意义的陈废与重建。但也从另一个侧面反映了形式复原与感觉再现的条件——即使历史图形产生新的语义。这表明历史上的类型作为文化的证明者被永久地保留下来，现代建筑对类型的引用并不受时空的限制，它可以以各种方式呈现出来。

在厘清了原型与建筑形态、设计的层次及意象的生成这些建筑类型学形态设计的基本问题后，我们终于可以以充足的准备来分析类型学的形态设计方法。

4.2 抽象的运用——基于类型学的形态设计方法

对建筑形态的类型学研究旨在类型学的基础上探讨建筑形态的功能，内在的构造机制及其转换与生成的方式。分类仅是第一步，重要的是对类型做出功能、语义和结构上的分析，以期达到创造的可能，这实质上是关于设计的方法论（Design Methodology）的探讨，而研究设计方法论的目的是寻找生成设计的机制。以往国内的类型学研究，大多只重视理论的说教，而忽视对具体实际操作方法的研究，导致我们熟悉的类型学理论中很少涉及图形与形态的生成问题。但是如果只是流于理论上的夸夸其谈，研究也就失去了现实意义。在这个小节中我们将就类型学在形态设计上的具体方法进行论述。

关于类型学在形态设计上的具体方法，其中典型代表例如克里斯托弗·亚历山大（Christopher Alexander）的模式语言（Pattern Language）。这一理论将设计视为形式（Form）与环境（Context）之间的纽带，模式语言下的设计行为对功能需求进行综合，并用形式来满足这种需求，它指向一种划分层级与穷举个例的类型学。

此外，具有先见之明的阿兰·柯尔孔（Alan Colquhoun）在 1967 年一篇题为《类型学与设计方法》（Typology and Design Method）中对现代主义抛弃类型学方法进行了批驳，将类型推向可操作性理论，并指出："类型不仅仅是分类的系统也是创造性的过程。"他说，"艺术家接受了先验的类型学还原，才能使自己从历史形式的形成条件中获得自由，并假设过去是一个完成了的，不能作进一步发展的事实，使它中性化"。[①]在柯尔孔看来，在缺乏有效分析与分类工具的情况下，或无法对所要解决的复杂城市建筑问题提出一个明确的设计纲

① Alan Colquhoun. Typology and Design Methed[M]. Essagsin Architectural Criticism, MIT Press, 1981.

领时，应倾向于借助之前的范例来解决新问题。这提供了一种类型学的解决思路，将其视为一种直面设计问题的手段。但他同时又认为类型学犹如生长在人体中的恶性肿瘤，因此在分类手段逐渐系统化的时刻，就应该去除形式的类型学。

1966 年随着罗西的《城市建筑学》一书出版，书中将类型学作为建筑设计中重要和有效的设计方法。同一阶段，一批意大利青年建筑师在《美好的住宅》（Casabella）上发表文章进行有关类型学思想和设计的讨论。综合其观点，他们都认为现代建筑类型学在应用于设计时，相比于历史主义和象征主义，应以改良的方式、缓和的姿态将历史意象渗入现实之中。类型学的创作过程是理性与知觉的统一，这种类型学的应用分为两步：

1）对象分析，从对历史和地域模型形式的抽象中获取类型；

2）建构赋形，将类型结合具体场景还原到形式。

这种从形式—类型—（新）形式的设计过程正是类型方法在形态建构上应用的具体体现。简言之，就是①第一步："类型选择"（抽象）；②第二步："类型转换"（还原）。

实际上，类型在现实中的使用还需经历一个从抽象的类型逐渐引导向真实现实环境的发展过程。在这个过程中，类型将对具体的周边环境作出回应，转化成为能够反映场所特殊属性的具体形式。因此，类型包括发展和变化的内容可以分成两个层面来理解。第一个层面：类型本身针对现实和外部条件变化的改变；第二个层面：抽象类型场所化的改变，类型转化为特定环境中的特定形式。

在《关于类型学》中，莫内欧曾写道："建筑师可以自由地处理类型，是因为设计过程存在着两个可以彼此分开来的阶段：一个类型学的阶段和一个形式生成阶段。"他认为，类型学阶段是一个寻找并获得类型的阶段：在这个过程里，设计者从亲身体验中寻找那与人们行为方式、心理结构相契合的类型，分析其内在的形式结构；而形式生成阶段

是一个类型场所化的阶段：设计者以选择的类型为基本形式结构，对设计上的特定要求作出回应。这个过程包括了类型根据实际情况的变形和转换，也包括了表层结构对于环境的场所化过程。因此，设计的类型学阶段代表了设计与过去之间的关系，而形式生成阶段则展现了设计与现在及未来的互动。

4.2.1 类型选择

建筑形式类型的选择直接影响整体建筑环境的形象。如果对现代生活中的建筑加以研究，可以发现许多新的建筑类型，如大型购物中心、高层办公楼、银行、火车站、机场等，但这仅是从功能分类上来认识这些建筑；若从文化的角度讲，这些新形式大多从历史上的建筑类型中衍化而来，可从对历史上的类型加以重组、构成而来。例如，购物中心通常由一大型空间和一排长檐廊组成，而大型空间在欧洲建筑史上并非新的发现，最通常的就是被称做"库房"的建筑类型，而廊子就更不用说了。因此，简单地说一个购物中心就是一个"库房"和一个"檐廊"的组合。而高层办公楼则可说是底层为"檐廊"的"塔"。从功能角度和文化角度来研究和设计建筑是截然不同的。在西方文化中，诸如"塔""仓库""廊子""柱廊""广场""中心空间""十字形组合"等都有着各自的深层意义和特殊意味。它们在文化中有着自己的位置，都是根植于历史和文化之中的。因此，同样设计办公楼和购物中心，从文化类型角度和功能角度出发、侧重不同、指导思想不同，得出的结果自然也不同。

布罗德本特（G. Broadbent）研究了索绪尔的《历时性语言学》中语言新形式生成的几种途径，其中一种是以类型选择为依据的类型学设计（Typological Design）——即设计必须类似特定文化背景的人们头脑中共有的固定形象，其过程往往是生活方式与建筑形式相互适应。可见类型的选择同样是一种创造的过程和手段。

1. 基本代码的收集

从事建筑设计思考时所包含的认知活动（Cognition）或称心智活动（Mind），是十分复杂的。20 世纪 70 年代以来，许多研究"设计方法思考"的学者便透过认知心理学和认知科学的实证方法，希望解开设计者思考活动的神秘面纱。在这里我们也要借鉴认知心理学的一些内容来分析类型学的设计方法。

作为分类的前提，当然是要着手对一些图形基本代码进行收集。在这个收集的过程中，不可避免地要涉及表象与知觉这一视觉认知心理学的范畴。我们察觉到的物体都有形状，每种形状（即使是最不吸引人的形状）对我们而言，都有某些微小而真实的信息，所以，内心因为"感知"而喜悦，某些潜在的喜悦即来自人们对形态的了解。尽管建筑艺术的许多层面相当主观，"感知"一栋建筑物却是我们生物性的一部分，因而也是科学的部分。掌握一栋建筑物或其他几何物体的特征时，我们通常经过两个阶段编辑接收到的信息（虽然这样讲过于简单，但却有利于说明问题）。第一阶段就是所谓的"表象感知"，这是一系列的生理活动，是我们对物体折射光的反应：人眼的接收器（柱状细胞及锥状细胞）因光的刺激而放出离子，透过神经细胞的电子活动，将这些信息传递到大脑。这看起来仿佛是全自动的，但这种收集信息的方式并不简单。这不像打开相机快门那样，只是单一的动作，而是对焦、再对焦……一系列相关的动作，且都必须练习控制细微的眼部肌肉。因而有些建筑看起来比较吃力，有些则"看起来轻松"（Easy on the Eyes）——正如柯布西耶所说"因为可以清楚欣赏，所以美"的基本形态。可见表象就是一种浅层的感觉形象或图像。而接下来就进入"知觉感知"阶段，我们开始将第一阶段得到的信息与头脑中其他建筑物的信息比较，因而得出被观察建筑物的大小、形状、地

点、目的；以及其他较次要的资料：造价、建造人、建筑师、邻居，或者曾在哪里见过类似的房子等。第一阶段的"表象感知"（对所见建筑物的自动反应）是人对美感回应的基础；而第二阶段的"知觉感知"则是依状况对前项的修正和补充回应。我们需要用"知觉感知"去解释"表象感知"，正如康德在《纯理性批判》一书中所写的，"感官无法思考，理解无法看。只有两者联合才可能产生知识"[1]。

形式的基本形是方形、圆形和三角形，它们是一切形式的本源。人类生活在混沌合一的外部世界之中，因此这三种基本形并不显著突出，然而人类的知觉却偏爱简单结构以及简单秩序。我们在混乱的外部世界里往往易于看清的是这类有规则的形状，而不是杂乱的形状。格式塔心理学称之为人类知觉的简化倾向和完形倾向。皮亚杰认为由于世界的一切都体现在物与物的关系上，人的认识在于找出这种不同的关系。某些不同的关系根据相似的原则又可概括为不同的模式，不同的模式、不同的形象反映到人的头脑中，形成不同的图式（Schemata）。"图式"是人们头脑中的一种"意象"，意象与客观事物本身有区别，有的可能正确反映客观实际，有的则不能，而图式是人的心理活动的基本要素。

即使如此，要对建筑作出客观真实的分析仍得小心，别让视觉证据被非视觉的资料给模糊掉。眼睛告诉我们建筑的各种情况绝不会是事实的全貌，但却是极重要的部分。由于收集的信息容易被已有的知识所干扰，并且伴随了当时个人的情绪、偏见及意向。所以收集到的基本代码并不能直接作为原型来使用，还必须经过对其涵义进行抽象的图形加工，成为较为客观和稳定的原型。

2. 对基本代码涵义的抽象加工

我们需要而且应该在知觉与思维之间建立一座桥梁。迄今为止，我们已经了解到知觉包括了对物

① Stanley Abercrombie 著. 建筑的艺术观 [M]. 吴玉成译. 天津：天津大学出版社，2001：123.

体的某些普遍性特征的捕捉；反过来，思维要想解决具体问题，又必须基于我们所生活世界的种种具体意象。因而，在知觉活动中包含的思维成分和思维活动中包含的感性成分之间是互补的。正因为如此，才使人类的认识活动成为一个统一或一致的过程——这是一个从最基本的感性信息的"捕捉"到获得最普遍的理性概念的连续统一的过程。这个统一过程中最本质的特征，是在它的每一个阶段（或水平上），都要涉及"抽象"。

"抽象"这个词指的是一种积极的心理活动，是从某一特定种类的存在物中抽取其精华或本质的手法。但"抽象"并不等于某一群体的某些性质或特征的简单"抽样"。尽管某些性质能把某类事物同其他事物区别开来，但却不一定是这一类事物最适合的"抽象物"。举例来说，按照汉斯·尤那斯（Hans Jonas）的说法，"人"被界定为一种"能制造意象的动物"[1]，这些被突出出来的性质明显是被用来描述人的本性的；但是，当有人把"人"定义为不长羽毛的两足动物时，虽然它同样可以把人同其他动物区别开来，但听上去未免令人失望，或者说干脆就像一句玩笑。这完全是由于它忽视了人的最重要或最关键的东西的缘故。

让我们再来看一个例子，一只丢失的手表，绝不可能成为拥有这只手表的失主的"抽象物"。但是，在日本长崎的小博物馆中展出的那些被损坏的老式钟表（这个小博物馆位于长崎的一座小山顶上，美国人投下的原子弹在这里爆炸），却可以成为一种震慑人心的"抽象物"。在这里，所有被损坏的钟表指针都停在 11：02，而这样一种突如其来的在同一时间的一致停顿所直接传达出的意味是和平安定的日常生活的突然结束，这种意味要比同一展室中那些宣传恐怖的照片强有力的多。这就是说，某一事物中最本质的东西，完全可以使人想起这一

事物本身（或成为它的抽象物）。因而，斯宾诺莎曾经说过："如果一个定义是完美的，它就必须表达出一件事物的最隐秘的本质，还必须能够阻止我们把它包含的某一个别性质当做这个事物本身"。[2]

对上述意思，我们还可以这样表达：一种合理的抽象，其概念必定是有内驱力或发生力的。换言之，必须能够从这个事物中发生出一种意象，这种意象应比事物自身提供的意象更加完美。可见，在视觉思维中，抽象作为一种"生发性"的力量，可以通过揭示被抽象事物的本质特征而产生出一种具有启发性的概念。因此当我们利用"抽象"来加工我们所收集到的基本代码时，我们必须要随时想到现象中哪些典型的方面或部分能够集中地揭示自身；与此同时，又要随时抛弃那些模糊不清的方面，防止不必要的重复。真正的"抽象"，乃是艺术家完善其意象的手段，它远远不是一种机械的手段，不需要统计人员、图书管理员或分类机的那种热忱，而是要求一种"活动性"（或创新性）心灵特有的机敏和智慧。

对我们而言，建筑物或者完整的建筑元素，都存在特定的满足感。套用一句哲学术语：我们追求、享受的是"完形"（Gestalt）[3]。在类型选择或者说对原型的抽取过程中，对历史和地域的模型形式进行"抽象"是我们必要且唯一的手段。抽象的结果就是我们将得到或者说发现建筑的构成基础——即一套和谐的秩序（Harmonic Order），正是由于在此秩序中产生了一定的焦点与变化，建筑才能扣人心弦。而这种和谐的"秩序"也可以说就是我们要寻找的"原型"。在具体的操作中，可以把它主要归纳为两点：一是比例、归线与模矩；二是空间模式与尺度。虽然这在理论上也许不够严谨，但就手段和方法而论，却能比较清晰地理出头绪。

1）比例、归线与模矩

古希腊人大概是为探究美感来源作出最大贡献

[1] 汉斯·尤那斯. 生命现象 [M]. 纽约 Dell 出版社，1968：157.
[2] [荷] 巴鲁赫·斯宾诺莎著. 贺麟译. 知性改进论 [M]. 北京：商务印书馆，1960，2.
[3] 辞典对完形的定义是："某种构筑物或形体……统合起来构成一个功能单元，整体的性质并非各部分之和。"

的民族。通过对自然界和人体自身的仔细观察后，他们发现了一个原理：给人以美的愉悦感觉的物体在形式上都具备了一定的比例关系（Proportional Relationship）。他们分析出这种关系，并建立在数字的基础上，从此影响了整个西方建筑的发展，以至于在往后的数千年直到今日，在比例关系问题上，西方建筑只是将古希腊人总结的原理稍加扩大与运用而已。其实在建筑史上许多的时期——埃及、希腊、文艺复兴时期，乃至我们这个世纪——人们的注意力都放在相关的观念上，认为比例系统可以指导人们设计东西，而熟悉这些系统的建筑师远较不熟悉者为佳，且使用者也会以具备比例系统之建筑为优。所谓比例（Proportion），简单地说就是物体的每一部分或构件与整体之间存在着一种数字（倍数）关系，而且每一个部分也与其他部分存在着一种数字（倍数）关系。通常打算运用比例系统并不仅因为它具有美的效果，而且还由于它具有其他实际的或想象的特点。

在比例系统中最悠久的一类是音乐的类比，因此才有所谓"建筑是凝固的音乐"之说。此论的倡议者发现乐器的弦长与空气柱长之间有单纯的数学关系，这些关系组合成声音的高低，并由此推论，这些关系"看"起来应该像它们"听"上去一样和谐。建筑师兼理论家阿尔伯蒂（Alberti）1485年时写道："数字透过音的和谐使我们的耳朵感到愉悦，同样地，它也可以使我们的眼睛和心灵愉悦。"[1]但实际上如果以音乐作为绝对标准的模型，其价值就会被大大减弱。由于为人熟悉的相称关系（Commensurability）确似建筑和谐之源，所以我们有理由相信眼睛在辨识建筑元素间关系时可获得满足感，但我们的耳朵在辨别两个不同的音时，却不可能听出这两个音之间的数学关系，因为毕竟耳膜与视网膜及视神经的组织不同。并且音符间的和谐与否在事实上并非一定不变，在勃拉姆斯的四重奏中听起来完美无缺的和弦，可能

在柴可夫斯基的作品中听起来就不那么和谐。柯布西耶就曾说过，音乐和建筑相似，都是用来量度的东西，但毕竟它们的量度方法不同，因此这两门艺术真正的关联实际上在于人们会逐渐地去感知。音乐羡慕建筑的永恒性，而建筑羡慕音乐的抽象性，它们彼此可互为对方的隐喻。

在笔者看来，最能解释音乐与建筑共通性的桥梁就是它们都讲求因重复性（Repetition）而生的美感。我们知道音乐中最重要的表现形式就是它的韵律（Rhythm），将一些固定的声音组合，重复而适当地表现就形成了音乐上的韵律；而建筑中的韵律也是经由重复性和相似性而得，它是建筑美学的基本内容之一。像罗马时期重复的连续圆拱（图4-4），就为这种连续而简单的韵律感下了几近完美的注解。而随着近代分维几何[2]（Fractal Geometry）和计算机

图4-4 罗马时期的圆拱桥

① Stanley Abercrombie. 吴玉成译. 建筑的艺术观 [M]. 天津：天津大学出版社，2001：71.
② 所谓分维几何与传统欧氏几何对点、线、面的描述不同，系指这样一些不规则的形式。它们的不规则特性在不同尺度上表现出一致的特性，把这种形式的任何一部分拿出来放大观看，都与原来的全体保持相同性质、相同数量的细节。它的最大特点是自相似性（self-similarity）。

的应用与发展，更为我们从理性的角度认识建筑韵律带来便利。例如可以利用分维几何对赖特的草原住宅平面进行分析。我们知道赖特的一系列草原住宅在平面上都能形成舒展飘逸的韵律，这主要是来源于其结构构件（如墙、柱等）有张有弛的布局。如果我们像图中那样分别把赖特的威利茨住宅（Willits）的首层平面的纵向和横向结构构件的轴线画出，并测量其间距，转化为相应的直方图，那么就可以得到赖特威利茨住宅（Willits）的平面节奏韵律分析图（图4-5）。由此我们可以看出这个节奏韵律分析图与声音曲线很相似，通过分维我们甚至可以把它转化为一段旋律曲线。换句话说，建筑形式上的韵律，特别是带有一定自由度的韵律，与分维曲线之间是存在着一定关系的。我们完全可以根据一条构造出的分维曲线来得出建筑形式的韵律分布，之后再将其转换为具体的建筑形式。例如美国马里兰大学（Maryland University）的研究生艾波比（Marilyn Appleby）就曾以勃拉姆斯的圆舞曲中的一段为基础，生成了用于多层联排住宅开窗设计的韵律（图4-6）。总的来说，在音乐的和谐机制中寻找建筑比例系统也是一种可能，但并不绝对。

　　另一类比例系统宣称可以向神奇的大自然学习，用他们的话说，大自然是万物最优秀、最超卓的导师。但我认为这一观点应该加上一个前提，即并非整个大自然都可以成为美，我们所要找寻的是自然造型中的设计原则而非自然本身。就好比虽然雪花的结晶图案很美，也许很难想象丑的雪花，但一栋像雪花的建筑物就极为荒唐了。让我们再来分析一条比例优美的鱼（图4-7），如果以它的高度为一个基准单位的话，那么它的前身长度是1.618个单位，尾部长度为0.618个单位，因而前身所涵盖的长方形与尾部所涵盖的长方形长宽比例均为0.618，有着相似的比例（虽然一个是横的，而另一个是长的）。由此我们可以获得一个初步的比例关系：这条鱼的前身部分与尾部部分具有固定的比例，因而对于整条鱼而言也具有了一个固定的比

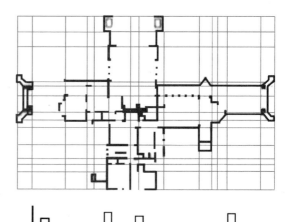

图4-5　赖特Willits住宅的平面节奏韵律分析图，条形的高度代表结构轴线的间距

图4-6　艾波比以勃拉姆斯的圆舞曲节奏为基础设计的多层联排住宅立面，开窗的大小和形式体现了曲中的韵律

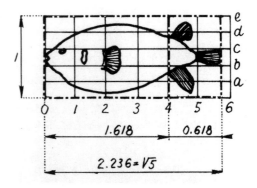

图4-7　对一条比例优美的鱼的分析

例（1：$\sqrt{5}$），这又被称为黄金比例或黄金分割
（Golden Section），我们将在后面有关的模矩
的论述中详细说明它。而这条鱼的美感便基于这些
关系。

最值得注意的是对人体自身比例的关注。由
于希腊人相信"人体可作为万物的度量"，人体的
和谐比例就经常被运用到建筑设计中，这在很多对
古希腊建筑的研究中都被提到（图4-8）。因为
在他们看来，要获得建筑物的美感，就必须使建筑
物具备符合人体美的比例关系与和谐秩序。例如在
文艺复兴大师达·芬奇所绘制的人体比例分析图
（图4-9）中我们可以看出完美的人体比例被认
为是两手的宽度等于身高，从而形成一个正方形；
而双手与双足可以顶立在以肚脐为圆心的圆周上；
由于正方形与圆形被视为是完美的形状（Perfect
shape），这样的人体因而完美。另外，这样完美
的人体比例，各肢体间也具备了许多黄金分割的比
例关系。这个强有力的想象对文艺复兴时期的建筑
师的重要性是无法估量的，可以说其影响一直延续
至今。虽然我们还无法证明以大自然为本或以人为
本的比例系统将必然引导人们实现更好的建筑，但
我们可以说建筑与人体亲密相关，任何好的建筑都

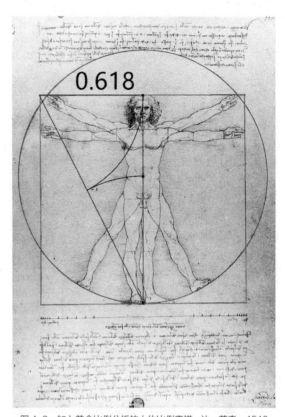

图4-9 加入黄金比例分析的人体比例素描，达·芬奇，1510

无法且也不能忽视这种关联性。

例如马里奥·博塔于1992年设计的瑞士蒙哥
诺的教堂（Church of San Giovanni Battista）。
这是一个特殊的方案，博塔需要重建由于雪崩毁坏
的一座乡村教堂。因而这一教堂的设计构思就有了
非同寻常的背景，既要见证历史，又要抵制尘世的
喧嚣。它是一种深刻思考的结果，表现了建筑本身（人
的存在与日常劳作的象征）与自然的无限力量之间
的对话（图4-10）。建筑所采用的石材来自村子附
近的山上，厚重的石墙与轻盈的天窗之间的对话是
建筑自身存在的声明，仿佛无声地传递着这样一个
信息：一切正常，群山庇护着整个村庄，教堂将带
给村民迎接挑战和克服困难的勇气。平面由一个外
围的椭圆和内接的矩形组成，砖砌体层层向上收分，
实现由内接的矩形到外围的椭圆的过渡；而椭圆在
顶部被切成舒缓的斜面，其形状也因之变为正圆。
博塔通过建筑自身明确的几何轴线关系实现了对原

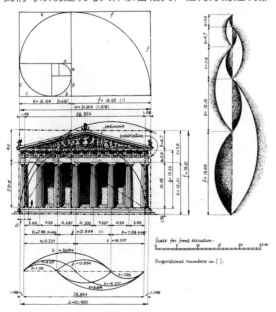

图4-8 对希腊雅典卫城帕提农神庙的立面比例分析

图 4-10　马里奥·博塔 1992 年设计的瑞士蒙哥诺的教堂及对其
平面和剖面构成的比例分析

建筑的取代，大胆地表现了基于基本几何比例关系
的对历史遗产的创新发展。底层椭圆形向顶部正圆
形的变化则象征了人类思维的二元性，也表达了人
们对完美比例的向往。

　　比例关系给我们最大的启发便是，任何物体只
要具备一定的比例关系，它便初具视觉上的美感；
而且绝大多数我们觉得美的形式，都具有和谐的比
例。这恰好符合了我们前面对"原型"的论述，人
们按照原型去创造艺术，于是也就在艺术中发现了
原型；同样，人们可以按照比例去创造艺术，于是
也就在艺术中发现了比例。

　　可见比例可以是我们从历史和地域的模型形式
中抽象出的"原型"之一。但是当我们看到这些历久
不衰的美的建筑物时，"隐藏身后"的比例关系不见
得十分明显，甚至经常不明显。而在自古希腊以后
的西方建筑理论发展中，一直倾向对复杂的比例关系
更具好感，并认为以一套复杂的比例关系发展而得到
的和谐美感，在主观上要比以一套单纯的比例关系发
展而得到的和谐美感更具深度。因而必须通过图面上
的分析才能使这种复杂的关系昭然若现。文艺复兴

的建筑师便由此发展出用来辅助的规线（regulating
lines）。规线不仅借助圆与正方形，还借助对角线
相互平行的或垂直的等比例长方形使得建筑的部分
与整体之间有着相同的比例关系，这在当代的建筑
设计中仍然被许多建筑师使用。例如柯布西耶 1926
年设计的斯特恩别墅（Villa Stein），运用隐藏在造
型背后的规线系统，营造了一个看似简单而比例关
系复杂的建筑物（图 4-11）。而他 1953 年设计的
形态复杂的朗香教堂（Chapel of Notre Dame at
Ronchamp）依然也是"有据可寻"（图 4-12）。

　　最后我们来探讨一下"模矩"（Modular），
它是比例应用的又一变种。我们知道利用类似和重
复的手法放在一起的形态，可以产生构成上的联系，
特别是一个形可以和完全相同的形摆在一起，这种
特殊的组合方式可称之为模矩。不可否认，大家都
知道运用模矩可以增加效率，但同时它还具有某些
美学上的效果，而其美学上的成就往往得助于秩序。

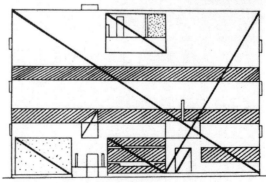

图 4-11　柯布西耶设计的斯特恩别墅及其立面规线分析

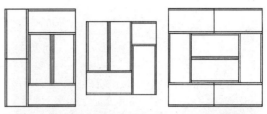

图 4-13　传统的日本房间，分别是 6 块、4 块及 8 块榻榻米大小

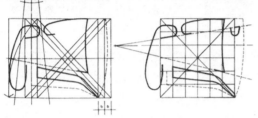

图 4-12　柯布西耶设计的朗香教堂及对其平面构成的规线分析

模矩化有其特殊的优点，即构造设计很方便，同时也更容易找到单元间的关系，更容易配合、复制及掌握共同特征。如日本传统住宅的外观虽然通常不太规则，却透出一股安静、均衡、一致的气氛。主要原因就在于其模矩化的平面：一群房间，每个房间大小都配合数个榻榻米垫，而每个榻榻米的大小和形状完全一致（图 4-13）。而这种手法的影响也一直延续至日本的当代，在矶崎新设计的日本群马县美术馆中，无论是形体还是细部，完全是由立方体组成的图案，但整栋建筑物的变化和趣味却又远远超出图案，这种明显的模矩关系呈现出高度的视觉秩序（图 4-14）。可见利用类似形或者重复形以追求构成上的统一和谐，实际上也提供了许多变化及繁复化的可能。

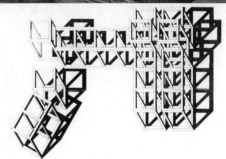

图 4-14　矶崎新设计的日本群马县美术馆

柯布西耶将"黄金比"与以人为尺度的概念相结合，形成了他的黄金模矩[①]，并且宣称其度量的价值可以说在于与人形间的特殊关联性。就如他经常引用爱因斯坦鼓励他个人的话——模矩"使得坏的事物更困难，却使好的事物变得容易"。他的著名图案就是一个一手伸过头顶的人，有几个重要的点——肚脐、头顶、指尖，和旁边尺上的刻度相对应，仿佛威特鲁维人形的现代版（图 4-15）。柯布西耶希望建构这样符合人体工效学及视觉比例的系统，以便能大量使用在建筑与工业产品之中，他说："这是个数学的系统，它很丰富，将门开向数字的神奇世界"[②]。这个黄金模矩对柯布西耶自己的设计及很多其他建筑师都产生了影响。例如安东尼·阿米斯（Anthony Ames）在研究自己工作室的立面时就

---

① 即长宽比为 $1+\sqrt{5}：2$ 的长方形。如果我们从这个矩形中去掉短边的正方形，剩下的长方形比例依然是 $1+\sqrt{5}：2$，再去掉一个正方形，会剩下另一个相似的长方形，并可以由此继续到无限小；并且将一系列无穷多的黄金矩形的角连起来，可以形成大自然中很常见且有趣的螺旋线。

② Stanley Abercrombie. 建筑的艺术观 [M]. 吴玉成译．天津：天津大学出版社，2001：88.

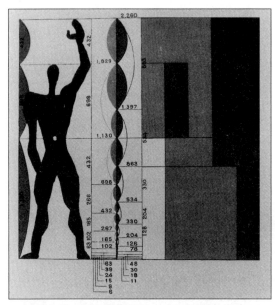

图 4-15　柯布西耶的模矩（modular）示范，1948

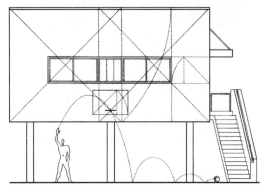

图 4-16　安东尼·阿米斯设计工作室立面的模矩分析

画了一个柯布西耶的"模矩"人，站在一系列黄金矩形底下丢篮球（图 4-16）。

从这些例子我们可以看出，简单或复杂的比例关系，其目的主要是能建构一套和谐而稳定的内在基础，从而呈现出秩序的美感。由于赞成比例系统的人常常夸大了他们的主张，经常招致人们怀疑到整个命题。因此我们必须明确运用这些系统作为从历史和地域的模型形式中抽象出的"原型"时有一个基本的、共通的理由：因为无论运用任何比例系统，都可以赋予建筑物各部分以良好的关系，即使不那么明显，也仍然可以满足视觉需求，这正是比例真正的价值，也是唯一的价值。它并不具任何魔力，魔力只是人们对秩序的反应。

2）空间模式与尺度

我们前面谈到的比例是以自然界及人体的美感为基础，发展而得到的一套秩序关系，我们可以说它是建筑物自身所具备的绝对性关系。这里绝对性的意思是指它不会受到周围事物的影响，就好比一个比例关系和谐的建筑物，无论放置在闹市还是乡间，抑或缩小还是放大，它本身依然具备和谐的比例，依然带给人们以美感。但另外还大量存在着一种建筑美感秩序，这就是空间模式（the Mode of Space）。

空间模式指的不再是自身绝对的内在的数字关系，而是物体与物体，或者说空间与空间之间的一种相对关系。空间模式所关注的建筑形态美感，也和比例一样，是为了建立和谐的视觉秩序：比例是要达成建筑物本身的和谐关系，而空间模式则追求建筑物自身内部空间关系及与周围空间关系的和谐。

例如在早期迪朗的类型研究中，他对实用性及纯粹功能主义进行批判，并从形式主义的角度将空间构造元素加以分类，建立了一套空间构造元素的组合方式和原理；并将建筑整体的建构归结为空间构造元素类型的组合，同时将使用功能排除于形式之外（图 4-17、图 4-18）。而后来的 R·克里尔又将历史形式通过几何学的方式与现实联系起来，将历史意象通过几何关系的常量加入现实之中（图 4-19、图 4-20）。

空间模式所关照到的建筑形态美感层面，除了建筑物自身内部的空间相对关系及与周围的空间相对关系之外，另一个层面就是建筑物与人的相对关系。也就是说在空间模式中还要涉及尺度的问题。我们知道建筑师所面临的许多挑战的主要项目之一，就是营造空间，使人们处在恰当尺度的空间中。例如哥特教堂高耸的主殿（图 4-21）营造的令人敬畏的空间感觉，弘扬了神的伟大和人的渺小；而日本传统住屋中的尺度则为居住者提供了亲切宜人的氛围（图 4-22）。可见尺度的拿捏与空间感的塑造，要随着不同的自然环境、不同的区域、不同的使用机能进行深思熟虑的处理，绝非一成不变。

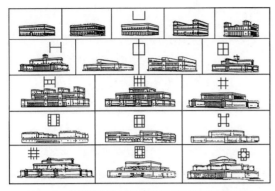

图 4-17　迪朗总结的由方形空间平面向体量的转换图表

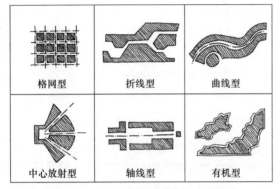

图 4-18　Trancik 总结的六种实体—空间类型

图 4-20　R·克里尔归纳的建筑转角类型

图 4-19　R·克里尔归纳的带中庭的方形平面类型

图 4-21　哥特教堂高耸的主殿室内

图 4-22　日本传统住屋亲切宜人的室内

而罗西等人的类型学方法正是对历史上建筑类型进行总结，抽取出那些在历史中能够适应人类基本生活需要，又与一定生活方式相适应的建筑形式（其中主要是一系列空间模式），并去寻找生活与形式之间的对应关系。如住宅的中心空间的主题，建筑中的柱廊，教堂的集中平面等都是历史上适应人类生活方式的形式。对这些对象进行概括与抽象，并将历史上某些具有典型特征的类型进行组合、拼贴、变形，或根据类型的基本思想进行设计，创造出既有历史意义，又能适应人类特定的生活方式，进而根据需要进行变化的建筑。此观点是一种传统和历史的特定视界，它从历史的恒定面上看待历史上出现的建筑，即看待传统，这种视界又是从人类生活的文化角度来观察而非局限于实用的角度。

由此可见，从历史和地域的模型形式中抽象出的"空间模式"是我们寻找的一种主要"原型"。如果我们认可"建筑是空间的艺术"的话，那么"空间模式"就应被赋予新的内容——即与其说它是实体的，倒不如说它是知觉的；与其说它是机械的，倒不如说它是有机的。"空间模式"不是抽象数学中欧几里德几何和投影几何的随意组合，而是以社会存在和居住概念的认知图式（Scheme）作为依据的一项社会性的构造活动。我们知道，功能、意

象和结构是"空间模式"形成中不可分离的三要素。在这里，功能主要涉及使用功能与社会功能（其中包括对社会行为、社会认同及社会整合的作用）；意象主要涉及空间的价值和含义（其中包括隐喻、象征及记忆等作用）；而结构则主要涉及主体对空间及存在意识的认知图式，空间的句法结构以及空间的文本结构。由于结构的构造过程也就是功能和意象实现的过程。所以我们不妨从结构的角度将"空间模式"归纳为以下四种：一是中心化空间结构模式；二是轴线复合空间结构模式；三是组团式空间结构模式；四是拓扑空间结构模式。

（1）中心化空间结构模式

中心化空间结构模式是一种中心式的集中构图，它一般是由一定数量的次要空间围绕一个大的占主导地位的中心空间构成。这个中心空间一定是全方向体，如正方体、圆柱体、穹顶和锥顶等。由于它面向四方，没有缺憾，具有统领全局之感，很久以来就被用做纪念性建筑和其他重要建筑的典型空间结构模式。这可以说是人类获得可用环境的最原始手段，亦是人类最向往的一种完美的空间结构模式，通常最重要的建筑都是集中式的，目的就是要造成这种完美的感觉。

中心化空间结构模式可分为两类：一类是完全由全方向体在垂直轴线上叠合而成，其周围不附有次要形体，典型的例子有亭、塔等，这种空间结构模式成为纪念性建筑的典型。例如天坛祈年殿（图 4-23）和罗马的坦比哀多（图 4-24）。这类中心化空间结构模式往往被放置在四周都开敞的地方，以便从四周观看，从而起到重要的组景作用。另一类则是由次要形体围绕中央的全方向体而构成的。这种围合性中心与社会关系更为密切，多表现为某种目的的实现，并由边界明确地划定。与没有次要形体围绕的中心化空间结构模式建筑相比，这种中心化空间结构模式更突出了围绕中心，面向四方，统领全局之感。如果说前者只是驻立而后者则是要去占有。例如意大利的帕尔马诺瓦（Palmanova）

市镇设计（图4-25）。在现实中，集中性与围合性常常同时出现，构成向心与离心的紧张关系，从而形成微妙的视觉张力。在欧洲古代城市中，闭合广场的中心安放记功柱或雕塑就是最为常见的例子。

　　这种空间结构模式也是许多现代建筑师经常使用的"原型"。例如罗西设计的布罗尼中学（Secondary School, Broni, Italy, 1979）就采用了中心化的空间结构模式（图4-26）。罗西作品

中存在两种倾向：使内部封闭和向外开敞的倾向，通过将阳光引入建筑，使这两种矛盾的倾向在一幢建筑中达到了最大限度的平衡。在布罗尼的这所中学中更是尤为突出。

　　基地位于一个高密度发展的地区，周围毗邻一系列混合类型的住宅，工业建筑和两个相对较新的由预制构件建成的学校，其中一个和此中学共用餐厅和体育运动设施。此中学与周围的建筑没有任

图 4-23 天坛祈年殿

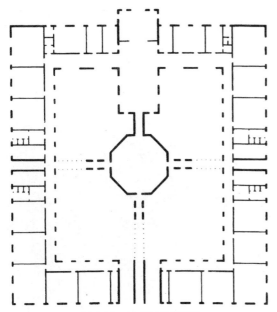
图 4-26 布罗尼中学的平面

图 4-24 罗马的坦比哀多

图 4-25 意大利的 Palmanova 市镇设计

何联系，相反，它是一个独立的实体。罗西的兴趣集中在内部的广场庭院上：线形的建筑限定了一个正方形的周边，并形成了一个庭院（图 4-27、图 4-28），因此其内部庭院仿佛变成了一个城市的广场。这些建筑在外部呈现出一种基本连续的立面，仅在入口门廊处和建筑后部有所打断。

在内部，这些周边的建筑包含了 20 个普通教室、4 个专用教室、1 个小图书馆、教授办公室、服务区和更衣室，它们全部围绕庭院的环廊布置。利用纯粹主义的手法，不同功能单元的形式寻找到它们自己的统一性和独立性。门廊一直延伸进庭院中央的小剧场。这个小剧场是一个圆形基座上的八角形建筑，八角形的体量在阳光照耀下所表现出来的独立性与周围封闭的环境产生了强烈的对比。正是阳光赋予中心庭院以生命，使之成为整个建筑的核心，使建筑的内与外、封闭与开敞、清晰与确定达到了最大限度的平衡（图 4-29、图 4-30）。

图 4-27　布罗尼中学正立面

图 4-29　布罗尼中学连廊内景图

图 4-28　布罗尼中学庭院与室内

图 4-30　平面与中心庭院的阳光与阴影

（2）轴线复合空间结构模式

轴线复合空间结构模式隐含着过程和路线的概念，它是由基本形体沿线性联系排列而成，基本形体的方向垂直于排列方向或与之重合。由于轴线允许转折和弯曲，轴线复合空间结构模式的建筑形态可以有很多变化。它一般也可分为两种：形体自身的线状排列和通过独立的线状要素联系各个形体。

前者中典型的例子有很多，而罗西设计的现代艺术中心（Center for Contemporary Art, Vassiviere, France, 1988）正是采用了这种形体自身的线状排列模式（图4-31）。在法国远僻的吕蒙松地区一片浩渺湖水中树木茂盛的小岛上，这件自我环绕的作品由某种情绪展开，如同一首乐曲，孤寂而美丽。这种情绪涉及沉思、苦涩和忧郁，群山和针叶树林环绕的环境气质也渗透其中，"让人沉湎于感事伤怀"。

它就像是某种献祭或劫后的遗物，小岛上的这座建筑物喻示了超乎其上的某种事物，它的线性形态摹写着景物并且反映了蕴含于其中空灵的精神状态。两翼的外墙材料包括乡土的灰褐色花岗岩和融合了自然与人工的砖和混凝土。灯塔是主导的垂直要素，如同周围的山和树，与之对照的是水平低缓的展厅和平静的湖面。线性流动的水是贯穿整体的灵魂：展厅的侧窗像是输水道的拱券，肋拱的木屋顶像倒扣的船身，还有高耸的灯塔（图4-32）。在此，建筑的性格是自我的而不是社会性的，荒野的遗世独立气氛和自然界的强力给这个现代艺术中心的艺术体验蒙上了孤寂、冷峻的色彩。

而通过独立的线状要素联系各个形体则是更为复杂的轴线复合空间结构模式，它以独立的线状要素为联系手段，通过多轴线的复合，将各形体用

图4-31 群山环绕中的现代艺术中心　　　　　　　图4-32 现代艺术中心的室内

轴线的形式串联起来。这种手法类型实例很多，例如德国建筑师乌韦·齐思勒（Uwe Kiessler）设计的格尔森基尔欣（Gelsenkirchen）科技园就是充分利用线状排列的独立几何形体来组合空间的（图4-33）。

（3）组团式空间结构模式

组团式空间结构模式的建筑是由形式相近或具有共同视觉特征的几何形体在平面或空间以一定规律排列而成，各个形体的方向性可以做出不同的变化，其形态的空间秩序性不如前两种模式那么强烈，但由于组成它的形体具有相似性，并且强调各组成部分的相互关系，体现出一种生长、增殖、未完结的概念，从总体上也能达到统一的效果并且产生迷人的魅力。例如荷兰建筑师波洛（Piet Blom）于1984年设计建造的鹿特丹树状住宅（Pole Dwellings）就是巨大的正八面体形成的一个连续排列的住宅景观，可以看到一种不同寻常的强大的震撼人心的力量，同时也显示了对居住建筑形态的又一探索（图4-34）。建筑师构想建设以柱子为构造主体的三维体住宅。树状住宅的地面部分完全向公众开敞，倾斜的立方体住宅单元呈树桠形排列，高架于混凝土支柱上。楼梯间就设在支柱内，柱上端之间以玻璃连廊相连，形成空中通路（图4-35）。住宅内部空间丰富多变，窄长的楼梯，伸张的斜墙以及变幻的光影无疑为居住者提供了在日常生活中寻找新奇创意的空间的机会（图4-36）。走近观察，就可以发现住户与住户之间那种洞穴般的通道使得左、右和上面的正八面体折叠起来，像是要把人引向不同的世界。

而印度建筑师多什（Balkrishna V.Doshi）在1994年竣工的候赛因展览馆中，设计了一组洞窟般造型的建筑物，或许应该称之为构筑物更合适（图4-37），也采用了这种组团式的空间结构模式，其形态表现更是独辟蹊径。位于印度西部艾哈迈达巴德的这座候赛因展览馆是为著名艺术家 M.F. 候赛因展览绘画与雕塑作品而建造的。宁静虚幻的宗教

图4-33　齐思勒设计的格尔森基尔欣科技园

图4-34　荷兰建筑师波洛设计的鹿特丹树状住宅

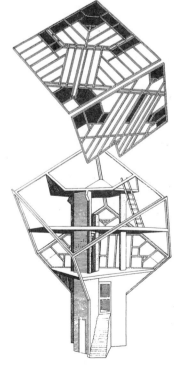

图4-35　鹿特丹树状住宅单元剖轴测分析图

图 4-36　鹿特丹树状住宅单元室内与庭院

图 4-37　多什设计的侯赛因展览馆

氛围和地下舒适的环境条件，以及抽象的绘画使人联想起旧石器时代的艺术，而在视觉上则提醒人们记起从阿丹陀（Ajanta）到埃洛尔（Ellora）的佛教洞窟。作为一种人类的介入和对自然形式的阐释，多什在平面组织上采用了一系列相交的圆形与椭圆形的组团单元（图 4-38）；内部空间组织通过倾斜的穹顶和宛如天然的支柱反映了乡土本色的传统空间氛围；外部形态也充满了自由曲线，墓冢般的形体，镶嵌中国马赛克的光滑表面，凸出的通气口并非纯感性构思的结果，而是恶劣干热气候条件隔绝热辐射的巧妙解决方式。

（4）拓扑空间结构模式

最后我们要谈到拓扑空间结构模式。我们知道拓扑学即所谓的位相几何学，它不同于传统欧氏几何学对距离、角度或面积的关注，而是基于接近、分离、继续、闭合（内与外）、连续等关系的研究，这与我们在形态构成中组织关系的建立有类同之处，因此在这里，我们借用这个数学术语来描述形成建

筑形态秩序性的某种关系，这种拓扑关系的认知是通过我们的感觉系统达到的，即所谓的知觉图式（Schemata），我们在此将它称为拓扑空间结构模式。"图式"在人脑中具有相对的恒长性，人的空间以主体为核心，图式的发展不仅拟定了把中心即场所的观念作为一般组织化的手段，若干中心组成的群体还作为环境的参考符号而意味着外在世界的秩序。舒尔茨则将此观点发展为人为自身定位而必须的空间图式——存在空间。

场所、路线、领域是存在空间定位的基本要素。场所是拓扑关系的基点，它又因路线体系与各种方向相联系；人的各种活动及相互关系形成了一个密切的行为模式，路线根据这一行为模式通过联系有意义的场所而被体验；路线体系与环境物质结合从而形成各种密度变化的领域，其中高密度的领域被作为图形而感知，低密度的领域则相对于地形成为背景，这种图底关系在我们的知觉中就形成了整体

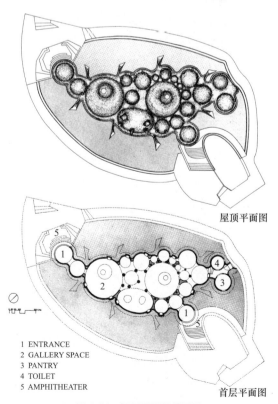

屋顶平面图

1 ENTRANCE
2 GALLERY SPACE
3 PANTRY
4 TOILET
5 AMPHITHEATER

首层平面图

图 4-38　侯赛因展览馆的平面

的意象。设计的组织过程与空间知觉图式具有结构的同型关系（Isomorphism），即所谓城市与建筑的"可意向性"。

　　拓扑空间结构模式相比于前三种空间结构模式更接近我们所探讨过的形态的深层结构，因而也就更具有"原型"的特征。在现代建筑的设计当中，也不乏成功运用的实例。例如博塔设计的塔玛诺山顶小教堂（Chapel of Santa Maria degli Angeli, Monte Tamaro, Ticino, Switzerland, 1990—1996）。在这个设计中，博塔所运用的建筑语言有其深刻根源，通过拓扑分析当地描述人类活动的印记，重新探索了古老规则的重要性。这个教堂位于1500m 高的塔玛诺山脊（图4-39），参观者可以由此俯瞰整个卢加诺。因此，在它本身的宗教功能之外，这个小教堂也因创造新的旅游路线和吸引游客的因素而和塔玛诺山这个"场所"更紧密地联系在一起。

　　建筑表现为"自我解体"的形式，仿佛是山中生长出来的一道风景。基地位于一条既存道路的终端突出的山脊上，这山脊向下延伸插入山谷。狭窄的石砌小径通过巨大的弧拱与地面脱离，它看上去像在空中往前延伸直至结束于圆柱形教堂的屋面斜坡。这个有意设计的凌空小径使人在漫步中得到美的享受，无论观者是在远眺连绵的山脉、仰望变幻的云彩还是俯瞰脚下的山谷。在这个高山地区，生命显得尤为脆弱，这个教堂小径独特的双向楼梯设计将人引入静谧的洒满阳光的入口广场，更增强了它为人类遮风避雨的神圣气氛（图4-40~图4-42）。在这里博塔创造出一个崭新的、神奇的视点来欣赏山脚下令人目眩的美景——在那里，人类活动的印记历历可见（图4-43）。

　　综上所述，建筑是一项有原则的自由操作活动，具体的空间营造不是建筑师主观的活动，而是通过对特定语境有关领域和文本结构的研究作为依据的创造性活动。在实际的应用过程中，大多数建筑作品不会仅局限于某一种空间结构模式，而可能是几

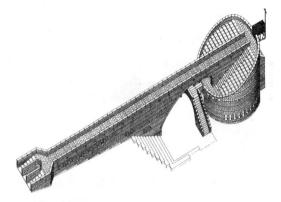
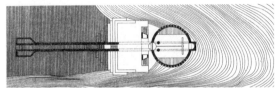

图4-39　博塔设计的塔玛诺山顶小教堂轴测图与平面图

图4-40　塔玛诺山顶小教堂的入口广场外景之一

图4-41　塔玛诺山顶小教堂的入口广场外景之二

图 4-42　塔玛诺山顶小教堂的室内

图 4-43　从塔玛诺山顶小教堂俯瞰群山

图 4-44　罗西设计的轴线分明的芳多托克高科技研究中心

图 4-45　俯瞰综合楼

种空间结构模式的复合叠加。就如亚历山大（C. Alexander）所说的："这些模式之间彼此无关，你可以不断研究它们，改进它们，结果这些模式可以日积月累地渐渐完善。还有更重要的一点是因为它们是抽象和独立的，你可以用它们产生不止一个设计，而是一定数量的众多样式的设计，所有这些设计都是同种类型模式的组合。"[1]例如，罗西在他的研究机构（Research Facility，Verbania，Italy，1992）设计中就不止采用了一种空间结构模式：鲜明的对称轴线，均衡的组团，围合的院落以及对城市结构关系的拓扑都有所体现。

　　两种十分冲突的因素触发了罗西在马乔尔湖畔的芳多托克高科技研究和发展机构的设计（图 4-44）：一方面是建造一座城市的迫切需求；另一方面是要在群山间的花岗岩和大理石上建造这座城市的现实。城市的构思继承了帕拉第奥以来的罗马城镇规划传统，并遵循了罗马时期秩序感与对称性的轴线加方格网组团的规划法则；同时也来源于托马斯·杰弗逊在弗吉尼亚大学中所体现的伟大的"学术村"的传统概念：将学院作为一个自足的，古典的，微观宇宙。

　　周围的旷野并无多少公众的性格，场所的结构几乎是非物质的，因而也是坚不可摧的。罗西在这场所中为他的建筑找到了至深的根源。因此平面上这个学院由一系列单独的实验室建筑组团组成，沿中心道路轴线分布在一个有规律的罗马式网格上，其限制既规律又灵活。终端是一座纪念性的主要建筑容纳了中心设施：会议空间、多媒体演示厅、食堂和行政办公。纪念性的中央建筑与附属的对称两翼具有精确的体型和比例，体量组织谨慎而精致，空间划分秩序分明（图 4-45~图 4-47）。

　　秩序与分析的精神随处可见，从强调交接的钢网架到严谨和谐的墙面开窗。实验室的建筑由塔楼联系起来，令人联想起中世纪和文艺复兴时期有城

① C. Alexander. Notes on the Synthesis of Form[M]. Boston：Harvard University Press，1964.

墙的城市；塔楼间是开放型的钢网架结构，鲜艳的黄色与邻近山区钢结构的采矿设备的颜色相呼应；实验室建筑的立面是窗式的，而中心建筑的立面则展现了一组实体的山崖般的当地花岗岩，用钢网架支撑的上层建筑，与矿里用来支撑起重机的方式相同，依然漆成黄色（图4-48~图4-50）。通过这种彩漆的手法，建筑物的结构部分在其立面上展现出来，好像一种建构化的装饰。罗西在此传达的信息联系着两个时代：这个山区不仅生产坚固的花岗岩，同时也生产知识和尖端的科技。维尔巴尼亚的罗西像是一位关注理念的工匠，将从罗马到现代的

知识——继承。

对建筑形态"原型"抽取的研究既不应是经验的实证主义研究，也不应是先验的形式主义研究，而应是理性的结构主义研究。因为经验是不可穷举的，而纯粹的形式主义又脱离社会文化基础，使得

图 4-48 构思草图

图 4-46 综合楼单体细部

图 4-49 研究中心入口

图 4-47 管理办公楼单体细部

图 4-50 研究中心室内与中心庭院

形态与价值分离，而结构主义相对于具体的操作则更关注于形态的构造能力。只有透过理性的结构主义研究，关于建筑形态"原型"的诸多问题才有可能得到合乎逻辑的解决。现在我们了解了类型是对历史上繁杂的现象（建筑所表现的形态）的抽象。然而抽象总是一种简单化的手段，要透彻地研究类型学设计法，使类型获得新的活力，把历史发展留下的片段重构起来，就必须把抽取出来的建筑类型"还原"（Reduction）到真实的"生活世界"（Life World）中——即类型的转换。

4.2.2　类型转换

　　转换是结构的基本属性和构成方法之一。转换的最常见方法是在同一类型内的形式变换。由于这种变换是在深层结构基本相似或不变的情况下，表现结构所进行的不同组合，因此又被称为"基本转换"或"类型转换"。理解掌握建筑的基本转换，从某种意义上讲比建立全新的形式更有实用性，因为它容易在新旧形式或建筑组群之间形成"整合"效果。类型转换即从"元设计"到"对象设计"，可比拟于以"元语言"描述和构造"对象语言"。类型转换的过程是类型结合具体场景还原为形式，它是一个类推设计的过程。G·布罗德本特（Gerffrey Broadbent）从研究索绪尔（Saussure）的《历时性语言学》中语言新形式的生成途径出发，提出四种设计方法："①实用的设计（Pragmatic design）；②图形的设计（Iconic design）；③类推的设计（Analogical design）；④规范的设计（Canonic design）。[①]"而类型学设计即是一种类推的设计。

　　类型仿佛是无形的骨架（图 4-51），将其置于一定历史的涵构环境中，给以血和肉（真实的环境组成因素）就会产生出类似于以往已有建筑而又绝不同于以往任何建筑，既保持了人们所需要的视觉

连贯性又取得了情感上一致的新建筑。据此，在组群设计中可充分研究方位、路径、视觉、形状等方面的作用，制定出基于置换的、组合灵活基础上的设计。

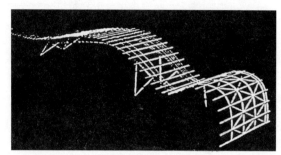

图 4-51　类型是一种骨架

　　在"还原"过程中，设计者首先应该做的便是仔细的看视与了解，注意与你交谈的人所经历过的经验和意义，执着于深刻的日常事件及其特殊意味，正如平常人那样在生活中经历这些事件与其意义。荷兰建筑师赫曼·赫兹伯格（Herman Hezberger）曾说："设计就是找出人们及事物所希望的方式，自然而然出现所希望的形式。其实你并不需要创造什么，只要仔细聆听就可以了。[②]"然后在既有条件及人性需要的基础上，决定"应出现的（Wants to be）"形式是什么（L·康语）。

　　我们知道，中心和场所、方向和路径、区域和范围是形成人类城市、建筑及景观的三大要素，可以把这三要素简化为：场、线、域。根据语言学的理论，场、线、域就是语言系统的基础部分，它们之间的关系生成深层结构，使语言系统获得意义上的解释。而深层结构通过不同时代的转换（深化或发展）成为表层结构，而为系统带来形式上的解释。由此，阿甘（G.C.Argan）对类型转换作了结构解释："如果，类型是减变过程（Reductive Process）的最终产品，其结果不能仅仅视为一个模式，而必须当做一个具有某种原理的内部结构。这种内部结构不仅包含所引出的全部

① G·布罗德本特著. 建筑设计与人文科学 [M]. 张韦译. 北京：中国建筑工业出版社，1990：260.
② 顾梅. 过去与未来的连接——关于建筑类型学的研究 [D]. 重庆建筑大学硕士论文.

形态表现，而且还包括从中导出的未来的形制。"①
由此我们可归纳出类型的转换方式，包括：①结构
模式的拓扑变换；②比例尺度变换；③空间要素的
转换；④实体要素变更。

1. 结构模式的拓扑变换

　　在前面的类型选择中我们就已经涉及了利用"拓
扑学"来抽取我们所需要的"原型"。众所周知，
当代建筑类型学的提出是在 20 世纪中叶人们对现
代主义运动的反思之中。这种反思受到了结构主义
的影响，类型学的哲学观主要就来自于结构主义。
结构主义具有三个要素"整体性、转换性和自身调
整性"。类型和原型并不是建筑的最终本质，也不
是最终目的；它们只是建筑变换中的媒介，类型隐
藏在客观现实形式的背后，需要进行简化、抽象来
抽取选择，它本身不等同于现实形式，通过类型转
换在现实世界中重现为新的形式。"拓扑学"作为
结构主义中的重要部分，为类型转换应用提供了基
础。而所谓拓扑变换指的就是不拘泥于几何形式，
而抽取类型要素组合的拓扑形态，以要素间的近接
性（Proximity）、连续性（Continuity）及闭合性
（Closure）来描述和重组类型要素。拓扑学不涉及
空间的几何形状，仅仅涉及内与外、围合与开放、
连续与断裂、远与近、上与下、中心与边界等关系。
因此，不同的形式可以有完全相同的拓扑关系，
表面上一模一样的形式却可能在拓扑关系上毫不
相干。

　　我们知道设计者经常从可以从已知的著名案
例中，将处理空间机能关系的设计规则储存在心智
中，从事理性的推演，因而推导出一些特定的知识，
作为下次思考时的素材。这类行为与我们的记忆有
十分密切的关系，在记忆的结构中分析以往的先例
（Precedents），并以这些例子为基础进行更深入
的推论（Case—based Reasoning）。而这正是

典型的结构模式的拓扑变换过程。

　　建筑历史学者鲁道夫·威特科尔（Rudolf
Wittkower）就曾对文艺复兴时期最为著名的建
筑师帕拉第奥（Palladio）所完成的一系列别墅
设计的平面进行原型归纳与拓扑推演分析②，发
现这些别墅存在着一个相对恒定的模式，即一个
中轴线对称的向心结构。而根据具体设计条件的
变化，每一个具体的案例都是将一种建筑类型的
设计拓扑变换为具有不同几何秩序的形式的过程
（图4-52）。

　　而如果用同样的拓扑变换方法分析马里奥·博
塔设计的位于瑞士与意大利交界附近提契诺小镇的
麦萨哥诺（Massagno）住宅（图4-53）。通过对
住宅平面的分析，我们可以发现它与博塔早期作品

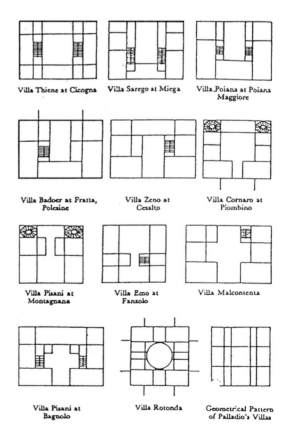

图4-52　对 11 幢帕拉第奥式住宅平面的形态分析

① 魏春雨. 建筑类型学研究 [J]. 华中建筑，2009：89.
② Rudolf Wittkower. Architectural Principles in the Age of Humanism[M]. London：Academy Press，1998，10.

普瑞加桑纳（Pregassona）住宅（图4-54）的空间模式上的相似性联系，通过一系列的拓扑推演变换，我们可以得到住宅的设计过程（图4-55）。

具体地分析博塔众多的住宅作品，可以认为其首要的设计方法不是对自然现实的简单模仿，而可以理解为一种重造复制活动，一种秩序的重组，并且它还具有一系列结构模式的拓扑变换。仔细审视博塔的住宅，我们就会发现这种建构的本质所在，并且可以得出这样的结论：他的作品与古典主义有着空间结构模式上的渊源。虽然他们在形式上与以往的古典主义作品可以有完全不同的表达，但在空间结构模式却有着相同的拓扑关系。在博塔的住宅设计中，我们可以看到帕拉第奥（Palladio）的影子。博塔典型的立面处理手法是：主立面运用大面积的实墙，并将大的开口（或称之为凉廊）置于立面的中轴线上：这与帕氏住宅简单的实墙配以凉廊（Loggia）的处理是一致的。所不同的是，在帕拉第奥将窗平行于立面的地方，博塔喜欢将窗凹进45°，且将并非一层的高度组合在其中。当帕氏使用

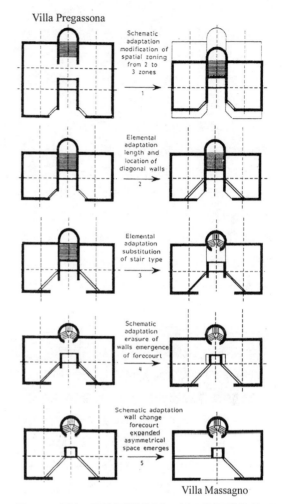

图4-55 通过一系列的拓扑推演变换，我们可以得到从普瑞加桑纳住宅到麦萨哥诺住宅的设计过程

图4-53 博塔设计的麦萨哥诺住宅

图4-54 博塔设计的普瑞加桑纳住宅

漂亮的穹顶或大柱廊时，博塔使用的则是缩小的、打碎的形式，是抽象的、非完整的古典型。在博塔的建筑中，基于几何秩序的简洁、清晰的空间组织特点是对来自帕拉第奥、列杜（Ledoux）等人古典构成手法的现代表达，而他的这种现代表达手法，似乎又一次反映出来自柯布西耶和康的影响。博塔的建筑虽然没有古典主义的、象征着庄严与崇高的壁柱、柱式和浮雕等，但仍具有基本几何形及其在环境中伸展的构成之美。

2. 比例尺度变换

"自然"是很多建筑师倡导的设计要素。从自

然中抽象出的比例类型，其所表达意义的认同亦同样是相似性比较与记忆的结果。但笔者在这里的所说的从自然中抽象出的比例类型的建筑形态并非是人们通常理解的那种像赖特的流水别墅那样与自然融为一体的建筑；也不是密斯的范斯沃斯住宅那样通体透明，把周围的景色劲揽怀中的建筑；更不是那些隐身于覆土之下返璞归真的建筑。这里所指的是一种在仿生学意义上的从自然生物中获得灵感的建筑。建筑形态与自然的类比关系的媒介即为"原型"。这种原型可以为自然任一事物或概念，而原型与建筑形态之间意义的契合在于其类型的同构性。建筑形态在此不仅仅作为原型指涉意义的载体，同时隐喻着"世界的同构性"这个人类认识的理性。在它们中我们可以感受到自然的气息和造物的神奇，体验到自然的生命的力量。

　　建筑师在运用从自然中抽象出的比例类型时，即可以把抽象出的类型生成建筑的局部构件；亦可以把抽象出的类型生成整体意象结构。例如意大利建筑师保罗·波多盖希 1993 年在罗马举办了一个以"自然与建筑"为主题的展览。在展览上他系统地比较了各种自然形态与人类建筑形态之间的相似性，并且特别分析了他的建筑作品与无限丰富的自然形态之间的关系。在他设计的罗马伊斯兰文化中心（图 4-56），建筑中所采用的重要细节的灵感都源于自然界中的树木、叶片的肌理、水的波纹、丛林的形态甚至光线穿过树丛形成的那种斑驳迷离的效果。在圆形礼拜堂的室内，仿佛置身于自然中的松树丛林，阳光从天窗射入室内，暗与亮的线条相互交织形成一首随时间和四季变换的光线奏鸣曲。粗壮的树干和穿过枝叶的阳光构成了这座建筑的精髓（图 4-57）。

　　而在 1986 年他为卢卡设计的普西尼剧场方案的灵感则来自蝴蝶（图 4-58）。由巨大的框架构成的建筑主体，仿佛是昆虫可以自由伸展的躯体，又像是蝴蝶的翅膀。蝴蝶的形象表达了对普西尼歌剧由衷的尊敬，那和谐的外形与纯自然的因素是如此的相似，体现了艺术家对音乐与自然相互融合的深

刻认识，同时也确保了适应特殊演出音质的需要。这的确是一座从形式到功能都成功的仿生建筑作品（图 4-59）。

图 4-56　罗马伊斯兰文化中心的室内大厅

图 4-57　自然光线的变奏

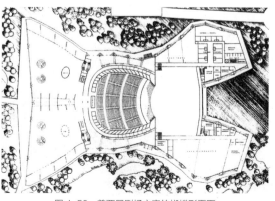

图 4-58　普西尼剧场方案的蝴蝶形平面

图 4-59　蝴蝶状的普西尼剧场

　　自然的形态是地球演化进程中上亿年优选的结果，人们已经开始意识到自然形态的优越性。而从自然中抽象出的比例类型的自然仿生建筑形态，不仅在表层形态表现上借鉴自然界事物的形象，更在深层结构中考虑人与自然共生，生态环境可持续发展的问题。这些设计观念上的转变显然是我们这个时代大背景下的产物。建筑师们开始尝试用更加生态化的"建筑语言"表达对"未来时代的精神"的阐释。

3. 空间要素的转换

　　我们知道，历史上教堂前广场（如圣马可广场与佛罗伦萨育婴院），有两个明显特征：其一，由若干大小不同的广场组合而成，相互之间贯通并与城市空间相互联系；其二，广场以敞廊作为边界，界定广场空间并提供活动场所，且敞廊的水平向构图与教堂的竖向构图形成对比，起到引导视线，烘托空间主题的作用。敞廊围绕其间有助于融合教堂的室内外空间，界定明确的广场空间，也是联接周围城市街道的门户（图 4-60）。"廊"、"有边界的复合空间"，便建构成为此城市设计的构想，相互间组合得到多种可能的空间形态，以满足广场的多用途复合空间的需求。在这里，广场即是"场"，敞廊则是"线"，而四周的建筑物则是"域"。"线"和"域"围绕"场"展开，构成了场、线、域之间的一种关系结构、一种最简洁的深层结构，而这种空间要素结构就可被视为是一种"原型"。在确认

这种关系结构之后，将这种空间要素类型转换、深化和发展，其结果是产生新形态和新形式，这实际上表现为深层结构的类推。这种类推，既是与历史产生"同源"现象以引起人们对历史的"记忆"，同时又融入了现代生活的隐喻。

　　例如在罗西设计的博尼芳丹博物馆（Bonnefanten Museum，Maastricht，Netherlands，1990 ）中，建筑师以他的作品为中心，重新诠释了城市的纪念性主题，其灵感来自于公共建筑、教会建筑和工业建筑的空间要素转换。马士德里克是荷兰主要的内陆城市，位于新欧洲最重要的交叉路口。博尼芳丹博物馆就坐落在流经该市中心的马士河畔。选择一个"外国人"来树立城市的"纪念碑"，对荷兰公众来说似乎是不太称心如意的，但荷兰对罗西来说并不陌生，从业主的选择上可以看出他们显然希望产生一个具有鲜明印象的城市形象（Presence ）。

　　该建筑从基部到顶部可以读解为要素的连续系列的发展或要素的演替，这些要素并非目的而只是城市片断。从体量和平面的秩序感和对称性而言，它无疑是严整的公共机构建筑：E 型的平面构成两个朝向河面的开放院落，有扶壁支撑的中段和外包锌板的穹顶塔楼成为戏剧性的交点，似乎在暗示着有洗礼堂或钟楼与之相连。也许最为有力的是那些工业元素：包锌的穹顶、烟囱般的交通体、方格玻璃窗、钢丝网拱，仿佛仍在追忆这片土地作为制陶工厂的历史（图 4-61）。

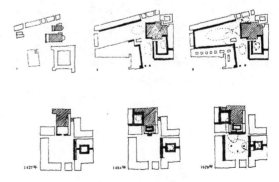

图 4-60　上：威尼斯圣马可广场复合空间的形成过程及廊的作用
下：佛罗伦萨育婴院复合空间的形成过程及廊的作用

图 4-61　罗西设计的博尼芳丹博物馆

图 4-62　博尼芳丹博物馆的室内

　　罗西结合了有关公共建筑的概念和大型中心化的透亮空间的思想，认为公共建筑是由一中心空间所体现的，如罗马浴场和竞技场。在这幢建筑中，则利用主楼梯形成室内广场，将顺序的时间重叠、并置，并利用玻璃斜天棚采光。罗西认为这样做是为了"将光带入博物馆内部，并且在某种程度上，用城市的活力照亮历史的阴影"①（图 4-62）。

　　运用这些空间要素转换的普遍象征形式，罗西设计出了典型的荷兰建筑。金属穹顶从平坦的河岸景色中升起，使人想起那些教堂的尖塔和风车；室内的主楼梯也暗示了某种文化的追溯；高耸的砖墙让人产生厂房或者城市街道的联想。正如罗西自己所形容的那样，"木质的楼梯陡峭难行，它属于旧荷兰和有着莎士比亚时代小酒店的哥特世界……南部海面的遇难船只的一些特征"①。它的抽象形式融合了对荷兰和其过去的理解，更重要的是为将来提供了一个持久的有意义的信息（图 4-63~ 图 4-65）。

　　从这里可以看出，建筑实为场所经验和类型经验的整合。建筑形态的丰富演进积淀为类型，类型又成为多姿多彩的形态之源。过去历史和文化所曾有过的各种类型形式都是我们想象力的源泉，它唤醒我们对形态潜意识的回忆。建筑师已经察觉到适合他们使用的建筑原型，不管是来自乡土的，或是更精炼、更具风格的历史形式，都能激发他们的想象力。我们能够感受到一座建筑如何各得其所，也就是一个诉说着过去种种的场所，是暗示着形式的想象力。把历史凝聚在类型上，略去时间因素就已继承了文脉（Contextual），而类型、文脉必须落实到场所中才具有真实的意义。但是，场所感并不能提供一个现成的答案，即使一处地点已暗示我们欲求的形式，我们也不能精确描述出未来的形式风格。此时，建筑师的态度极为重要，他需要将灵魂潜入场所，将类型思想"锚固"在场所中，仔细体验场所向你表达的一切，并将类型注入时间、光线、空间、材料和历史、社会、文化特性等因素之中，将所有因素组织起来使此建筑得以与美及生命和解（哈瑞斯语 Harris）。

① Editecs by Morris Adjmi. Aldo Rossi, Architecture 1981-1991[M]. Princeton：Architectural Press.

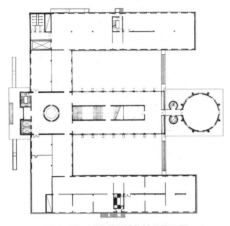

图 4-63　博尼芳丹博物馆的平面图

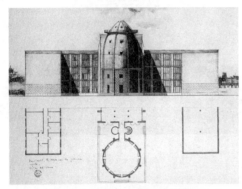

图 4-64　博尼芳丹博物馆的立面图

图 4-65　博尼芳丹博物馆的中心塔楼

4.3　类推的设计和类型学的三种应用途径

通过前面的分析，我们得出类型学的设计是一种类推的设计，是以相似性为前提的。类推即类比推理。"所谓类比，是这样一种推理，即根据 A、B 两类对象在一系列性质或关系上的相似，又已知 A 类对象还有其他的性质，从而推出 B 类对象也具有同样的其他的性质"①。类推的设计是借用已知的或发现的形式给予构造，去建构一个设计问题的起始点。其客观依据在于：

① 世界上事物之间的统一性和同一性，即同构对应关系；

② 事物运动变化规律的可重复性；

③ 利用相似、类推进行的信息转移，是意识控制下的人的自觉推导活动。

作为设计的方法，类型学指导人们如何对设计中的各种形态要素进行层次划分。这一活动首先从丰富的现实形态或设计主观构想形态中进行抽象、简化或还原而得出一种最终的产物。它可以表现为一种概念或一种图式，但它们并非可复制的模型，而是一种内在结构，人们依照这种结构概念变化、演绎而形成结合具体条件的设计实现形态，再付诸实施，从而创造出多样而统一的现实形态。例如美国的某些教授指导学生进行城市和建筑设计课题时，经常要对所进行设计的城市区域和建筑地点周围的环境进行研究。一般来说采用的是类型学的一些基本方法：如分类，总结已有的类型，将其图示化为简单的几何图形并发现其"变体"，寻找出"固定"的与"变化"的要素，或者说从变化的要素中找寻出固定的要素。据此固定的要素即简化还原后的城市和建筑的结构图式，设计出来的方案就与历史、文化、环境和文脉有了联系，根据现实的需要则可

---

① 张巨青主编. 科学研究的艺术—科学方法导论 [M]. 武汉：湖北人民出版社，1990：90.

加以变化。

G·勃罗德本特认为类推设计有图形式类推（Iconic Analogies）与准则式类推（Canonic Analogies）之分。图形式类推的参考范畴是十分广泛的，其本身来自于自然的事物，也可从情境、绘画的观念，或者从真实或想象环境的叙述性记载中所含有的意象。图形式类推凭借符号及附着在其上的图案特质，呈现意图并为设计产生构架。

准则式类推是有着其自身相称的系统及几何形式特性，通常是某种抽象的几何模式或形态，比如笛卡儿格网（Cartesian grids）和柏拉图体（Platonic solids）。类型学微妙地含有图形式类报和准则式类推的特质。

类型学具体呈现了设计者之恒常考虑的原则。按照美国建筑理论家、哈佛大学设计学院院长彼得·罗厄（Peter Rowe）的分析，对于类型学的应用可以有效地分成三个子分类：作为模式的建筑类型（Building Types as Models）；组织性类型（Organizational Type）以及元素类型（Elements Types）。这些类型的应用要根据具体的空间与时间而定，并与建筑师的意图相吻合。

作为模式的建筑类型的形成，是由于某些建筑具有值得其他建筑师效仿的特性。类型似乎提供了满足设计及使用的需求与惯例。受模型的启发和需要的驱动，在庭院式房屋、法式旅馆或巴西利卡式教堂等建筑类型的背后，也许就可能随之达成了一项设计的解决方法。例如建筑师在设计时以著名建筑师的作品作为典范，并在新的设计中结合具体的关联域予以引用和变形，当然这要取决于引证建筑模式时，建筑师对这些建筑模式的理解和与现实结合的可能性。A·柯尔孔（Alan Colquhoun）在他的《现代性和古典传统》（Modernity and the Classical Tradition）中，认为类型学之所以能被如同模型般使用的原因是因为建筑的重复生产性

和建筑需要原型。因为在建筑领域一种思想一旦建立起来，它就会被无数次地重复。当然，这种重复总是有不同程度的变化。例如，中国的塔、亭和楼阁，各地的形式都很相似但意义不完全相同，也就是说同一种类型有着无数种变体。而在2001年刚刚竣工的上海"新天地"项目中，就是以上海近代建筑中的石窟门里弄住宅作为模式，在这里，石窟门里弄住宅就成为一种历史参照类型的模式（图4-66）。

图4-66 上海"新天地"以传统石窟门里弄住宅作为设计模式

而组织性类型学则主要"被用于针对解决关于空间分布与功能元案的一致性之上，或亦被用成是对于其自身所提供之形式组合的基本规则"[1]。就对城市与建筑的形态而言，组织性类型主要是表现空间结构和功能元素的类型，或者是方案设计中形式组合的基本规则，类型的选择和转换的最终目的是通过对类型的转换来取得城市形态的连续，组织性原则的运用可以有效的保证城市形态在获得多样性的同时保持协调性。组织性类型学的具体应用体现在选取建筑类型和空间类型并加以规则化，以此形成设计规则来控制和引导建筑设计。例如在设计具有不同层次的空间关系时，建筑的空间就会呈现出一种组织性的等级系统，表现空间序列的演化。例如，由4世纪到15世纪活跃在中美洲的玛雅（Maya）文明，因有严密的社会组织和宗教祭祀仪礼，因此

① Peter．G, Rowe. 设计思考 [M]. 刘育东审订. 王昭仁译. 台北: 建筑情报季刊杂志社, 1999: 96.

玛雅建筑群便是以祭坛（阶梯金字塔）为主体空间，以便长久维系其社会组织（图 4-67）。此外，北京的紫禁城也是反映社会阶层关系的明显例证。自南向北长达 7.5km 的中轴线是全城的骨干，中轴线上的建筑与庭院空间都有着森严的等级规范，而中轴线以及两侧的次要轴线上，都布置了以《礼记》《周礼考工记》以及封建传统的礼制为组织性类型的建筑空间和建筑形式，其所有这些空间序列处理都是为了突出其核心——紫禁城（图 4-68）。古老中国长期处在君主政权的制度中，因此紫禁城的建筑历经元代、明代而至清代，便自然地反映出君主至高无上的轴线感；太和殿的体量与位置以及漫长而强烈的中轴线，都强调出建筑对社会制度的回应。同样地，前面提到过的自西周便已形成的中国四合院住宅建筑也恰如其分地反映中国社会的宗族制度与位序关系。

而所谓"元素类型"针对之问题乃是解决一般分类的等级秩序所提出来的，类型学的简化可形成"分类的相似性系统"，从而获得定性和定量的研究。分类的等级秩序可以遵循从城市和建筑组群元素到建筑形体和内部空间形式以及局部的处理，例如进入一幢建筑物的入口问题，或是内部空间中地面层与上升楼层间转化表现，或是解决关于社区感和私密性的需求。元素类型模式的典型实例之一便要数 1930 年完工的克莱斯勒大厦，由威廉·凡·阿伦（William Van Alen）设计。它那具有"装饰艺术"与"流线型"风格双重特征的金属尖顶，在阳光下闪闪发光，成为当时流行的元素原型（图 4-69）。

综上，类型学方法的运用并非千篇一律。以上三个子分类既不是随意的也不是截然分开的，一幢建筑物和它的局部，有时是上述三种分类考虑中的原型，有时则是模型、组织性类型学或元素类型的提供者。用类型学进行建构赋型时，往往是上述三

图 4-67　玛雅文明的阶梯金字塔

图 4-68　北京的紫禁城

图 4-69　威廉·凡·阿伦设计的带金属尖顶克莱斯勒大厦

种同时作用的。抽象得到的同一类型在不同的环境，不同的作者手中还原得到的将会是差别甚远的实体形象。在这个时代，建筑师如何依据类型的思想建立自己的设计方法及应用之，要比方法本身来得更为重要。这在下一章的具体案例中将得到充分的体现。

建筑是与特定情境相联系的，是被束缚在特殊的地点上的。

建筑与音乐、绘画、雕塑、电影和文学不同，

它是与场所的经验相联系的。

建筑的场址不是建筑的佐料，而是建筑的物质和形而上学的基础……

建筑一旦与场所融合在一起就超越了物质和功能的要求。

——斯蒂文·霍尔（Steven Holl），寻找锚固点

Chapter5
第5章 Generation of Place Meaning
场所意义的生成
——类型学形态生成法则的具体操作实例分析

维德勒认为，建筑类型学包括三个方面："第一，类型学继承了历史上的建筑形式；第二，类型学继承了特殊的建筑片段和轮廓，这些元素可能是我们正在分析的不同于其他的特殊例子；第三，类型学是在新的文脉中将这些片段重组的尝试，是在新的关系中拼贴这些片段的尝试"①。

透过形形色色的流派、风格的表面，我们看到，建筑作品中还蕴涵着更深一层的东西，那就是对生活的关注，对生活在这一时代的人类情感的理解。形式与情感在结构上是一致的，以至于看起来形式与形式的表现是一回事。透过多元化的表面，我们也注意到了有一种庸俗的倾向，就是把多元理解为各地区、各流派的同期亮相，而忽视了对人类情感的探索。真正的多元是表现意义上的多元，是价值观念上的多元，单单追求与某流派的表面相似是难以成功的，建筑师应努力在生活体验中创建自己的情感模式，对于建筑意义的创造来说，任何先验的图式都是不存在的。

5.1 理想与现实——建筑设计中类型学形态生成法则的具体操作分析

在单体建筑设计中对类型学形态生成法则的运用，始终徘徊在理想与现实的边缘。作为现代建筑类型学理论的主要代表建筑师——阿尔多·罗西用他的作品，建构了一种文艺复兴的理想城市的现代版本。它们仿佛一幅虚幻的图景，与现存的古城结构融合在一起，这些古城成为罗西作品的教科书。罗西事务所的大本营在米兰，约有 20 人。后来又陆续在日本和纽约设立了事务所，大约各有 10 人左右，荷兰丹哈的事务所最小，只有 3 人。罗西早期的建筑作品大都分布在意大利的伦巴底附近，如摩德纳墓地（图 5-1）等。随着不断开拓国外业务，罗西在意大利本土以外的建成作品也逐渐增多。无论从形式上还是从文化上，他在意大利之外的作品有一种互相感化的过程，在这一过程中，建筑物的各个组成部分被置于广泛的文化背景中加以考虑，或者说人的因素成为这些元素的文化参照系。来自不同地区的元素被加以译解和重新排列组合，例如威尼斯费拉特柱式就出现在柏林的弗雷德里希大街和威尔海姆大街的建筑上（图 5-2）。正如格雷夫斯评价罗西时所说的："罗西在国外的成功与上述原因密切相关，也许正是他的

建筑所表现出的本土品格得到了意大利以外的业主的欣赏，尤其在日本十分明显。"②

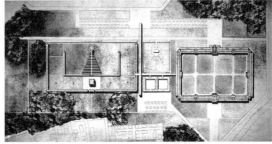

图 5-1 摩德纳墓地——总体外观与总平面图

图 5-2 柏林弗雷德里希大街住宅

① G. Broadbent. Emerging Concept in Urban Space Design[M]. VRN, 1990: 201.
② 迈克尔·格雷夫斯. 迈克尔·格雷夫斯谈罗西 [J]. 闵粼, 张海涛, 刘泉译. 世界建筑导报, 1997（21）: 134-143.

罗西对大型公共建筑的偏爱就像他自己所说的：
"我注意到每次当我被一件大型公共建筑项目所吸引时，总是因为它是匿名的且不受个人情感影响的。但我同时又被个人甚至私人的细节因素所吸引或迷惑……但'个人表达'没什么要紧或者根本算不了什么，除非它能在社会或历史中占有一席之地。这就是我为什么总是偏爱大型公共建筑项目，在它之中个性消失了，因为这种类型的建筑必须让自己适应已经在场的城市。"①将城市的在场作为一项组织原则，它强调了超出建筑艺术之外的范畴。将罗西的作品放进书籍、戏剧或电影中，和将它们放在一些建筑物之中是一样的自然。因此我们可以说，情感与象征是罗西建筑的两种基本要素，他的建筑和绘画既可以体验也可以阅读。在某种意义上我们可以把罗西看做是一位画家建筑师，或者说是一位文学建筑师，他一直认为建筑是对某种过程的反映，这种过程是介于建筑形式与诗歌之间的直接而坦诚的情感过程。在他的作品中，其形式和组成部分的文法使人联想起在一首诗中互相关联的意象，联想起一本书中的各个章节或是戏剧中的一幕。罗西的许多作品通常建造在传统的城市中心之外，在更多的近期设计中，城市的隐喻进一步扩展。城市更新与维护的主题一直深深吸引着罗西，这里便是他大显身手的舞台。下面就让我们以他的四个作品为例，分析一下在单体建筑设计中类型学形态生成法则的具体操作与应用。

5.1.1　威尼斯世界剧场（Teatro del Mondo，Venice Biennale，Italy，1979）

在威尼斯的哥特式建筑和雾蒙蒙的景色中，我们可以隐约看到漂浮在水上的一个"构筑物"（图5-3），它有一个锥形屋顶，其顶端以一面钢制的小

图 5-3　雾色中的"飘浮"剧场

图 5-4　威尼斯世界剧场外观

旗和圆球形的饰物作为结束，躯干是两截棱柱体，两侧还带有通向八角形基座平台的楼梯。这就是威尼斯世界剧场，又被称为漂浮剧院（图5-4），是为1980年"威尼斯双年展"设计的，它集建筑与船为一身。

我们在这座建筑上可以看出它带有强烈的意大利帕尔马洗礼堂（1196—1260）的痕迹，它的形象参考了威尼斯造船的传统及16世纪水上临时展览馆，八角形激发起意大利人洗礼的回忆。因此，可以说是罗西有关"类似性城市"思想的集中体现。剧院的形象是从传统中抽象出来的，是威尼斯所特有的，但又是淡化的和抽象的几何形体。在这里，罗西把威尼斯看做一个人造城市，人改变了自然。

---

① Editecs by Morris Adjmi，Aldo Rossi．Architecture 1981-1991[M]．Princeton：Architectural Press．

然而，它也是海岸三角洲的一部分，是陆地的结束和海的开端（图 5-5）。

该剧场的关键和精彩之处在于漂浮性。罗西认为该剧场是否能在水上漂浮不是问题的关键，关键在于可以漂浮。它从建造地沿水路漂流到威尼斯，与沿途经过的意大利城市景观自然地融合起来，由于在不同的地点可以看到相同的结构，甚至使这种"新形式"的景观更加迷人。这是一种生命流传的意识表现在建筑中，创造了一系列的"暂时性"的存在和景观（图 5-6、图 5-7）。这些存在在人们的心智中或记忆中留存、积聚、拼合起来，形成一种心智或记忆的城市世界。可以说它是一种超出世界界限的建筑观，是对建筑本质的认识，故名之为"世界剧场"。它介于理想与现实两个世界之间，它的漂浮过程体现了罗西"类似性城市"的思想。正如罗西所评价的："对我来说，它似乎是建筑结束的场所，是想象中的，甚至是荒唐的世界的开始"[1]。罗西精心选择了几何要素并恰当地把握要素的抽象层次，创造了一座超越时空概念的永恒象征。

图 5-6　漂流沿途形成的一系列"暂时"景观——在威尼斯"飘浮"

图 5-7　漂流沿途形成的一系列"暂时"景观——到达杜波夫尼克（Dubrovnik）

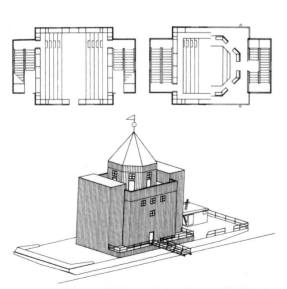

图 5-5　威尼斯世界剧场带有强烈的意大利帕尔马洗礼堂的形式

5.1.2　卡洛·菲利斯剧院（Carlo Felice Theater，Genoa，Italy，1983）

该剧院原是热那亚的市政歌剧院，其最初的新古典主义方案是在 1828 年由卡洛·巴拉比那（Carlo

① Editecs by Morris Adjmi. Aldo Rossi. Architecture 1981-1991[M]. Princeton Architectural Press.

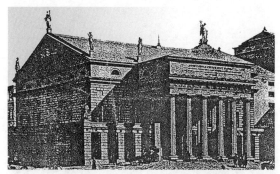

图5-8　1826~1928年的卡洛·菲利斯剧院立面

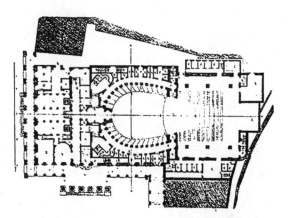

图5-9　1826~1928年的卡洛·菲利斯剧院平面

图5-10　卡洛·菲利斯剧院

图5-11　上面4层是彩排室和机械室

Barabina）完成的（图5-8、图5-9）。第二次世界大战期间，该建筑遭到多次轰炸而彻底毁坏，只剩下面向热那亚中心广场（Piazza Ferrari）的侧边门廊和大理石的柱廊。以后的数十年中，歌剧院的废墟在关于其命运的激烈争吵中一直维持原状。1981年理事会又发起了修复该建筑的竞赛，最后罗西赢得了竞赛。

当罗西开始这个设计时，巴拉比那地区的普罗纳奥斯尚是一块巨大的"破碎和受伤的"残片，而当此复原建筑入置其中以后，它又重新聚合成一个崭新的、完美的结构。罗西的设计获奖不仅仅因为建造了新的表演空间，更因为他成功地解决了困扰建筑师们长达30年之久的难题——即如何使1828年保存下来的结构形式与20世纪歌剧院的技术需求相协调，并保持视觉上的连续性，而且在城市环境中重新树立起公共剧院的形象（图5-10）。这座剧院在1828年的遗址上重新崛起，再一次控制了面前的广场。

本土化的建筑、城市的建筑、复原性的建构以及传统性的现代化，是本方案所要解决的主要问题。新卡洛·菲利斯剧院保存了原来歌剧院的印迹：修复了部分损坏的陶立克柱子和侧边门廊，并按卡洛·巴拉比那的原图将某些部分重建。在屋脊的另一端，一座新的塔楼耸立在舞台上方，上面有4层小房子作为彩排室和机械室（图5-11），它比原先在那儿的那座大了许多，可以容纳新增加的技术设备。从后台到上面小房子的功能转变对应着外墙面的贴面材料由灰兰色粗琢灰泥到羊皮纸色的典型热那亚式的精细灰泥的转变（图5-12）。

室内配合当代的科技要求作了全新的设计，

这些变化在外部也清晰可见：贯穿底层的公共展廊依靠采光井提供日间照明；圆锥形的采光井耸立在公共休息厅上并穿过办公室向上升起，像一个钢和玻璃的螺旋体，穿透屋顶，最后在屋脊线上形成纤细的玻璃尖塔刺。夜间，尖塔变成一个发光体，像灯塔般闪耀在港口的上空。螺旋体是一种港口城市灯塔和战后摩天大楼的变体的结合，同时也是一种"圆形监狱"形式的变体。它联系着理想与现实，使人觉得似乎是极为熟悉，却又实在是全新的形式（图5-13）。

　　演出大厅横跨在联系 Piazza Ferrari 和马志尼长廊的通道上，形成公共的通道，使各个时期城市片断的要素联系在一起，并在同一时间展现出来。室内与室外以不同的方式相互渗透，使用了"室内

图 5-12　外墙面贴面材料由灰蓝色粗琢灰泥到羊皮纸色的典型热那亚式精细灰泥的转变

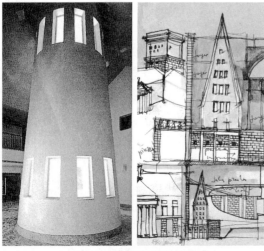

图 5-13　室内圆锥形的采光井

图 5-14　城市街道般的剧场室内

化的室外空间手法"。罗西把 2000 座的观众厅设想为意大利的城市广场（呈梯地状，源自某个吉诺伊斯式广场的创意），两侧是与街道尺度完全相同的景观：大理石表面上开着百叶窗，还带有阳台；墙上大理石的厚度有规律的变化以控制高频声的反射。这些基本元素的重复使人想起 19 世纪意大利小镇的悠闲欢快气氛，极具浓郁的乡土气息（图5-14）。

　　罗西将文艺复兴时期剧院传统倒转过来，剧院实体与意大利城市文脉连续起来而具有了新的意义（图5-15、图5-16）。他把卡洛·菲利斯剧院的新老结合比喻为外科手术，特别强调手术需要的不光是治好损伤之处，他说："一旦某单独部分被修补，它必须和其他部分形成新的整体，它们不是碎片，而是很大的被毁坏的部件。建筑上的伤痕就像人身上的伤痕一样令人着迷，它们是同一时刻的内在本质和外部事物，它们是生与死的结合。我们感到为难，

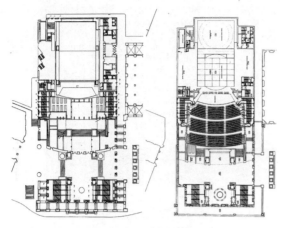

图 5-15　剧院的平面图

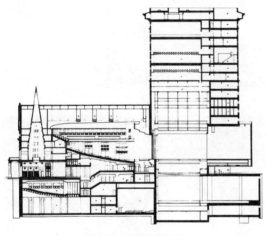

图 5-16　剧院的剖面图

因为要愈合伤口而使伤疤消失。这就是我们如何看待被损伤的卡洛·菲利斯剧院的，或许就是这种情感使我完成了这项工作"。[1]

在艺术品中体现理想中的精神世界是文艺复兴时代的理想。罗西在他的每一座剧院建筑中都倾注了他的热爱，他把它们当做意大利文艺复兴时期的、理想化的程序世界。弗吉尼亚·伍尔芙曾把中世纪晚期的英国诗人们看做"一面镜子，人物形象在其中欢快、平静而紧凑地移动着"[1]。在罗西的世界里，他也掌握了一面相似之镜，镜中同时反映着理想与现实的魔力。

5.1.3　福冈广场饭店（Hotel，IL Palazzo，Japan，1989）

当在一个新的环境下开始工作时，罗西总是尝试去寻找新的地方风格的元素（这些元素往往是来自材料本身或是材料的组合之中），他在这些元素中再找出那些认为是永恒或类似的形式。在大多数情况下，这些元素已经失去了它本身的含义并与现代建筑行为不相容，而罗西恰恰是利用这些元素和原有建筑及环境建立一种历史的联系，并且运用当地的材料和形式来加强这种联系。在处理类似形式和地方形式的关系中，最为复杂的例子可能就是1989 年 11 月在日本福冈建成的广场饭店，也是罗西在日本建成的第一个作品。这是位于福冈市中心的一栋旅馆和餐厅，地下 1 层，地上 8 层，总建筑面积 5917m²，共有客房 62 间，4 个酒吧，3 个迪斯科厅。

这个作品开始就是想以西式手法把日本的庙宇形式重新组合，这种手法的灵感来自纽约苏荷区的一种铸铁式的阁楼建筑。罗西负责基本构想，日本建筑师负责实施设计，还邀请了有名的室内设计师、版画家及各方面的艺术家参加。用地所在的春吉地区是该市有名的烟花柳巷，直到现在还有许多"爱巢旅馆"，人们对于这一地区有着固定的成见。但开发商在本地区购置不动产以后，准备改变原有形象，把这里变成更吸引人的地区，而旅馆就是本地区开发的第一个工程。在准备开发时，业主和有关人士研究："考虑到这一地区的历史沿革，要加以改变是相当困难的工作，如果想依靠单体建筑来创造街道新的历史的话，就必须有相当力度的建筑。"当时也曾邀请另外 3 位日本建筑师，但方案比较下来，还是罗西的方案突出。"要吸引客人必须建造好的建筑，也必须选择好的建筑师……要设计完全欧洲式样的建筑，还是欧洲人更为优秀"，

① Aldo Rossi. Architecture 1981-1991[M]. Editecs by Morris Adjmi. Princeton：Architectural Press.

最后认定"如果要做今天日本还没有的设计，那就
是罗西了"①。

最后，罗西提出了欧洲古典建筑三段划分对称
的建筑方案。尽管这个设计牺牲了沿河景观，但达
到了一种纪念碑式的效果，同时也成为城市轮廓线
中的交点（图5-17）。一层部分作为建筑的基座，
上面是长方形的主体和两侧细长的2层高的配楼，
围合成了简洁的平面构成。中央，地上的旅馆部
分、地下和两侧的酒吧、迪斯科厅部分明确分开，
设计上要表明：这不仅是单纯的平面构成，还要把
建筑的目的更加强调，不仅把吸引很多客人的出租
部分和住宿的旅馆从功能上加以分离，还要把街道
的标高和建筑的标高有意识地分离开来。立面是有
古典风的构成，一面封闭的石墙上设计了一系列的
柱式，罗西称之为"纪念碑式的立面"。这些封闭
的立面成为这个项目中备受争议的部分，但它们仍
然和日本墙式的结构及庙宇有着一定的联系。建筑
的基座不但表现了正在改变街道的建筑的力度，更
进一步具有象征性。墙面和圆形壁柱是伊朗生产的
红色石灰岩，加上青绿色的腰线，这是日本人很少
采用的色彩组合。本来地上只有7层，后因法规的
改变增加了一层，罗西认为这样一来立面的比例更
好。其中一个酒吧DORADO（南美传说中的黄金
乡）由罗西和另一位室内设计师共同设计其室内，
在一层正面墙上的酒柜完全引用了建筑正立面的分
隔构成，家具也由罗西设计。罗西说："这里和
建筑不同，是有着相当游戏心的设计（图5-18，
图5-19）。"

业主对罗西这栋建筑的评价是"让人想起东
洋的形象，无论是日本式的房间，还是现代意大
利风格的空间都很合适，从他的设计中可以看到
把东洋和西洋二者不可思议地融合在一起，让
人感到意大利和日本文化融合的气氛……在这样
的组合面前，经过的人无论老幼都要驻足看上一

图5-17　福冈广场饭店正立面

图5-18　引入正立面元素的室内

① 马国馨. 日本建筑论稿 [M]// 北京市建筑设计研究院学术丛书. 北京：中国建筑工业出版社，1999.

图 5-19　引入正立面元素的细部

会"[1]。而罗西则对此评论道："目前，对我来说这是一个很应时的问题。许多人问我在日本的建筑是如何实施的，在美国的建筑是如何实施的。我认为，在你的想法、你的建筑和你工作的新环境之间有辩证关系。在美国，特别是在新英格兰地区的荷兰式和英式建筑中就有优秀的例证。而在南美和加利福尼亚的西班牙建筑特征，也真实地表现了一些不同之处。它与全玻璃的国际式风格有着很大差异。现在我认为有创造一种普遍的但带有许多不同点的建筑的可能性。我们在日本工作时这个问题就变得十分现实，例如，我试图使这些项目带有一些日本风格，因为我喜欢这样，而他们却喜欢一个意大利建筑师……对我来说，福冈的广场旅馆中带有一些东方世界的东西；在

他们看来，则是非常西方化的"[2]。

总得看来，罗西的设计是非常正统的，正面的大理石、侧面得体的墙面等都是利用意大利以前的古典素材加以精心装修。他的设计并不炫耀奇特，长期欣赏可说是包含着文化的要素。这是一个让意大利人看来是东洋的，日本人看来又是西洋的，通过二者彻底的对话而形成的巧妙合作的实例。

5.1.4　佩鲁贾社区中心（Civic Center，Perugia，Italy，1982）

很多现代建筑大师都强调阳光和阴影的关系，并把它们用于形体的塑造上，如众所周知的路易斯·康（图 5-20），理查德·迈耶（图 5-21）。

图 5-20　路易斯·康设计的萨尔克生物研究所

① Aldo Rossi. Architecture 1981-1991. Editecs by Morris Adjmi. Princeton：Architectural Press.
② 泽瓦·弗雷曼. 阿尔多·罗西谈建筑 [J]. 新建筑，1992，2.

图 5-21　迈耶设计的 Des Moines 艺术中心，
依阿华，美国，1982-1984

图 5-22　契里柯绘画中的阴影与罗西作品中表现的阴影相似，
是"死亡"与"终结"的代名词

但他们多是利用光线来强调空间的塑造，其结果给人的感受是建筑师个人手法操作的痕迹。而罗西对阳光与阴影的运用不仅仅停留在形体的塑造上，光

线是罗西建筑的一部分，也就更显得意味深长。如在其著名的早期作品——摩德纳的桑卡达尔多墓地中，阳光与阴影成为罗西对生与死两种世界本质的表达。建筑塑造的阴影与契里柯（D.Chirico）的作品中表现的阴影相似，是"死亡"与"终结"的代名词（图 5-22），它通过与死亡之城既关联又对比的类似性，回溯了城市及其建筑的主题，形成了一个与社区记忆紧密相关的统一意象。在这里，阳光与阴影是罗西表现其建筑的哲理性与宗教意味的手段。当然，这里并不存在孰是孰非，抑或哪位建筑师更高人一筹，两者之间的差异很大程度上反映了美国与欧洲文化上的差异。但就我个人而言，我更欣赏后者。

在罗西为佩鲁贾设计的社区中心，我们更能体会到他运用光线的独特匠心。在芳蒂维耶，一个新的社区中心占据了过去的工业区位置，它位于佩鲁贾历史上的中心地带和现代扩展的城市之间。这个项目包括住宅、办公，以及一些公共服务设施，整个建筑有一个狭长、倾斜的广场庭院（图 5-23）。在五座沿这个广场庭院分布的主要建筑中，最突出的是八层的社区大厦，其体量为 U 型，公共性的标志最集中地表现在社区大厦中心入口狭而高的亭状建筑上（图 5-24）。它位于两个砖构角塔之间，面对广场并延伸到社区大厦整个内庭院的长度，并与其他建筑同高。它直接暗示了一种叫做"布罗莱托"（Broletto）的传统——即一种传统的密柱式的市民建筑形式。密柱形成的浓密阴影似乎不经意地渲染出一种难以言传的氛围。其细长的立面伸向广场，犹如公共的钟塔，同时也是通往一个贯穿建筑的玻璃展廊的入口。周边的立面为石材贴面的角落和玻璃幕墙，它融合了公共性纪念建筑和大工厂的双重形象。

广场中心是另一种历史悠久的市民建筑标志：公共喷泉。它的水流经一条长长的水道到达位于布罗莱托长廊轴线上的一个"圆盘"里。喷泉的另一端，一个狭长的楼梯将视线引向一座圆台体和正方体组合的剧院，这是我们所熟悉的"圆形

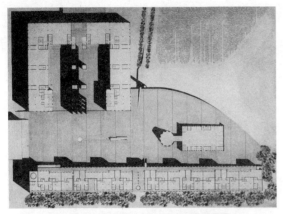

图 5—23　佩鲁贾社区中心的总平面配置图

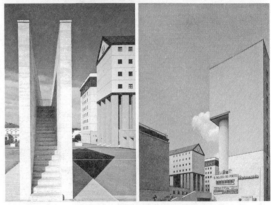

图 5-25　密柱形成浓密的阴影

图 5-24　社区中心入口狭而高的亭状建筑

图 5-26　被加固和保留下来的烟囱

监狱"形象。阳光与阴影此时再次显现了其魅力（图 5-25）。

广场的另一边，一排低层建筑面对着社区大厦。这部分建筑原来考虑为住宅和商业混合功能，现在几乎全部被办公空间占用。一个高耸的烟囱被加固和保留下来，成为此地过去作为工业区的印记（图 5-26）。用罗西的话来说，这是一个对城市作

为三维的记忆与思想的场所的反映。它不仅仅是一个"物件"，还包含"历史、地域、结构，与普通生活的关联"。

类型学是从人类生活的文化角度来观察而非局限于实用的环境。罗西在公共建筑领域的作品充分显示了其城市形态学和建筑类型学理论创造的独特建筑风格。他的城市分析实践证明了"一种特定的

类型就是一种生活方式与一种形式的组合，尽管它的具体形式因不同的社会有很大差异，……它的逻辑先存在于形式"①，而后以一种新的方法构成形式，其差别是时间维度上的循环前进。因此，类型与现实的具体表现形式并不构成重复制作的关系，因而能够促进各种彼此不相似的创作结果，而又保持一脉相承。

5.2　环境与行为——城市设计中类型学形态生成法则的具体操作分析

城市设计处理空间形式的特点不仅在于尺度的大小，更在于处理空间形式的方式。类型学理论在城市设计中应用价值就在于它能提供这样一种方式。即类型学通过探寻城市空间类型和建筑类型，通过对类型的选择和转换来取得城市形态的连续、和谐，以此维持城市的空间秩序。从文化角度维护城市文化和历史中早已存在的永恒涵义的延续性，使城市空间意义不致失落。一方面，通过共时性城市景观的片断组合，形成有特征的城市风貌；另一方面，通过历时性的城市片断在时间上叠合形成市民对历史的记忆，使我们的城市符合"集体记忆"，从而使市民认同自身生活的城市，并感觉到自己的城市是有序、连续和充满意义的场所。

为探寻城市空间场所意义的生成，在城市设计领域出现了建立以步行或城市公共交通为主要行动方式的设计倾向，其开始被称做"新传统主义"，后更名为"新城市主义"。其主要设计作品特征为以安德列·丹尼和伊丽莎白·普莱特-扎别克（Duany and Plater-Zyberk，以下简称为D/

P-Z）夫妇为代表的以建立传统邻里社区为指导的城市设计和以卡索普（Calthorpe）为代表的以公共交通站点为设计基础的城市设计。虽然设计中的侧重有所不同，但是两者的着眼点和出发点，却是基本一致的，那就是从工业革命前后时期的城市规划和设计概念中发掘灵感，在当今城市中建立公共聚集中心，形成以步行距离为度量尺度的居住社区。

新城市主义（New Urbanism）的城市设计"秩序"究竟是什么？关于秩序的定义似乎是不言自明，秩序就是合理地、全面地安排各项元素，包括决定各项元素的位置及其空间关系，如远近、高低、连接或分离。如同伊利尔·沙里宁所言，"如果把建筑史中许多最漂亮和最著名的建筑物重新建造起来，放在一条街道上。如果只是靠漂亮的建筑物就能组成美丽的街景，那么这条街就是最美丽的街道了，可是实际上却不是这样的，因为这条街将成为许多互不相干的房屋所组成的大杂烩。……城市设计的目的就在于寻找城市中建筑的组合的规律。城市的秩序绝不可能像修建筑那样，是一种完整的、最终确定的形式规律，而可能是一种沿有序轨道的运动发展"②。这种所谓的"有序的轨道作用"，其实指的就是类型学理论在城市设计中的控制作用。

类型学理论的特征是阐述了建筑的城市性，它强调城市是集体记忆的中心，认为城市构成了建筑存在的场所，而建筑是构成的片断，作为城市有机体的部分，任何建筑的创作都不应该脱离其母体，应当与城市现存空间形态相结合，并从认识论的高度阐述了城市的内容："城市中存在的现实形体，凝聚了人类生存所具有的合义和特征；城市是在时间场所中与人类特定生活紧密相关的形态，其中包含历史，它是人类文化观念在形式上的表现"③。类

① Editecs by Morris Adjmi. Aldo Rossi, Architecture 1981-1991. Princeton：Architectural Press.
② G. 阿尔伯斯著. 吴唯佳译. 城市规划理论与实践概论 [M]. 北京：北京科学出版社，2000：7.
③ 沈克宁. 设计中的类型学 [J]. 世界建筑，1991（2）：65-69.

型学的最终目的是要以类型的处理取得城市形态的连续，类型思想将城市形体环境的秩序结构作为具有意义的实体来感知，它是城市形体环境组织的恒定法则。这种法则不是人为规定的，而是在城市的历史发展中形成的。

"新城市主义"是现代主义批判的产物，同时又是基于20世纪60~70年代各种建筑和城市设计研究的成果。其设计很容易使人联想到后现代中出现的历史与地方主义，同时，在设计中它们也经常采用类型来进行建筑及街道、广场的设计，不难看出"新城市主义"与罗西和克里尔等人推崇的类型学的联系，但是在具体设计中，"新城市主义"利用地方或历史建筑的图像来作为建筑的外立面，试图赋予城市生活更多的色彩和活力。这里没有现代与后现代战斗的硝烟，城市设计战场转移到了市场，从各种批判的后现代主义中转向行动的后修正主义中，以期建立新的城市模式和生活。下面也让我们以"新城市主义"的四个作品为例，分析一下在城市设计中类型学形态生成法则的具体操作与应用。

5.2.1 滨海城（Seaside，Walton County，Florida，USA，1980）

D/P-Z夫妇设计的位于美国佛罗里达州沃尔顿县的滨海城（图5-27）是最著名的"新城市主义"住宅小区。在上篇中对斯蒂文·霍尔的介绍中曾提到过它。这个住宅小区建成于1980年。仅仅只有80平方acre（约32.4万km²），大约相当于美国一个大规模的室内购物中心或是一个大型商场那么大。但是这个位于海边的小城镇，已经无可置疑地成为新城市主义最重要的里程碑之一了。不但在美国和西方的城市设计界、规划界、建筑界中具有很高的地位，还引起其他国家的重视。中国一些建筑专业刊物都曾经介绍过这个社区。

图5-27　美国佛罗里达州沃尔顿县的滨海城鸟瞰

与其他所有具有探索性、实验性的设计一样，滨海城是具有争议的。有些评论家批评它过于游戏性和娱乐性（Too Cute），批评它不是一个真正的城镇，好像一个电影道具一样。但是总体来说还是好评如潮的。特别是新闻媒体，长期以来一直追踪它的发展，电影业也经常把这个居住区作为电影背景，因此它的知名度相当高。1990年，美国最重要的刊物《时代》周刊把这个住宅小区评为"十年最佳"社区，更加使之闻名世界。在这之后，包括《美国新闻和世界报道》《史密索尼亚》《旅游和休闲》《大西洋月刊》《人物》等在内的美国全国性杂志都专门介绍过这个住宅小区，美国几乎所有主要的电视网都专门实地报道了滨海城。英国的查尔斯亲王也在BBC（英国广播公司）的节目中介绍它。这些介绍，使它真正成为国际和美国国内注意的焦点。

滨海城的居民数目为2000人，与美国传统的城镇人口相仿。因此在尺度上容易恢复传统。整个住宅区包括300栋独户式的住宅建筑，300个其他类型的住宅建筑，包括旅馆、公寓等。公共设施包括市政府、一所学校、一个露天市场、一个网球俱乐部、一个带棚顶的半圆形露天剧院、一个邮政局，还有商店等设施（图5-28）。

滨海城的重要性并不在于设计上有多么新奇。它的最重要的意义首先在于它的规划观念与设计方法对于美国城市设计的启发和对于商业住宅小

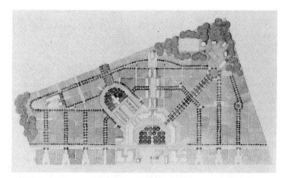

图 5-28　滨海城总平面图

区规划思想的促进。这个住宅区的发展商是极具眼光的商人罗伯特·戴维斯（Robert Davis）。他与 D/P-Z 夫妇在设计滨海城的时候，就刻意探索和创造一种新的社区文化，以期重建已经逐步衰亡的社区。他们认为目前建筑界、规划界普遍流行的对于传统社区的敌视态度是错误的。在西方，特别是在美国的商业住宅小区的设计中，最普遍的原则是私人空间比公共空间重要，所有的住宅区设计都以突出私人空间为中心，而忽视公共空间。而在他们看来，传统住宅区的长处正在于重视公共空间，因此，决心通过滨海城这个住宅区重新恢复以公共空间为中心的传统（图5-29，图 5-30）。因而这个设计从一开始就是对于现代主义城市设计的挑战和否定。在滨海城的规划和设计中，他们创造了公共广场、步行街道和林荫大道、人行道和小径，并且把一系列自然因素融入公共空间中来，比如海滩、沙堆，不仅延伸了公共空间，同时也丰富了公共空间的内容。滨海城在美国引起了建筑和设计界久久的震动，其冲击作用之大超过了许多规模大得多的社区。滨海城的建立标志着向传统的城市设计原则告别的开端，因此在建筑发展中具有重要的意义。

　　为了做到真正以步行为主的住宅区。滨海城在设计时定立了"五 min 步行标准"（图5-31），在设计上做到居民到主要公共空间的步行距离不超过五 min，这样一来，滨海城就成为名副其实的"步行社区"了。这种设计，在当代美国应属最早。而这种设计方法促进了居民的交往，真正恢复了传统社区的邻里关系。由此他们为了此住宅区设计了独特的建筑规范。设计规范规定了所用的建筑类型以及与城镇相关的主要指标，其中包括：院落、前廊和阳台的位置和大小，临街一侧建筑立面和开口的高度，等等。对街道空间形式的规定是设计法规中最为重要的内容，利用栅栏和行道树以及适当的红线后退以创造可

图 5-29　风格特别的新城市主义新城镇——滨海城俯瞰一

图 5-30　风格特别的新城市主义新城镇——滨海城俯瞰二

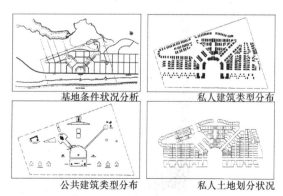

基地条件状况分析　　　　私人建筑类型分布

公共建筑类型分布　　　　私人土地划分状况

图 5-31　对滨海城的层次类型分析

为人所感知的街道空间。根据他们的规范，建筑物和公共空间，如广场、林荫大道、海滩等能够非常协调的融合、过渡，从而形成了公共空间和私人空间不是刻板的分隔开来，而是比较融洽地结合在一起的崭新手法。这种方法还具有一个非常独特的好处，就是能够避免其他住宅区经常发生的私人侵占公共空间的情况。

D/P-Z夫妇得到该项设计任务时，其任务是设计总图，并设计城镇中所有的建筑，他们完全可以将所有的项目揽下，从而得到巨额设计费。但是他们认为那样设计出来的城镇形式单一，将会很呆板、乏味。他们认为一个事务所设计出来的城镇不可能获得那种真正的多样性和变化。只有许多人的多样化的作品的集合才能形成一个真正城镇的特征。由一个设计师设计的城镇，行人在街上行走毫无特殊的体验，因为那里并没有真正产生变化，有的是同样的建筑感觉。这即使对建筑师来说都很乏味，就更不要说对生活在其中的人们了，而在历史中逐渐形成的城镇是不会发生如上错误的。因此，D/P-Z夫妇在滨海城中试图避免那种一次性设计所产生的速成城镇，试图建造一种具有历史感的真正城镇，而这只有通过风格多样的不同建筑师、专家和居民在长时间中共同营造。

因此，滨海城的另外一个设计上的特点是多方面参与设计（图5-32、图5-33）。这个住宅区内的居民不少都是具有较高收入和高等教育背景的人士，他们对于整个社区的发展和建设非常感兴趣，开发商和建筑设计师有意让他们参与设计，或者提出建设性意见，社区的关系也因此更加密切了。因此，D/P-Z夫妇在完成了总图布局、选择了建筑类型后，制订一套规章制度来约束和引导其他建筑师的创作，使城镇社区在共同特定的秩序原则下建造。所以，设计中类型的转换是通过组织性原则来取得的。例如发展商戴维斯决定开发这个住宅区的时候，他和建筑师D/P-Z夫妇反复考察了这个地区和基地，并且广泛地访问了许多其他已建成的城镇和住

宅区。通过反复地综合与对比，他们最后决定了这个相当具有挑战性的方案。在方案基本决定后，他们在基地上召开为期两个礼拜的小型专家研讨会，也就是所谓的"诸葛亮会"。这种会议在房地产行业内有一个专有的法文名称"charette"。参加这个会议的有专家、当地的政府官员、设计人员和建筑师、潜在的客户（未来的住户）和当地社区的居民代表。这次活动，其实是当代房地产开发中首次采用"charette"专家会议作为房地产开发过程中

图5-32 亚特金（Tony Atkin）设计的具有古典折中和娱乐性双重特征的望海亭

图5-33 莫瑞（Scott Merrill）设计的蜜月旅舍（Honeymoon Cottage）

的必要环节。在这个会议期间他们讨论了各种各样的问题，许多具有争议的问题和冲突性的问题都在会上进行了开诚布公的讨论，并且探讨协调与解决问题的办法。从这次研讨会开始，这种类型的旨在各个方面意见正面交流和探讨解决方法的专家小组会成为了美国不少房地产开发和建筑设计的标准程序了。

但是，为取得一座城市的统一与变化的协调，为保证城市各方面的质量，需要一定程度的控制，因此拟定一套城镇和建筑规章制度就是十分自然与合理的了。作为城镇总体设计师的 D/P-Z 夫妇写出一套规则并邀请许多人士来进行建筑设计，这些人有建筑师、木匠、房主、手工艺家、艺术家等。D/P-Z 夫妇对制定城镇和建筑规则也并不生疏，在此之前的 1977 年，他们曾在迈阿密大学的城市设计方案的教学中进行过该方面的尝试。他们设计总体平面并写出简单的法规，要求学生根据总图和书面规章来进行设计，其结果十分理想。从那以后，他们就对制定规则十分重视。

法规在三维空间上为实现城镇设计的思想提供了工具，它保证在空间上对街道和广场加以限定，保证可以预见三维空间的结果（传统法规都是一种衡量数量的公式，例如建筑面积与场地的比例），过去的法规可以有几百页长，而滨海城法规只有一页。该法规还保证在特定的地区使用特定的建筑类型。法规中共描述了 8 种建筑类型，当然这 8 种类型都是现存的建筑类型。当戴维·穆内（David Mohney）访问 D/P-Z 夫妇，并问起建筑师是否可以创造新的建筑原型时，D/P-Z 夫妇说："当然可以创新，但是我们对创新抱有怀疑态度，过去 50 年来城市主义者们试图创造新的原型，其结果却是垃圾。传统建筑是有关社会、地理气候和营建的不可竭尽的智慧源泉，一个设计师如果从乡土和地方传统起步，他总是远远超出一个创新的同行的，因此两者是无法相比的。对一座私人住宅进行试验是可

行的甚至应当受到称赞，但是冒着整个社区和其中未来的市民的幸福受到威胁，而去使用没有尝试过的创新则是不负责任的[①]。"

通过对美国小城镇进行测绘、摄影、照相，D/P-Z 夫妇为他们在滨海城的设计选择了 8 种建筑类型（图 5-34、图 5-35），这 8 种美国南方

图 5-34 D/P-Z 夫妇为滨海城的设计选择的八种建筑类型

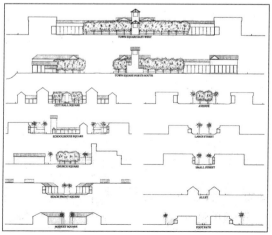

图 5-35 滨海城住宅的剖面类型

① 沈克宁. D/P-Z 夫妇与滨海城的城市设计理论和实践 [J]. 建筑师，1998（81）: 102.

建筑类型对于滨海城都很合适，因为对这些建筑的选择是以经验逻辑作为基础的。类型1构成城市中心的商业广场，它有着带拱廊的共同墙，建筑高为3~5层。类型2也是共同墙类型，它被用在城市市政厅广场，它的檐口和阳台都严谨地对位以适于较为严肃的市政空间。类型3是为在市政区域后面的混合区域提供的，它也是共同墙类型，其中主要是3层高的联排住宅和作坊。该3种建筑类型构成市中心的连续组织和结构，是基本的类型。它们的变体提供了除高层建筑以外的几乎所有的市中心建筑类型，这些建筑类型构成了美国的城镇，但不是美国城市，因为城市需要高层建筑。其他5种独立住宅类型均选于美国南方住宅类型。类型4是一种大型独立结构，D/P-Z夫妇称其为"南北战争前的宅第"（Antebellum Mansion），昂格尔斯称其为"城市别墅"（Urban Villa），它的正立面全部是两层高的檐廊，因此形成一种较为宏伟的形式构成。该种建筑在现代分区法规中是不存在的。D/P-Z夫妇认为这很可惜，因为它很灵活而且有用，它可以是单户住宅、双户住宅，4~6单元的小型公寓、小旅馆，或是职业人士的办公室。这是一种过渡型的建筑，在历史中它可以在比例上做些微小的变化从而在住宅和商业建筑之间进行转换。类型6是一种称为"bungalow"的住宅，该种建筑的二层设在坡屋顶内，因此只有一层半高，它有着较大的檐廊，它是南方最普遍、基本和大量的住宅类型，它的正立面上只需要35%的前檐廊。类型7是带有边院的独立住宅。类型8是两层高的带小边院的住宅。当然南方还有其他建筑类型，不过不如"bungalow"和"single house"提供了基本的城市选择，因为一种提供了前院，另一种提供了边院。前者在建筑与街道之间留有较大的空间，后者离街道很近。在面对海岸的街道上使用类型6住宅，因为它有着较大的前院，较深的红线后退距离，从而提供了较开阔的视野。在没有良好海景的街上则采用类型7住宅，住宅离街较近。他们在迈阿密大学的城市设计课上进行实验，发现学生们从该两种建筑类型中不能够衍生出足够的变化，故而他们引进了类型8。类型5比较特殊，它是为某些特殊的较为困难的建筑基址提供的，在该种建筑中可以建造屋顶平台和塔，但塔的基础面积不能超过215sp.ft（约20m^2），这样的做法可以产生较细的塔，不至于遮挡其他住宅的视线，同时成为滨海城的标志。

在区内的建筑户型方面。设计师采用了混合、折中的后现代主义做法，即混合不同风格，使整个住宅区充满了冲突、拼合与和谐的形式和色彩。风格上既有维多利亚式、新古典主义式、美国殖民时期清教派（特别是称为"Cracker"的极端派清教徒）的风格，也有现代主义的、后现代主义的，甚至解构主义的作品，各种不同时期的风格混为一体，相得益彰，具有一种游戏的后现代主义的喜悦感和形式上的扑朔迷离感。例如。一、二层上采用公共建筑的构成要素进行重复，在三、四层上对住宅的构成要素进行重复。在体量上，三、四层的住宅体量上采用三个不同式样的立方体，各个立方体上的形式构成要素如门窗尺寸要求、开洞部位进行变化，并在屋顶阳台上采用不同的构成要素，造成一种要素重复变化的效果。使这幢建筑形式简洁、韵律感很强，同时也表现出一种内在的历史文化持续感（图5-36~图5-38）。

图5-36 滨海城的建筑，造型采用古典主义比例，但不具有其装饰细节，因而又相当简洁——图片一

图 5-37　色彩明快的滨海城的建筑——图片二

图 5-38　色彩明快的滨海城的建筑——图片三

滨海城原来的定位是设计成一个价格比较低廉的滨海居住区，但是由于设计独特，这个地方的房地产价格相当高，已经成为佛罗里达州一个比较上层的居住区了。从 1980 年开始建造到 2000 年前后，这里的房屋价格上涨了大约 10~15 倍，并且上市的房屋很少。特别令人感到意外的是：在同一个时期内，这个地区附近的房地产价格不但没有上升，反而部分下跌。因此，设计的成功显然是最关键的原因，另一方面也说明美国已具有新城市主义的社会基础。

通过这个住宅区的设计与建设，两个主要的建筑和规划设计师安德列·丹尼和伊丽莎白·普莱特 - 扎别克（D/P-Z 夫妇）逐步建立了一套这种类型的

新城市主义规划和设计的程序和规定，提倡以传统邻里开发来创造和复兴社区的活动，称为"传统邻里发展规划守则"（the Traditional Neighborhood Develpoment，简称 TND）。专用以设计此种类型的住宅区。得到美国建筑界、规划界的广泛注意.也有部分规划和建筑设计事务所采用它。

5.2.2　Anne Arundel 县乡村社区（Ａ ｎ ｎ ｅ　Ａ ｒ ｕ ｎ ｄ ｅ ｌ，Maryland，USA，1988）

D/P-Z 夫妇早年受教于著名建筑师文森特·斯卡利（Vincent Scally）和历史理论家肯尼思·弗兰姆普敦（Kenneth Framton），教授们对历史主义和美国地方建筑重新开始重视，深刻地影响着他们的设计思想。而另一方面，阿尔多·罗西和克里尔兄弟以类型学分析欧洲历史城市，试图找寻城市是如何生长和变化的。尤其是 L·克里尔从古典和传统欧洲城市中抽取出空间形式创造的规律，以街道和广场来塑造城市空间、重建城市公共空间的理论，这些对 D/P-Z 夫妇对 ANNE ARUNDEL 的乡村社区设计产生了极大的影响。

L·克里尔的城市思想是关于欧洲城市的，但没有建成的作品。而在 ANNE ARUNDEL 的乡村社区设计中，D/P-Z 夫妇决定采用 L·克里尔的城市思想并结合美国城市的历史、文化和建筑类型来进行设计。这是一个小的社区，在这里，街道和广场是 D/P-Z 夫妇新城市主义社区城市空间的基本要素，平面布局上采用了网格结合放射状的向心结构（图 5-39），整个规划统一在具有强烈向心结构的模式中。这种强烈的向心结构模式意在促进形成社区生活的多元化以及助长社区的认同感和生命力。同时增强居民的领域感和归属感。前文曾经阐述的中心（场所）空间布局方式是普遍存在的，从几何型限定的中心向外发散的平面布局也正是传统的典型的美国城镇模式。

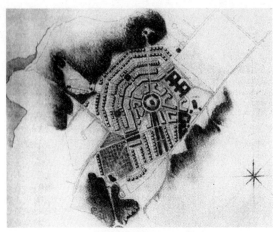

图 5-39 ANNE ARUNDEL 乡村杜区的向心形总平面

这是一个小村庄，占地 174acre（约 70.4 万 m²），包括 487 个居住单元，8000sq.ft（约 743m²）的商业和办公面积，周围由开阔的绿地和树木所围绕。由于美国目前大部分的郊区住宅单元采取沿机动车道布置，相互间分散且密度很低，十分浪费土地。开发商只提供为数不多的建筑样板，这就造成郊区住宅往往样式雷同、单调乏味，而且由于住区大规模地沿车行道铺展，住区内没有明显的形态和特征的中间环境，令人倍感疑惑和混乱。因此，D/P-Z 夫妇认为既然大多数郊区单元的规模都远远超过传统城镇的规模，就应当利用小城镇的形态作为设计模式，因为小城镇有着它自己的制约市镇规模、成长、扩展以及对公共领域形态、构造和组织的内在力量。由此在 ANNE ARUNDEL 的乡村社区设计中，D/P-Z 夫妇挑选传统和历史城镇作为新郊区建设的类型，把邻里设计的模式作为设计中构成居住社区设计的原形，利用过去指导城镇设计的原则来设计新郊区。

在社区规划规则中，D/P-Z 夫妇抽取出小城镇的形态和建筑类型并加以规则化，制订出设计法规来确保社区的建造。由此他们明确选择了 6 种建筑类型（图 5-40）：①首层为商业，二层以上为办公的建筑；②带有前院的联排式住宅；③带有门廊的联排式住宅；④带有侧院的住宅；⑤带有附属建筑物的独立式单户住宅；⑥合院式公寓。

功能化的分区，使得城市生活支离破碎，因此在 D/P-Z 的设计中，注重形成具有人文和城市文明特征的小城镇和村镇色彩的居住环境。设计中避免出现无形的开敞空间和孤立安置的建筑物，使建筑从属于整体的社区规划。住宅组织在一起，形成社区的质地。公共建筑与大小广场结合以容纳社区活动，街道不仅仅是车辆穿行的通道，而且是步行，与他人会面以及娱乐休闲等公共生活场所的一部分。人们在这样的居住环境中，易于了解和控制周边的情况，易于认同，也同样易于被他人识别。在土地使用方面，他们注重不同功能用地的混合。方案中居住、公共设施以及商业用地，被组织在一起，服务社区不同年龄层次的人员使用。该设计对老龄人的需要给予特别的考虑。在布局上，公共建筑与社区广场相结合，社区的公共集会厅坐落在用地内的一个山丘上，成为通向山顶各条街道的景点。私人用地排列在 15ft、30ft、40ft 和 60ft 英尺宽窄不同的地块内。而在道路交通方面，已有的道路经调整后，穿行通过设计用地。整个规划设计的道路模式由八边型结合放射型构成。步行路线联系用地内的各个部分，贯穿整个社区。

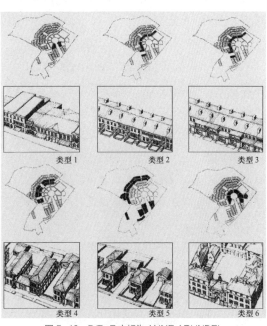

类型 1　　类型 2　　类型 3

类型 4　　类型 5　　类型 6

图 5-40 D/P-Z 夫妇为 ANNE ARUNDEL 乡村社区选择了 6 种建筑类型

5.2.3 科斯坦费尔德新城（Kirshteigfeld，Genoa，Germany，1991）

科斯坦费尔德（以下简称科城）位于波茨坦郊外，占地 60km²，2500 套住宅，容纳 5670 余名居民（图 5-41）。城市用地的东北有前东德时期留下的大板式住宅，西南则排列着独立式住宅，东西两端是浓密的森林。科城的城市设计始于 1991年，正值东西德合并之后引发的德国建筑业复苏的大背景下。科城的开发是波茨坦在德国统一后最大的住宅建设项目。最初共有 6 家事务所参与咨询，最后在 R·克里尔的方案基础之上形成最终的布局。前文已详细地阐述了 R·克里尔的城市理想在于以 19 世纪的传统城市为蓝本，恢复现代城市中失落的公共空间。科城可以说是 R·克里尔城市理想的实践。

科城的城市结构是由有着精确的空间形态的街道和广场组成的，街道和广场是城市的基本类型（图 5-42）。广场和街道等城市空间由沿街布置的建筑物清晰界定。建筑物大都采取内院式布局，围合一个半公共空间。城市公共空间和私密空间之间的联系和过渡就由内院来实现。

城市布局以设置有教堂的方形中心广场为核心，多媒体中心和购物中心与教堂共同围合、限定中心广场。主要干道在中心广场及其附近交汇，由路网划分出组团和街区。除中心广场之外，街道和步行道也串联着一个个小广场和内院。每个街区中心都有一个小广场，街区的布局追求传统城市中自发形成的随意性和或许是传统城市碰巧才有的景观品质（图 5-43）。

科城并非是一个功能单一的卧城，而是居住、商业、办公、房屋出租、学校及社区服务设施等不同功能的混合，并呈现出分散和均质的分布。R·克里尔一向反对城市简单分区和功能集中，认为"城市是包容生活的容器，它能为其内在的复合交错的

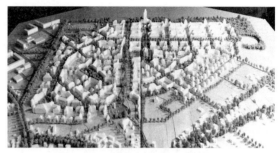

图 5-41　科斯坦费尔德新城模型鸟瞰

图 5-42　街道和广场是科城的基本类型

图 5-43　科城的中央广场

功能服务"[①]。其实，R·克里尔只是把功能分区的层次降低到单幢建筑而已。土地的混合利用和中央广场的聚集作用都促进社区精神的生成与居民相互的交往及他们对社区的认同感。

科城作为一座新城，为了使城市拥有自己的独特品质，R·克里尔的设计主要突出两点。其一，强调城市的可识别性元素，如街景中往往是门形的入口或独立式的塔楼；其二，用完整的城市硬质景观的色彩设计，包括建筑和地面铺装。功能相同的建筑采用同一色系的颜色，色彩使城市充满了勃勃的生机。拥有独特品质的科斯坦费尔德是波茨坦重要且充满活力的年轻部分。

图 5-44　历史上繁荣的波茨坦广场

5.2.4　波茨坦广场（Potsdamer-platz，Germany，1990）

波茨坦广场（Potsdamer-platz）与莱比锡广场（Leipziger-platz）一起作为一对姊妹广场，历史上是柏林的文化与生活中心（图 5-44）。特别是波茨坦广场，第二次世界大战前曾是柏林的核心地段，是魏玛首都一个狂热的、动态的或许有些肮脏的聚焦点。其东面是历史中心和政府机构，西面是商业与居住区域，因此，它的地理位置显得至关重要——正如从波茨坦开始铺设铁路一样。在 19 世纪末，波茨坦的火车站成为了城市最繁忙的地区，也使得柏林外围变成了城市的心脏。

图 5-45　成为一片被遗弃的荒地的波茨坦广场

上建立了密斯·凡·德·罗设计的国际展廊，并连接了汉斯·夏隆（Hans Scharoun）的礼堂与图书馆，但主要也是为了衬托这一废墟）。以后 28 年间无人可以自由通过这一片荒芜之地（图 5-45）。随着 1989 年 11 月 9 日柏林墙的推倒，波茨坦广场重新与曾被柏林墙分割开的周围地区联系起来，它的改建成为统一后柏林城和德国再生的前奏。

老的波茨坦广场被战火几乎夷为平地，第二次世界大战期间盟军的轰炸，摧毁了这里 80% 以上的建筑（虽然克伦布索思商业中心幸免于难，但从 20 世纪 50 年代起日渐萧条）。它的地理位置横跨于西德与东德之间，这意味着它将依然是这座城市的关键部分。1961 年，贯穿于此的柏林墙的建造，使得这两个广场成为东西柏林间的一片雷区，两边的往来被切断，而波茨坦广场也成为了一片被遗弃的荒地（这个地区也有一点发展，军事法庭在柏林墙

正如诺曼·福斯特设计的德国国会大厦和新的政府区域（图 5-46），围绕史匹玻郡（Spreebogen）的是柏林政治复兴的象征，因此，大规模的对波茨坦广场的重建工作，集中反映了柏林要成为德国商业中心的决心。旅馆、餐饮以及大商场，包括艾立克·门德尔松（Eric Mendelsohn）设计的富丽堂皇的克伦布索思（Columbushaus）商业中心，这些设施将波茨坦广场变成了一个对柏林人与外来人

---

① 苏海威. 类型学及其在城市设计中的应用 [D]. 天津大学硕士论文，2001：48.

图 5-46　诺曼·福斯特设计的德国国会大厦和新的政府区域

图 5-47　Hilmer 和 Sattler 的波茨坦广场中标方案——模型

Norman Foster）、昂格尔斯（O.M.Ungers）、威尔·阿尔索普（Will Alsop）、丹尼尔·里勃斯金（Daniel Libeskind）、阿克塞尔·舒尔特斯（Axel Schultes）、汉斯·科尔霍夫（Hans Kollhoff）等多位世界著名的建筑师、规划师和多家世界知名事务所。基于各自对柏林和波茨坦广场的认识，他们做出了风格迥异的构思方案。1991 年，经过严格的筛选，最后以德国慕尼黑的建筑师 Heinz Hilmer 和 Christoph Sattler 的方案胜出而告终（图 5-47，图 5-48）。获奖方案较其他方案更加注重柏林乃至德国甚至欧洲的传统，充分反映了德国文化中反对夸张、外部谨慎而又不失内涵的特征，因此可以说是严谨、内敛的德国文化选择了这个方案。

海因茨·希尔默（Heinz Hilmer）和克里斯托夫·萨特勒（Christoph Sattler）的中标获奖方案建议引入一系列严格控制尺寸的建筑，沿传统的街道设置，这样，波茨坦广场就具有了较为有序的形式（就像斯金科尔（Schinkel）曾试图做

同样具有巨大吸引力的核心。卡尔·弗里德里奇·斯金科尔（Karl Friedrich Schinkel）在 19 世纪早期设计了两个雅致的门房在这里，并希望使这两个门房成为一个正式的礼仪性广场的一部分。具有讽刺性的是这个愿望却没有能够实现。该区域的繁荣应当归功于一个好的方法，这种方法让它具有那种随便而非整齐划一的个性特征，成为对普鲁士主张严格的秩序的讽刺性回答。

在柏林墙被拆除以后，德国重新获得统一，从该地区的地理位置与象征意义来说，重建波茨坦广场成为一个非常有争议的话题。1990 年柏林市政府进行了波茨坦广场城市设计总体方案的国际招标，邀请了包括诺曼·福斯特爵士（Sir.

图 5-48　Hilmer 和 Sattler 的波茨坦广场中标方案——平面

到的那样）。规划方案希望从18世纪的柏林城中汲取城市特征，作为21世纪新柏林的标志，他们设计了大量50m×50m×35m的体块。这个方案实现了柏林城市主管建筑师汉斯·斯丁玛（Hans Stimmann）和主管环境的议员 Wolfgang Naegel 20世纪90年代初提出的核心概念——选择性重建（critical reconstruction）。这个概念是由建筑历史学家 Dieter Hoffmann-Axthelm 提出的，并为汉斯·斯丁玛和迪特·霍夫曼阿克塞尔姆（Wolfgang Naegel）所极力推崇，作为柏林大量的城市规划、建筑设计所遵循的原则。其核心概念为："借助于保留大部分原有路网，以期体现1940年前规划的空间构成元素。"①

在招标过程的同时，各跨国集团纷纷斥巨资购买规划范围内的各地块。拥有了土地开发权的商业集团自然希望总体方案有利于自身利益，而中标获奖的方案却很难令他们满意。对一些人来说，这个规划方案过于保守和平淡，在保持柏林城设计的整个哲学思想方面充满了独裁主义的特征——这是城市中建筑与政治相联系的集中体现。贯彻这个规划，就意味着在一个自由的市场经济条件下，需要向土地的主人和发展商讲明其中的好处，所以整体规划公开接受了鉴定。于是在获奖方案宣布仅1周后，主要的商业集团又委托英国的罗杰斯事务所于1991年10月做出了另一方案（图5-49）。尽管一些城市规划者对理查德·罗杰斯（Richard Rogers）的修改方案还有异议，但与获奖方案相比，罗杰斯的方案为跨国商业集团提供了在各自地块中的弹性，使他们有可能被赋予动态的选择。由于与总体方案相悖，它遭到了柏林市政府的否决，但是政府提出可以让 Hilmer 和 Sattler 在总体规划设计中融入罗杰斯的想法，特别是在自然通风和建筑物的采光方面应给予新的考虑。

现代城市设计的多种实施方法在波茨坦广场中都进行了实践：在城市主管建筑师制定的法定城市发展规划的原则目标指导下，通过招投标或委托，

或采取城市设计总体方案、区块方案直至建筑设计方案由1人进行；或采取城市设计总体方案由1人，而区块方案与建筑设计方案由另1人在总体规划师指导并与之协调下进行；或3项任务均由不同人担任，但相互衔接，不断进行沟通。例如波茨坦广场城市设计总体方案确定之后，根据各开发商的用地划分，进行了各个区块的城市设计方案招标，在竞赛安排和建筑师选择方面，柏林市政府建设局（Senate Department for Building）产生了很大影响。最后，Sony公司拥有的区块由赫尔穆特·扬（Helmate Jahn）中标，奔驰财团拥有的区块的中标方案出自伦佐·皮亚诺（Renzo Piano），而 ABB 和 Terreno 公司拥有的 A＋T 区块由格拉西（Giorgio Grassi）中标（图5-50）。

图5-49　罗杰斯的波茨坦广场中标方案

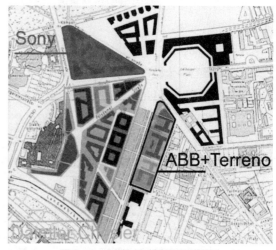

图5-50　波茨坦广场城市设计区块方案

① Kaye Geipel. Potsdamer Platz[M]. Architectural Review, 1980: 34.

1992 年，奔驰公司的发展机构指定伦佐·皮亚诺与德国建筑师克里斯托夫（Christoph Kohlbeclter）合作来管理这个处于波茨坦广场的德比斯（Debis）地段（总面积达 60 万 m²）。皮亚诺认为严格按照传统样式的规划模型难以造就一个活泼的城市。因此在与一系列国际建筑师（包括罗杰斯）合作下，他巧妙地遵循了原有的规划。在承认"现代化不能破坏城市风貌"的前提下，他为这个区域设计了密度大而视觉多变化的城市广场，以此来平衡公共与私密的区间，并且与地块西南角的现状建筑——汉斯·夏隆（Hans Scharoun）设计的国家图书馆形成了良好的对话（图 5-51）。这个方案不但延续了原有的波茨坦大街，而且创造了新的步行街，新老步行街把地块分为 3 部分，并在老波茨坦大街的尽端形成了一个广场。其中包含有一个惊人的高塔，俯瞰着重建部分的广场，使得整个新的广场具有浓郁的商业氛围。在这里，皮亚诺创造的所谓"piece of city"①设计原则不但延续了被战争摧毁的波茨坦广场的历史，而且通过街道把各种开放空间串联起来，形成了新的混合体。正如他说的："必须记住，30 年代柏林的美是一种综合的美，不仅取决于巨大的纪念性（建筑），还取决于住在那里的居民。你可以想象一下当时波茨坦广场的样子，那里有音乐厅、剧院、旅馆和咖啡馆，那是个非常特别的混合体，仅就这一点，柏林和波茨坦广场就是欧洲的中心。"②皮亚诺认为，在那个巨大的广场上不仅要有办公楼和旅馆，还应建住宅，让普通人居住，他坚信这里会重新富有活力，成为东西德统一后柏林的中心（图 5-52、图 5-53）。

或许是因为皮亚诺非常聪明地选择了材料高级的陶土覆层使得他在罗杰斯失败的地方获得了成功——奔驰公司的南端，发展成为了柏林一流的高

图 5-51 伦佐·皮亚诺为奔驰地块做的方案模型

图 5-52 由于伦佐·皮亚诺对不同的单体建筑选用不同的建筑师，因此许多建筑采用了具有传统特征的高技形象的大胆尝试，例如罗杰斯所做的建筑——图片一

① 皮亚诺提出的 Piece of city 概念是指用以连接被割裂的城市文脉（context）的一种设计原则。这个设计原则他在 Genoa 设计 Molo 时首先运用，并在 Turin 的 Lingotto 和 Lyons 的国际城（the city International）等多项设计中进行了实践。在他看来，认识到新加入的与已存在的城市元素之间的重要关系是其在奔驰—克莱斯勒区块中取胜的关键。参见 The Renzo Piano Logbook. Thams and Hudson Ltd, 1997: 192-193.
② 引自 Architectural Review, 1980: 34.

图 5-53　罗杰斯所作的建筑——图片二

图 5-54　皮亚诺设计的有顶公共空间是广场工程的重要元素

层建筑，将自由的风格带到了这片街区。其他的建筑物大多比较随从于早期斯丁玛的原型，但一条让人眼花缭乱的零售商业街将它们精彩地连接到了一起——该步行街的顶光设计让人联想到 19 世纪那有拱廊的街道，尺度宜人——并在这个区域的核心地区提供了大量公共空间（图 5-54）。虽然有评论质

疑这个室内的空间是否真的可以定义为"公共"空间，但它还是非常受柏林人民欢迎的。在它开放的当天，就有 20 万人来到达里。更有意义的可能要算马琳·迪特里奇（Marlene Dietrich）广场的开放空间了。这是一个真正雅致的广场，其中还有一个剧院、一个娱乐场、一个电影院以及一个大旅馆——这是一次重新点燃魏玛·柏林精神的尝试。在皮亚诺的总体规划中，这里可以容纳不同的审美情趣——有板板正正的拉菲尔·莫内奥（Rafael Moneo）设计的大楼，保守的沃克斯班克（Volksbank）建筑，另外也有与它们对比强烈的浪漫而活泼的罗杰斯设计的建筑。

德比斯地区的北面是索尼公司发展的一片非常大的用地，建筑设计师为赫尔穆特·扬。如果说皮亚诺在暗中推翻了 Hilmer 和 Sattler 的规划，那么赫尔穆特·扬在面临同样问题的时候则多是非常巧妙地回避了它（图 5-55）。在他看来，这个规划的最大弊端在于没有空间——"一个新的城市活动与交流的模型，一个新的城市空间类型"是非常必要的。索尼中心包含了索尼在欧洲的总部、办公楼、公寓住宅、一个多功能剧场，以及复杂的、容纳有大量的休闲活动及零售业的大空间——整个规划区域达 15.8 万 m^2。这个具有可拉伸顶棚的广场是这项开发中一个极好的中心，不仅提供了一个大的、可避风雨的、11 层楼高的公共空间，还使得周围的建筑物不再受风雨的限制，因此带来了大量的经济收益（图 5-56）。正如芝加哥早期的伊利诺伊中心（State of Illinois Center），赫尔穆特·扬为办公空间提供了外部景观的同时，也具有了与内部的、有顶棚的空间视角。即使是在赫尔穆特·扬的作品中，索尼中心也算得上是比较特殊的一个。它本身非常丰富，但有人认为是无礼的，甚至是粗俗的，相比起皮亚诺认真控制的楼房，这个建筑设计显得满不在乎；而相比起夏隆设计的柏林爱乐音乐厅精致的几何体，就更显现出威严来。

在 3 个区块的城市设计方案中，由格拉西制订

的 ABB 区块设计方案（图 5-57）最为忠实地遵循
了 Hilmer 和 Sattler 的总体方案，在该区块中面向
波茨坦广场的建筑有进入广场地铁站的独立入口，
与之毗邻的 4 个小街坊，均为 8 层建筑且都有向附
近开放空间敞开的院落。4 幢 U 字形建筑其规划性
质为办公，地面层为商店，并且要容纳 225 套公寓房。
该规划充分体现了对德国建筑传统的尊重。其建筑
在严谨划一的区块规划的指导下，由重复的栅格墙
面和小窗形成的单纯立面形式贯穿建筑，成为德国
建筑传统的延续。

　　中国上海浦东和德国柏林波茨坦广场被称为 20
世纪 90 年代世界上 2 个最大的城市建设工地，而波
茨坦广场的设计与开发则突出反映了现代城市设计
的实施过程。有关城市空间物质形象的城市设计贯
穿规划的全过程：由城市设计总体规划至区块规划，
并指导最后的建筑设计。波茨坦广场工程最后是否
成功，现在还很难作出决断，但人们对它的信任已
经超出了单纯出租的角色和零售商业，一旦这个新
兴的城市地区在新千年开始被人们使用，那么它将
有能力联系城市的其余部分，并成为东西部分间的
一个枢纽与会议中心。因此，到那时我们再来评判
这个项目的成功与否或许更为恰当。

　　综上，城市的形态是在城市的功能、社会、经
济和政治等因素共同作用下形成的，各种因素的共
同作用最终是通过对形式的操作来达到的。无论城
市设计的定义或目标有何差异，无论是对于整个城
市抑或是对城市中某一地段的设计，城市设计都是
起于形式操作而终于形式结果，利用建筑组织城市
的形态，创造为人所感知的城市空间。城市设计的
核心内容就是空间的创造，它特别关注城市空间在
文化形式上的象征表现。进入 20 世纪 80 年代和
90 年代，随着对现代主义的批判，人们开始从分析
其后果及产生的原因和结果中，转向如何改变和减
缓其造成的现状。这种变化显示建筑与城市设计的
目光更多的转向对现代主义的修正，使对建筑和城
市的研究转入行动。在这其中，"新城市主义"的

图 5-55　赫尔穆特·扬为索尼地块作的设计方案——模型

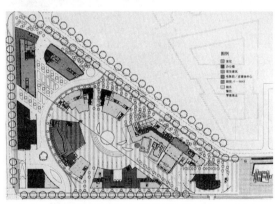

图 5-56　赫尔穆特·扬为索尼地块做的设计方案——平面图

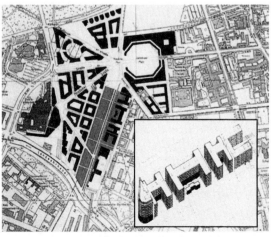

图 5-57　格拉西制订的 ABB 区块设计方案

出现，试图从传统的城市规划设计概念中吸取灵感，将不同使用功能的土地组织在一起的做法，促进了社区生活的多元化形成并且助长了社区的生命力，而与中心公共广场相结合的向心式规划方式，更是增强了人们的领域和归属感，并且在实践中与房地产市场相结合，把人们心目中珍藏的梦想：紧凑、宜人的邻里社区模式推向社会。他们的工作受到公众和学术界的共同关注。在这个意义上我们可以说"新城市主义"是"对现代主义教条下无形的城市扩展和片面强调建筑内部功能的反抗"[①]。这里建筑不仅用来限定空间并且又是其中的一部分，居住密度随着接近社区或邻里中心而增加，使得向心的聚集力量也不断随之增强。这种设计中出现的向心力量似乎在努力把漂浮无着落的建筑物聚集起来，重新建立起大大小小的社区生活中心。从 D/P-Z 夫妇的设计中，人们会得到怎样的启示呢？这也许是地方或传统建筑复兴的继续，抑或是下世纪设计城镇发展的一种先兆。

① 胡四晓. DUANY & PLATERZYBERK 与"新城市主义"[J]. 建筑学报，1999（1）：67-72.

"对于德·昆西而言，类型的概念将使建筑重新建立起与过去的联系，

形成一种与人类第一次面对建筑问题并从一个形式来识别它的那个时刻的隐喻性的联系。

换句话说，类型解释了建筑背后的原因，而这个原因从古至今并没有变化。

类型通过它的连续性来强化那永恒的最初时刻，在那一时刻里，形式和事物本质间的联系被人们所理解……

并且，从古至今，每当一个建筑与一些形式联系在一起的时候，它就隐含了一种逻辑，建立了一种与过去的深刻联系"

——拉斐尔·莫内欧，关于类型学

Chapter6
第6章 Humanities，Place，Memory
人文·场所·记忆

——拉斐尔·莫内欧建筑类型学理论与实践研究

　　莫内欧在其建筑作品中体现出极其浓厚的人文主义色彩，这和其生活成长的西班牙浓厚的人文气氛背景是分不开的。地处伊比利亚半岛上的西班牙，从来不缺少艺术家和文学家。文艺使得这片土地上的文化气氛浓厚，塞万提斯、高迪、毕加索、米罗等在文化艺术领域上享誉世界的名字均来自西班牙。西班牙浓厚的艺术文化氛围也同时感染着莫内欧。拉斐尔·莫内欧的众多的理论著述与建筑实践作品体现出了对社会的责任感和对建筑学发展的不懈探索。在建筑实践中，莫内欧一直秉持着实用主义与人文主义，重视场所环境与建造过程，在理性基础上的自由表达建筑师的思想。他的设计满足了建筑的实用性与艺术性，对城市及周边环境施加了积极的影响。

6.1　莫内欧建筑实践与理论综述

　　西班牙的现代建筑在 20 世纪 50 年代后期迎来了大发展。在现代建筑运动之前，西班牙、法国、意大利一直是西方建筑的重镇，南欧的建筑也一直影响了这个西欧的建筑发展。在工业革命后，北欧的实力迅速超越了在大航海时代曾经强大的西班牙，工业富足的北欧人已不甘于南欧文明的统治地位。如此大背景促使了北欧理性思维的上升，进而推动了对现代主义建筑运动，反对南欧文明建筑的类型与符号。但在西班牙，现代建筑并未形成大气候。直到第二次世界大战结束，弗朗哥的独裁统治因接受了大量美国援助而逐渐开放后，现代建筑随着美国的援助一起来到了西班牙。但由于历史和文化原因，现代建筑的风潮在南欧国家遭遇了质疑，如安东尼·柯代克将乡土意识融入现代建筑中，进而影响了后来罗西的《城市建筑学》。

图 6-1　拉斐尔·莫内欧

6.1.1　生平简介

1．家庭背景

　　1937 年 5 月 9 日，何塞·拉斐尔·莫内欧（图 6-1）出生于西班牙北部城市图德拉市的一个中产阶级家庭，父亲是一位在当地电力公司工作的工程师，而母亲来自于阿拉贡地区。尽管莫内欧出生的时候，正值西班牙内战时期，但是富足的家庭为他的成长提供了一个良好的环境。即使在内战及之后的独裁统治下，西班牙文化遭受巨大破坏，莫内欧依然能接受良好的文化教育。小学时，莫内欧就喜欢文学和艺术，并在之后的时间里逐渐迷恋哲学。良好的家庭文化教育背景，给莫内欧未来的人文主义建筑思想奠定了基础。第二次世界大战后的经济复兴大潮，以及西班牙浓厚的人文主义氛围为之后拉斐尔·莫内欧的建筑求学及职业生涯提供了良好的条件。

2．教育经历

　　从 1956 年到 1966 年这十年间，莫内欧完成了建筑学的系统学习，并且在学习过程中始终伴随着实践的过程，这培养了莫内欧良好而扎实的建筑学教育基础。十年间的旅行，使他更加充分地了解了建筑的历史与文化。在莫内欧的求学历程中，受各路名家大师的指点与影响，从奥义撒、费杜奇到世界建筑大师伍重、阿尔瓦·阿尔托，这些名家大师在未来莫内欧建筑理论与实践的过程中起着重要的影响。

3. 建筑启蒙：马德里的大学学习

1954年莫内欧来到了马德里，首都的文化艺术氛围深深地感染了这个自幼喜欢文学和艺术的青年。在选择大学专业时，父母基于现实生活的考虑，劝导莫内欧最终选择了兼具艺术性与技术性的建筑学专业。当时的西班牙建筑随着经济的快速振兴，迎来了大发展时期，建筑学成为热门专业。但是，此时建筑教育规模还并未扩大，在整个西班牙只有两所建筑院校，一所位于马德里，另一所在巴塞罗那。这两所建筑院校的入门考试并不容易，要考科学文化课与美术。在1956年，莫内欧经过两年的努力，考取了马德里的建筑学院。在马德里建筑学院的学习生活，给予了莫内欧基础的建筑学教育。1957年夏天，莫内欧开始了第一次的出国旅行，期间在巴黎停留了6周的时间，巴黎的文化生活给莫内欧留下了最为深刻的印象。

在大学期间，拉斐尔·莫内欧遇到了后来成为他妻子的拜伦·费杜奇。他妻子的父亲是西班牙20世纪前半叶的著名建筑师路易斯·马丁内斯·费杜奇，其不仅是位知名的建筑师，同时精通家具设计与研究，其中关于西班牙家具历史的基本著述就出自这位老先生之手。马丁内斯·费杜奇在西班牙建筑和家具设计界拥有相当高的影响力，这对于当时还年

轻的莫内欧也有积极的影响和帮助。据莫内欧称在大学期间参加了一个家具设计竞赛，受费杜奇指导并获得头奖。这次竞赛的奖金也让他有机会去北欧进行了一次旅行。大学期间的学习，是莫内欧建筑事业的起点，练就了其扎实的基本功，奠定了后来类型学理论研究的基础，也收获了陪伴一生的伴侣（图6-2）。

图6-2 莫内欧与妻子拜伦

4. 建筑实习：奥义撒工作室实习

在大学的第二年的期末，建筑学院的助教亚历杭德罗·德·拉·索塔把莫内欧推荐给了奥义撒①工作室，做实习生。这次机遇，让莫内欧首次接触了建筑实践。在奥义撒工作室实习的这段时间，莫内欧参与了其重要的托雷斯·巴尔巴斯（Torres Balbas）项目，并从中感受到了奥义撒对于建筑学的博学。从这里，莫内欧不仅学习到了基础的建筑专业技能，并且获得了对于建筑设计的热情。奥义撒热衷于设计一切，从结构框架到栏杆扶手。莫内欧后来说道："同奥义撒的学习，教会了我如何做一名建筑师：如何考虑尺度，如何绘制，如何在细节上考虑将两种材料衔接。换句话说，我从未如此真实地接触建筑学。"②尽管莫内欧十分尊重并称赞奥义撒，但在一些问题上仍然批评过他的老师。莫内欧曾在1961年发

---

① 奥义撒与莫内欧是同乡，同样来自纳瓦拉地区，又同样毕业于马德里建筑学院。因为弗朗哥的独裁统治，20世纪40年代，很多人都逃离了西班牙。奥义撒在毕业后去美国旅行，并学习了密斯的建筑设计。但在50年代后，当西班牙开放之后，很多建筑师重新回到了西班牙。奥义撒作为西班牙年轻的杰出建筑师，在西班牙建筑界获得了很高的声望。
② Alejandro Zaera. Conversation with Rafael Moneo[J]. EL Croquis, 2004(20＋64＋98): 26.

图6-3 奥泰萨与其作品

图6-4 奥泰萨的雕塑作品

表的文章中称，奥义撒在为低收入者提供的廉价住宅设计中，过多地注重现代主义建筑设计原则，而忽视了对于实际生活习惯的考虑。之后莫内欧也曾多次批评过奥义撒这一代的西班牙建筑师，称他们总是太过于注重现代主义建筑设计原则。这也体现了莫内欧开始对现代主义建筑进行反思。

在奥义撒工作室实习期间，莫内欧有机会结识了与建筑相关的各行各业的人员。期间作为奥义撒工作室项目的参与者与菲利克斯·瓦尔特及其儿子胡安相识。菲利克斯·瓦尔特作为瓦尔特建设公司的创始人，同弗朗哥政府关系紧密，因此获得了大量的项目。与瓦尔特家族的关系，为莫内欧早期的发展提供了很多机会与帮助。例如莫内欧在马德里的第一个项目戈麦斯·阿克波住宅（Gomez-Acebo）就来自瓦尔特家族。直到最近莫内欧完成了纳瓦拉大学现代

艺术博物馆项目，馆藏的所有藏品均来自瓦尔特家族。此外奥义撒的朋友，西班牙著名雕塑家奥泰萨（图6-3）也在此期间和莫内欧相识。奥泰萨的雕塑向人们展示富有力量的厚重感，但这份厚重感却让人感觉并不是静止的，而是运动的（图6-4）。在库赛尔音乐厅的设计中，从其厚重而倾斜的体量中，能感受到奥泰萨雕塑中所传达出的感觉。

5. 北欧旅行：伍重事务所工作

1961年，莫内欧被授予的建筑学位，成为一名建筑师。出于对国外世界的好奇与向往，他放弃了留在奥义撒工作室的机会，选择了出国打拼。莫内欧争取到了西班牙政府的奖金，有机会出国工作，尽管工资不高，但是可以接触到国际上顶尖的公司。莫内欧选择了位于丹麦的伍重事务所[①]，这与其上学期间用竞赛奖金去北欧旅行有一定关系，因为那次北欧的旅行给他留下了很深的印象。在这一年的工作中，正值事务所忙于悉尼歌剧院的事务，复杂的建筑结构以及众多的设计难题考验着年轻的莫内欧，在同众多国家的合作者的沟通与合作中，莫内欧学会了在国际团队中如何协调工作。在北欧工作期间，莫内欧持伍重的推荐信去拜访阿尔瓦·阿尔托。期间莫内欧参观了珊纳特赛罗市政中心和于韦斯屈莱大学（图6-5、图6-6），阿尔托的红砖建筑给

图6-5 于韦斯屈莱大学

---

① 但是求职事情并不是很顺利，伍重的事务所并没有回应莫内欧的求职信。不甘失败的莫内欧决心上门拜访，并打算让伍重留下他。最终莫内欧如愿留在了事务所，并在伍重办公室旁靠窗的位置上工作了一年，期间伍重没有失望，他很满意莫内欧的表现。

图 6-6　于韦斯屈莱大学

莫内欧留下了很深的印象，并在一定程度上影响了莫内欧后来在红砖建筑上的设计。

6. 思想萌芽：罗马游学

一年之后，莫内欧拿到了罗马西班牙学院的奖学金，有机会赴意大利进行为期两年的留学之旅，从而结束了在丹麦的工作。在罗马，莫内欧结识了诸多西班牙年轻的杰出人才，不仅限于建筑师，也有雕塑家、画家、音乐家等。意大利著名建筑理论家布鲁诺·赛维曾当面的劝勉莫内欧："对建筑历史的理解对于当代建筑实践十分重要。"在马德里，莫内欧学到了很多的建筑技术知识，并在伍重事务所加强和提升了这些知识和能力。但在罗马的求学，使得莫内欧认识到历史在建筑中的重要性。期间，莫内欧有机会直接接触到了诸多反对现代主义的建筑师，如弗朗哥·阿尔贝尼（Franco Albini）、伊尼亚齐奥·加德拉（Ignazio Gardella）、路易吉·莫雷蒂（Luigi Moretti）、卢多维·夸罗尼（Ludovico Quaroni）和朱塞佩·萨蒙娜（Giuseppe Samona）。加德拉在处理特殊场址基地的过程中的方法，对于细节的处理以及对待真实建造过程的原则，给莫内欧留下了很深的印象。与此同时，莫内欧还参观了卡洛·斯卡帕的建筑，并在此之后同米兰建筑界的人士建立了联系，为之后在巴塞罗那大学同罗西等米兰系建筑师的合作奠定了基础。

两年的罗马学习时间中，第一年莫内欧在古

建筑众多的罗马城工作，期间参观了大量的教堂与古迹，次年则用奖学金去旅行。热爱旅行的莫内欧，不仅在罗马附近参观考察，还远足去了意大利南部，希腊以及土耳其地区。罗马本身就是一门生动的艺术与建筑课程，莫内欧在罗马期间的有机会参加了针对当代建筑的讨论，而这也在一定程度上影响了莫内欧的思想。他流利的意大利语让他可以参与讨论，凭借着语言的能力，莫内欧翻译了布鲁诺·赛维的著作《建筑的本质》（*Architettura in Nuce*），同时多次在建筑杂志上发表各类文章。

6.1.2　创作历程

1. 教师生涯

1996 年授予莫内欧普利茨克建筑奖的颁奖词中着重提到了莫内欧在建筑教育上的贡献。在莫内欧的建筑生涯中，大量的时间都是在建筑教育岗位上。早在 1966 年，莫内欧就在他的母校——马德里建筑学院教授一门名为"形式分析"的课程，从此开始了他的教师事业。之后通过竞聘，莫内欧去巴塞罗那大学，成为一名正式教授。在巴塞罗那，逐步形成了他成熟的教学体系，一直延续到哈佛大学 GSD 的教学中。1985 年到 1990 年期间，其担任哈佛大学 GSD 的系主任，达到了莫内欧教学事业的巅峰，并于 1991 年成为了哈佛大学研究生院何塞·路易斯·舍特教授。莫内欧在教学过程中强调三个方面：

1）重视案例分析

莫内欧在教学过程中，十分重视对实际案例的分析。莫内欧最初的教学计划是来自"形式分析"这门大课程中，这门课程原是继承了法国学院派的教学设计方法。但莫内欧的教学意在连接理论与实践教育，将分析讨论与学生们自己的创造性方法结合，依托广泛的文献资料搜集，对实际案例进行分析研究。在哈佛大学期间，莫内欧创造性地借鉴经济学上常采用的案例分析研究方法，将此应用到建筑案例的分析中来，强调理论观点在实际案例中的应用与效果，他发现这样更适合比较不同的设计方法。对于案例分析的重视，也体现了莫内欧一贯坚持的实用主义原则，要让理论学习拥有一个实践的依托。

2）重视人文内容

在 20 世纪 60~70 年代，建筑学的学生们都热衷于科学技术的研究，超前的建筑技术及设计理念让年轻人趋之若鹜，而对于学校的传统课程不屑一顾。莫内欧在这种大背景下依然强调对建筑学中基础部分与人文部分的重视。在后来的教学中，莫内欧一直在课程中联系哲学与历史学。在对科技痴狂的年代，依然坚持对人文的重视，这也体现了莫内欧一直秉承的人文主义。

3）重视理论交流

在整个教学生涯中，莫内欧从来都不是闭门造车，其尤其重视同来自世界各地持各种学术意见的人展开交流。在巴塞罗那期间，莫内欧与米兰的建筑师们联系紧密，常邀请罗西到大学做客办讲座，在马德里大学期间，又利用国际会议机会，积极同美国建筑师协会建立联系，推动美西两国的建筑交流。在哈佛大学期间，作为系主任，他联系诸多的执业建筑师到学校办讲座和展览，同时大胆启用年轻的新锐建筑师为学生教授课程。

2. 建筑执业

早期从业的莫内欧通常以个人名义参加项目竞赛投标，并获得过设计权，如 1965 年的萨拉戈萨变电站设计和 1966 年在潘普罗那的斗牛场扩建项目，这成为他早期成功的设计作品。自罗马归国后，莫内欧开设了自己的建筑师事务所，尽管之后其先后去了巴萨罗那和美国，但事务所一直都设在马德里北部的一片别墅区内，规模一直维持在 20 人左右，且大部分都是年轻人，长期的老员工并不多。在这不大且年轻的团队中，莫内欧是绝对的权威，其事务所内的绝大部分作品都直接出自于莫内欧本人之

手。各个环节都严格把关，亲力亲为，因此其常常在教学岗位、事务所和工地之间来回奔波，在巴塞罗那任教期间，每周有两天在上课，两天在事务所工作，一天去工地。限于事务所规模和莫内欧本人对项目的严格把关，事务所的"产量"并不是很高，但均做到精品。

随着班基塔（Bankinter）银行办公楼项目和洛格罗尼奥市政厅项目的落成，莫内欧在 20 世纪 70 年代开始在西班牙建筑界崭露头角。当 1980 年，43 岁的莫内欧重回马德里任教时，因其在梅里达罗马艺术博物馆上的成功，已在建筑界颇负盛名。80 年代的西班牙，政治重回民主，经济迅猛提升，社会拥有大量的建设项目，西班牙的建筑进入了黄金时期。在此大背景下，作为当时的知名建筑师，莫内欧承接了诸多的公共建筑项目，如哈恩银行大楼、塞维利亚 Prevision Espanola 保险大楼、阿托查火车站等。在美国期间，依然承接着国内的项目，完成了塞维利亚机场、米罗基金会总部、迪森—波涅米萨博物馆项目。1996 年，莫内欧获得普利茨克建筑奖，在国际建筑界的声誉达到了顶峰，之后完成了如库赛尔音乐厅等大型项目。莫内欧在其后期的建筑设计中，除了继续关注他一直重视的城市既存环境、历史环境、实用理性，更倾向于探索一种更加自由的方式去创作，如穆尔西亚市政厅的立面。

6.1.3 设计作品特征

建筑项目性质种类广泛，莫内欧建筑执业至今的作品中，既有住宅类建筑，亦有美术馆、博物馆、音乐厅、影剧院、图书馆等文化建筑，甚至有火车站、机场等大型交通建筑。其次建设环境复杂，由于地域原因及莫内欧对于历史的兴趣，其在西欧的建筑项目多位于城市历史环境之中。西欧城市通常在市区内都保存有百年以上的历史建筑，在城区里的建筑项目均面临着历史环境的问题。例如：梅里达罗马艺术博物馆、纳瓦拉皇家综合档案馆、穆尔

西亚市政厅扩建项目等。众多的建筑种类，每一个项目都存在其独特的问题，莫内欧主张每一个建筑作品都应该是面对实际问题的一个恰当的解决办法，这反映了其善于在复杂环境中处理问题的能力。

1）秉持务实态度

莫内欧反对把建筑贴上个人的标签，反对建筑师过于强调个人符号而牺牲建筑的实用性。这也反映了建筑师的责任感，即对公众，对投资方，对业主负责。莫内欧在采访中表达了这份责任感："就我而言，建筑中最令人感兴趣的是当一个设计者发现在他的作品中具有了满足现实需求的特质，那种实际的有益性。这时你能体会到你的工作对社会是有意义的，这同时也暗示了一个建筑师的工作总是有所限制的事实……一个建筑师如果意识到这就是他的作品将要达到的结果或是目标，就会立刻感到责任的重大。[①]"建筑作品能否满足现实的需求，就是建筑师责任的重要体现。因此建筑师是一个解决实际问题的职业，满足公众对于建筑的实际需求，最大化地解决实际问题，成为莫内欧在项目中的基本追求。而对于众多项目中不同实际问题的独特处理方式与结果，就顺理成章地成为项目本身的特质。阿托查火车站扩建项目中，城市多种交通的接驳转换方式，成为整个项目设计的逻辑基础，最终圆形的转换建筑也成为项目本身的特色。格雷戈里马拉尼翁妇产儿科医院项目中，莫内欧认为"考虑需求是对天马行空式设计的矫正方法"，并认为医院建筑应依据其合理性创造出清晰、干净、明亮的环境。

2）注重人文主义

自第二次世界大战后，社会反思现代建筑机械的功能主义，人文主义思想重新被建筑界重视。莫内欧从小生活在西班牙的历史街区之中，自幼喜好艺术和文学，其对于人文的偏好让他的建筑作品充满了人文主义气息。从莫内欧的成长环境和教育经历，以及后来的建筑实践中，都能看到人文主义的影响，对于历史的态度是其人文主义的重要体现。莫内欧曾在多个场合表达了他对于历史的态度："在历史环境中建造是一件令人头疼的事情。但是我喜欢在城市里工作，我喜欢我的作品涉及城市历史，我会努力使我的建筑成为历史的载体而介入到城市的长河中去。如果文脉没有给我提供任何线索或暗示，那我会感到极为不适。[②]"

莫内欧的人文主义还体现在对于文化多样性的尊重。莫内欧曾表示："我不相信现在一个建筑师能够以输出他的建筑语言的方式来接近另一个社会或另一种文化，我也不相信这种语言在任何环境下都是有效的。[③]"其关注设计中文化的差别，理解文化的特殊性，挖掘当地文化的特色，是实现建筑文化价值，并体现建筑特异性的有效途径。在塞维利亚的圣保罗机场航站楼的设计中，将停车场设计成为一个花园并位于建筑的轴线上的设计逻辑，就来自于塞维利亚的花园文化，整个塞维利亚就像一个花园。

3）联系现实场所

场所是建筑存在的重要现实条件，是每一个建筑师都无法回避的。因为建筑无法独立于环境存在，它在落成后将和周围的一切发生关系。在最初的意义上，场所是人们生活发生的地方，由其特定地点、时间、文化及其特定形式的建筑环境组成。场所的独特性由其特殊的自然环境和地理条件以及人造环境构成，反映了在一特定时空中人们的生活方式和其自身的环境特征，而其概念要超越单纯的物质环境。莫内欧注重场所的条件，其方案均是基于现实场所的设计。莫内欧的建筑类型学理论中，其着重

① 拉斐尔·莫内欧. 莫内欧论建筑——21 个作品评述 [M]. 林芳慧译. 台北：田园城市文化事业有限公司，2011：555.
② 卢恺. 拉斐尔·莫尼欧建筑作品"反映式设计"研究 [D]. 华中科技大学，2013：26. 原文翻译自 Alejandro Zaera. Conversation with Rafael Moneo[J]. EL Croquis，1994(64).
③ Alejandro Zaera. Conversation with Rafael Moneo[J]. EL Croquis，2004(20 + 64 + 98)：23.

强调的就是设计中对于类型的场所化过程。其强调：
"场所本身总是有所期待，它选择它所期待的建筑建于其上，场所需要通过这个建筑来表现它背后隐藏的特性。[①]"对场所特殊性的把握是莫内欧建筑设计特色的重要来源。

4）重视材料与建造

莫内欧认为建筑需要物质作为载体，将概念转化为真正的建筑需要物质材料，建筑师需要接受并协调控制材料的限制和建造活动。莫内欧认为只有通过建造才能真正实现建筑的价值。毕竟为公众直接接触的是建筑物，而不是图纸，因此建造方式也是表达设计的重要部分。用建造的方式去表达设计意图，也是莫内欧常用的表现手法。梅里达罗马艺术博物馆的建造方式用类似于古罗马混凝土包砖的传统方式，在遗址上搭建了混凝土的结构体，后在混凝土结构外做了一层的砖砌体。博物馆在建造方式也实现了对历史的纪念。纳瓦拉皇家档案馆的材料和砌筑方式与原来的残垣断壁采取了相同的方式，表达历史的传承与融合。

技术不是建筑的全部，却是建筑实现的重要方面。历来莫内欧向外界表达历史人文在建筑中的重要性，但其并没有忽视技术的价值。掌握一定的建筑技术应是一个建筑师的必备技能，"传统上，成为一个建筑师意味着他必须是一个建造者，他需要向他人解释建造的方法。建造技术的知识始终包含在生成建筑的观念中"[②]。

5）建立在理性基础上的自由表达

建筑设计不只是理性推理出的结果，其往往包含了建筑师艺术性的个人创作，这种自由的表现带给了建筑更多的趣味性与文化性。在面对设计项目的需求和场地环境的问题时，莫内欧的思考是理性的，但并不妨碍他在设计中自由的表达设计。对于建筑的理性分析并不足以让我们判断建筑形式方案的正确和

适合性，这种形式的自由选择是由建筑师的直觉所决定的。这正是建筑培训具有如此重要性的关键所在。在库赛尔音乐厅项目中，莫内欧承认在见到场地后，他的直觉告诉他要避免将这个项目设计成城市结构的延伸，而使建筑融入自然景观之中。最初的决定来自于建筑师对现场的直觉判断，然而最终结果的实现还是基于对建筑原理的深刻理解。库赛尔音乐厅这个项目的设计过程展示了建筑师直觉与专业知识之间的平衡，实现了选择的自由化。可见自由表达的机会是建立在理性的专业基础上的。

6.1.4 莫内欧的建筑理论综述

1. 莫内欧的理论研究特点

莫内欧在建筑教学和建筑设计的过程中，一直致力于建筑理论的研究，并且积极参加各种交流活动，在各个平台和场合发表自己的观点。这一点，善于言谈和表达自己的莫内欧不同于路易斯·康的少言，掌握多国语言的他自 20 世纪 60 年代中期开始，经常参加各类国际会议，在会议上发表观点并结识了诸多的建筑学研究者。1974 年他作为创始人，参与创办了建筑杂志 Arquitecturas Bis。

莫内欧的理论研究方向，相对于科学技术方向的建筑研究，更倾向于人文方向的研究。莫内欧自幼偏好文学和艺术，其所成长的地域也具有浓厚的人文主义氛围，在求学及建筑创作中，逐渐形成了对建筑人文方向的研究特点。尤其在罗马的期间，深受意大利建筑师布鲁诺·赛维等人的影响。另一方面，当时现代主义建筑机械的功能主义在欧洲遭到了普遍的质疑，社会对于人文主义的呼唤也影响了莫内欧的研究方向。

莫内欧的理论研究方法注重对于案例的分析研究。无论在教学还是在设计前期，莫内欧都在强调

① 卢恺. 拉斐尔·莫尼欧建筑作品"反映式设计"研究 [D]. 华中科技大学，2013：29. 原文翻译自 Alejandro Zaera. Conversation with Rafael Moneo[J]. EL Croquis，1994（64）.
② 吴放. "反映设计"（Reflectivedesign）的探索——拉菲尔·莫尼欧建筑设计思想及作品研究 [D]. 浙江大学，2004：19.

对于既有案例的分析研究。莫内欧强调对建筑学基础问题的研究，其认为空间与形式是建筑学学科的基础内容，任何关于建筑的理论研究最终都要回到对空间与形式的思考。当代的建筑理论研究常常夸大了其他学科的借用，而忽视了建筑学科本身的特性，莫内欧认为，"对一种科学知识印象深刻并不必然意味着它的内容就能够直接成为我们作品中基础内容的一部分"[1]。

2. 莫内欧类型学研究源起

莫内欧对建筑类型学研究的起因一方面来源于类型学复兴的时代背景，另一方面源于其大量的设计实践经验。在 20 世纪 60 年代，"类型"和"类型学"这两个术语在被长期忽视后，又重新恢复了学术最前沿的位置。对类型学的聚焦主要是由于人们对现代城市的观点而产生的。这个视角引导建筑师回顾了建造传统城市和历史城市的原理。阿尔多·罗西和属于坦丹萨学派的新理性主义者都希望有一个新的建筑理论可以解释古老城市形式上和结构上的连续性。而在 70 年代，莫内欧和罗西的关系加深，在巴塞罗那和米兰建筑界之间建立了紧密的联系。莫内欧的知名建筑文章《关于类型学》（ On Typology ）和《建筑生活》（ The Life of Buildings ）就发表于这一时期。同时，莫内欧在 60 年代和 70 年达初期接到了大量的住宅设计任务。而类型学在住宅设计领域应用最为典型和广泛，大量的住宅设计积累了类型学设计实践经验。

3. 莫内欧建筑类型学概念

在研究类型学设计方法前，需对建筑类型学理论的重点概念进行阐释明晰。分类是人类认知事物的一种方式，人将具有一些具有共同特征的事物划分为一类，并形成对此类事物的认识。漫长的历史时期内，各种历史建筑的形态在人类的集体记忆中

留下了共同的记忆片段，这个记忆片段就构成了对人类对建筑环境的集体无意识。而这集体无意识就影响了人们对现实建筑环境的心理认知。

因此说，在建筑设计中需要找出集体记忆中的类型特征，以契合人们的心理认知经验，进而可以实现历史形态的延续。莫内欧认为这集体记忆中的类型特征是一组具有相同形式结构特点物体的概念，类型作为一种形式结构，是在特定空间与时间下，生活方式与物质形式的结合，它与历史、文化现象、传统思想相关，又同现实的社会行为保持着紧密的联系。类型学概念成为传递历史文化信息的媒介。

1）类型学定义

建筑既具有独特性，又具有普遍性，这是建筑本质中的两个属性。一方面，建筑像其他艺术形式一样，以其自身的独特性为主要特征，另一方面，建筑也像其他工具一样，属于一类具有相同特征的重复物体，因为有着共同的属性特征而划分为一类。回顾人类历史，原始人从搭建第一间茅屋开始，建筑活动类似于纺织工艺、陶器制造、竹篮编制等其他生产活动，在自然中极大地改善了人类的生存环境。因此，建筑和竹篮、陶器或凳子一样，可以被复制，拥有一定的可重复性。建筑作品介于种类的通用属性和其独特性之间。显然，建筑和城市既不能单纯作为艺术形式也不能单纯成为经济力量的产物。莫内欧将类型问题视为建筑学的本质问题，其在《关于类型学》一文中提到："对于类型问题的理解，也就是对于建筑本质的理解。"

对于类型的理解，前人有着不同的表述。科特米瑞·狄·昆西认为："类型代表了一种要素的思想，这种要素本身即是形成模型的法则。"而阿尔甘则认为："类型应该被理解成为一个形式的内在结构。"狄·昆西将类型视为了一种先验的法则，而阿尔甘将类型作为通过一定形式规律比较和复合之后出现的内在结构。在《关于类型学》一文中，莫内欧倾

① Alejandro Zaera. Conversation with Rafael Moneo[J]. EL Croquis, 2004(20 + 64 + 98): 21.

向于阿尔甘的观点，认为类型是社会环境与自然环境作用的综合结果。

因此说，在建筑设计中需要找出集体记忆中的类型特征，以契合人们的心理认知经验，进而可以实现历史形态的延续。莫内欧认为这集体记忆中的类型特征是一组具有相同形式结构特点物体的概念，类型作为一种形式结构，是在特定空间与时间下，生活方式与物质形式的结合，它与历史、文化现象、传统思想相关，又同现实的社会行为保持着紧密的联系。莫内欧认为类型学可以传递历史文化信息。类型通过它的连续性，使新建筑重新建立起与过去的联系。类型是建立在文化、生活方式和形式的连续性基础上的，进而起到了联系历史、文化传统与现实的作用。

2）原型与心理经验

对于原型概念的明晰是理解类型学的关键。弗洛伊德的学生古斯塔夫·荣格首先在心理学中引入了原型的概念，其通过对人格结构的分析，将人的心理结构分为了三个层次，即自觉意识、个体无意识、集体无意识。个人能够直接感知的部分是自觉意识，而这些被人直接感知的内容在进入了人类的无意识层后就形成了个体无意识。在人类群体中形成共同的无意识即为集体无意识，它对全世界的所有人来说都是共同的。荣格将这种集体无意识的，在人类心理经验中反复出现的原始意向称为原型。在建筑类型学设计实践中，原型的概念被引申扩大化了。漫长的历史中，各种历史建筑的形态在人类的集体记忆中留下了共同的记忆片段，这个记忆片段就构成了人类对建筑环境的集体无意识。而这集体无意识就影响了人们对现实建筑环境的心理认知，或者说人类的心理经验影响了对建筑物的认知与判断。因此在建筑类型学研究及设计实践中，对原型的寻找与抽取需要对人类共同心理经验进行研究。

4. 莫内欧建筑类型学设计方法

莫内欧在类型学设计方法的应用过程中更加注

重类型提取后的场所化过程。这一点相较于罗西的不同，罗西用简单而抽象的几何形体，试图去表达一种回归到本源的超现实状态。建立在抽象图形基础上的建筑在现实的环境中，与周边的场所却很难融合，似乎总让人感觉到突兀。过度追求类型的本质，让罗西淡化忽视了场所的重要性。而莫内欧在类型学设计过程中阐释了两个过程阶段：原型抽象过程阶段和原型场所化过程阶段。

第一个阶段：原型抽象过程阶段，其项目设计始于对项目场地条件和自身需求的分析与把握，进而思考设计策略，明确设计要传达的信息。之后从历史或现实环境中寻找已有的可传达相似信息的意象"图式"，从而抽象提取原型。

第二个阶段：原型场所化过程阶段，将原型转换成在特定现实环境中的特定形式，并完成属于这个场所的设计。整个设计过程经历从现实出发，寻找并提取原型，并最终在设计中回归现实的过程。莫内欧将建立在抽象图形基础上的类型融入建筑在现实的环境中。莫内欧在类型与现实间构建了紧密的关系。

6.2 历史与现实——设计原型的抽象过程

布罗德本特曾提出：处在特定文化背景的人们，头脑中有固定的生活方式和文化形象，建筑形式设计需要与之相适应。因此设计过程需要建立在对建筑现象研究的基础上的。即对于历史与现实中建筑现象与案例的解读，对于各种建筑理论的研究，对于过往设计经验的总结，对于场地项目资料挖掘整理，这都是莫内欧类型学设计过程中的基础。通过对于上述建筑现象的观察与感知，结合设计目的与个人判断，从历史记忆和地域现实环境中寻找类型意象的"图式"，之后运用罗列、类比方法，分析其内在形式结构，"抽象"[①]出反应本质的形式特征原型。而最本质的内容需完全可以使人想起这一事物本身的形式。原型的寻找与抽象过程兼具理性与感性的判断，这带给了莫内欧设计的灵活性，从而创造一个个恰当且富有创意的设计。

6.2.1　时间维度上的历时性——从历史记忆中寻找并抽象原型

　　"古代的建筑使我着迷，我认为它们是一个学习建筑的取之不竭的源泉。[②]"

——拉斐尔·莫内欧

　　莫内欧认为要建立一个保证城市文化持续发展的社会环境，建筑需要根植于历史与传统。建筑史的发展，总是建立在以往形式与空间，技术与艺术的传承与发展之上，呈现延续连贯发展特点。因此，建筑师有义务守护建筑发展过程中的完整性和延续性。从历史记忆中抽象原型，是一种从文化角度思考设计的过程，例如针对在西方文化背景下塔、广场、柱廊等各自的深层意义进行分析研究，提取加以重组与构成，进而实现城市建筑类型在时间维度上的历时性延续。

1.　梳理场地历史的发展脉络

　　场地的历史条件是建筑师无法忽略的场地特性。我们在历史的条件中设计现实的建筑，历史与现实存在紧密的关系，在设计过程中，分析场地的历史，就要找到这层关系。将历史与现实联系在一起，这体现了莫内欧一直坚持的历史的延续性。设计从理解历史环境中的历史意义、挖掘城市结构中的历史逻辑两个方面寻找历史与现实的关系，进而引发设计思考。莫内欧惯于从历史的角度分析场地，一方面，莫内欧所面临的场地有很多存在历史遗存，直接影响设计；另一方面，莫内欧喜欢在历史的发展逻辑中思考问题。不是每一个场地都有像梅里达那样显著的历史特点，但是每一个地块，每一个建筑场地都有它形成的过去，挖掘场地的历史，不单单针对那些历史遗迹和历史环境，而是针对所有场地形成的过去。了解建筑场地的历史，可以发现其发展演变的规律，有利于保证设计的合理性。

　　1）思考历史环境中的历史意义

　　场地中现实存在的历史建筑，其背后往往蕴含着独特的历史意义。现实的形象很容易被人直观地了解，因此在历史建筑中直接抽取的建筑符号和形象很容易被应用到设计中。但历史建筑背后的历史意义很难把握，也很容易被忽略。而这意义恰恰是其与现实的最深层次的联系，其对设计从根本上与历史建立联系，体现历史延续性的重要价值。

　　莫内欧在对潘普洛纳古城的规划中，最初对位于老城边缘的这座废墟遗址并没有明确的功能改造意向，但通过对纳瓦拉皇家档案馆项目场地上的宫殿遗址历史的整理分析，确定了修复改建方案，并发掘了建筑最合适的用途，延续的建筑的历史意义（图6-7）。这座宫殿废墟最初建立于 12 世纪晚期，后来成为了纳瓦拉国王的官邸。纳瓦拉并入西班牙后，这里又成为总督官邸，共有 76 任总督曾居住于此。1841 年之后，军队占据这里一直到 20 世纪 70 年代，后被废弃成为一片瓦砾。这座建筑遗迹的历史意义在于其跨越八百年的风雨，见证了纳瓦拉地区的历史，从独立王国到西班牙一区再到军事独裁，最后到独裁瓦解，进入民主社会，这将地区历史的演变浓缩在一栋建筑之中，最终在规划中将其改建为档案馆，是对这一历史意义的最佳体现。设计规划并没有简单地关注这个历史遗迹的建筑符号，将其简单地改建为一个酒吧或者公园，而是更深层次地体会到其如同档案一样的，封存历史的意义。

---

① 抽象是从众多的事物中抽取出共同的、本质性的特征，而舍弃非本质特征的过程。例如看到汽车、飞机、自行车、轮船等，得出它们共同的特性就是交通工具，就是一个抽象的过程。对于特征的认识，需要对事物进行比较，进而将一类事物与其他事物区别开来。在寻找原型的过程中需要对目标的形态进行抽象，找出目标原型的共同本质特征。

② Alejandro Zaera. Conversation with Rafael Moneo[J]. EL Croquis, 2004(20 + 64 + 98): 24.

图6-7 从城堡废墟到档案馆

2）挖掘城市结构中的历史逻辑

场地现有的城市结构是在历史发展中形成的，存在有发展过程中历史逻辑。对于历史逻辑的理解与把握是莫内欧历史延续性观点的体现。挖掘城市结构中的历史逻辑，就是构建场地历史与现实联系的过程。对历史逻辑的准确把握和处理，将影响到建筑在历史环境存在的合理性。

遵循城市结构发展的历史逻辑，可以使新建筑融入城市结构中，有益于整个区域的整体性。在塞维利亚社会保险公司大楼（Prevision Espanola）（图6-8）设计中，莫内欧的设计始于对地块历史

形态的研究。和许多大都市一样，塞维利亚的繁华来自历史的积累，项目场地位于古城的边缘地带，这个区域四周的街道都沿着古老的城墙向远处延伸。尽管现如今城墙已经几乎不存在了，仅剩场地中极小的一点遗迹，另外还有一个军事瞭望台位于河边，但是整个街区的布局显示出了城墙的历史形态（图6-9）。在找到了整个区域的建设逻辑后，新的设计决定延续这种逻辑，使这个区域显得更加完整，并清楚地呈现出城墙的整体布局。这个设计逻辑延续到了整个设计中，其最终也被看成是一个融入背景环境的建筑作品，巩固了城市的结构，赋予

图6-8 城墙分布决定了整个地块的形状，设计延续了城墙的存在

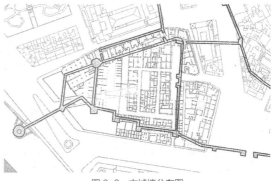

图6-9 古城墙分布图

了古城新的定义。城市现实中的问题，往往并不是突然产生，而是有其历史发展的过程，梳理城市发展的历史，可以发现其中问题产生的脉络。

2. 抽象历史现象的形式结构

从历史现象中抽象形式结构，使设计与历史建立深层次的呼应联系，而不是停留在表象的复制。通过对历史文化的研究，运用类比的方法，将最能体现文化形式特征的结构提取。最终抽象出的形式结构应使人可直接识别出相应历史文化的现象。

1）对文化意象的抽象——梅里达罗马艺术博物馆

如何通过建筑来表现一种特定的文化现象，是文化建筑设计常常面对的难题。梅里达罗马艺术博物馆作为莫内欧的成名作，其以震撼观者心灵的方式对罗马艺术文化作出了诠释。设计基于其对罗马建筑文化的研究，莫内欧希望使参观者亲身感受这个已经逝去的罗马古城的历史，通过建筑唤起人们对那一时代的美好追忆。罗马古典的建筑类型多样，有神庙、巴西利卡、罗马剧场、高架引水桥等。

对历史的悠久的体现，对历史的崇敬与赞叹，神圣性的空间体验，共同指向了罗马时期的宗教建筑形制——巴西利卡。莫内欧选择巴西利卡的原因：一则，巴西利卡是罗马文化的代表，把罗马记忆历史的抽象概念塑造成在人们脑海中栩栩如生的形象。二则，其可以表达历史的神圣感。三则，在功能方面，巴西利卡的内部空间开敞的特点符合博物馆对空间的要求，便于布展。莫内欧对巴西利卡的抽象结果是矩形完整的空间模式与柱列排列的韵律。

罗马拱券是古罗马时代标志性的建构方式，人们对于古罗马时代的空间认知感均来源于此。罗马拱券的结构方式和混凝土的使用是罗马建筑文化的代表性成就。拱券体现强烈的秩序感和厚实感，多个排列的券体结构组合时，结构体系清晰且会产生清晰的韵律感。莫内欧认为倘若在如此狭窄的遗址作业面内使用传统的大跨度施工方式会破坏遗址，

并且大跨度钢结构也难以表达罗马的历史理念。因此莫内欧采用和罗马人所采用的相同方法去进行承重墙施工，从而可以避免对废墟产生损害，同时这也是罗马历史的直观表现。

梅里达罗马艺术博物馆不仅要用光线展示艺术品，还试图用光线营造一种神圣的气氛。万神庙是罗马建筑中的经典案例，其顶部采光的方式在整个空间营造了一种安宁寂静的氛围，来自天空的光束留给世人神圣的心理体验。这种特殊处理的光线突出了空间的尺度感和神圣感（图 6-10）。

2）对历史空间中神圣性的抽象——洛杉矶圣母大教堂

为了塑造宗教的神圣空间，莫内欧直接向历史上的大教堂寻求答案。对莫内欧而言，许多神殿建筑都在洛杉矶圣母大教堂上留下了自己的印记：拜占庭和罗马教堂以及天主教堂和巴洛克圣殿。传统的拉丁十字布局是在巴西利卡的一端设置圣坛，在坛前增建一道横向空间，形成十字形的平面。这是一种有较强轴向性的公共空间，功能上满足宗教活动要求，形式上映射基督教的"十字"符号。莫内欧在洛杉矶圣母大教堂的平面设计中整个教堂主殿的流线组织和空间设计基本遵循了传统基督教大教堂的拉丁十字布局的结构特征（图 6-11）。

传统教堂的周围常有侧廊环绕，主殿和侧廊的高差使光线可以从上方投射下来，产生的神圣气氛使教堂室内充满神圣感，这种空间的光线特征与人们心理相契合（图 6-12）。洛杉矶圣母大教堂将来自窗户和滤光器的光线，穿过条纹大理石的薄片，反射到小礼拜堂的斜顶上，照耀着回廊（图 6-13）。同时，这光线也穿过了支撑中殿屋顶的垂直结构，照射到中殿里，使之封闭在一个照明氛围中。设计的目的使之成为宗教体验的新空间。

3）对历史空间中公共性的抽象——洛格罗尼奥市政厅

莫内欧在洛格罗尼奥市政厅设计中力图强调的是建筑的公共属性和便利性。这种空间的营造在很

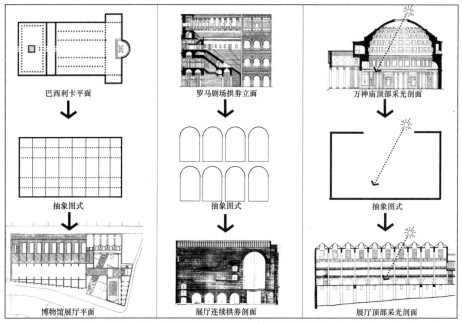

图 6-10 梅里达罗马艺术博物馆设计抽象图示

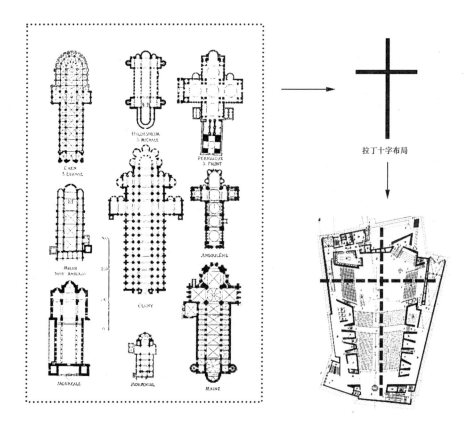

图 6-11 拉丁十字原型的提取

图6-12　广州圣心教堂侧高窗

图6-13　洛杉矶圣母大教堂侧高窗

中所扮演的重要角色。"除了完成必需的行政功能外，这座市政厅也是城市结构中的一个主要元素……这座民政公共建筑的概念足以解答任何关于集体生活的问题，它将成为一个公共体，对于这座城市的所有居住者而言，不仅将其视做一栋行政建筑，更是获取尊严的途径……建筑还需清楚易懂，容易吸收，让人们易于接近，人们可以通过其形式元素理解市政厅作为一个公共建筑的意义"[1]。

对市政厅组织结构的研究：历史传统中市政厅与广场相连。在西班牙，市政厅通常都位于城市的主要广场旁，在穆尔西亚、潘普洛纳、萨拉曼卡、马德里等城市市政厅与公共广场的关系历来十分紧密。这些城市的市政厅均设有广场，作为其市民聚集之处，体现了极强的社会公共性。这个设计展示在人们面前的是公共广场的概念，即市政厅广场，在这些城市中，广场和市政厅被视为一个整体。广场空间的营造是市政厅设计的重要内容。

对广场形式的研究：列举对比诸多的西班牙传统广场，分析广场的建筑界面形式，发现柱廊常常作为广场边界。古代大型公共建筑留给人的最直接的心理经验就是成排的富有力感的柱式。早在罗马时代的广场，由巴西利卡式建筑围合成的广场，柱廊就成为广场的边界特征而为人们所熟知。2000年的发展，西班牙广场边界的柱廊由罗马时代的雄伟高大演变为一层楼高度的近人尺度，极富生活性。柱廊的边界可以使人接近并进入，相比于封闭的界面，其更富有生活感。莫内欧通过对广场的空间模式原型市民性和公共性的表达，来体现民主政治的意义（图6-14）。

4）对历史空间中文化性的抽象——提森·波涅米萨博物馆

在对场地上历史建筑的改造中，莫内欧常常从历史发展的角度，梳理历史发展历程，思考其建筑的历史意义，进而制定策略，抽象恰当的原型进行设计。在提森·波涅米萨博物馆改造中，从梳理建

大程度上受到了其政治环境的影响和作用。在1973年设计开始时，西班牙弗朗哥独裁统治的旧政权即将终结，整个国家都坚信新的民主体制即将建立。在洛格罗尼奥市市长写给莫内欧的信中，建筑师理解了这栋建筑所代表的深远意义及其在新政治生活

① 拉斐尔·莫内欧. 莫内欧论建筑——21个作品评述[M]. 林芳慧译. 台北：田园城市文化事业有限公司，2011：203.

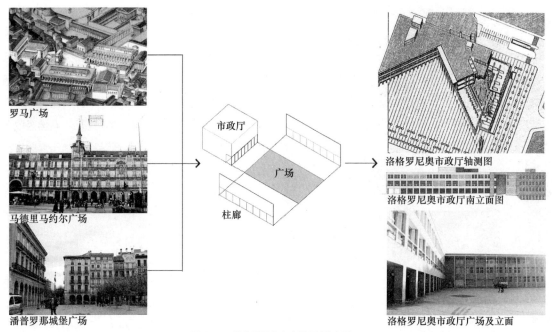

罗马广场

马德里马约尔广场

潘普罗那城堡广场

市政厅

广场

柱廊

洛格罗尼奥市政厅轴测图

洛格罗尼奥市政厅南立面图

洛格罗尼奥市政厅广场及立面

图 6-14　洛格罗尼奥市政厅设计抽象图示

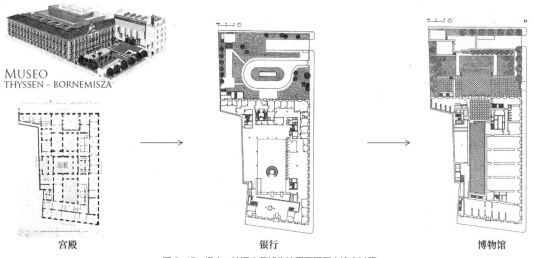

宫殿

银行

博物馆

图 6-15　提森·波涅米萨博物馆平面图历史演变过程

筑的演变历史开始，理解历史的文化意义。提森·波涅米萨博物馆项目原址是一座有着 300 多年历史的银行办公建筑，委托方打算将这座历史建筑改造成为博物馆。对于一栋建筑的改造，莫内欧从挖掘历史开始，通过对历史资料的搜集整理，显示这并非一直是银行，原是一座名为比利亚埃尔莫萨的宫殿，起源于 17 世纪的一座小型建筑。后来的两

个世纪里经历了重建、扩建，形成了一座完整的宫殿。但在 20 世纪 40 年代，宫殿被卖给了一家银行，之后银行对其进行了大规模的改造，改造忽略了宫殿的墙体结构，除保留了宫殿的外墙外，内部被按照银行办公的需求完全拆除重建了。莫内欧认为银行的改造施工破坏了宫殿原有的文化意义。在这个改造项目中，莫内欧将建筑发展的每一个过程

图 6-16　巴黎卢浮宫

图 6-18　博物馆入口大厅

图 6-17　提森·波涅米萨博物馆具有宫殿气息的展厅

清晰地梳理开来，分别寻找其与现实博物馆设计目的的联系。发现此建筑银行阶段的历史与现实博物馆的文化意义相差最大，而其宫殿的历史阶段同现实博物馆的文化意义最为切合。这座建筑在 300 多年间经历了别墅—宫殿—银行—博物馆的变化（图 6-15），其中所蕴含的历史文化意义即将在博物馆中体现出来。这对这座历史建筑来讲是一次历史

的机遇，要为建筑抓住这次机遇，就要把之前改造中建筑失去的宫殿文化的气息重新恢复，把宫殿的"魂"重新"还"给建筑，进而形成了之后还原宫殿空间的设计策略（图 6-16、图 6-17）。这种对建筑历史意义的挖掘逐渐形成了莫内欧之后常用的设计策略。

北侧建筑立面的对称轴线确定了平面布局。游客们穿过建筑正面，进入一个狭长且具有双倍高度的入口大厅（图 6-18），天窗内射入的光线将大厅照亮，室内展区墙体的设置与沿着普拉多大街的建筑面保持垂直，墙体采用了平行的布置，更加便于游客的通行。游客可以在艺术廊中穿行，自由地欣赏悬挂于墙面的画作。这些平行墙面上的窗口形成通长的视觉感，让人们想起之前的宫殿特征，并帮助建立易于理解的结构次序。在艺术廊，设计保留了宫殿建筑所特有的规律性，这样更有利于向参观者展示收藏品。用于表面装饰的材料强调了房间的

整齐。墙面上灰泥和用于整栋建筑的石灰华强调了建筑的一致性，让人们更加容易识别出建筑构造背后所隐藏的逻辑。

6.2.2　空间维度上的共时性——从现实环境中寻找并抽象原型

人们对生活的现实环境中的集体无意识，反映了对现实环境的认识。从中寻找意象图式并抽象原型，符合社会的主观认知，保持城市建筑形态的协调性，进而实现城市建筑类型在空间维度上的共时性延续。

1. 从地域环境中寻找并抽象原型

在特定文化环境成长下的人对于环境认知的心理经验也是不同于其他地方的，这样心理经验就有着一定的地域属性。因此在设计中就有必要从地域环境中寻找并抽取地域特色的原型以回应大众的心理经验。莫内欧在设计中经常会从地域特征入手，进而在作品中体现地域文化的特殊性。

对于城市特色的体验常常需要建筑师以敏锐的洞察力亲身在城市中思考发掘。从塞维利亚圣保罗机场的设计中，可以看到莫内欧对于城市文化的反应。地处西班牙南部的塞维利亚因地中海气候炎热干燥，街道两旁一排排的橘树和棕榈树将城市变成了一座花园（图6-19），给市民和游人带来了独特的舒适体验，也成为这座城市的特色之一。设计将一个封闭的花园空间和停车场融合在一起，在机场航站楼前创造了一个花园（图6-20）。"将车辆停靠在停车场花园成为令人愉悦的经历和体验"[1]。此外，由于塞维利亚伊斯兰文化在这些西欧国家的城市中显得尤为独特，登机柜台大厅连续的穹顶与柱廊让人很容易联想到科尔多瓦清真寺大厅。"在这个设计中如果我们不去承认设计需要参考当地建筑周围的氛围特点，我们很难理解为什么圆顶会出现在

圣保罗机场。圆屋顶和深蓝色的元素很有可能在其他城市不再适用"[1]。

地域环境影响所在居民的生活习惯，并在长时间的类型演化中形成了较为稳定的居住类型，在住宅建筑中这种稳定性最为明显。莫内欧在乌鲁米尔住宅的设计中，建筑所处的环境是被传统规则立面包围的城市街区，这决定了住宅建筑外立面的开窗匀质统一。而住宅建筑功能房间多样，卧室、厨房、客厅、厕所的开窗很难一致。但传统街区内的居住建筑均呈现均匀的立面开窗，因此莫内欧从传统的城市街区中寻找到原型就为设计提供了思路。19世纪圣塞巴斯蒂安和马德里经典的街区住宅平面中可以发现，卧室、客厅等主要房间布置在内外两侧，而厨房、厕所、楼梯等布置在建筑内部，依靠天井采光通风，以此保证外立面的匀质统一。莫内欧在进一步的设计中，将楼梯布置于两户天井之间，在保证了各个功能房间采光通风的情况下，又分隔了

图6-19　塞维利亚街道上随处可见的橘树和棕榈树

图6-20　圣保罗机场停车场

① 拉斐尔·莫内欧. 莫内欧论建筑——21个作品评述 [M]. 林芳慧译. 台北：田园城市文化事业有限公司，2011：203.

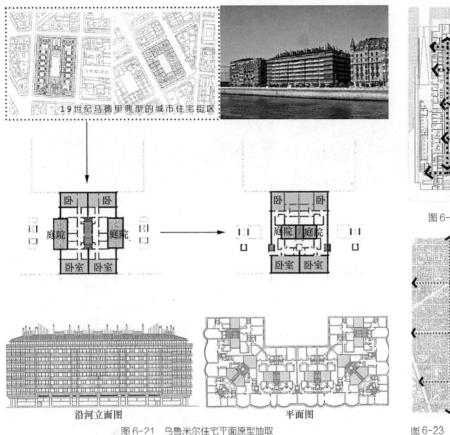

19世纪马德里典型的城市住宅街区
卧
卧
庭院
庭院
卧室
卧室
卧
卧
庭院
庭院
卧室
卧室
沿河立面图
平面图

图 6-21　乌鲁米尔住宅平面原型抽取

图 6-22　医院首层平面图

图 6-23　医院所在城市街道平面图

两户间的视线，满足了私密性的需求（图 6-21）。对于地域内传统建筑的研究学习，是解决地域建筑设计难题的一种有效方法。

2. 从城市空间中寻找并抽象原型

设计根据相同或相似心理感受，并分析抽象特征。人在城市空间的体验，常常是一种集体无意识的表现。在客观物质空间中，人的直观感受，形成了自身对城市空间的认识与感知。设计可以利用人们对于空间无意识的感知，创造相应心理需求的空间。

医疗建筑复杂的功能特点，使其不同于其他的建筑设计，医疗功能的需求成为最先也是最主要的考虑。在格雷戈里马拉提翁妇产儿科医院设计中，由功能组织排布的形态几乎形成了医院最终的形态。莫内欧将医院内部交通结构（图 6-22）与城市街道组织结构（图 6-23）类比，将后者清晰的组织方式，应用到了医院内部的交通组织中，以创造一个干净、清晰、明亮的医疗环境。以正交的交通网格配合标志物，将医院内部的原本复杂交错的交通清晰地展示在患者面前。

丽岛商业中心则将城市街道空间体验转移至建筑内部。零售商业中心的实质就是将原本城市室外的商业街区搬到了室内，因此其原型还是来自人类展开城市贸易以来的商业街道。如澳门威尼斯人商业购物部分（图 6-24、图 6-25），就直接将威尼斯的街道场景复制到了购物中心室内，给人室内室外的错觉体验。大型商业中心商铺序列的空间模式根源可以追溯到古代商业街区的原型。

丽岛商业中心的组成元素：酒店、写字楼、街道式商业中心、传统市场、超市、小型超市、书城、美食街和小型百货，这样的内容，几乎满足了周边

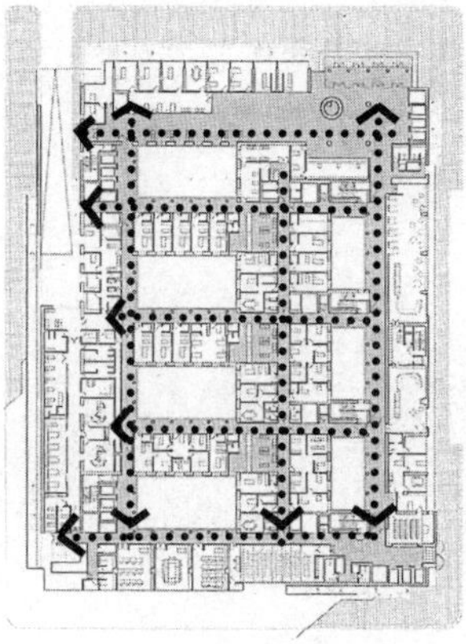

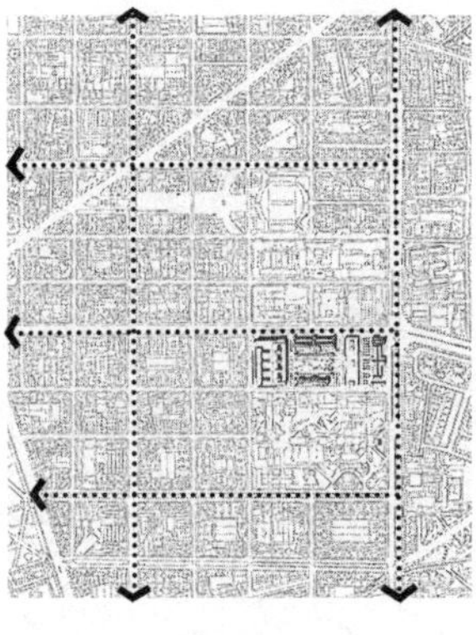

图 6-24   澳门威尼斯人娱乐场商业零售空间

图 6-25   澳门威尼斯人娱乐场商业零售空间

居民的所有需要，丽岛商业中心成为周边居民生活的一部分。在商业中心的内部，商业店铺被以城市商业街的形式组织在一起。莫内欧在商业中心西端的二层设计了一个开敞空间，城市街道空间的元素被重新组织在这个空间内（图 6-26）。西班牙城市标志性的阳光从顶部充满了空间，遮阳伞、咖啡座椅、餐饮亭等户外广场的特征元素，使顾客感受到了日常广场上的惬意生活，进而有种置身于城市广场的错觉。商业中心内部"街道"中灵活布置的放大空间和与之相应的休憩空间也同样在应用西班牙城市街道的空间原型特征（图 6-27）。丽岛商业中心以

不同的尺度组合，这些尺度都是市民所熟悉的尺度，小广场、曲折变化的街道、市集型的传统市场、内立面的街道性，莫内欧以巴塞罗那城市街道的形态去经营丽岛的内部，人们由户外走入室内是一种自然的延续，而不会有被置换的突兀，他营造了亲密自然的大众空间。

莫内欧喜欢采用经过时间检验的形式，在经典案例建筑中搜寻恰当的元素，用来解决现实的问题。例如在巴塞罗那丽岛商业中心立面的设计极大地受 Luwing Hilbersheimer 的 Hochhausstadt 城市设计中城市立面的影响。同样，阿托查火车站停车场

图 6-26   丽岛商业中心内部

在巴塞罗那丽岛商业中心立面的设计极大的受Luwing Hilbersheimer的Hochhausstadt城市设计中城市立面的影响。

阿托查火车站停车场的屋顶设计来自于路易斯康犹太人社区中心与John Soane早餐屋的帆拱设计。

奥义撒在设计奥泰萨雕塑博物馆时，对于雕塑展示大厅的设计极大的受到了柯布西耶朗乡教堂的启发。

图6-27　马德里达利广场，西班牙人对室外阳光的喜爱是丽岛商业中心开放空间设计的原型依据

的屋顶设计来自于路易斯康犹太人社区中心与John Soane早餐屋的帆拱设计。不只莫内欧，许多建筑师都曾经在经典案例中寻找创作的灵感。莫内欧的老师奥义撒在设计奥泰萨雕塑博物馆时，对丁雕塑展示大厅的设计极大地受到了柯布西耶朗香教堂的启发。朗香教堂自由布置的楔形窗，也为雕塑大厅带来了趣味性（图6-28）。

综上，莫内欧依据时间和空间两个维度，从历史记忆和现实环境中发展了自己在设计实践中抽象原型的方法。历史容纳了自古以来的传承保留的原型，现实环境中隐含了大众对空间形式的心理认识，从中抽象的原型将使设计符合人们对建筑空间形象的认识，并达到顺应历史发展，同历史对话的目的。莫内欧通过梳理场地历史的动态发展脉络，理解历史环境中的历史意义，挖掘其中的历史发展逻辑，寻找并抽象出特定的历史原型以同历史对话。在现实环境中，寻找并抽象符合特定心理认知的空间形式原型，以准确地传达设计信息。同时，在原型寻找与抽象的过程中兼具理性与感性的判断，灵活地处理问题。

图6-28　从经典案例中抽象原型

6.3 应变与表现——设计原型的场所化过程

相对于罗西对类型几何抽象的偏执以及与现实的脱节，莫内欧的建筑类型学概念中体现了更灵活的变化与转换思想。场所化过程将抽象的原型带入到了一个现实场所中去，对场地中的各种条件予以恰当的回应。设计通过对多种要素的应变，使建筑适应环境的要求，满足功能的需求，并表现出其独特的艺术特色。

6.3.1 对话环境——场地环境对原型场所化的影响

建筑是有场地的，建筑是环境系统中的一个要素，建筑需要符合场地的特点，因此在设计中需要找准场地所具有的特点和属性。莫内欧在罗马游学期间，深受加德拉、布鲁诺·赛维等人的影响，对基地场址、建筑历史开始了深入的研究，这一点体现在后来的设计中。莫内欧的建筑体现了他对场地的重视，从场地出发的设计策略贯穿设计始末。

1. 分析场地要素

"现场总带着一种期望，等待将来的某一时刻可以让其发挥出积极的作用……建筑属于现场[①]。"
——拉斐尔·莫内欧

对于场地条件的把握是其建筑融入城市的关键。莫内欧认为建筑师对于场地属性的判断力至关重要。场地的某些属性应该被保留或充分挖掘，某些特点应该在施工过程中逐渐被消除。相对应的，建筑显示并烘托场地特点是非常重要的。"为了理解这些属性特点，理解这些特点的表现方式，分析场地就是建筑师在开始构思这个建筑时所采取的第一步[②]。""从场

地的情况来判断建筑在建造时，分析应对哪方面做出保留，排除不利因素[②]。"这些建筑场地的特点都将是类型学设计过程中场所化的重要依据。

莫内欧的设计常常从场地出发，寻找场地中的特点。观察场地、分析场地、了解场地虽不会直接产生答案，但是是形成建筑思路的基石和框架，为建筑师提供了创意的来源。建筑的特性很大程度上从场地不可重复的特性中得到。场地特殊的地理位置，周边的自然景观，场地上的历史建筑与遗迹，所在城市的地域文化，居民构成等，场地的一切特性都可能会成为设计的起点与创意的来源。即使是场地的不利因素，也是需要被挖掘的特点。米罗基金会总部（图6-29）的场地周边原是风景秀丽的自然山水，场地上拥有欣赏海景的完美视角。但在后来旅游业的开发之后，这里很快沦为了一个庸俗的市郊，大量的建筑施工粗糙，缺乏建筑美，随处可见开发商唯利是图的贪婪。自然与资本发展的矛盾成为了这个场地最大的特征，如何屏蔽这些不利的景观因素，将自然景色重新带回到这座建筑的院落也就成为了设计的出发点。因此，成功的建筑设计需要深入场地。

在大型公共建筑的设计中，莫内欧常常分析所在城市的结构，明确项目在城市中的作用与定位，进而形成设计的策略方向。莫内欧在分析了圣保罗机场的区位后认为是塞维利亚城市的门户

图6-29 米罗基金会展厅

① 吴放. "反映设计"（Reflective design）的探索——拉菲尔·莫尼欧建筑设计思想及作品研究 [D]. 浙江大学，2004：15.
② 拉斐尔·莫内欧. 莫内欧论建筑——21个作品评述 [M]. 林芳慧译. 台北：田园城市文化事业有限公司，2011：261.

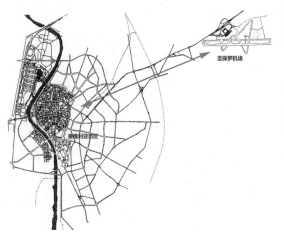

图 6-30　圣保罗机场与城市关系图

图 6-31　库塞尔音乐厅成为了城市海岸的一座灯塔

图 6-32　斯德哥尔摩是一座群岛的城市

入口（图 6-30），因而在设计中将着重体现城市的文化特质。在分析阿托查火车站的区位后，莫内欧将其视为城市南北轴线的重要端点，所以在设计中强调建筑的标志性将巩固城市现有的结构完整。

2. 与环境背景的图底关系

莫内欧在设计中注重建筑在环境中的整体性，在设计之初考量建筑与环境间的图底关系。莫内欧在库赛尔音乐厅和斯德哥尔摩现代艺术博物馆两个设计中，两个场地均面对大海与城市两个要素，但采取了不同的设计策略。库赛尔音乐厅从城市中脱离出来，形成了一个地标性建筑，而斯德哥尔摩现代艺术博物馆却隐匿在了城市环境中，同城市背景完全融合了。其看似不同的处理方式却体现了对场地价值的共同追求。库赛尔音乐厅位于西班牙北部城市圣塞巴斯蒂安的海滨位置，场地紧邻大西洋，拥有一条清晰完整的海岸线。乌鲁米尔河的入海口，就位于场地旁，两座山在不远处与场地相望，在场地周边，海湾、岛屿、海滩、山脉、河口向地理学模型一样同时呈现在一起。地理信息虽然丰富，但地形清晰简单。同时，场地所背靠的城市有着严整的规划、正交的路网和方正的街区（图 6-31）。而斯德哥尔摩是一座群岛上的城市（图 6-32），现代艺术博物馆的场地位于其中的一座岛屿上。这座岛

屿位于海湾的中央，给斯德哥尔摩带来了群岛的复杂地形。小岛拥有着同城市一样悠久的历史，岛上文化机构众多，且环境优美，绿树成荫，整个岛屿成为了市民们目光的聚焦点（图 6-33）。

莫内欧注意到了两块场地上的自然景观价值，库塞尔音乐厅的景观价值在海岸，而艺术博物馆的景观价值就是海岛本身。因此，莫内欧采取了不同的方式追求共同的景观价值。在圣塞巴斯蒂安，莫内欧认为海边的场地更应该属于海岸，而不是城市结构的延伸。因此并没有将建筑完全融入背后的城市，而是选择"拥抱"自然，设计中与自然条件找关系，成为海岸景观的一部分，突出了海岸景观的价值。在斯德哥尔摩，相比于未来博物馆单体建筑的新景观，莫内欧更看重海岛本身的景观价值。斯德哥尔摩这座城市景观的魅力就在于这座城市本身，其富有特色的群岛地形及城市结构是这座城市的财富。而过于突出的建筑极有可能会破坏诸群岛的自然景观，同时有可能使本来复杂的海岸更加复杂。因此

图6-33　博物馆与岛的背景相融

图6-34　银行新建筑作为历史建筑的背景存在

图6-36　在历史城区中凸显自身医疗救护的功能

图6-35　班基塔（Bankinter）银行轴测图

设计并不希望引起过多注意，而将外形结构与城市背景相融，由此确定了现代艺术博物馆的设计思路。不同的处理方式背后，是对场地景观价值的共同追求。莫内欧在设计中，对于场地各要素条件价值的综合判断，为其设计策略的正确决策打下了基础。

　　1）相对的图底关系

　　设计所要思考的图底关系是通常相对的，例如新建筑相对于城市，新建筑可以作为图而城市作为底，而相对于相邻的历史建筑，新建筑就可能会是城市历史建筑的底，作为背景存在。

　　面对历史环境的场所化过程，需要同周边的建筑特征构建一定程度的相似性联系，以求融入环境中。但谦和地做背景，不张扬不等于限制自身，埋没于环境之中。班基塔（Bankinter）银行大楼位于建筑师 Alvarez Capra 设计的别墅旁，尊重历史建筑的基本面貌，保留其完整性是设计的基本前提。莫内欧认为这个项目的目标就是实现别墅建筑与新建筑的共同存在。对于这样一栋历史建筑，设计创造了一个中性的背景平面，衬托历史的存在。因此，面向卡斯蒂利亚大道的立面是班基塔大楼最显著的一部分。但同时，银行建筑的商业性注定了新建筑不能彻底埋没于街道中，莫内欧用相对巨大而狭窄的几何体量在做背景的同时，依然向街道的人们彰显自身的存在（图 6-34）。莫内欧从形体上寻找突破点，立方体的建筑对场地西侧建筑的日照条件势必产生影响，设计在平面上"切"去了一个角（图 6-35），使得阳光可以直射入场地西侧的住宅内，同时面对街道的"锋利"立面在视觉上更具向上的挺拔感。

　　2）功能表达与背景的关系

　　建筑的功能主义成为体现建筑必需的、尽管不是全部的属性。很多建筑批评家认为建筑师超结构的，超越了它的构成，本质上摆脱了对功能性的依靠。而莫内欧则认为建筑具有工具属性，建筑应该体现建造它的目的。其认为在医院的设计中，满足建筑

需求的功能性能很大程度上影响了建筑的形式。在格雷格里马拉提翁妇产儿科医院项目中（图 6-36，图 6-37），面对周边的历史街区，莫内欧并没有在立面设计上有意图地与周边红砖建筑形成呼应，而是采用的以白色调为主的金属板和玻璃作为立面材质。整体形象在整个区域内非常引人注目。无疑，莫内欧在这个项目中更倾向于表达其医学的功能特点。拥有现代科技感的建筑形象向就诊的医患和家属们展示了一种干净、明亮医疗环境，使之拥有了对现代医疗科技的信心。高识别性也体现了其作为特殊公共建筑的功能属性。这栋建筑的城市性更多的是通过平面组织布局实现的。富有效率的流畅的交通组织使这栋白色的大体量建筑在整个区域内并没有格格不入。相似的，在哈佛大学 LISE 实验大楼（图 6-38）和哥伦比亚大学实验楼两个理工类实验楼的设计中，也存在着类似的处理方式。两座楼所处的场址均被校园内的历史建筑所包围，但因项目的理工学科性质需要表现出科技感与现代感，设计

图 6-37　医院与周边建筑相似的体量，设计简洁现代的立面即表现了自己，又不显得过于突兀

图 6-38　哈佛大学 LISE 大楼在历史校区中表达科技感

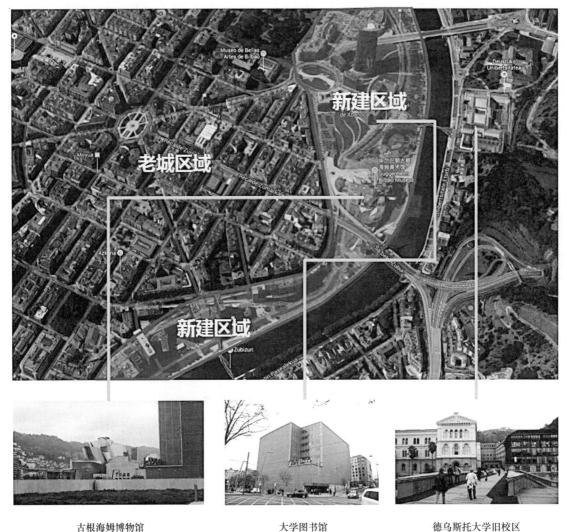

古根海姆博物馆   大学图书馆   德乌斯托大学旧校区

图6-39　毕尔巴鄂德乌斯托大学新区与老校区隔河相望，新与旧的对比象征着学校与城市的新生

并没有同历史建筑采用相似的材料与立面设计，而是选用了玻璃与金属这类能表现科技感的材料。

3）顺应历史发展，与历史背景对话

在历史城区中，历史成为了背景，现代建筑不可避免地要思考与历史背景的图底关系。莫内欧在毕尔巴鄂老城的德乌斯托大学图书馆项目中，充分理解了城市发展的逻辑，用新形式表现城市的新生（图6-39）。让毕尔巴鄂在世界扬名的就是盖里设计的著名的古根海姆博物馆，这证明了市政府城市复兴计划的成功。毕尔巴鄂邀请世界多名建筑大师在临近老城的河岸边进行了一系列的建筑活动，除

古根海姆博物馆之外，卡拉特拉瓦设计步行桥，耸立桥端的矶崎新大厦，西萨·佩里的摩天大厦以及西扎的文化活动中心与莫内欧设计的德乌斯托大学图书馆在一个组团中。这些新建的大师作品，在老城中形成了一个与历史环境迥然不同的新区域，在整个城市发展史上有着里程碑式的意义，彰显了毕尔巴鄂市政府打造新城区，唤起城市新活力的愿望与决心。莫内欧也理解了这强调新生的意义，了解了市政府的心理诉求，进而在设计中强调新旧区域建筑的对比。但莫内欧最终并没有盖里那么激进，采用简练的几何形式与现代材料同河对岸的历史建

筑相对，相似的体量与尺度在强调对比的同时，仍然和历史建筑环境构建联系，可见，莫内欧在面对历史时还是谨慎的。

3. 与环境建立空间联系

与环境建立空间联系，可保证建筑充分地融入场地。将建筑空间与城市公共空间相连接，确保建筑场地公共空间与城市空间的连续性，是建筑融入城市结构的重要方式。

莫内欧在洛格罗尼奥市政厅设计中（图6-40）力图强调的是建筑的公共属性和便利性。为了广场和建筑更适合市民进入，以让广场的原型通过场所化设计更好地融入城市结构中，市政厅广场的建筑界面并没有垂直于城市的正交网格结构，而是旋转了45°角，使广场和建筑形成了一个不对称、不完整的形态。建筑张开的界面面向广场，以一种开放的态度迎接城市。市政厅南面的两个角连接城市的两个十字路口，从十字路口进入的市民会被两个斜边指引近广场。相比于正交的设计，旋转后的斜边使得市政厅的界面更容易与周边建筑建立连续性（图6-41）。广场上市政厅的柱廊更是增加了建筑的公共属性（图6-42）。这种柱廊如同马德里马约尔广场上的柱廊，是西班牙广场上常见的形式。

这座市政厅并没有采取突出庄严感的中轴对称的建筑形式，而是塑造一个平易近人的普通市民广场形式。广场的空间形式来自于西班牙众多的市民广场，连续的建筑立面、带有柱廊的设计都是其空间类型的典型特征，在洛格罗尼奥都被莫内欧转化进了设计中。类型的选择为了达成设计目的，莫内欧这种平易近人的空间类型诠释了其在设计初期力图创造的公共性和便利性。

在处理丽岛商业中心这种巨大规模的设计问题，同城市街道建立充足的联系将保证建筑能融入环境。大厦的300m超长体量强化了"对角线大道"的城市结构，但巨大的体量会使建筑与周围的环境失去

关联，引发自身的孤立和分离。莫内欧在不同水平层上设置多个出入口，与城市街道建立联系，将室外街道的步行空间感受延伸到了室内商业空间。购物长廊被延伸到了三个楼层，在其内部完好的保留了街道的坡度。城市街道的原型赋予了建筑更好的城市性，使建筑的商业部分同城市的街道紧密联系起来。并且设计在其背面设置了一个公园，以此建立了一个环绕商业中心的步行环境，也使建筑的商

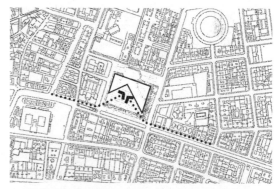

图6-40 洛格罗尼奥市政厅城市步行公共空间的连续性

图6-41 洛格罗尼奥市政厅街道步行环境

图6-42 洛格罗尼奥市政厅街道步行环境

业空间更好地融入其中（图 6-43）。

建筑与周边的道路空间的特殊的联系方式，将赋予建筑独一无二的特色。哈佛大学科学与工程一体化实验室（以下简称 LISE）一层的开放设计体现了对场地特殊性的完美变通。莫内欧在哈佛的时候"非常喜欢那些被称为庭院的区域，那里绿地上布满了道路和

小径，上课铃声响起，学生在这些道路上匆忙的擦身而过"[1]。原有存在的道路被莫内欧认为是理性的，是应予以尊重的古老校园的肌理。而设计规模与功能的要求使莫内欧只能将 LISE 大楼加建部分置于原有道路之上（图 6-44、图 6-45）。为了不至于割断原有校园道路，莫内欧创造性地用三片混凝土曲面墙体

图 6-43　丽岛商业中心首层平面图

图 6-44　LISE 大楼在校园环境中的鸟瞰图

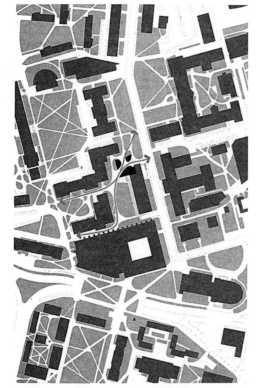

图 6-45　校园步行流线图

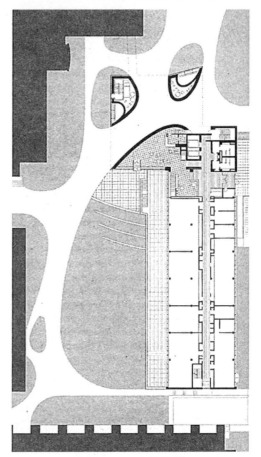

图 6-46　LISE 一层平面图

① 拉斐尔·莫内欧. 莫内欧论建筑——21 个作品评述 [M]. 林芳慧译. 台北：田园城市文化事业有限公司，2011：591.

（图6-46），将一层开放，呈现出三个立方体柱廊使行人穿行而过，进而强调了附近道路和网格的重要性。

4. 与环境建立视觉联系

对建筑的立面的视觉感受是人对建筑的直接认识。建立建筑同环境的视觉联系，是建筑与环境在视觉上直接的对话。通过体量形式、立面材料以及建立直接的视线交流的方式，将建筑与环境有机融合。

1）通过体量形式与环境建立视觉联系

同一种功能结构在不同场地条件影响下，结构模式的拓扑变换，导致最终的形态结果也不同。莫内欧设计的两个音乐厅，巴塞罗那大礼堂音乐厅与库塞尔音乐厅，都由两个演出厅组成，功能结构基本相同。每一个演出厅附带其服务设施房间，各自形成了一套系统，莫内欧为这一系统赋予了一个立方体的几何形态。

位于城市正交网络内的巴塞罗那大礼堂，其组织结构模式也呈现单一正交形式（图6-47）。大礼堂将连接两个演出厅的入口设计成为一个广场，位于大街的尽头。从城市结构中看，这个广场使得大街的视线和通行延伸穿过了场地，使建筑融入到了城市结构中。两个长方体的演出厅位于矩形地块的两部分，与巴塞罗那特色的方形街区相呼应。

而位于海滨的库塞尔音乐厅布局受到了自然条件的影响，两个体块的布局则是根据自然山水的位置关系。莫内欧使两个立方体分别对向两座山，形成了两个演出厅各自不同的两套网格（图6-48）。入口大厅和基础服务设施位于底层，整合成为一个平台，突出了两个演出厅的体量感，建立了立方体与步道的联系。建筑场地相邻的海岸线与道路边界决定了平台层的边界和柱网。最终形成了库赛尔音乐厅类似于两块岩石的建筑形象布局（图6-49）。

周边建筑的布局特点，需要设计进行转化。斯德哥尔摩现代艺术博物馆项目中（图6-50），莫内欧通过对场地的分析考察，确定了融入城市环境的场地

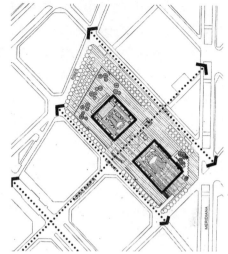

图6-47　巴塞罗那大礼堂音乐厅平面图

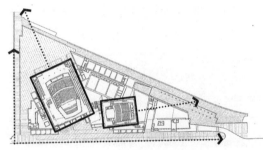

图6-48　库塞尔音乐厅平面图

图6-49　库塞尔音乐厅

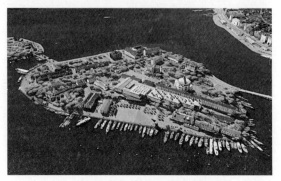

图6-50　斯德哥尔摩现代艺术博物馆鸟瞰图

策略。而在此之后，从现有建筑中寻找特征，是其将
这个大项目与岛屿融合在一起的关键。场地周边建筑
的特征，促使博物馆布局类型发生转变，以适应场地
特征。周边建筑的体量、尺度、色彩是莫内欧常常最
为关注的。场地中存在一座 250m 长的建筑，而其他
建筑均为小体量的独立建筑，分散布置在岛内。莫内
欧的布置方案一方面用一条完整的长廊同 250m 长的
建筑呼应，另一方面，将多个展厅拼合组织在长廊一
侧，与周边独立建筑尺度相呼应。展厅采光设计所采
用的金字塔式坡屋顶使每一个展厅类似于一个独立的
建筑。博物馆打散的体量与周边小体量建筑和谐共处，
同时设计保护了岛屿的地形，并通过使用不同的水平
高度来为这个博物馆提供众多的入口。

　　2）通过立面材料与环境建立视觉联系

　　为保证城市建筑环境的整体性和连续性，莫内
欧对周边场地建筑环境条件采取灵活的应对策略。
立面材料的应用是建筑最外向的表达，直接展露于
城市建筑环境之中，因此材料的设计是莫内欧协调
周边的重要方式。

　　红砖是莫内欧在文化建筑中常用的材料，这和
早年阿尔瓦·阿尔托的影响分不开。早年间，莫内
欧在北欧期间特意拜访了阿尔瓦·阿尔托，并参观
了他的诸多红砖时期的建筑。后来莫内欧多次表示
阿尔托对自己有着重要的影响，从罗德岛艺术学院
美术馆（图6-51）与戴维斯博物馆（图6-52）
这两个设计中可以看到阿尔托于韦斯屈莱大学
（图6-53）建筑的影子。阿尔托最喜欢用红砖的墙
体和铜皮打造装饰，如屋顶，饰品等。这些材料最
终形成效果，都得十几年甚至几十年后才能见到。
红砖经过风吹雨打，更加鲜艳；铜皮上锈之后，呈
现出的深色更显得稳重典雅。莫内欧在众多文化建
筑设计中，均采用红砖来强调表达建筑的文化特质。
砖拥有着暗淡却不失底蕴的色彩，几丝内敛的人文
气息，历经风雨的洗礼却仍旧保持原有的底蕴，显
得更加浑厚有张力。这种材质隐含的文化内涵，使
建筑不仅在外表，且在更深层次与历史环境建立了

共同的对话。

　　戴维斯博物馆与罗德岛艺术学院美术馆这两座
高校的文化展览建筑，被莫内欧成功地赋予了文化
气息。这两座建筑在外立面的设计上有着诸多的相

图6-51　罗德岛艺术学院

图6-52　戴维斯博物馆

图6-53　于韦斯屈莱大学

似点。两者具有同样的文化展示功能，面对的环境皆为有历史建筑影响的校园环境。从周边校园建筑环境来看，不难理解莫内欧选用砖作为立面主要的材料，即设计与周边砖砌体建筑的共同点，从而得以融入环境中。但同时莫内欧不仅用砖同环境取得直接联系，也用这个材料构建了一种与历史环境相似的文化内涵。当莫内欧面对场地内或周边存在的有特殊意义的建筑物时，其往往会尊重环境的整体效果，尊重前人的作品，并不过分张扬自身的个性。卫斯理大学校园内的戴维斯博物馆项目基地紧邻美国著名建筑师保罗·鲁道夫的早期作品——犹特美术中心（图6-54）。莫内欧着手设计的戴维斯博物馆原计划将承担原本由犹特美术中心保存的5000多件艺术品的收藏展览功能，这也表明这两座新老建筑间紧密的联系，体现了对老馆的尊重。

设计师利用材料同时协调自然环境与城市环境两种条件因素。莫内欧希望在库塞尔音乐厅设计中，营造一种抽象而远离城市结构的形式。"岩石"的形象被抽象成为两个半透明的立方体，并被构造成了玻璃结构。海岸边的岩石表面形成的腐蚀面证明了半透明的磨砂玻璃是最佳的材料，在夜间，玻璃的透光性将"搁浅的岩石"变成了两个面朝大海的标志性灯塔，宣示了库塞尔音乐厅的公共属性（图6-55）。两个体块略向大海的方向倾斜，类似于西班牙雕塑家奥泰萨的作品中所表现出来的，兼具运动感和稳重感形式美。莫内欧认为"库塞尔倾斜的棱镜展示了其内在的无穷力量，呈现出乌鲁米尔河口亮丽的城市景观。建筑外部带有弧度的玻璃板采用19mm厚的玻璃通过层压技术制作而成，弯曲部分使建筑面给人呈现出不同的特点。曲面的玻璃板将建成的结构转化成一个半透明的稠密性结构，在经过白天和夜间的不断变化，形成神秘的光源。同时这种带有弧度的玻璃板也能有效地抵御强烈海风的冲击，这也是对现实条件的一种应激回应。"[①]（图6-56）可见，材料本身对于营造库赛尔音乐厅

的抽象性和独立性也起到了一定的作用。

3）通过直接的视线交流与环境建立视觉联系

与自然环境建立视觉上的联系，是莫内欧对自然环境的回应方式之一。自然环境作为城市中的重

图6-54 戴维斯博物馆与犹特美术中心在视觉上形成统一的整体

图6-55 灯光透过库赛尔音乐厅玻璃

图6-56 库赛尔音乐厅立面玻璃细节

① 拉斐尔·莫内欧. 莫内欧论建筑——21个作品评述 [M]. 林芳慧译. 台北：田园城市文化事业有限公司，2011：203.

要景观资源，其不可复制的价值就需要视觉上的利用。将自然景观引入建筑内是大多数建筑师的普遍做法，莫内欧在引入景观视线的基础上，在建筑设计范围内营造同自然景观相联系的人造景观，进而形成一系列与自然浑然天成的视觉景观。

例如在米罗基金会总部的设计中，游客们从大街进入后，游客们沿着在围墙保护下的小道进入内部，眼前会不由自主地被一个庭院所吸引。由此，

游客们眼前便出现了已经被遗忘的大海。新建筑将大海重新送回了人们的视野，让游客们感受到米罗眼中无比钟爱的海湾美景。这大海的美景同时也将游客带离了充斥着繁杂建筑的混乱环境（图6-57、图6-58）。花园作为一个重要的基础元素，在米罗基金会和其周围环境之间起着某种调和作用。花园的任务是通过营造舒适意境的水池将建筑与地面紧密地联系在一起（图6-59）。花园内充满了水的声

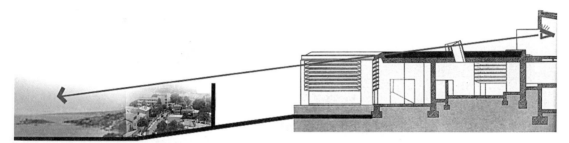

图6-57 利用屋顶水池将入口视线眼神到远处的海景

图6-58 蓄水屋顶平台使得建筑内的视线只能看到海景，而遮蔽掉岛上城市的混凝土建筑物

图6-59 基金会院内的花园同远处的海景内外联系

响，久违的大海以及马略卡岛上的绿色植物共同构筑了一幅唯美的画面。

6.3.2 优化功能——功能需求对原型场所化的影响

功能是建筑设计中不可回避的问题。世界建筑界对于功能问题的讨论一直在持续。从 20 世纪初现代主义建筑对功能主义的狂热，到 60 年代后现代主义对功能主义的批判。非功能主义不是不要功能，而是在功能和形式中，更乐于把形式摆在第一位。在触及描述与分类的问题时，功能是不可被回避的，大部分的分类需要考虑功能分析。建筑的功能是类型学不可回避的分类标准之一，建筑建造的基本目的就是满足人们的使用需求。

莫内欧在设计中以务实的态度，认为在类型场所化的设计中需要关注人们的生活环境和解决现实的问题。莫内欧在着手进行设计时，分情况灵活地思考不同的策略，即不同功能采取的策略也是不同的。莫内欧在设计中以务实的态度考虑功能性的策略，保证建筑拥有最佳的实用性，但这并不意味着莫内欧将功能看做所有设计中最重要的内容。不同功能类型的建筑，并施以不同倾向的设计策略，例如医院建筑的功能被看做设计的重点，医疗建筑复杂的功能特点，使其不同于其他的建筑设计，医疗功能的需求成为了最先也是最主要的考虑。在格雷戈里马拉提翁妇产儿科医院设计中，由功能组织排布的形态几乎形成了医院最终的形态。正交的组织形态，分层设置的功能分区，用于采光通风的庭院，都是为了形成医院干净、清晰、明亮的医疗环境而设计的。市政建筑、商业建筑强调公共性与便利性，教堂等宗教建筑则注重对于神圣空间的塑造，文化建筑注重突出文化意义。莫内欧重视博物馆、美术馆、图书馆等文化建筑中的所要表达的艺术文化意义。在梅里达罗马艺术博物馆，表现罗马文化是整个设计的核心；在提森·波涅米萨博物馆，还原宫殿时期的文化空间感是改造工程的核心。这些也体现了其设计方式的灵活。

1. 形式满足功能

前文多次表述，莫内欧是一位务实的建筑师，并没有将建筑单纯地视为类似于绘画、雕塑一样的艺术作品，认为在类型场所化的设计中需要关注人们的生活环境和解决现实的问题。"我认为埃森曼建筑中的很多非常个人化的组件，已经偏离了那些所有用来构筑它的借口……事实上，一个反对许多新先锋（例如埃森曼或迈耶）的批评是他们仍然限于传统先驱者们形式上的提议。许多我们同时代的人只看到了传统先驱者们在视觉艺术上的位置"[1]。在后现代主义反对功能至上的大背景下，莫内欧并没有抛弃功能，而是将功能看做影响形式的重要因素。在早期莫内欧设计的萨拉戈萨变电站项目中（图 6-60），建筑一系列高低起伏的形式由工厂的工序需求决定，不同的高度需求，产生了连续起伏的形式。此外，莫内欧利用立面形式设计隐喻建筑物功能的不同。在社会保险公司大楼（Prevision Espanola）中（图 6-61），建筑立面的分层结构包括了各类不同材料的使用，同时根据其各自的用途突出了每一个层面的特点：底层专门用来接待和提供客户服务；中间层则专用于管理；而较高层则作为办公室和行政管理部门的办事机构。

莫内欧在设计实践中一直秉持着实用主义的态度，在大型公共建筑的设计中，诸如火车站、机场航站楼、大型商业中心、音乐厅、医院等功能复杂、人员密集流动量大的建筑项目，莫内欧的设计都显示出了清晰的功能分区结构。不同的功能区块被赋予到了各自的几何形态中，通过功能关系组织而成为一个高效的建筑体。

纳瓦拉大学博物馆作为莫内欧最新建成的作品，完美地体现了功能构成形态。五个展示不同艺术收

① Alejandro Zaera. Conversation with Rafael Moneo[J]. EL Croquis, 2004(20 + 64 + 98): 21.

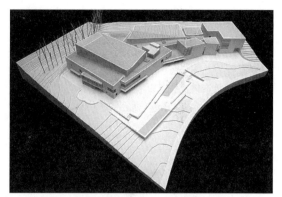

图 6-62 纳瓦拉大学博物馆模型

图 6-60 萨拉戈萨变电站

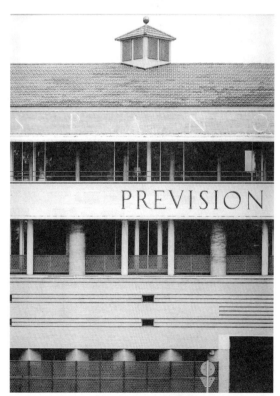

图 6-61 Prevision Espanola 保险公司大楼立面

藏品的展厅被赋予了五个立方体的形态，大学的活动中心部分被赋予了另一个立方体，六个立方体被连接形成了博物馆的整体形态（图6-62）。这种功能决定，或者说最大程度上决定形态的做法，可以看出莫内欧对于现代主义建筑认同的一面。莫内欧的建筑多呈现出简单清晰的组织结构，这种设计为使用者提供了极大的便利。

2. 原型的功能化设计——以顶部采光设计为例

其通过对原型的形式的调整，以完善并适应新的应用需求。如前文所述，莫内欧一直秉持务实的设计态度，在设计中优化原型功能的设计。在原型功能化过程中，对原型的调整是在保持原型形式结构不变的前提下完成，如此才能原型传达的一致性。

设计实践过程中，所面临功能问题极其繁多，本文不可能逐一例证说明，因此选取了莫内欧多次选用的顶部采光原型，论述其面对不同功能问题的场所化设计。顶部采光的方式与人类历史上长期对天空的信仰崇拜相关，广泛存在于各个时期的建筑之中，在人类的集体记忆中形成了带有神圣性的心理认知。

1）教堂中顶光的神圣气氛

人对宗教建筑中来自上方光线会产生带有神圣感的心理认知。罗马万神庙的顶部采光、哥特式教堂的侧高窗营造出来"通往天际"的神性空间和心理体验。教堂中的顶部采光形式不再仅仅满足采光照明的单一作用，而更多的要起到塑造空间神性的作用。而这教堂的神性，正是莫内欧认为现代教堂中最需要表现的内容，是教堂功能的核心。在洛杉矶圣母大教堂东立面，雪花石膏板材质本身所营造出的柔和光线，将巨大尺度的十字架形象烘托在教堂之中，用光线塑造十字架的震撼形象（图6-63）。圣塞巴斯蒂安的耶稣教堂的规模较小，莫内欧将整个屋顶的形式塑造成了一个巨大的十字架形象，并用顶部天窗的光线勾勒出来（图6-64）。天光给人的神圣感与巨大十字架的宗教形象，即使在小教堂内也能给人以心理的震撼（图6-65）。顶部采光的原型可以带给空间以匀质的光环境，也会给人以神圣感的心理体验，当与宗教功能结合时，对于宗教形象的塑造就成为了原型功能化的设计内容。在梅里达罗马艺术博物馆中，顶部的采光随有展示之用，但其营造出了带有神性的空间，使参观者产生对罗马历史文化的崇敬之感。

图6-64　耶稣教堂屋顶采光的十字架

图6-65　耶稣教堂

图6-63　洛杉矶圣母大教堂十字架

2）展示空间中顶光的艺术渲染

由于顶部采光方式的光线均匀，可提供侧向采光更多且完整的展示墙面，同时所产生的静谧氛围适合艺术的展览气氛，这种采光方式被展厅设计所广泛采用（图6-66、图6-67）。在莫内欧的艺术展厅设计中，天窗扮演了重要的角色。莫内欧在解释设计过程时提到了约翰・索恩爵士（Sir John Soane）在伦敦设计的达维奇图片艺术馆的案例，他的展示空间采光方式的原型来自罗马建筑，其对

图 6-66 巴黎卢浮宫，顶部采光的方式是艺术
展示空间中常见的形式

图 6-67 巴黎卢浮宫，顶部采光的方式是艺术
展示空间中常见的形式

光线的运用启发了莫内欧。但强烈的直射光对艺术展品是极为不利的，需要对光线进行处理，以保护艺术品并烘托观展的气氛。

在纳瓦拉大学博物馆设计中，艺术品展厅采用雪花石膏片去弱化强烈的直射光（图 6-68、图 6-69）。雪花石膏片是莫内欧非常喜欢采用的弱化光处理材料。自然光经过被磨制得很薄的雪花石膏片后，变得柔和暗淡，且由于光线折射，石材的纹样才光中若隐若现。这种被弱化的柔和光线营造了适合展览环境，一定程度上保护了展品。这种雪花石膏片多次被莫内欧用在弱化强烈光线，营造柔和曼妙的光环境空间，如洛杉矶圣母大教堂、米罗基金会展厅、圣塞巴斯蒂安教堂等均有此方式的采光窗。

除了用材料去弱化光线以达到渲染展示环境的目的，莫内欧还通过构造设计的方式塑造展示空间。

天窗的光线不仅仅被视为平面空间内的光源，更是营造垂直墙体和屋顶之间的连续性的元素。休斯敦美术馆与斯德哥尔摩现代博物馆的展厅空间设计相似，在相邻展厅之间的组织模式上，艺术展示空间的连续性，参观流线的自由性。空间的划分与组织，可以提供不同规模大小的空间，具有很强的灵活性。这些展厅需要作为一个中性的背景，烘托展示其中的艺术品。莫内欧在这两座展示空间中采用了金字塔形采光屋顶的设计。在金字塔屋顶的上方，莫内欧设计了独特的采光箱（图 6-70）。采光箱的设计，通过漫反射玻璃、单层或双层玻璃、百页格栅控制光线，将强烈的光线弱化成适合展示的程度。同时金字塔形的屋顶轮廓在室内形成了多边的漫反射面，营造出了丰富柔和的展示光源（图 6-71）。光线在一系列的装置处理下，可以被人为控制，以适应不同的展示内容。采光箱加金字塔屋顶的设计，在控制室内展示光环境的同时，也形成了独特的屋顶形式，被视为了莫内欧的个人符号。夜晚，室内的灯光透出屋顶的采光箱，成为了建筑的灯光景观。

　　3）交通空间中顶光的隐喻意义

　　天光在交通空间中被赋予了一种指引向上的隐喻意义。莫内欧在楼梯处的顶部采光除了满足基本

的交通采光功能，还与天井结合，赋予空间一种动态的隐喻意义。因楼梯中还隐含着某种移动感，在纳瓦拉皇家综合档案馆设计中，对于新建的收藏文件的塔楼，莫内欧将储藏室环绕方形的内部天井而建，似乎暗示着它有朝一日将会向上或向下扩展，达到视线不及的高度（图 6-72、图 6-73）。它用这种方式回应无限的概念，同时保持着一座档案馆

图 6-68　纳瓦拉大学博物馆展厅内的雪花石膏片效果

图 6-70　斯德哥尔摩现代博物馆展厅的采光箱设计

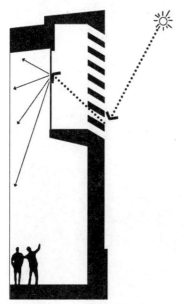

图 6-69　展厅采光剖面图示

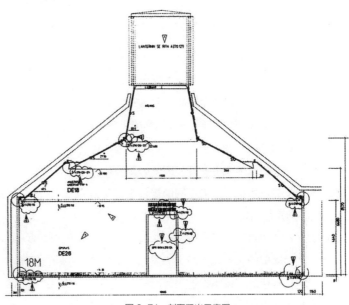

图 6-71　剖面采光示意图

图 6-72 纳瓦拉皇家综合档案馆交通部分采光设计

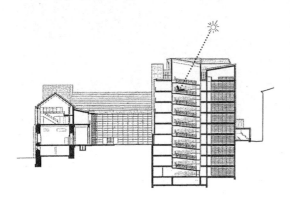

图 6-73 纳瓦拉皇家综合档案馆交通采光剖面图

的意向。构成垂直连接系统的斜坡，使不同档案储存室在意义和功能方面联为一体。同样在戴维斯博物馆中，天井采光的形式与楼梯垂直向上的交通方式相结合，加之博物馆从底层至高层依次按时间顺序布展的方式，这种设计暗含着指引观者沿展线参观并走向未来的隐喻意义。此外，梅里达罗马艺术博物馆与休斯敦美术馆的交通空间也均采用了在楼梯间顶部设置天窗的设计。

4）公共大厅中的大进深采光

大型公共建筑的大厅常因巨大的屋顶面积，致使自然采光成为难题。通常设计从大面积的屋顶入手，采用屋顶采光的方式来解决。在公共大厅中的

顶部采光设计中保证空间亮度的功能是主要需求。莫内欧在公共大厅的屋顶采光设计中手法较为简略，常与结构、设备等功能构件融为一体。在塞维利亚圣保罗机场大厅，每一个结构单元是一个穹顶结构，在其顶部自然形成了采光孔。因塞维利亚的阳光强烈，采光孔的尺寸相对整个结构尺度并不大，并且在其上方加设了漫反射的装置，以使光不至于直射入室内大厅（图6-74）。同样在阿托查火车站城际站台大厅，莫内欧也将屋顶采光与结构设计结合，最简单的满足采光需求（图6-75）。

图 6-74 塞维利亚圣保罗机场大厅穹顶结构

图 6-75 阿托查火车站停车场

6.3.3　表现艺术——原型场所化的主观创作

1. 艺术的表现——建筑美感与魅力的来源

莫内欧反对建筑师对个人表现的极力追求，但是设计应发挥建筑师的自由思维，而不只是推理出来的"纯粹"结果。"所有的建筑历史、所有的建筑学理论家们都设法去表明建筑师所做的就是做这件事的唯一方式。我强烈地意识到这不是真的！不存在一种简单的决定论可以用来解释建筑。事实上你在进行着形式的选择——一些不确定的事物——这使得你能够通过它去形成建造的方向"[1]。人创造了最终的形式，而符合人类审美，刺激大众感官的出色作品需要人的自由思维，因此主观艺术设计因素扮演着重要的角色。

莫内欧通过场所化过程中对原型特征的艺术表现与强化，建筑原型的美感与魅力被赋予在现实建筑中。梅里达罗马艺术博物馆设计中，对罗马拱券原型进行几何形式的重组与强化。沿建筑展厅进深排列的一排排拱券强化了原型形式在参观者心里的感知，增强了空间形式的艺术表现，给观者巨大的心理震撼。因此通过艺术设计，强化原型特征表现，使原型的场所化形式具有建筑美感。

2. 形式的创作——理性分析下的自由创作

"对我而言，设计初期总有一个偶然和随机的时刻，一个自由选择形式的环境，它们不由任何除作品本身之外的环境所决定"[2]。

——拉斐尔·莫内欧

莫内欧认为一套设计策略的生成并不都是理性推理的结果，一个出色的想法甚至是建筑师的直觉，这种随机的且充满戏剧性的设计过程在现实中扮演了重要角色。这其中，建筑师的个人因素占据主导，经验、个人喜好甚至个人情绪都影响了直觉的判断。

莫内欧在设计策略上更加倾向于对历史文化的表现或对场所环境的特征回应。而盖里更倾向于形式的扭曲表现，福斯特倾向于高技术的表现，这方面必然带有强烈的个人符号。

在理性分析下，莫内欧对原型的场所化过程进行自由的艺术创作。丽岛商业中心的立面长度超过300米，建造如此庞大的建筑体，需要建筑师精心地处理各个细节。莫内欧为使巨大的体量在城市中不至于显得笨重、死板，对街道产生压迫感，而将建筑的体量进行了适当的分割（图6-76）。类似于纽约的摩天大楼在其高度增加的同时逐渐减少其建筑体积的做法，丽岛商业中心，作为一个水平屹立的摩天大楼在其平面和剖面的设计中采用了类似的手法，形成了丰富多变且各不相同的建筑立面。这个立面设计的分割方案并没有强调构图的规律性与逻辑性，反而是带有很强的随机性。如同在穆尔西亚市政厅正立面设计中，垂直与水平元素的随机分割，更多的是凭借建筑师个人的审美感觉得出的最终设计结果。莫内欧本人的审美感觉在丽岛商业中心立面设计中发挥了决定性作用，设计师站在街道行人的视角上，以一个正常的角度来决定这幢建筑立面的分割，而不是站在建筑的正面。

图6-76　丽岛商业中心街道立面人视图

① Willian J. R. Curtis. A Conversation with Rafael Moneo[J]. EL Croquis，2000(98)：19.
② Alejandro Zaera. Conversation with Rafael Moneo[J]. EL Croquis，2004(20 + 64 + 98)：26.

在穆尔西亚市政厅正立面垂直与水平元素的随机分割，形成了丰富多变且各不相同的建筑立面。其立面的设计，并不是像很多研究者推断的那样富有形式逻辑，莫内欧本人在后来的采访中称，设计过程中对于立面的列柱的排布和比例完全是随机制作的，而其本人对这个随机的结果很满意。穆尔西亚市政厅垂直表面通过一系列的水平面和垂直面进行随机定义，这种随机性体现了建筑师的自由（图6-77）。这不是推理演绎的结果，而是来自某种直觉。

图6-77　莫内欧在设计过程中所制作的模型

再如洛杉矶圣母大教堂的内外设计呈现出"破碎"的形象。莫内欧将从众多教堂建筑中抽取的原型进行了形式的扭曲与变形（图6-78）。对于十字平面、壁龛、墙体、屋顶等形式的处理均带有一种随的状态。莫内欧将从众多教堂建筑中抽取的原型进行了形式的扭曲与变形。对于十字平面、壁龛、墙体、屋顶等形式的处理均带有一种随机的状态，图解分析很难分析出其中的道理，从建筑声学角度也无法证明莫内欧从这一方面的考量，导致了最终"破碎"的形式。纵观莫内欧的设计作品，自由扭曲变形的形式设计虽然不像盖里那样明显张扬的存在于每一个作品中，但在多数作品中都可见：米罗基金会总部展厅的斜线、纳瓦拉大学博物馆体块的扭动布置。同样，圣塞巴斯蒂安耶稣教堂的礼拜堂平面（图6-79），同样采取了不规则斜线的调整，将一个希腊十字的平面变得不规则。类似于朗乡教堂那些不规则的墙体对于传统教堂空间的改变效果，新礼拜堂的空间与历史传统相似但不相同，拥有同传统在心理经验上的联系，使人清楚地感知到教堂的空间。但现实空间的扭曲与不对称，又让人感受到现实的时代感，明示出这是一座现代教堂。

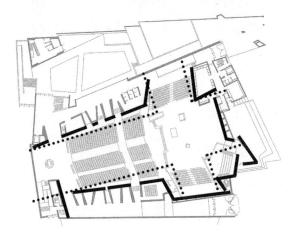

图6-78　洛杉矶圣母大教堂首层平面图

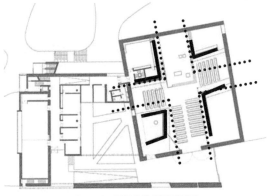

图6-79　耶稣教堂首层平面图

从米罗基金会内部的展示空间看，分立形状与米罗孤立存在的独特作品形成了某种共鸣。对于米罗基金会这个不规则的展厅造型，莫内欧的解释是来自于欧洲堡垒形象。他试图用隐喻的手法，隐喻这个基金会建筑像堡垒一样抗衡着周围不那么令人愉快的环境。这样的解释似乎有些牵强。从内部的展示空间看，分立形状却似乎与米罗孤立存在的独特作品形成了某种共鸣。建筑区域的分散使得米罗的艺术品可以随意地布置在建筑的各处。

3. 装饰的艺术——用艺术表达建筑

莫内欧的立面设计很少采用复杂的装饰符号，更多的是几何形体与材质的纯粹表达。在莫内欧中性低调的设计中，用艺术品起画龙点睛的作用。其在建筑中通常由知名艺术家创作的艺术品装饰，体现了设计的文化追求。巴塞罗那大礼堂入口的广场采用了旋转立方体的玻璃板，一个悬挂的玻璃立方体嵌入柱体中间的空隙中（图6-80）。在立方体的内部，画家巴勃罗・帕拉苏埃洛（Pablo Palazuelo）的画作（图6-81）将富有诗意的音符灌输到了建筑中。而普拉多博物馆加建部分的铜门是由艺术家克里斯蒂娜・伊格莱西亚（Cristina Iglesias）雕刻的作品（图6-82），设计以一件艺术品作为艺术博物馆的入口。梅里达罗马艺术博物馆入口处的装饰是象征罗马艺术的人形雕塑。在米罗基金会的设计中，莫内欧将陶瓷艺术家玛丽亚・安东尼亚・卡波（Maria Antonia Carbo）创作的马赛克作品安放在建筑靠近花园的墙面上，强调了艺术与建筑的融合，以及米罗与其艺术家朋友的协力合作。

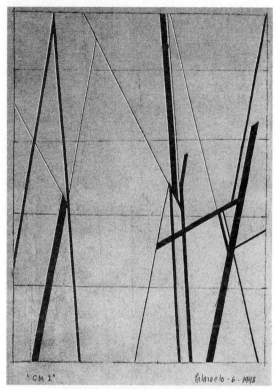

图 6-81　画家 Pablo Palazuelo 的绘画

图 6-80　巴塞罗那大礼堂入口

图 6-82　普拉多博物馆新建部分入口

综上，原型场所化的过程就是与现实条件相结合的过程，是具体形式设计的过程。莫内欧通过对话环境、优化功能、表现艺术这三个方面实现类型学的场所化设计内容。但设计实践过程是一个灵活的思维过程，三个方面并不存在固定的孰轻孰重的顺序关系，而是由建筑师的主观因素决定。莫内欧凭借敏锐的感觉和丰富的经验，把握设计过程中特色的条件，生成符合场地条件和功能需求，同时兼具美感的形式。同时，在对原型变化的过程中，坚持原型的特征结构，而不使其特征性丧失，进而达到表现原型特质的目的。

6.4 组合与应用——类型的组合设计与案例分析

本章通过对莫内欧完成的两个重要案例的类型学设计进行重点解读和分析，通过图解的分析方式，研究在完整的设计实践过程中对原型的多重抽取与组合，以及综合应对复杂环境与功能下的场所化设计。

6.4.1 马德里阿托查火车站（Atocha Railway Station）改扩建设计

阿托查火车站始建于1851年，是西班牙最早的火车站。车站曾经经历过一场火灾，完全损毁，目前所见车站旧有建筑为1892年重建。随着车站运输任务量的增加，老车站建筑难以满足需求，莫内欧从1984年开始着手设计改造这座百年车站，至1992年改造完成投入新的运行。改造后的阿托查火车站是西班牙全国的重要铁路枢纽，承载着全国长途铁路运输、马德里大区铁路交通和市区的公共交通，已然成为了最繁忙的铁路交通中心。

1. 问题研究与设计策略

1）城市结构的强化

莫内欧从阿托查火车站的百年历史入手，从城市的角度分析场地的历史变迁。作为城市的标志性建筑，阿托查火车站和查马丁火车站是马德里城市南北轴线的两个端点[1]（图6-83），巩固了城市结构。但由于城市扩张，交通量猛增，新建的高架道路将火车站标志性的拱顶"淹没"，周边繁杂的交通也减弱了车站的可达性（图6-84）。莫内欧认为，矛盾复杂的火车站不仅会导致周边街区的衰落，也会弱化城市轴线，导致城市结构的破坏。因此在此历史逻辑的分析下，需强化阿托查火车站在城市交通结构中综合枢纽的地位以及其标志性，进而复兴这片区域，保证城市结构的延续性。

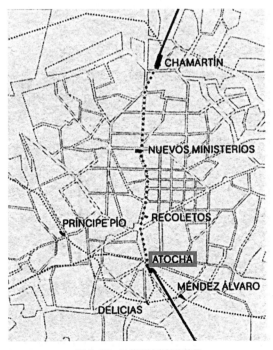

图6-83 马德里城市结构简图

---

[1] 阿托查火车站和查马丁火车站是马德里主要的两个火车站，位于城市南北轴线普拉多大道（在北延长线部分称为卡斯蒂利亚大道）的南北两端。

图 6-84　车站周围路面抬升形成了"下沉"空间

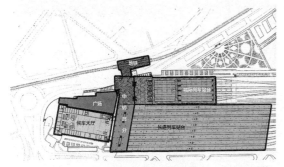

图 6-85　站区功能分区图

图 6-86　改造后的阿托查火车站鸟瞰图

2）高效的功能组织策略

因为交通量的增加，老旧的车站体系已经无法应对。长途列车、城际短途列车和地铁公交等城市交通的转换衔接成为阿托查火车站高效运转的重要条件。功能再一次成为了莫内欧最先面对的问题，高效的转换是莫内欧设计的关键所在。莫内欧的策略是将站台部分沿轨道线向前移，将原有旧站台建筑留作服务设施部分（图6-85，图6-86）。各种不同交通方式利用场地的不同标高，分置在不同平面内，在新旧部分的连接处设置垂直交通系统，连接各个平面实现旅客进出站与高效换乘。

2. 公共性与标志性——火车站广场设计

1）抽象化分析

当周边城市道路抬升将曾经辉煌的车站建筑淹没之时，在车站与高架桥之间形成了一块"下沉"的空间。莫内欧将这块"负"空间作为了一个广场，同时兼具停车场的功能。广场在历史上长时期成为公共活动的场所，因此留在人们心中对广场公共性的认知已经形成了共同的集体记忆。对比阿托查火车站改造后的广场和威尼斯圣马可广场，就会发现两者具有相似的形式结构。纵向的广场被富有韵律感的柱廊立面所围合，一座高耸的钟塔位于广场的一端。钟塔常与教堂一起出现在宗教广场前，如威尼斯圣马可广场（图6-87）和锡耶纳田野广场。塔楼高耸突出的形象在城市空间中有很强的可识别性，其纪念碑式标志性充当了广场的视觉中心。

图 6-87　威尼斯圣马可广场

2）场所化分析

为了恢复阿托查火车站的公共性与标志性形象，莫内欧利用城市道路抬高形成的高差条件，将广场和塔楼的形式融入了场地（图6-88）。钟塔、老建筑与新建的转换平台围合成的广场，使人很容易联想起圣马可广场等欧洲宗教城市广场的形象。塔楼砖的材质使得塔楼与老建筑融为一体，立方体几何的简约形式则是现代的体现。莫内欧利用了旧车站立面的柱廊元素形成横向的围合，简约的塔楼设计则成为竖向垂直的标志性体现。此外莫内欧通过建立与高架的坡道（图6-89），增加了与城市道路交通的联系。同时使广场与旧建筑的候车大厅和新建的转换大厅拥有直接的步行联系，可达性的便利和临时停车场的实际功能使得广场的利用率大为提升。

图 6-88　阿托查火车站的下沉广场

图 6-89　连接城市道路的坡道

3. 兼顾功能与形式美——圆形转换大厅设计

重新规划后在一系列水平面重叠的转换处，成为了车站的最佳入口，同时这也是整个站区面向城市道路的前部。转换大厅作为地铁、城际和长途列车三种主要交通方式的交汇处，旅客人员流动量巨大，因此公共性与标志性的特征需要在设计中被诠释出来。

1）抽象化分析

标志性与公共性历来都是火车站入口立面的设计重点。莫内欧将目光投向了历史上的公共建筑。在历史上大型公共建筑的建造方式不同于小尺度的住宅建筑，在古希腊为了营造大尺度空间，会用石柱将空间撑起，又因为石材的跨度不可能太大，因而便出现了成矩阵排列的石柱。古代大型公共建筑留给人的最直接的心理经验就是成排的富有力感的柱式。在文艺复兴之后，古希腊神殿式的建筑形式又重新出现在欧美各大城市中，成为了公共建筑常见的立面形式。重复排列的柱式，加之透视效果，便产生了形式的韵律美感（图 6-90）。

2）场所化分析

圆形大厅建筑外部材质与历史环境建立联系，即建筑立面表达采用了与旧建筑相似的砖与钢铁材质。材质上与历史联系的保证使得莫内欧在形式上拥有更多创意的自由。同时也侧面体现了莫内欧的创意是建立在与历史环境充分联系的基础之上。"从外部来看，这个枢纽成为了一个标志，使位于较低水平面的综合性建筑浮现在人们眼前。其对称性基于严格的几何结构。"[1]柱式排列的形式，体现在转换大厅的外立面设计中，直线排列的柱式与圆形的几何体量相结合，形成了大厅的基础形式。在柱式

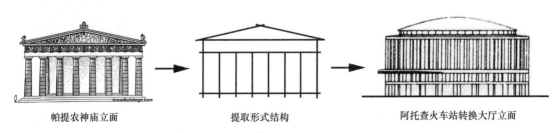

帕提农神庙立面　　　　　提取形式结构　　　　　阿托查火车站转换大厅立面

图 6-90　转换大厅的立面抽象过程

① 拉斐尔·莫内欧. 莫内欧论建筑——21 个作品评述 [M]. 林芳慧译. 台北：田园城市文化事业有限公司，2011：173.

图6-91　圆形转换大厅的柱式排列图　作者自摄

的处理上采用了干净利落的方柱。为表现立柱笔直锐利的线条，将方柱的角部与圆形的切线垂直，使柱角对外，光影的效果更佳突出了垂直挺立的柱式（图6-91）。

4. 大空间的重置——旧站台改造设计

1）抽象化分析

对于旧有火车站的大空间，莫内欧的做法与历史上奥赛火车站改造和英国世博会"水晶宫"植物园的做法有相似之处。火车站原有的大空间适合自由分割改造成为其他功能空间，加之其本身的历史价值，更增加了改造成文化休闲空间的可行性。法国奥赛博物馆由废弃多年的火车站改建而成，提供了利用旧站大空间做文化场所的案例。1849年，英国的"水晶宫"设计方案，创造性地将花房式框架玻璃结构运用到建筑设计之中，使树木罩在屋顶下得以保护。充满生机的植物与象征大工业时代的钢铁同时组合出现在一个空间中，心理认知差异性冲突产生了空间的趣味性（图6-92）。

2）场所化分析

在火车站站区重新规划组织后，原来的建筑不再是核心的站台区，而改造成为一座具有"水晶宫"式的热带植物园的候车大厅（图6-93）。这种做法亦形成了心理认知差异性冲突产生了空间的趣味性。这座占地4000m²，种植7000多株树木，拥有500多种植物的室内热带雨林吸引旅客驻足的目光。历史厚重的文化感和自然景观的融合，创造出了独

特的休闲空间。餐馆和商店位于大厅两边的房间内，为候车提供车站服务。莫内欧完整地保留了旧建筑的整体结构，仅将原来的站台与铁轨拆除，改造成植物园，创造了一个人工的生态景观。植物园中甚至有龟、鱼、鸟等动物，生机勃勃的生态场景体现了莫内欧活跃的创造力。莫内欧保留了那个大钢铁时代的历史印记——大跨度的钢构（图6-94），新的生命自旧建筑中出现。历史不再是死去的，而以一种生命的形式存在于这个城市中，这将给旅客一种积极的心理暗示。

综上，莫内欧从历史的角度分析分析建筑与城市发展的问题，确定设计策略，布局场地功能；又

图6-92　阿托查火车站原有站台大厅改造的类型抽象示意图

图6-93　阿托查火车站候车大厅

图 6-94   候车大厅的钢铁与植物

图 6-95   穆尔西亚市政厅及 Cardinal Belluga 广场鸟瞰图

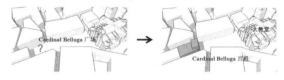

图 6-96   场地的"织补"策略

通过对历史空间与形式的研究，探究建筑公共性与标志性的原型；在类型的场所化设计中，将原型与现实环境相结合，将历史作为设计的逻辑，恰当地融入设计中。

6.4.2   穆尔西亚市政厅（Murcia City Hall）扩建设计

西班牙南部城市穆尔西亚，始建于公元 825 年，曾为科尔多瓦王国的都城，拥有悠久灿烂的历史文化。市政厅本身是一座历史建筑，20 世纪 90 年代，市政府邀请莫内欧在大教堂广场旁的空地上，对市政厅进行扩建设计（图 6-95）。

1. 问题研究与设计策略

首先莫内欧用"织补"的场地策略实现了对场所空间完整性的恢复。贝卢加红衣主教广场（Cardinal Belluga）是穆尔西亚城市中重要的公共空间，楔形广场长边为 Cardinal Belluga 宫殿和住宅建筑（图 6-96），项目场地与穆尔西亚大教堂主

在广场上相对。项目场地原有一座弧形边界住宅，在拆除之后，广场原有空间的完整性被破坏，围合感丧失。面对场地，莫内欧分析广场空间结构后，首先着手恢复广场曾经的完整性，以回应场所的记忆。在理清场地历史的发展逻辑之后，为顺应城市历史的肌理，莫内欧将"织补"整个广场空间。在填补地块之后，重新恢复广场的围合感，并与周边建筑在高度上形成了一致性。建筑基地周边道路与曾经弧形住宅建筑遗址边界，直接框定了建筑的外轮廓线，下沉空间的弧形正是对基地上已经被拆除的老住宅位置的回忆。

面对复杂的历史环境，需要处理与历史建筑的共存关系，又需要同时解决市政厅公共性、标志性、便利性等多种需求的难题，继而面向广场的立面就成为了设计的重点。

2. 立面设计类型提取阶段

1）市政厅立面的功能原型

欧洲城市建筑立面在面对城市街道或城市广场时，阳台成为了建筑非常重要的元素。例如潘普洛

应广场，满足集会等活动的功能需求，赋予建筑更具开放性的形式。

2）市政厅立面形式原型

面对历史环境的场所化过程，需要同周边的建筑特征构建一定程度的相似性联系，以求融入环境中。莫内欧在周边建筑中抽取了垂直于水平线条的特征元素，并通过比例与环境建立协调联系。市政厅立面比例，与周围建筑"三段式"的比例构成相似，其阳台与宫殿阳台在同一水平高度，借此确定了比例、尺度与元素。在立面具体的形式设计中，莫内欧考虑到立面需要融合横向和竖向两个维度的元素。对于图像形式的记忆与经验指引莫内欧想到了之前在梅里达遇到的罗马萨布拉哈剧场（Sabratha）废墟的立面（图6-98）。对于水平和垂直元素的组合，莫内欧对来自一座梅里达罗马剧场废墟的立面进行了仔细的研究，对其横向与纵向的组合产生了兴趣。

3. 立面设计类型场所化阶段

1）立面的逻辑

时代的差异性是其中的隐含逻辑。莫内欧以敏锐的洞察力发现了广场建筑立面的隐含逻辑：三面围合广场的建筑是18世纪建造的大教堂、19世纪建造的宫殿和20世纪初期建造的中产阶级住宅，拥有各自不同时代特色的建筑在同一广场和谐共处。因此，莫内欧在类型的场所化阶段，将突出建筑的时代性差异，"以此与大教堂和宫殿进行共存，但不存在任何风格上的参考或与环境的妥协"[1]。

2）场所化设计

方案从主教宫以及周边其他建筑的立面上提取了垂直和水平元素，并将此元素重新自由组合到市政厅立面上。建筑面的垂直表面通过一系列的水平面和垂直面进行随机定义，由建筑师的审美直觉决定了最终的结果（图6-99）。建筑的定义取决于城市的周围环境以及建筑面和平面图的多样性，建筑

图6-97　潘普罗那市政厅立面

图6-98　罗马时期 Sabratha 剧场遗址

纳市政厅（图6-97）面向广场的阳台，就成为了建筑公共性的重要体现。著名的奔牛节活动在广场上集会，而市政厅的阳台就成为了公开演讲的讲台和视觉焦点，这种阳台也成为了体现市政厅公共性的一种意象图式。在穆尔西亚，莫尼欧将利用阳台回

① 拉斐尔·莫内欧. 莫内欧论建筑——21个作品评述 [M]. 林芳慧译. 台北：田园城市文化事业有限公司, 2011：447.

面是形成内部空间的平面。元素的抽象提取，增加了同场地的环境的联系，而重新自由组合则突出了自身的时代特色，最终达到"和而不同"的目的。因此对于市政厅立面的设计过程有理性的分析，也存在建筑师的直觉。

图6-99　市政厅面向广场的立面

综上，把历史作为设计的逻辑并不是复刻历史，在历史发展过程中，时代特色的印记形成了人们对其特定心理经验的认知，因此莫内欧以发展的眼光看待历史。在其看来认为对历史的客观保护和对时代文化的创造应该得到平衡的对待。历史并没有凝固，而是动态发展的。处在历史街区中的新建建筑，需要与其历史环境相和谐，形成一个整体，但并不意味要抹杀现代建筑的时代特色。在历史发展过程中，每一个时代都留下了有时代特色的印记，也形成了人们对特定时代的特定心理经验认知。抹杀时代印记的完全复古做法是在否定历史的发展，给人对环境的心理认知带来一定的干扰，具有一定的欺骗性。而莫内欧的类型学设计带有历史的基因，同时场所化的过程也表现了时代的特色，因此新建建筑同周围的历史环境和谐并置，但同时也坚持着设计自身的个性与特色，彰显出时代的印记，正所谓"和而不同"。

6.5　莫内欧建筑类型学设计方法的启示

莫内欧的类型学设计方法在西方的建筑实践取得了一定的认可与成功。本文通过对莫内欧的类型学设计方法及实践案例的研究，探讨了与当今中国的建筑设计的启示。

6.5.1　启示一：现象研究的设计方法——针对空洞的形式表现主义

1. 关注实际问题，避免形式的盲从

现在我国建筑界仍然存在跟风特定形式与风格的问题，没有摆脱形式上浮躁的投机主义倾向，常常注重外在相似的外表，而忽略隐含的现实问题，进而造成浮夸绚丽的外表下各种各样的问题。建筑学关注形式是必要的，问题在于形式产生的过程。莫内欧的类型学设计方法，是由功能、场所等现实设计限制条件出发，去寻找并抽取符合人群心理经验的原型。而最后在具体设计时，又回归到这些现实条件中，针对功能、场所等进行场所化的还原设计，加之建筑师本人的艺术创作形成最后的形式。莫内欧在形式生成的过程中始终关注这实际的问题，包含自身功能需求、场地条件、社会历史文化环境等，由此生成的形式是一个根植于现实的、自场所土地上生长出来的形式，避免了"形式盲从"而产生的水土不服。因此关注实际的设计问题，要比盲从无意义的形式表现主义更重要。

抽象提取原型，意在研究形式背后的意义。很多建筑学学生乐于追捧知名的建筑师与知名的形式案例，但对著名案例往往多是停留在简单的形式摹仿。建筑类型学在研究寻找并抽取原型的过程中，运用分类认知的方法，从表象中抽象出原型，研究形式深层次的意义。分类的过程最重要的是建立标

准的过程，而依据就是同种事物的抽象特征。

建筑形式不仅是满足实用，还要适应大众的艺术审美需求。当下我国各地出现了各样的"奇葩楼"，不可否认其中一些项目的设计质量很高，但存在与大众心理审美脱节的情况。类型学原型基于大众心理经验的形象认知，可以保证形式与大众心理的联系。

2. 针对现象结构研究的类型学设计方法

社会人群对城市建筑环境的认识，来自于对特定城市环境特点的直观反映。这些集体无意识中的认识特点，就是设计中需要予以抽取的原型。设计过程中对这类原型的抽取与场所化设计，就是对社会的心理经验予以回应，并与社会形成共鸣。莫内欧的建筑类型学案例都是基于西方人的心理结构而提取的原型并用于设计，而中西方的文化历史差异，导致中国人在成长过程中形成的心理经验与西方人是不同的。这也就是很多西方知名建筑师在中国水土不服的原因。

建筑类型学在中国的运用，需要对我国城市与建筑空间的类型进行分析，需要对国人对空间的心理经验进行研究。一方面，对中国传统空间原型以及传统形式的原型进行研究；另一方面，相比中国城市传统的历史空间形式，当今国人更多地处于现代城市环境之中，并形成了自身对环境的心理经验。因此，亦需对现代中国城市建筑原型进行研究，一味仿古终究行不通。传统建筑原型与现代建筑原型多重抽取，并在场所化过程中组合，将是目前我国类型学设计研究的方向之一。

3. 类型学设计方法对建筑师的要求

了解类型学的方法设计并不意味着可以直接娴熟运用，设计出出色的作品。这需要建筑师具备对生活敏锐的洞察力，拥有扎实的建筑学基础和丰富的阅历经验，以及对于业主和社会高度的责任感。

1）敏锐的艺术洞察力。建筑师在日常需要体察

现实生活的心理感受，从而积累各种原型的素材，丰富的阅历与经验对建筑师寻找原型至关重要。在设计过程中，敏锐的艺术洞察力有助于体察场地的特征条件和场所的历史文化环境。莫内欧在休斯敦的街道上，体察到建筑的外部视觉效果不如建筑内部来得重要，因为这个城市的居民更希望能逃离夏日的炎热和潮湿，躲藏在装有空调的空间内，因而美术馆简约的外形下是丰富的内部空间。

2）高度的社会责任感。有意识深入研究，而不是浮躁的应付。莫内欧在设计中深入研究现实问题，为大众和业主的利益考虑，平衡各方的利益。在洛杉矶圣母大教堂的装饰设计中，佘勒神父的形象经过了莫内欧深思熟虑的设计，因为对社区内一些少数族裔来讲，他是为外国势力殖民统治服务的工具。最终神父被塑造成既是圣徒也是历史人物的形象。建筑师强烈的社会责任感是创造一个根植于场地现实的作品所必需的。

3）扎实的建筑学基础。这是建筑师必备的基本素质，建筑师自身的创造力和艺术修养在类型的场所化阶段直接影响了最终的设计结果。这是建筑学学生在校训练的主要技能，也是评价一个建筑师水平的重要方面。

6.5.2 启示二：历史的时间观念——针对抄袭复古的现象

1. 对抄袭复古现象的分析

抄袭复古的现象尽管被各个方面批判，但客观上体现了当代人对中国文化的重视。相对之前对古代传统建筑文化清除式的破坏，这已然是一种社会进步。但紧随而来的抄袭复古风，又反映了对当代文化的不自信，或者说当代文化在历史文化面前缺乏话语权与认知度。随着对历史文化的深入认识，我们也逐渐认识到了摹仿复古的弊端，开始了对传统文化内涵的探究。纵观中国近现代建筑史，从清

末民国时期民族建筑师用现代材料和技术模仿大屋顶的形式，到现代诸如王澍一代建筑师对中国建筑内涵的探究，整个建筑设计史的演变反映了中国建筑师正在从抄袭传统文化中走出来，融入现代人的意识思考。因此在面对历史环境时，对历史的客观保护和对时代文化的创造应该得到平衡的对待。

2. 对历史记忆的保护与利用

对真实的历史记忆予以合适的保护与利用，在现今我国城市的高速扩张式发展的大背景下，挖掘潜在的历史并利用其延续设计显得紧急而珍贵。我国相当多城市的历史很长，但因古代建筑技术和历史原因，保存至今的建筑实物在城市中少之又少。而在实践设计中，欲想实现同历史的深层次联系，而不只停留在符号的复制，挖掘城市或地块潜在的历史发展逻辑就是一个方法。莫内欧在场地中，都要分析场地的发展历史，这包含着这块地形成现状的逻辑，而顺应此种逻辑的设计，则更好地根植于环境之中。

3. 历史的时代观

莫内欧注重历史的延续性和逻辑性，反对割裂的滥用符号。在历史环境中主张突出时间的纵深与连续性，并不主张在现代建筑中复制历史，而强调与历史的对话，在历史面前突出自身的存在价值，做到了"和而不同"。穆尔西亚市政厅的立面以现代自由的处理形式，同周边不同历史年代的历史建筑和谐地围合在广场的四周。历史没有凝固，而是在继续发展，处在历史街区中的建筑，是从历史的土壤中生长出来的。他带有历史的基因，也拥有时代的特色，因此他同周围的"邻居们"和谐不冲突，但也有自己的个性与特色。梅里达罗马艺术博物馆被直接建在了罗马废墟的遗址上，建筑仿佛从历史中生长出来，将历史以现代的方式重现在了世人

面前。

莫内欧尊重城市的历史文化，主动挖掘历史文脉，将现代的建筑建立在历史之上。但莫内欧并不是一个保守主义者，他的建筑采用当今先进的技术，也在适当场合使用先进的材料。从莫内欧的作品中永远可以看到时代的烙印。莫内欧的建筑类型学中隐含了时间观念。建筑在莫内欧眼中属于历史的一部分，新建筑是从历史中发展而来，并将随着时间继续发展。

6.5.3 启示三: 理性与感性的平衡——针对机械的功能主义

1. 个人的意志——理性思考之下的自由思维

建筑设计不只是理性推理出的结果，其往往包含了建筑师艺术性的个人创作，这种自由的表现带给了建筑更多的趣味性与文化性。但同时莫内欧也认为，直觉的想法需要理性的验证，这也体现了建筑师的责任感。"一个方案初期的概念发展过程非常重要，它包括了一个逐步精确的过程，最初的概念和想法总是非常模糊。这个过程将对最初的构想进行过滤，并且在各种不同的要求加入进来时逐步改进它。这是一个有关逐步展现一个概念所具有的潜力的问题"[1]。在库塞尔音乐厅设计初期，莫内欧就凭借直觉，认为建筑应脱离城市结构，成为海岸线的一部分。同样在斯德哥尔摩现代艺术博物馆设计中，莫内欧一开始就不认为建筑应该被突出表现，而应隐匿在岛屿中。这是一个富有经验建筑师的职业直觉，进而在之后的设计中，不断地论证、检验、确认直觉的正确性，并精确结果。穆尔西亚市政厅设计的第一步是对广场的外形结构进行分析和理解之后，确定了填补空隙的策略，进而确定体量，朝向，

---

① Alejandro Zaera. Conversation with Rafael Moneo[J]. EL Croquis, 1994(64): 10.

立面材料等。在此基础上的自由发挥就成为了这个项目画龙点睛的一笔。在莫内欧设计的后期，其越发强调建筑师的自由，其注意到理性的分析可以帮助建筑师正确的设计，但不能保证出色的作品。理性不能成为束缚设计思维的禁锢。

2. 理性的态度与方法

莫内欧在建筑设计时根植于项目中的现实问题，显示了其实事求是的工作态度与作风。他重视功能，充分满足业主和大众的使用需求，但莫内欧的建筑不仅仅是满足使用功能的机器。理性的态度与方法让莫内欧在设计中对场所中的物质环境和社会环境进行回应。理性的思考与设计保证了设计结果的合理性。

3. 感性的创意与设计

莫内欧在理性的逻辑下是对艺术表现的追求。莫内欧自幼对文化艺术表现出极大的兴趣，之后其建筑设计也自然带有西班牙人的艺术创意。对待原型，莫内欧并不像罗西那样将纯粹的原型形式直接实用，而是在理性的场所化中，加入了更多个人的理解与创造。库赛尔倾斜的立方体，洛杉矶圣母教堂的碎片化的设计，米罗基金会展厅星状的布置方式，以及对于装饰的艺术追求都体现了莫内欧并非是刻板的机械理论主义者。莫内欧对原型的艺术化设计还体现在对原型形式的提取重组与意向强化。梅里达罗马艺术博物馆从罗马时期提取了拱券的形式特征，在之后的设计中，反复强化这个形式，组合强化之后的最终结果产生了形式的创新与独特空间印象。莫内欧对形式的艺术设计形成了项目自身的特色与趣味性。

综上，在具体的类型学设计实践过程。莫内欧真正地关注实际的问题，思考自身功能需求、场地条件、社会历史文化环境等条件，由此生成的形式是一个根植于现实的、自场所土地上生长出来的形式。在面对历史环境时，其类型设计根植于历史与传统，以保证社会环境中城市文化的持续发展，守护建筑历史的完整性和延续性。一方面，对真实的历史记忆予以合适的保护与利用，使城市空间不仅沦落为功能和形式象征的空壳，还需要成为一个富含历史信息和空间机能的复合性载体。另一方面，建筑类型学中隐含了时间观念，两个阶段的设计过程同历史与现实建立了联系，使城市与建筑保持一种与历史的连续性，而又能演进发展。

我们在建筑中感受到的"美"不是一项逻辑说明的问题。

它被人体验，

自觉地作为一种直接而简单的直觉，

其基础扎根于我们形体记忆储存着的无意识领域。

——乔弗莱·斯考特（Geoffrey Scott），人文主义的建筑学

Chapter7

第7章 Form in Design Philosophy 设计思想中的形式

——对建筑类型学形态创作特征的比较研究与批评

现代建筑已有百年历史。一部现代建筑的发生、发展史就是一部现代建筑沉思和批判史。而现代建筑也正是在反复沉思和不断批判中一步一步地日臻成熟的。今天，现代建筑形式已脱离了一般艺术形式建立了自己的审美体系和标准，这个审美体系的基础便是建筑的形式语言。在此、我想立足于对当代优秀建筑的比较研究与批评，阐明建筑类型学形态创作特征，从而达到真正读懂现代建筑类型学理论，为我们自己的建筑设计工作提供有价值的参考。

7.1　观察：综合深入

历史的建筑和城市与现代的建筑和城市都具有物质性，都是为人所用，又都有着类似的基本功能，也都同样能够表现各自的时代。面对纷繁复杂的建筑现象、建筑思潮，要想客观准确地评析建筑类型学形态创作的特征，除了要了解与之相关的背景知识，还要通过比较研究与批评来认清这种建筑创作的理论，这不仅是必要的，也是不容回避的。而谈到建筑类型学形态创作的特征，我们首先就要综合深入地观察，进而分析其审美取向。

7.1.1　形式唤起功能

在 20 世纪初，面对科学和技术上的发展，人们相信建筑与城市也需要改变，以适应时代的发展。住宅是居住的机器，城市是人们生活工作的容器，此时此刻，人们应从传统的建筑和城市中解放出来，需要新的住宅居住，需要新鲜的空气呼吸，需要绿化空间休闲。现代建筑承担起了满足人们基本生理需求的责任，形式退居为追随功能的附属品，而城市发展上追随着车轮向郊区扩张，这一切构成一幅新城市的图画。进入 60 和 70 年代，面对在现代主义思想指导下，城市发展中所出现的问题，开始了对现代主义批判的浪潮。尽管现代主义企图通过科学技术的进步来解放和满足人们的愿望，然而，被解放的人们似乎对他们所处的状况并不满意。从黑暗、拥挤的城市中，沿高速公路迁徙出来的人们发现，功能化的空间无法满足心理上的渴求，可认同的场所消失了，意想中的家园消失了。与传统城市相比，

人们开始寻求在发展中失落的因素。但也许是当代这个媒体社会把西方人的感官训练得更敏锐了，把他们的胃口娇惯得更挑剔了，在抽象的现代城市中，从四处流动和弥漫的空间中，人们难以找到足够的参照和意义来稳定和认定人本身自我的存在。

正统的现代主义建筑所遵循的"形式追随功能"的功能主义、"少即是多"的纯净主义以及设计构图上的几何套路和模度原则，把建筑引向非形式的牢狱和无意义的深渊。此种功能概念系源于生理学，将造型视为像是器官一样，其组织与功能密切相关，功能的改变将形成造型的变化。"功能主义"，这股充塞于现代建筑中的主要思潮所具有的思想根源正是造成他们的弱点及暧昧性的原因所在。如此一来造型形成的复杂因素受到漠视；同时我们也无法分析城市形态的美学意图与需求特性，而这正是主宰着城市形态并决定其复杂结构的因素。功能主义将类型简化成只是布局上的图案，交通路线的网路，并完全否定了建筑的自律性价值；并且认为在城市的分类上，功能因素远超过都市景观或造型因素。许多学者都对此种分类方式的正确性表示怀疑，不过却没有其他具体的方式能作有效的分类。

路易斯·康和其学生文丘里属于最早预见现代主义美学的灾难性后果的那一批先知。他们率先对现代主义美学的这种无意义的循环发起攻击。针对柯布西耶的"房屋是居住的机器"这种带有技术理性至上论嫌疑的观点，康提出"建筑是有思想的空间创造（*Architecture is the thoughtful making of space*）"的观点，认为建筑不必借重任何形式的机器美学，建筑师的任务是以更具匠心的形式，创造有意义的空间。由于现代主义建筑美学的核心是

功能主义，早期的反现代主义者们不能不首先把矛头对准功能主义和与之配套的纯净主义。基于此，康又提出"形式唤起功能"（Form Evokes Function）的观点，从而把被现代主义建筑师所轻视和忽略的形式和空间的创造摆在了重要位置。这样，康不仅对芝加哥学派的"形式服从功能"，而且对整个功能主义美学进行了颠覆。康作为现代向后现代转型时期的一位影响深远、成就卓著的建筑师，深知现代主义建筑的积弊之重，他从理论和实践的双重角度对现代主义美学问难，结果自然不同凡响（图 7-1、图 7-2）。

"形式服从功能"曾经是现代主义建筑师用来评判建筑的重要标准。类型学理论改变了这个评判标准。在恼人而又挥之不去的功能与形式的对峙中，以罗西为代表的建筑类型学理论在向现代主义宣战时，借用了康的"形式唤起功能"的思想。我们可

图 7-2　路易斯·康设计的耶鲁大学艺术馆

以看到，类型学理论在设计中惯用的从集体记忆和人类原型中抽取和寻找建筑意象的方法，恰恰表现了其非功能主义的美学理想。这里必须指出的是，和先锋派建筑思潮不同，建筑类型学在理论上从不走极端。所谓非功能主义，并不是说类型学不要功能，而是在功能与形式之间，建筑类型学更乐于把形式摆在首位。并且类型学的形式不是光秃秃的形式，而是同原型相关的具有深刻内涵的形式，具有建筑自主性的形式。形式自主性，实际上就是城市组织、城市结构的永恒价值，它把城市从功能主义的"奴役"中解放出来，同时要求城市建筑形式的永恒的审美价值。因为人类创造建筑，是以需要作为驱动力，又以审美作为形式的规定性，这两者是不可分割的，它们共同地促成建筑。因此建筑类型学的特点就是宣扬自主的"形式类型学"。在这里，建筑不应被视为一种受建筑师随意摆弄的无生命意志的"物"，相反，它应是一种自主的生命体，有着独立生长和发展的逻辑，不受人类意志制约。正如 Robert S. Harris 所说："建筑不再注重于作为孤立的物体对待，而倾向于向人们传达不同的意义，建筑师不仅只是由灵感驱使的天才，而是社会中谦卑的合作者，不再是拯救社会的工程师，而是服务于未来使用者的普通一员[①]。"

根据功能的观点，城市犹如某种聚合，是依照人们想要怎么样使其运作而产生的；城市的功能便

图 7-1　路易斯·康设计的孟加拉国会大楼

---

① Robert S. Harris. Social Diversity，Urban Dispersion and the Critical Role of the Commons，1992.

成为城市"存在的理由",城市便以此方式加以描述,而且城市形态学的研究也经常被简化成只是针对功能的研究而已。一旦提出功能概念,便很快地通往一套理所当然的分类体系的途径:例如商业城市、文化城市、工业城市、军事城市等。但功能本身具有不同的价值正是我们否定肤浅的功能主义的原因;而且根据此想法继续发展下去,到后来将会与一开始的假设一样自相矛盾。事实上,如果都市人为事实(即城市)中所具有的都市结构的价值观能够只因为新的功能出现便转变的话,那么此价值观应该时时刻刻并且很容易地反映在城市建筑中;如此一来,建筑物与造型的永恒性将不具有任何意义;也不可能有文化的承传——城市将不可能成为文化的因素之一。但肤浅的功能主义的理论在进行基本分类上甚为方便。在这方面,该理论的确是很难加以取代的研究方法。因此类型学理论仍然主张加以保存,不过只限于研究工具的层次,绝不应该用它来解释复杂的现象。

由此可见,在类型学理论中,功能的问题也有举足轻重的地位,并且一旦触及描述与分类的问题时便无法不提及功能。而且大部分的分类都没有超出功能分析的范围。但类型学更注重其对城市整体形态的分析作用,强调建筑形态在城市研究中的重要性,否定以功能的观点对都市人为事实(即城市)的解释。这种解释不仅含糊不清,同时也阻碍了思考,使得对建筑世界的造型分析与认识其构成法则都受到阻挠。例如罗西就认为有些形式语汇根本不受功能制约,它们的使用可以从很大程度上改变城市的面貌,甚至比功能的影响更直接更突出。正如他所说的:"我并不反对功能概念最原始的意义,亦即在代数方程式中意味着未知数经由方程式的运算能由已知数中求得数值;造型的关系虽然比线性代数

关系来得复杂,不过将会被现实所揭穿。因此这里所要摒弃的是,毫无科学根据的肤浅的功能主义,认为功能主导造型并且是构成都市人为事实与建筑的主要因素[1]。"建筑类型学正是通过上述观点对肤浅的功能主义进行了反思与批判。

因此如果只是想以概括的方式探讨一些显而易见的问题,将城市与建筑物根据其功能加以分类的方式当然是可行的。不过倘若要将城市形态的结构简化成某种重要的功能组织的话,那便是难以令人理解的。这种曲解现实的做法阻碍了当前对城市研究的进展。类型学理论通过对"功能与形式"的辨证认识,企图建立一套令人满意的都市人为事实的分类方式,而且最后的结果也能涵盖功能的分类,因为在这里,功能只是全面性定义中的一种元素而已。相反地,如果我们根据功能的分类着手进行的话,类型——以及城市形态与建筑形态——便必须以不同的方式加以考虑,类型将沦落为功能的组织模式。

7.1.2　"新"的与"寓新于旧"的

众所周知,进入 20 世纪 90 年代后,面对城市环境的日益均质化和人情味丧失,人们越发地呼唤和注重探究城市空间和实体的"意义"[2]。表现性的形象所表现出来的东西是"意义",也是"意味",在当今,"意义"这一词汇被"意味"所取代,表明当今人们对意义的理解在发生着改变,"意义"的定义是一个抽象的,很难有明确的、统一定义的概念,但我们每一个人似乎都对它心领神会。虽然它往往不易言传,却又是我们生活中最普遍、最常见、最不可缺少的。本文所探讨的当今建筑的意义,正是意味着某种内在于作品之中并能够让我们直觉到的东西,而不是抽象的概念。类型是从历史中抽取

---

① Aldo Rossi. The Architecture of the City[M]. The MIT Press,1982.
② 所谓"意义"是相对于人本身而言的,它表示的是环境中事物与人的一种沟通,是存在与现象中的认知。意义主要由两个因素构成:一是环境中事物的特质性,二是人对环境中事物的认同。特质性是外界事物的可感知性,它是认同的客观基础,认同则是感知到的特质性与人的某种特性或需求之间发生的混合。"意义"体现了人与社会、自然、他人、自己的种种错综复杂的文化、历史关系,是人们交往的纽带和文化传播的桥梁、自我理解的媒介。

出来的隐含系统，它凝聚了人类最基本的生活方式，其中也包含了人类心理经验的长期积累。T·S·艾略特（T·S·Eliot）认为"传统是不能被继承的，除非付出艰辛的努力……'现在'应当在同样程度上改变'过去'，一如'过去'始终在指引着'现在'……所不同的是，意识中'现在'是对'过去'的一种认识，它超越了'过去'对其自身的认识"[1]。由此可见，在新与旧、地域与国家间努力寻求综合，探寻开放的地域类型学建筑创作之路，是摆在我们建筑工作者面前的一个古老的新课题，而类型学则正是一种解决历史文化传统延续的途径。抽取已存在的建筑和城市中的某种结构——如类型，推移到现在，既然前者对人类有所"意义"的话，那么后者也可以对人类产生"意义"。

由此，建筑与城市的关系、建筑的历史感（原型）、建筑的普遍价值，所有这一切，综合地构成衡量建筑成败的重要尺度。不仅普通公众的审美情趣受到重视，历史的审美情趣同样受到重视。因为类型学所要创造和重构的"共同的现实"，必须是在纵向和横向两种时空中呈现出来的，既有历史存在的合理性价值，同时也有现实存在的合理性价值，既具有现实可能性，又具有某种超越性。审美的时间向度和空间向度，审美的个别性和普遍性，受到了同等的重视。其结果是，在建筑的这种"宏大叙述"（普遍人类性因素）中，建筑师把对建筑的超越性与永恒性的追求，摆到了比任何现代和当代建筑流派更为重要的位置。

但正如罗西在《城市建筑学》中所坚持的那样，类型学理论认为建筑必须反映它所在的特定城市的传统——即建筑必须是"新"的（表现时代特点），但同时又是"寓新于旧"的（传承历史意蕴）。于是这种在理论上坚持同一纲领的主题在很多设计作品中充分表现出来，例如罗西设计的加拉拉特西公寓（Callaratese II Housing, Milan, Italy, 1969—

1973）。就意大利建筑而言，这是罗西从事住宅类型学与都市形态学研究的心血结晶（图 7-3）。柱廊的原型来自罗西对意大利城市建筑的研究，由于它与当地人们的城市生活经验相联系，因此激发了人们对传统的米兰公寓的联想和记忆。所以使用廊子，罗西解释："我更喜欢借助熟悉的对象，虽然其形式和状态已经是定型化了的（固定的），但其意义可以变化……我为米兰加拉拉特西区设计的公寓群中，存在着一种与走廊类型工作之间类似关系，

图 7-3　加拉拉特西公寓全景外观

图 7-4　罗西绘制的加拉拉特西公寓方案草图

---

[1] T·S·Eliot. Tradition and the Individual Talent 1919 转译自 william. S. W. Lim. Contemporary: Vernacular an Achitectual Option in a Pluralistic World, 1997.

这与我在米兰传统出租住房的建筑艺术中经常体验到的一种相关感觉有关，这些走廊象征了一种沉浸于日常生活琐事，家庭内部亲密以及多种多样个人关系的生活方式[①]（图7-4~图7-9）。"

正如建筑师的报告中所强调的那样，该建筑是一种居住类型学上的明确选择。罗西所选取的类型与两个重要的和相关的模型有关：一是作为现代建筑语言的组成部分；二是外廊作为一个内容的"街道"来构想（图7-10、图7-11）。罗西为此解释道："我认为在设计过程中类型的选择是至关重要的。许多建筑作品是丑陋的，就是因为它们自身的选择没有被理解，也不含有任何意义[①]。"原型的物体揭示了永恒关注的主题，这种存在（对象）介于"储存"和"记忆"之间。当考虑到记忆问题时，建筑就转化为自传性的经验，它与新添加的意义一同变化。显然罗西通过自身的生活体验以及对米兰传统建筑要素及内在图式的研究，运用现代建筑所表现出的简化、抽象的几何形体，赋予加拉拉特西公寓以深刻的含义。

建筑总是存在于一定的地域且处在一定的时代。建筑创作也就必然离不开地域的类型启示，摆脱不了时代的需求和传统文化的渗入。古今中外，一件好的建筑作品，常常恰如其分地反映了地域与时代的某些特征，如迈耶的德国法兰克福博物馆以轴线和单元旋转表述了"新与旧"的关联等，但其中最引人注目的恐怕应属被称为"有机高技"（Organic High-tech）代表的伦佐·皮亚诺在新卡里多尼亚设计的特吉巴奥（Tjibaou）文化中心（1993），它以高技术手段成功地向世人展现了具有原始土著风情的卡纳克斯文化（Kanaks）（图7-12）。

文化中心的场址位于新卡里多尼亚的 Tino 半岛（图7-13），远离都市文明的这里有着许多可以称之为"地方特色"的东西，如森林、茅草棚屋、土著村落、棕榈、风帆等，皮亚诺没有对它们做肤浅的形式摹写，而是与人类学专家阿尔邦·邦萨合作，

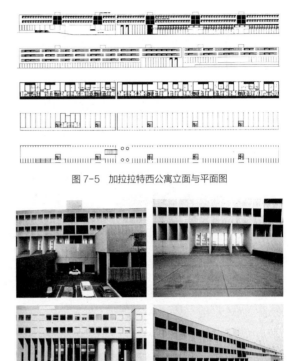

图7-5　加拉拉特西公寓立面与平面图

图7-6　加拉拉特西公寓外观各角度细部

图7-7　加拉拉特西公寓内部细部——走廊

① Editecs by Morris Adjmi: Aldo Rossi, Architecture 1981-1991, Princeton Architectural Press.

图 7-8　加拉特西公寓内部细部——入口

图 7-10　充满生活情趣的加拉特西公寓外廊——场景一

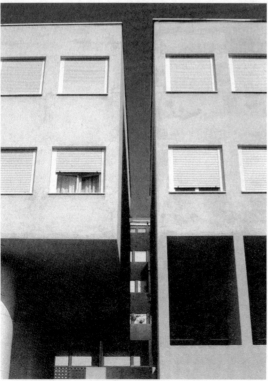

图 7-9　加拉特西公寓内部细部——窗与阳台

图 7-11　充满生活情趣的加拉特西公寓外廊——场景二

图 7-12 特吉巴奥（Tjibaou）文化中心全景

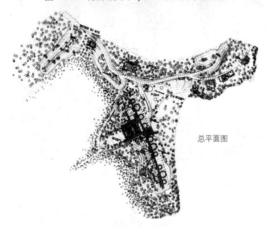

总平面图

图 7-13 特吉巴奥文化中心总平面图

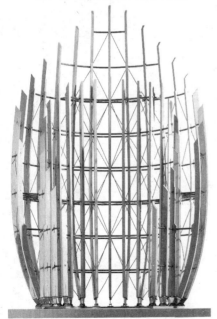

图 7-14 特吉巴奥文化中心的单元模型

探索卡纳克斯文化最为本质的内涵。最终，皮亚诺从当地棚屋的构造工艺上获得启发。他注意到，棚屋结构的主要肋架是由棕榈树苗所承担并被编织牢固，由于棚屋所处位置的朝向、（海）风力不同，当地存在着许多不同的编织方式。皮亚诺对"编织"作了进一步的文化学阐释，认为"编织实际上是卡纳克斯人的生活态度和生存方式，他们把手工劳作与自然力'编织'在一起，把村落与棕榈树林'编织'在一起，把生活、信仰与森林、海洋'编织'在一起"[①]。日本的《新建筑》也有过对"编织"的定义的拓展，认为一切有能力使相异或相冲突的事或物有机组织起来的行为或方式皆称为"编织"。皮亚诺把"编织"作为代表卡纳克斯文化的类型，在文化中心的设计中以多种方式还原出来。首先皮亚诺在被称为"容器"（Case）的建筑单元的结构中更大规模上转引了传统的编织工艺：棕榈树苗被胶合层板与镀锌钢材所置换，形成更为坚固并微弧的桶状肋骨；横向联系构件可能源自对棕榈扇状分布的叶脉的启示，它们以水平方式牢牢地铆固在肋骨之间以取代民间的编织或绑结的技术；为了增加建筑的抗风抗震力，沿对角线方向还布设有不锈钢杆件。最终，文化中心的造型仿佛像未编织完成的竹篓，垂直方向上的木肋微微弯曲向上延伸（图 7-14、图 7-15）。

在这里皮亚诺运用木材与不锈钢组合的结构形式继承了当地传统民居类型——篷屋的特色，同时巧妙地将造型与自然通风结合（图 7-16）。文化中心的总体规划也借鉴了村落的布局，10 个平面接近圆形的单体顺着地势沿半岛微曲的地形线展开，根据功能的不同，设计者将他们分为三组不同主题的"村落"并以低廊串连。文化中心的整个边界与周围的树木植被相互完全自然地渗透，"编织"在一起。"容器"顶部开放的木肋可以片片梳理迎面的海风，赋予建筑一种"卡纳克斯村落和森林的嗓音"，将自然与建筑"编织"在一起。特吉巴奥文化中心被美国《时代》周刊评为 1998 年十佳设计

① 董豫赣. 景观编织——皮亚诺的特吉巴奥文化中心断想 [J]. 建筑艺术研究, 1999, 4.

图7-15 具有地方乡土特色的建筑形态

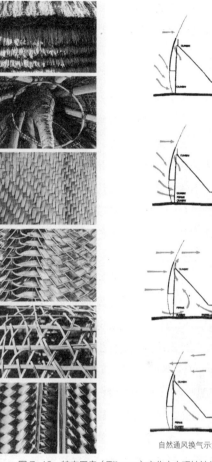

自然通风换气示意图

图7-16 特吉巴奥（Tjibaou）文化中心巧妙地将"编制"造型与自然通风结合

之一，或许正是因为它所表现出的开放的地域类型特征而为世人所赞赏。据说在特吉巴奥文化中心建成后，一群卡纳克斯人在设计者的引导下，来到建筑前，设计者介绍说："这就是你们的棚屋。"卡纳克斯人先是一阵迷惑，接着是用土语讨论了一番，最后，一位长者代表大家发言："它像是用茅草覆盖着我们的棚屋"，他思考了一下接着说"它已经不再是我们的了，但它仍然是我们的（It is not us anymore, but it is still us）。"一位设计参与者感慨说："这是我所听到关于这个建筑最美妙的评价了。[①]"站立在特吉巴奥文化中心前，有人认为它像卡纳克斯人的棚屋，有人认为像一片片的棕榈叶，还有人认为像昂扬的群帆等，但没有人会否认，这

个用现代高技术手段打造的文化中心，与卡纳克斯文化密密地编织在了一起。

否定传统与地方性的存在所导致的千篇一律，使人们越来越认识到，建筑若不加批判地采用现代主义模式不是解决问题的真正途径，但肤浅地模仿地域传统亦非良策，这样做，既不能更新传统之内涵，也不能适应今日之需求。而建筑类型学理论所倡导的"新"的与"寓新于旧"的观念或许正为我们提供了一条解决历史文化传统延续的途径。

7.1.3 表现力的深层心理机制

纵观建筑艺术对表现力认识的发展过程，表现

① 邓浩. 区域整合的建筑技术观 [D]. 东南大学博士学位论文, 2002. 9: 154.

逐渐从一种自在的因素变为自为的因素，从艺术的属性演变成艺术家追求的目标。表现的内容也从朦胧的集体意志走向现象世界，最后进入了个体的人的内心世界，去表现人的复杂的心理情感以及他们在这个世界中的处境。今天，人们对表现——意义的认识，应该说还是处于探索阶段，但较之古典时期和现代主义时期，已发生了根本的改变。艺术成为所有人的共同创造，不再是少数人潜心研究的高雅文化。而建筑类型学理论也正是在认识世界和自身价值的过程中逐渐发现表现的含义的。在类型学看来，建筑形态是创造出来的表现人类情感的知觉形式，是情感的意象。

而在当代这样一个信息时代下，不同学科之间的互渗与交融，尤其哲学和其他学科之间的对话以及对其他学科的影响，比任何时代更加频繁、更为显著了。在建筑领域，当代哲学的巨大影响，在很多建筑师的美学观中留下了明显的印记。面对纷繁复杂的建筑现象、建筑思潮，要想客观准确地评析一种建筑理论，尤其是面对建筑类型学这样一种颇具历史、文化和哲学深度的建筑理论，搞清楚其创作生成的建筑形态的背后的多重意义指向，以及其形成的心理机制（哲学基础），不仅是必要的，也是不容回避的。通过前面章节的分析，我们得出类型学的城市形态理论是研究城市形态"怎样"（how）构成的问题，概括起来，其中主要包括两方面的内容，其一：受结构主义理论的影响，城市形态是由哪些基本元素构成的，在这些城市的构成元素中、各元素之间必然相互作用、相互影响，存在一定的组合关系；其二：受舒尔茨的建筑现象学理论的影响，在承认城市的构成元素组合关系存在的前提下，运用类型学来研究城市形态基本构成元素的分类，

运用拓扑学来钻研各元素之间的相互关系，并钻研这些组合关系的转化形式。下面将逐一述之：

1. 结构主义的哲学观

任何理论的提出都有其特定的时代背景，而当代建筑类型学的提出是在 20 世纪中叶人们对现代主义运动的反思之中，这种反思受到了结构主义的影响。结构主义[①]以语言学的原则作为一种模式，试图去发现存在于现实中的规律系统；结构主义具有三个要素："整体性、转换性和自身调整性"。从严格意义上说，结构主义不是一个完整而明确的哲学体系。因为它至今仍没有关于哲学基本问题（如世界本原、认识论等）的肯定回答，但在结构主义观点及方法的启示下，可使人文科学结合自然科学的研究手段，建立一种结构分析的方法，因而成为一种现代科学分析的重要方法，而类型学理论的哲学方法观主要就来自于结构主义。

1）结构组成

在列维的结构主义中，认为社会是一个结构体系，而个人只是这个体系中的构成元素，个人是由所处的社会系统和周围的其他元素所限定和决定的——只能通过结构来发挥作用。就如同单词只有按语言规则排列之后才能构成意义一样，个人只有通过社会才存在意义，也就是说，各组成部分间的关系重于结构内的独立成分。完形（Gestalt）虽然是由各要素或成分组成，但它决不等于所有成分的简单相加。一个完形（格式塔）是一个完全独立于这些成分的全新的知觉整体。就好比一座哥特式教堂的印象不仅仅是尖塔、飞扶壁、玫瑰窗等要素的相加，它应该是人们把对这座教堂的各种知觉感受（包括外部形象、空间气氛、心理经验等）积极组织和建

---

① 起源于 20 世纪 50 年代法国索绪尔（Ferdinard de Sartre）和美国乔姆斯基（Aurarn Noam Chomsky）的语言学，后经法国人类学家、哲学家列维·斯特劳斯（Claude Levi Strauss）推广至社会科学和人类学领域，从而建立结构主义人类学。在 60 年代后成为一种流行的西方人本主义哲学派别。"结构"的概念是结构主义哲学的核心内容。"结构"（structure）一词来自拉丁文，由动词"struere"（构成）一词演变而来，意思是部分构成整体。对"结构"概念最具代表性的描述来自瑞士结构主义哲学家皮亚杰，他在《结构主义》一书中指出结构的三个特征：①整体性，②转换性，③自我调节性；并定义结构主义为"由具有整体性的若干转换规律组成的一个自身调整性质的图式体系"。

构的结果。因此在类型学看来，类型和原型并不是建筑的最终本质，也不是最终目的；它们只是建筑变换中的媒介，类型通过转换在现实世界中重现为新的形式。而后现代用古典符号拼贴出来的所谓"新古典作品"是一种全新的格式塔，传统在其中并没有得到真正的延续。

2）表层结构与深层结构

每一个完形都有其表层结构与深层结构，结构主义认为深层结构比表层结构具有更重要的意义。人们对一幢具有历史意味的建筑的完整印象不仅是古典柱头、山花（表层结构）等片断的简单相加，还包括人们与建筑有关的生活方式的积淀、心理经验（深层结构）的重合等。表层结构是可以直接感知的，易于受环境的影响而变化；深层结构是稳定的，但它往往不能直接被感知，需要借助演绎推理而获得。但依照一定规律，深层结构总是呈现以一定的表层结构。

从表面上看起来，深层结构与表层结构是一对对抗性因素。但为什么加强对抗性的形体因素，会使完形更加富有表现力呢？奥地利著名艺术心理学家安东·埃伦茨威格（Anon Ehrenzweig）在他的《艺术视听觉心理分析——无意识知觉理论引论》一书中这样解释道："正是表层知觉与深层知觉之间的隐蔽的无意识搏斗才使表层完形有了活力，就像受到威胁的表层幻觉为了把注意力固定在自己上面，而不得不使自身具有修饰力量和特殊的技能。深层知觉要克服的危险越大，表层完形就越显得生动和富有造型感，直至达到关键点。在关键点上，被下意识地观察到的形体因素获得了引起注意的同等力量。接着，一场突变就到来了，表层完形分裂成为斑斑点点和多义的、叠置的幻觉雾霭。"[①]

建筑深层结构最终要付诸物质实现，表现为表层结构（具体建筑形态），我们通常将形态的物质外壳（具体建筑形态）划分为形体和空间两个要

素——作为意义和意象的载体，它们相互依存、相互对立，构成建筑形态的现实存在。这正是建筑类型学理论的中心：建筑类型是从历史典型的建筑形式中抽取出来的某种简化、还原的产物（深层结构），是建筑物各部分内在的构成法则，并因此生成新的具体建筑形态（表层结构）。因而我们得出结论，这些通常为表层知觉所压抑的形式之所以会对我们的建筑欣赏产生影响，是因为它们一定能够被观察到，如果没被我们有意识的知觉观察到，那么就一定是被深层知觉所领悟，深层知觉能够捕捉到形式关系中隐藏的象征意义，威胁表层知觉。

3）结构主义的历史观

结构主义对历史观有独到看法。1959 年荷兰建筑师、理论家冯艾克在 Otterlo 国际会议上提出了结构主义历史观，他强调说："现代建筑师们不停地说我们的时代是如何的不同，以至于忘记了本质永远相同的东西。人的本质是永远相同的，不论在何时何地。人的心智匹配总是相同的，虽然有不同的使用方式，那就是依照他的文化或社会背景，依照他所遭遇的而又成为其中一分子的特别生活模式"[②]。1967 年他又在《Form》一书中写下了极精彩的一段话："对我来说，过去、现在和将来必须在心底当做一个连续体来运动，若非如此，而代之以人工制造方式，必然是被打断而无由透视……今天的建筑师是病态地习惯于改变，认为改变是一种追求，不停的追求，我想这就是为何大家要切断'过去'的道理，结果（现在）老是觉得难以达到而失去其短暂的重要性。我不喜欢好古，一如不喜欢像技术主义那样热切于将来，二者都是建立在受传统约束和钟表机器的观念上。所以让我们为过去而变，也让我们来了解人是永远不变的"[②]。

可见结构主义强调共时性的研究重于历时性，它以结构的封闭性及稳定性为重点，认为事物的变化仅是外部现象的变化，而事物的内在结构是稳定

① 安东·埃伦茨威格. 艺术视听觉心理分析——无意识知觉理论引论 [M]. 肖聿，凌君，靳蜚译. 北京：中国人民大学出版社，1989：47.
② 彼得·柯林斯. 现代建筑设计思想的演变 [M]. 英若聪译. 北京：中国建筑工业出版社，2003.

的。对事物本质的研究无须也不应该从事物"历时"的外部变化入手，而应静态地、共时地（横向地）考察事物内部要素的相互关系，把握稳定不变的因素。因此类型学理论大大扩大了建筑纪念性的范围，使纪念性从神圣走进了世俗。从前，纪念性只能限定在若干种建筑类型中，比如教堂、陵墓、神庙、博物馆、纪念碑等，而且在风格、结构、体量、尺度等方面都有严格的要求，必须结构宏伟、体量巨大、庄严肃穆、风格崇高等。但是，在类型学理论建筑师的设计中，尤其是在罗西的设计中，连仓库这种最普通的建筑物也可以是纪念性的，纪念性这样一种从前让人感到肃然、凛然、神圣、高不可攀的东西，变得和我们的日常生活更接近，也更世俗化了。尽管结构主义在对待历时性研究上的否定态度事实上否定了事物发展的历史统一性，但仍有其积极意义。例如罗西的"类似性城市"观点正是基于结构主义的历史观，把城市看做一个历时性与共时性交汇的产物来加以阐述的。

然而由于结构主义着重研究的不是人本身，而是人与人之间的社会关系，其忽视了人本身的存在价值和个性，这些观点是类型学理论所不能接受的。因此他们在建构城市形态学的框架时，虽采用了结构主义分析方法的基本框架，但在内容添加上则更侧向于海德格尔的存在主义，更多地受到建筑现象学的影响。而建筑现象学以存在主义为其哲学根源，以个人为中心，去观察周围世界，提出"场所精神"的概念，这两种思想是处于对立状态的。如果说结构主义在方法论上给予类型学理论以启示，那么现象学则从本体论的角度给予类型学理论以支持。

2. 建筑现象学的影响

假若从笛卡尔算起，西方的思想脉络一直延伸到 20 世纪，都呈现了一个共通的特征：人与大地之间有个很大的鸿沟，也就是说科学技术愈进步，物质文明愈发达，人愈不容易感到安顿，这就是人的"失根"。反映到建筑问题上，20 年代的功能主义的建筑师过多地依赖于科技的高度发展、新结构、新材料的运用，而忘却了建筑的本质——居住，忽略了从"居住者"的角度去认识建筑，使人们往往缺乏"归属感"，因而当今的许多理论家纷纷从居住者的角度去认识建筑，以人文主义的态度重新审视建筑，这其中就有建筑现象学[①]的研究。它是西方哲学思想体系中一支重要的流派。较早开展于人文地理学对环境和人地关系的研究，后来逐渐扩展到人文环境、区域和城市规划、景观，乃至建筑领域。建筑现象学研究的各家虽然侧重不同，但从其思想取向上看，大体可分为两种：一种是采用海德格尔的存在主义现象学思想，如诺伯格·舒尔茨的"场所"和"场所精神"；另一种采用的是梅罗·庞第的知觉现象学思想，即建筑和空间知觉。其中以诺伯格·舒尔茨（Norberg—Scllulz）的"场所精神"理论尤为突出。而建筑类型学理论在本体内容上则更多地受到舒尔茨的"场所精神"理论的影响。

1）场所的意义——知觉的建筑与生活经验

在运用现象学方法研究建筑形态的领域中，舒尔茨作出了突出的贡献，他发展了海德格尔的存在论思想，并运用现象学观点来看待整个城市和建筑系统，他把海德格尔的"空间是从地点，而不是从空无获得其存在的"这个观念扩充为"存在空间——建筑空间——场所"的存在论空间观念，认为建筑的讨论要回到"场所"；在"场所精神"中获得建筑最为根本的经验，从而形成一套完整的建筑现象学理论。希望运用现象学的知识能重新突显建筑的本质，唤起人与大地沟通的意识，要使人能够"回家"（Back Home），从而提出了建筑形态学的

---

① 现象学（Phenomenology）原词来自希腊文，意为研究外观、表面迹象或现象的学科。在现象学中，"现象"不是我们平常所说的事物表面现象或外表之类的含义，而是指"显现在人意识中的一切东西"。19-20 世纪德国哲学家胡塞尔（Edmund Husserl）被誉为现象学之父。其后比较著名的还有海德格尔（Martin Heidegger）和梅罗·庞第（Maurice Merleau-Ponty）。

概念。

舒尔茨认为场所不是抽象的地点，它是由具体事物组成的整体；事物的集合决定了"环境特征"；"场所"是质量上的"整体"环境。他认为居住意味着人能与其环境之间，建立有意义的关系，在人定居下来具有归属感后又发现自我时，人的"世间存在"则被确定下来，"居住"是为了体现人的"世间存在"，而"居住"又可分为四种居住形态，即①聚落（Settlement）；②城市空间（Urban Space）；③公共住居（Public Dwelling）；④私人住居（Private Dwelling）。

场所结构并非固定、永恒的，但并不意味着场所精神也跟着变化或失去。场所的固定性和连续性是人类生活（存在）的一个必要条件。因此舒尔茨认为重要的是日常生活经验告诉人们不同的活动需要不同的环境和场所以利于该种活动在其中发生，因此住宅和城镇是由多种特殊的场所构成的。作为"立足点"的人则以定向（Orientation）和认同（Identification）与上述关系相沟通。二者构成人在世间存它的基本要素，定位在空间中进行，认同在元素界面上进行，二者同时进行。几千年来建筑的营造使得人类在时间与空间中获得了立足点，所以建筑被认为是比人类实际的物质需要具有更大的作用，它具有人类存在的意义，同时又把这种意义通过物质的构成转变为各种空间形态。因此建筑不能仅仅用几何学和符号概念来描述，建筑应当被理解为具有意义和特征的象征形态。因此舒尔茨的空间理论又被称为"意义空间"。

建筑的意义在于创造人类的"在世存在"，一般而言是从事认知和定位的工作，以建筑学术语来说，就是构筑造型并组织空间，同时建筑作品的种类可以认知为建筑类型，它存在于人的心中，存在于人对环境的人为分类中，运用于大的整体，如聚落和都市空间以及有尺度限度的元素（如单幢房屋或部件）上。由此建筑造型、建筑的空间组织、建筑的类型这三者便涵盖了所有的住居形态，将

真理"诉诸作品"，而构成一套有意义的"建筑语言"，于是分别形成了三项要素的研究：形态学（Morphology）、拓扑学（Topology），以及类型学（Typology）。

其中，关于形态学的描述应该是这样的。形态学是研究建筑形式"怎么"的问题，在建筑中理解为形式的组构。它们始终以存于天地之间的观点来了解：即建筑是如何站立（Standing）、升起（Rising）、洞开（Opening）。"站立"意味着与大地的关系，"升起"意味着与天的关系、"洞开"意味着与环境的关系。即是内部与外部之间的关系，总之建筑形态学是研究建筑地面、墙和屋顶等基本元素在天地之间的具体结构。简言之，研究空间的边界（Spatial Boundaries）的形态。

舒尔茨对建筑语言的分析实质上是对海德格尔及其他现象学家关于"存在"哲学在建筑中的解释，也就是运用他们的哲学理论去解释建筑的本质。舒尔茨把建筑拔高到"在世结构"的对应这样一个高度，这使得其理论很难与实践结合起来。但我们必须认识到舒尔茨建筑现象学作为理论的贡献，这种贡献在于其将建筑纳入人文科学的逻辑而不是自然科学的逻辑来思考，如果仅从技术来思考建筑，将得不到建筑的本质。这一点是非常重要的。

建筑现象学思想影响着当前众多的建筑师和理论家，而建筑类型学理论在哲学观上受到现象学思想的影响尤为突出，特别是在对环境与场所的认识方面，它们有许多共通之处。如果说现象学的意义空间以"场所"为基础来领悟建筑空间，那么类型学则主要以人（生物）的环境行为作为出发点，来探讨建筑空间是如何生成的。在对场所的深层认知上，正如凯文·林奇在其《城市意象》一书中所说的："每一个地方不但要延续过去，也应展望、连接未来。每个场所都持续地发展，空间和时间的概念就一起出现和发展，两者的形成方式和特性在许多方面都极类似……不论个人的看法如何差异，空间和时间是我们安排经验的大构架，我们生活在时间场

所中"[①]。

2）情境的设立—— 一种由大而小的设计方法

我们还记得在前文中提到的里昂·克里尔认为公共建筑的体量大到相当于一个小街区的时候，就应该避免单一的、大体量的建筑设计，而应用一个建筑群体而代之，大体量的建筑不仅使都市的结构变得贫瘠，而且难于设计，也难于维持和控制，同时也难于同现存的社会和物质机制相结合。单一的小建筑在类型学上相对简单，也易于理解、使用和适应，而且，一个建筑群体可以在一个相当长的时期内建造，又不会给人带来完成的感觉。克里尔的这种"以大化小"的设计方法同其"城中城"理论是一致的，都强烈受到传统城市和建筑结构的影响，从表现形式上看，其是一种将城市或建筑群分解再重构的手段，但其内在体现出的是一种"由大而小"的设计方法，而这也正是建筑类型学所倡导的。

建筑类型学这种"由大而小"的方法同样明显地受到建筑现象学的影响，法国现象学家梅洛·庞蒂曾提出一种"情境"（Situation）的哲学，其侧重于"生活世界"。"情境"一词指人与"周遭"（Surroundings）的终极整合（Ultimate Unity），具有强烈的本体论特质。当说到一栋建筑处于某一情境中时，意指其与整个城市环境完全的交错融合，无内外之别，因而在设计城市或建筑时，首先应先确定其应处于何种情境之中。以宗教建筑为例，如果宗教建筑的本质是人类追求绝对的场所与象征，则其相关的情境应充满崇高、敬畏的气势，具有追求的意向性，转化为大结构，可以用一个轴线关系代表，最后再考虑表面上的使用功能，附加在轴线的内外。

建筑类型学的"由大而小"的设计方法是为了在城市和建筑设计中首先确立大结构。制造有效的情境，例如在罗西为迪斯尼公司设计的办公建筑群（Disney Office Complex，Florida，USA，1996）中可明显看到这种倾向（图7-17）。其潜

藏的秩序来自一个并不相关的体系：比萨的罗马教堂建筑群。与比萨的情形一样：宽阔的草地上，单幢的建筑物以分散雕塑品的形式彼此联系。在这里罗西强调该办公建筑不应是只有一个进门的单栋建筑，并从整体的角度否定两种可能的形式，然后指出它应更像一个城市，继而才考虑内部各单栋建筑的问题。大体上，这个过程具有"由大而小"的味道。这些建筑群分阶段施工，虽然尺度、构成各不相同，

图7-17　罗西为迪士尼公司设计的办公建筑群——四层办公楼

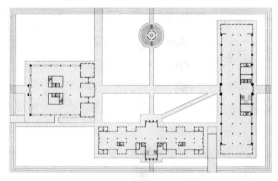

图7-18　办公建筑群的总平面图

图7-19　罗西为迪士尼公司设计的办公建筑群——九层办公楼

① 朱文一. 空间·符号·城市——一种城市设计理论 [M]. 北京: 中国建筑工业出版社, 1993, 7.

但却使用了一种潜在的共同语言加强相互之间的联系：严谨的元素、材料和比例关系。虽然总平面的组织是明显线型的，这种布局又因建筑物自身不同的朝向和尺度而淡化（图7-18）。穿过草地的砖铺路径犹如控制线，将可能被忽视的主轴线标示出来。一个眺望台式的开放结构有着罗西特有的尖顶，诙谐地控制着场地中一条组织轴线的端头，预示着这片建筑将来发展的几何秩序（图7-19）。

综上所述，现象学抓住空间与人这一不可分隔的关系，强调场所在设计中的决定作用。建筑被束缚在特定的情景中，它与音乐、绘画、雕塑、电影和文学不同，建筑是与它所存在的特定场所中的经验交织在一起的，通过某种渠道、某种联系、某种动机和主题，建筑可以变成场所中某种具有深刻意义的景象而不仅仅是某场所的一种时尚的符号。通过与场所的融合，通过汇集该特定情景的各种意义，建筑就得以超越物质和功能的需要。场所的启发性并不是简单地去响应场所的所谓"文脉"，建筑与场所应该有一种经验的联系，一种形而上的联系，一种诗意的联系。因此我们可以说，一个构筑有一个场所，当构筑与场所相互依赖不可分离，建筑才真正形成了。这些都同类型学的建筑理论有着同一的部分，对于帮助我们理解类型学理论有所助益。

7.2　分析：审美取向

当代西方建筑美学最显著的特征之一就是审美思维的变化。这是一种富有划时代革命意义的变化。我们知道，现代主义建筑的审美思维，基本上局限于总体性思维、线型思维、理性思维这种固定的、僵死的框框之中，很难突破功能主义、理性主义的束缚。在类型学理论的审美观念中，这种审美传统受到了挑战。通过上面对类型学理论综合深入的观

察，我们已经了解到类型学形态建构背后的深层内涵，由此可以看到在西方当代哲学与科学思想的双重影响和推动下，当代建筑类型学理论审美思维已经发生了历史性的变革。它完全摆脱了总体性的、线型的和理性的思维的惯性，迈向了一种更富有当代性的新思维之途。在下面的小节中，我们将就类型学理论形态建构的审美取向进行着重的分析：

7.2.1　从"形"象到"类"象

无论是在机械复制时代还是在数码复制时代，我们的世界都是一个充满复制的时代。在此之前，眼睛对一件东西只能看一次，耳朵对一件东西只能听一次，每个作品都是单一的，因此眼睛和耳朵都是及物的，"独一无二"是对于审美对象的最高赞美，现在却不然，审美对象的"独一无二"的性质就在于它能够不断地增殖自身的"类"象，以至于过去的审美活动源于现实生活，而现在却是现实生活在某些方面要源于审美活动了。

由此可见，"类"象（Simulacrum）是与"形"象（Image）相对应的。形象具有象征性，是与摹本（或者说模型）相联系的。潘知常教授在他的《反美学》一书中指出：所谓"形"象，类似于法国学者福柯提出的一个著名概念："摹本"（Copy），它意味着对于原作的摹仿，而且永远被标记为第二位的[①]。而"类"象却不一样，它是与类型相联系的。德·昆西，这位杰出的建筑理论家便深切地了解此问题的重要性；对类型与摹本提出了权威性的定义："在表达所要复制或摹仿的事物的意象，以及表达摹本规则的理念两者相较之下，类型一词比较无法表现前者……，摹本在艺术实际操作上是所要进行重复制作的客体；相反地，类型则是能促使各种彼此不相似的创作结果的客体。在摹本中一切都是精确而既定的，而在类型中则显得有些含糊。且类型的摹仿只有从感觉与心智中才能察觉……，在任何

① 赵巍岩. 当代建筑美学意义 [M]. 南京：东南大学出版社，2001：66.

国家，规则的营建艺术都源自既存的雏形。任何事物都会有先例；无论什么都不可能无中生有；即使是人类的发明也是如此。尽管一切的事物随后可能产生变化，然而基本的原则在情感与理智上总保持得那么清晰而明显。正如同是某种核心一样，敏感的客体所产生的发展与变异围绕在四周而相互协调。因此呈现在我们眼前的事物虽然千变万化，不过科学与哲学的主要任务则在于寻求起源与最初的原因以期能掌握其中的规律。因此建筑中所谓的类型应该像是人类各种发明与体制的运作一样……，此番论述希望能澄清'类型'在许多著作中暧昧的意义以便能理解其真正的价值所在；类型并非摹本，因此并不像摹本一样具有严格的限制条件以进行完完全全的摹仿"①。

例如"拓扑学"作为类型学中的重要部分，为类型转换应用提供了基础。类型隐藏在客观现实形式的背后，需要进行简化、抽象来抽取选择，它本身不等同于现实形式。拓扑学不涉及空间的几何形状，仅仅涉及内与外、围合与开放、连续与断裂、远与近、上与下、中心与边界等关系。因此，不同的形式可以有完全相同的拓扑关系，表面上一模一样的形式却可能在拓扑关系上毫不相干。通过拓扑变换，现实建筑形态与它的"原型"形成了"类"象的关系。

就这样，"类"象取代了单纯的模子铸物的重复现象，"它相应于一组操作，它们像它所使用的技术一样错综复杂，它所追求的目的，它所提供的功能像它们一样多，它们使它成为一种生产……其重要性不仅在于它不一定要参照原件，而且取消了这种认为原件可能存在的观念。这样，这个样本都在其单一性中包括参照其他样本，独特性与多样性不再对立，正如'创造'和'复制'不能背反"②。

由此可见，"形"象的特点是在复制中消灭掉了个人创作的痕迹，追求简单、快速、无须费力、

无须用脑，想象的空间因此萎缩。而类型学所追求的"类"象则从一开始便摒除类型为某种可予以摹仿或抄袭的事物，否则便不可能有"模式的创造"，换言之，亦没有建筑的创造可言。它强调建筑中（模式或造型）有某种元素扮演着极特殊的角色。此元素并不是建筑客体产生时所必须适应的事物，而是存于模式中的事物，事实上就是建筑之所以能产生的法则。

例如博塔设计的奥德利柯小教堂（Church of Beato Odorico，Pordenone，Italy，1987 – 1992），虽然从外形上看与传统的教堂相去甚远，但从中依然可以找到早期基督教和罗马风建筑的历史参照（图7-20）。从基地规划中可以清楚地看到，建筑的主体不仅作为周边毫无特色、杂乱无章的环境中的焦点而存在，同时也是具有显著识别性和认同感的参照物。半封闭的方形庭院和强有力的截圆

图7-20 博塔设计的奥德利柯小教堂外观

① Editecs by Morris Adjmi. Aldo Rossi. Architecture 1981-1991, Princeton：Architectural Press.
② 潘知常. 反美学 [M]. 上海：学林出版社，1995：287.

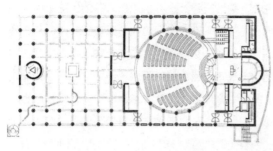

图 7-21 奥德利柯小教堂平面图

图 7-22 奥德利柯小教堂室内

锥形的集会大厅形成了鲜明的对比，这种对比为教堂和城市环境间提供了一个柔和的过渡，拉开了两者的距离（图7-21）。它犹如空间的过滤器，或者说是精神上的过滤器，人们由此来体会教堂的神圣氛围。除了面对河流的半圆形后殿有所突出，整个建筑的外部形象完全由闭合的直墙所界定，并通过统一的表皮强调出来。该教堂的中央大厅设计得简洁紧凑，方形基座上的内切圆形式使它产生了强烈的向心性。底层的空间分布沿主入口轴线展开，上升到巨大的砖砌圆锥中心，光线通过圆锥顶部的天窗直泻而下，给人以强烈的视觉冲击，显示了神性

的巨大力量（图7-22）。在这里，博塔通过对轴线和发散形式的精心组合，体现了现实和神秘的对比，以二元的手法表达了人性与神性之间的张力。

在对建筑创新的理解上，或者说在对"形"象还是"类"象的问题上，建筑类型学理论表现出一种相当谨慎而务实的态度。它追求稳重、从容、严谨细致，从不急功近利，从不翻奇弄巧玩噱头，并且反对把建筑当时装或时髦货的做法。类型学认为，既然可以认为一切建筑都来自于古代人创立的有数的几种形式，而这些形式已经被人类和一定的种族历史认同，它们就必然具有永恒的价值。建筑师的任务应该是构拟这种活在一定种族记忆中的原型形式，并在这种原型中发掘这种永恒价值，生成富有历史感的新意，而不应该在原型之外去寻找什么别样的新奇的审美形式，因为在类型学看来，缺乏原型的形式表现充其量不过是一种肤浅的几何学游戏，它绝不会获得普遍价值，也绝对经受不住时间的考验。

7.2.2 批判性的"后锋"

今天广泛使用的批判概念（英语中一般用形容词 Critical），原为一个马克思主义的观念。批判理论（Critical Theories）在特定意义上即指法兰克福学派（Frankfurt School）的社会哲学理论。它以焕发马克思主义的激进意识和批判潜能为起点，整合了精神分析、存在哲学、语言哲学、解释学等现代思想，发展为对现代社会，特别是发达工业社会进行跨学科的综合性研究与批判。如《现代建筑：一部批判的历史》一书的作者弗兰姆普敦教授就是运用了马克思主义的历史观。批判理论的一个重要方面，是对现代社会大众文化的批判。当大众文化如电视节目、广告和流行音乐每天都在殷勤而周到地满足着现代人时，批判理论则尤能发出清醒之音。从当年马尔库塞在《单向度的人》中对资本主义病态社会崇尚工具理性的"单向度文化"的

批判，到当今西方的新马克思主义文化批评家詹明信（Fredric. Jameson）对后现代文化逻辑的解析中，都体现出一种深刻的批判精神。今天，建筑批判的第一对象是与建筑有关的商品社会的意识形态，与马克思主义批判的原意很接近；第二对象就是建筑学现状。西方许多建筑师和建筑理论家，都具有自觉的批判精神，他们与一些批判思想家有着密切的学术交流。例如在辛西娅·戴维森（Cyncia Davidson）主持的 anyone 系列研讨会中，詹明信、德里达等人就成了座上客。而作为提出并发展了"批判的地区主义"理论的弗兰姆普敦和佐内斯（A. Tzonis）等人，也都深受西方马克思主义思想的影响。"批判性"成为深化发展其建筑理论的标签。

建筑学需要批判精神。当各种思潮、主义令人眩目、少数经大众传媒筛选后的明星建筑师的"签名建筑"（Signature Architecture）被争相仿效时，以一种冷静批判的眼光去探究建筑学现象之后的本质，是十分必要的，因为批判的目的是为了建立积极主动的建筑实践。例如建筑师将住宅户型设计的工作转化为对生活方式变化的关注；建筑师基于对环境的认识，将生态的问题带入设计，而生态问题本不在业主所提的设计任务之内。类似的实践活动均可能产生批判性建筑（Critical Architecture）。批判并不意味着否定，批判性实践（Critical Practice）的关键在于质疑。质疑是为了进一步提出问题，重组原有问题或提出新问题，与一般研究的注重方法相比，批评性强调的更是态度。即在从事建筑设计的过程中，将设计的条件或制约转化为对某些建筑问题的思考；或将对某些建筑问题的思考带入设计。简而言之，所谓"批判"就是以问题指导设计，不依赖审美趣味；未经分析判断，决不轻易接受既定的答案系统。

而所谓"先锋"是一种新异意识之独占，是大多数人想要占取而尚未占取的意识，而"后锋"（非

先锋）则是一种大众共享意识。在当代这个媒体时代，先锋对于新异意识的独占只能是暂时的。先锋作为一种创新欲与领袖欲的混合物，它必须尽快地使自己在审美世界脱颖而出。当它出现在世人眼前的时候，它作为一种新异意识的独特性很快就会消隐。正如彼得·科斯洛夫斯基所说的："在历史中成为当代的东西，是精神的最高阶段，它不可重复，不可超越，而同时又迅即无望地过时了，成为历史的垃圾[1]。"

建筑创作的历史是也应该是一部先锋与后锋对抗、矛盾的历史。值得注意的是，先锋与后锋并不是绝对的，后现代主义建筑曾经是先锋的，然而，解构主义建筑很快就让它变成后锋，而当代另一些建筑形式又使解构主义建筑成为后锋。时尚这个多变的暴君比任何时候都更频繁地改变着当代建筑美学的路向。同样，谁也不能认为先锋就是具有审美价值的，而后锋就是不具有审美价值，或者说，先锋就是对后锋具有终结威慑的。就一般而言，那些富有年轻人的气质的、好冲动的感性建筑师，往往会选择先锋派立场；而那些艺术上成熟的、理性的建筑师往往会选择后锋的或"中锋"（折中）的立场。先锋总是更多地站在文化的而非审美的视角来审视和创造，而后锋或者说积极的后锋却是站在审美视角来审视和创作建筑。先锋更多的是以文化立言，后锋更多的是以审美立言。

在很多情况下，先锋是一个时代美学的临时代言人，往往表现为速变的与速朽的。它只不过是一股风，一阵潮，甚至一缕烟，即使不是朝生暮死，充其量也不过是春花秋谢而已，想要获得永恒的价值，是极其困难的。因此，从美学角度看，这类先锋的冲动其实就是一种带有自杀性质的冲动。它对其他建筑师的警示、影响和启迪作用往往以自己美学生命的终结为代价。而后锋则常常以社会精英（Elite）的面貌长时间地屹立，成为整个时代美学的主心骨和领路人。因此，后锋并不是保守和落后

① 彼得·科斯洛夫斯基著. 后现代文化 [M]. 毛怡红译. 北京: 中央编译出版社, 1999: 20.

的代名词。如果以一种精英的态度来评判后锋，那么，后锋应该采取一种并非哗众取宠而是实实在在的姿态，追求一种更内在的而非肤浅的，更持久的而非短暂的，更端庄的而非丑陋的，更具有文化意蕴而非反文化的真正的美。贝聿铭、迈耶、安藤忠雄等很多建筑师的作品就是这样的一种美，一种从容不迫、宏伟瑞丽的美，一种永远不追赶时尚，却永远并不落后于时尚的美，一种既具有历史感又具有时代感的美。

　　"批判性"态度与"后锋"的结合，就形成了建筑类型学"批判性的后锋"的审美姿态。正如以弗兰姆普敦为首的一批理论家开始注意的那样，"建筑学今天要能够作为一种批判性实践而存在下去，只是在它采取一种'后锋'派的立场时才可以做到……，一个批判性的后锋派，必须使自己既与先进工艺技术的优化又与始终存在的那种退缩到怀旧的历史主义或油腔滑调的装饰中去的倾向相脱离。……只有后锋派才有能力去培育一种抵抗性的、能提供识别性的文化，同时又小心翼翼地汲取全球性的技术"[1]。正是基于这种态度，建筑类型学选择了以冷静而又积极的"批判性的后锋"的审美姿态来为人类社会创造优秀的作品，并企图由此来真正恢复被现代主义建筑师忘却的美学秩序。

　　建筑类型学所倡导"批判性的后锋"具有重要的美学意义。这是一种清醒的批判意识，一种中和平正、从容睿智的审美哲学。它从来不是纯粹以破坏、摧毁为手段的。他们善于批判地摒弃传统中的惰性的、僵死的东西，而吸取活性的、有价值的东西。他们能够回顾历史、把握现在、瞻望未来，善于古曲新唱、混纺出新。因此他们对于建筑美学的发展是有重要的、持久的推动作用的。它使人清醒地意识到，只有融合个性与共性、特殊与一般、地方性与全球性这样一些对立统一的范畴，才能真正成为既是民族的，又是世界的，既是地方的，又是全球的。任何偏于一端的极端做法，要么是陷入怀旧的

历史主义泥潭，要么就陷入现代工具理性的窠臼，都将葬送人们希望寻找的审美的、可识别性的文化，陷入不可自拔的循环论的泥沼。

7.2.3　新理性中的非理性思维

　　在20世纪初，理性主义还仍旧是打开审美活动眼光的钥匙，为审美活动提供了无穷无尽的支配性的隐喻，人们可以借助这些隐喻去理解世界，从而提供一种颇具深度的阐释。然而由现代理性与现代科技的联姻培育出来的现代理性主义美学观念现在开始黯淡了下来，尤其是在20世纪70代前后，罗西、格拉西等人通过类型学理论对新理性主义的大肆宣扬——虽然他们为了寻找一种跨越时空的同一感，给日益混乱的城市建筑恢复秩序——更加剧了行内人士对理性的怀疑与担忧。而在哲学界，福柯、德里达和德勒兹对理性、对主体的问难，对差异、对非理性的呼唤，更激发起理论家与建筑师抵制传统的机械理性思维，建构非理性思维的信心。

　　在建筑类型学的理解中，一方面，建筑是一个综合了多种理念与思想的集体。从某种意义上讲，它们代表了先辈们流传下来的集体文化遗产，也是今天建筑师受教育的基础与理论背景。另一方面，建筑又是与一些更为主观的、自主的，有时甚至是神秘的成分联系在一起，它们组成了一个人的非理性的情感，但也会参与到人的评估与选择的过程中来，而这种参与在设计过程是非常具有代表性的。基于对建筑的这种集体与个人、理性与非理性的不同理解，我们可以看出在建筑领域，非理性思维模式，并不是以一种单一的形式表现出来的，甚至也不是靠任何招牌或旗帜而标志出来的。那些从不谈论理性与非理性的建筑师，同样会在作品中不由自主地运用非理性设计，甚至那些变着花样或打着理性主义招牌的建筑师，也会不同程度地流露出某种非理性的冲动。

---

① 肯尼斯·弗兰姆普敦著. 现代建筑—— 一部批判的历史 [M]. 原山译. 北京：中国建筑工业出版社，1988.

细心的读者将会发现，即使是当代最著名的新理性主义建筑师如罗西、格拉西等人，其审美思维中依然包含着浓厚的非理性成分。因为，他们交口称赞和推崇的荣格的原型理论，本身就是建立在非理性美学的基础之上，作为原型论基础的个人无意识和集体无意识，就是非理性思维的最典型的见证。难怪，詹克斯在论及新理性主义时，一定要在前面缀以"非理性"的称谓。就设计语言来说，罗西的基本句法也是一套几何学设计方法，只不过他的几何学是在类型学统筹之下，与原型论和古典主义紧密相关的几何学。正如福柯所说："它们（理性与非理性）是相互依存的，存在于交流之中，而交流使它们区分开来。①"

罗西的理论和作品一贯被贴上了"新理性主义"的标签，但另一方面罗西似乎又执意地反复某些非理性的主题。例如焦虑在纪念性物体上的强烈表达，如在其著名的早期作品——摩德纳的桑卡达尔多墓地（图 7-23、图 7-24）中，阳光与阴影成为罗西对生与死两种世界本质的表达。建筑塑造的阴影与契里柯（D.Chirico）的作品中表现的阴影相似，是"死亡"与"终结"的代名词，它通过与死亡之城既关联又对比的类似性，回溯了城市及其建筑的主题，形成了一个与"圆形监狱"记忆紧密相关的统一意象（图 7-25）。在这里，阳光与阴影是罗西表现其建筑的哲理性与宗教意味的手段（图 7-26~图 7-28）。这种对"圆形监狱"意象的执着关注，或许可以解释为战争在罗西心中蒙上的阴影，它使罗西将纪念性同国家机器的内容直接联系起来。其实在第 1 章中我们已经提及"圆形监狱"是第二种类型学——范型类型学的典例。我们知道罗西曾对范型类型学所提出的"功能范式"有着强烈的反感，却为什么又会对"圆形监狱"原则青睐有加呢？其实对比一下哲学、文化领域与建筑美学领域的互动关系，将有利于我们全面理解非理性的"圆形监狱"意象在建筑类型学语境中所扮演的角色和所处的位置。

图 7-23 摩德纳墓地——正轴侧图

图 7-24 摩德纳墓地——俯视轴侧图

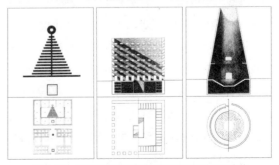

图 7-25 摩德纳墓地的平面元素与立面元素显示出的"圆形监狱"意象

① 福柯. 疯狂与文明 [M]. 刘北成，杨远婴译. 北京：三联书店，1989：2.

图 7-26　摩德纳墓地——室外局部

图 7-27　摩德纳墓地——纳骨处室内

图 7-28　摩德纳墓地——纳骨处外观

"圆形监狱"的概念是由 18 世纪末英国著名的功利主义者杰雷米·边沁（Jeremy Bentham）提出的。它的同名著作不为人知，然而米歇尔·福柯（Michel Focault）在其《监禁与惩罚》一书中却称之为"人类心灵史上的重大事件"，"政治秩序中的哥伦布之蛋"①。按照边沁的描述，"圆形监狱"原则是这样的（图 7-29）：一个像圆环一样的环形建筑；在中央造一座高塔，上面开很大的窗子，面对圆环的内侧；外面的建筑被分割成不同楼层的一间间囚室，每一间都横穿外面的建筑；这些囚室

有两扇窗户：一扇朝内开，面对中央塔楼的监视窗户；另一扇朝外开，可以让阳光照进来。这样就可以让看守者待在塔楼里，把疯子、病人、罪犯、工人和学生投进囚室。这些囚室变成"小型舞台，于其中每个演员都是孤独的，完全个体化并且持续可见的"①。禁闭者不仅可被监视者看到，而且是被单独地看到，他们被从任何方式的接触中隔离开来。任何人都可运作此建筑机制，只要他站在正确的位置，每个人都将受制于他。由于禁闭者无法察知监视者是否在塔楼内，因此他必须将监视当成恒久与全面的督察，而注意自己的行为。简言之，地牢的原则被颠倒了。阳光和看守者的目光比起黑暗来，可以对禁闭者进行更有效的捕获，黑暗反倒是具有某种保护的作用。圆形监狱形式的完美在于虽然无监视者出现，这个权力机器仍可以有效地运作。"一旦囚犯无法确定自己是否被监视，他就成为自己的小警察"①。

值得注意的是，在边沁之前已经有过这样的考虑。第一个可视的隔离模式系统在 1751 年就出台了，那是巴黎军事学校的宿舍。每个学生都给分配了一间带有玻璃窗户的单间，通过玻璃窗，所有发生的事情都可以看到，这样他整晚都能受到监视，无法与同伴有丝毫的接触。边沁说，是他的兄弟在参观军校的时候产生圆形监狱的想法的。当时这种构想在很多领域流行开来。如列杜（Claude Nicholas Ledoux）设计的教育部大楼（图 7-30）和沙乌公墓（图 7-31），就是根据这种可视性原则，而且还添加了一些设施。这里存在着一个中央监视点，作为权力实施的核心，同时也是知识记录的中心。尽管在边沁之前就有圆形监狱的想法，但他是第一个对它进行表述和命名的人。"圆形监狱"这个词是非常关键的，它指明了一种系统的原则。边沁向医生、刑罚学家、工业家和教育学家建议的东西，正是他们一直在寻找的。他发明了为解决监禁问题所设计出来的权力技术。有一点很重要：边沁说他的观看

① （法）米歇尔·福柯，包亚明主编. 福柯访谈录——权力的眼睛. 严锋译. 上海：上海人民出版社，1997.

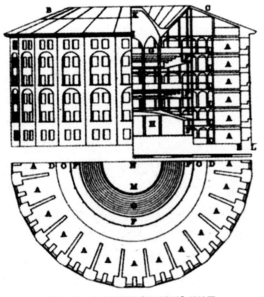

图 7-29 边沁构想的"圆形监狱"设计图

图 7-30 列杜设计的教育部大楼

系统是一种创新，为权力的简易而有效的实施所必需。事实上，从 18 世纪末以来，它一直被广泛应用于诸如修道院、学校、工厂、医院、监狱之类的地方，圆形监狱成为解决这一系列权力技术问题的建筑方案（在此，建筑作为政治组织的具体形式而存在）。在现代社会中，发挥这样的权力程序就更为丰富和多种多样了。

　　边沁辐射状规划的机构建筑的建议，反映出一个权力与空间的基本问题——即权力的空间化。福柯由此提出了"生物—权力"（Bio-power）来阐释空间。他谈到"应该写一部有关空间的历史——

这也就是权力的历史——从地缘政治的大战略到住所的小策略，从教室这样制度化的建筑到医院的设计"①。我们知道空间曾经被看做属于"自然"——也就是说，是既定的基本条件，是一种"自然地理"，属于"前历史"的层面，因而不被重视。在 18 世纪末，当空间的政治开始发展的时候，空间物理和理论物理的成就剥夺了哲学对有限或无限的宇宙的古老的发言权。政治实践和科学技术对空间问题的双重介入迫使哲学家只能去研究时间问题。与此相反，空间遭到贬值，似乎只有时间才与生命和进步有关。马克·布洛赫（Marc Bloch）和费南德·布罗代尔（Fernand Braudel）曾经研究过农村空间和海上空间的历史。福柯认为这种研究还应该进一步延伸，不仅要说空间决定历史的发展，而且历史反过来在空间中重构并积淀下来。

图 7-31 列杜设计的沙乌公墓

① 朱文一. 空间·符号·城市——一种城市设计理论 [M]. 北京: 中国建筑工业出版社, 1993, 7.

　　较之其他学者，福柯更深刻地揭示了空间的性质。按照他的说法，圆形监狱（Panopticon）成为这种权力空间的典范，它并非某些人认为的是权力的本质，而是权力运作特殊形式的一个极其准确的呈现，是"权力机制化约成其理想形式的简图"（图 7-32）。这种权力是持续的、有纪律的、匿名的。此建筑的完美在于虽并无监视者出现，这个权力机器仍可以有效运作。作为此建筑精练的最后一步，圆形监狱包括了一个对控制者的监控系统。对福科而言，圆形监狱不是权力的象征，也没有任何深沉或隐藏的意义。它本身是中性的，从它自己"空间与运作"的方式看，也是普遍的，因此是一个完美技术。圆形监狱的功能是加强控制，它代表了一种有纪律空间的范型，这在工业化社会里是极为有效的一种形式。在工厂中集中了生产、分化了工作步骤，有利于监视，促进了生产力；在学校中，它保证了秩序的行为；在市镇中，它减少了有害性聚集、闲荡流浪汉和传染病的危险。它不只控制一群人，而且把这个控制连到生产上，大大提高了工作效率。由此，使用这些构造物技术比起建筑本身来显得更为重要，它允许了权力的有效扩张。

　　在罗西看来，受利害关系左右的理性中存在一种吸收并歪曲各种重要文化姿态的倾向，因此他把自己的理论建立在那些能使人回想起启蒙运动，但又超越了其虽是理性却又任性的规范的历史性建筑要素上。他对"圆形监狱"的不言而明的关注可以说是他思想中最为高深（即使说不是神秘的）的方面。罗西似乎执意地多次回复到这些非理性的法制惩戒机构，因为它们对他来说，和纪念碑及公墓一样，构成了唯一能体现出建筑艺术本质价值的项目。

　　这里需要特别说明的是，尽管目前处于现代向反现代转型的阶段，但理性的思维方式在建筑设计中依然扮演着重要角色。以维特鲁威的美学为基础的"人是万物的尺度"的观念，即"功能合理、逻辑清晰、结构科学、形式可观"的那一套教条的理性话语，依然在不同程度上左右着建筑师的设计。

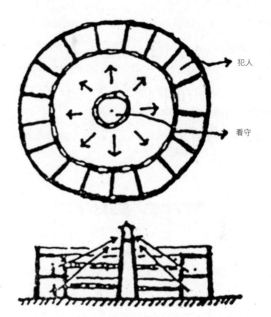

图 7-32　福柯的"权力空间"——在圆形监狱中即使没有看守存在，"权力机器仍可以有效运作"

　　从总体上说，当代世界是一个多元共存和中庸的时代，是一个折中主义和理论宽容的时代，在这样的时代，不可能有一种纯而又纯的、不带任何杂质的理性思维，更不可能存在完全抽空了非理性内容的理性思维。因此，类型学理论中所包含的部分非理性思维，恰恰符合了时代发展的客观规律。事实上，理性本身是一个文化合体，它应该也必须是包含了非理性的理性。

7.3　对当代西方建筑类型学形态创作理论局限性的美学批评

　　20 世纪 70 年代以来，人们对以罗西为代表的建筑类型学理论和作品有了大量了解，许多建筑评论家赞扬他的理论分析的科学性质，但同时又对他的人文主义和人道主义气质有异议。我们知道，罗西的类型学城市建筑理论诞生于 60 年代的意大利，对罗西而言，生活和工作在每天都受到传统强烈熏陶的环境之中，这似乎才是他完善教育、陶冶性情、发挥才华的乐土。正是在这种特定的历史环境中，他把兴趣和精力都集中在对传统城市的保护与更新的研究上。因此以罗西为代表的建筑类型学理论带有明显的历史、传统特征，同时受理性主义的影响，难免有一点教条主义的倾向，所以随之也伴随着一定的理论局限性。

7.3.1　"考古学式"的原型探讨

首先，在形成建筑理论的初期，类型学理论把精力大多集中在"考古学式"的原型探讨上。故此类型学理论在其建筑创作中强调"不创造新类型"。但这种原则仅限于欧洲那些有着悠久历史，并具备可以改造条件的城市。对于其他地域的传统城市或是新建城市，其理论中的一些原则就难以成立。建筑的目的不仅在于表现历史，更重要的是创造人类活动的场所。建筑的基本功能还是要使今天人们的生活更丰富美好，在这个基础上才能体现今天的文化。

7.3.2　乌托邦的色彩

其次，类型学理论一方面强调场所的意义，另一方面又一再声称建筑形式的自主性。这一点似乎有些前后矛盾。类型学理论强调类型的选择应来自于传统建筑，但忽视建筑风格上的连续性。因为在类型学理论看来，这是肤浅的枝节问题，而建筑的本质是类型。例如，罗西对类型的运用就是很极端的，为了在作品中清晰表达类型学的概念，故而刻意追求形体的抽象性，不采用任何装饰细部，用近似"原型"的形体，让人们清楚感觉到类型的存在。在他提取的类型中所有历史的联系都被排开了，只剩下一个纯潜在的框架，这是古往今来的历史都可以在上面刻画自己痕迹的框架。罗西在这里将建筑的自主性建立在一个半空中的、不真实的设定条件上，

使他的类型学理论带有某种乌托邦色彩。

7.3.3　缺少环境特征

第三，在记忆与历史问题上，类型学理论只注重"推进性"要素，而完全排开凝固的历史。然而当历史在一座建筑物上留下痕迹后，建筑就具有某种纪念意义。建筑是文化的结晶，其本身的建造就反映了当时人们的思想意识、艺术情趣、习俗、宗教等各方面的特点。建筑一旦建成并不是已完成了对文化的反映和表现，它还是有生命的，还会把使用过程中的痕迹记录下来。不同时代的建筑反映了不同时代的文化，它们集聚在城市中，就反映了城市一代代发展的历史。没有这些把过去时代凝固在自己身上的建筑物，城市的历史是不会像今天一样展现在我们眼前的。在建筑形成过程中如何反映文化的延续性和地方性，这并不是可以靠给未来留下空白就能解决的。这既不能引起今天人们对过去的回忆，又没给后人留下多少今天的东西，在面对20世纪末期复杂多样的生活方式及社会状态时，以罗西为代表的建筑类型学理论就显得有些苍白无力，缺少环境特征，反而违背了自己尊重历史、尊重环境的初衷。

7.3.4　刻板的理论框架

最后，由于以罗西为代表的建筑类型学理论始于对建筑理论的研究，故而导致其在实践过程中主观上刻板地遵循自己已经确立的理论框架，特别是"坚持同一主题"——这一不可违背的原则，反而损伤了其理论的真实意义。类型学将纯粹的理论，不加实践的过滤，转变成真实的建筑实体，这使其作品多少显得有点冷漠和难以理解，甚至被一些学者称为"空虚的圣洁"和"自身之论述"。这些作品与其说是创作实践，还不如说是用来阐述类型学理论的图示。可见以罗西为代表的建筑类型学理论

还没有找到一条既能清晰表达出类型学概念，又能消除其作品冷漠性的途径，这恐怕也是罗西本人自身难以逾越的障碍。

　　综上，类型学研究应该是一个开放的体系。辨析建筑类型学形态创作的特征，并正视其中目前存在的这些局限性，将有助于我们不断地改进与完善建筑类型学理论，使之适用于更为广阔的领域，从而使我们走向开放的建筑类型学研究。

这是一种可以推衍出一切其他城市的模型，

是一座由各种例外、排斥、冲突、矛盾造成的城市。

如果这种城市是最不可能存在的城市，借着渐渐减除各种元素的数目，

我们就增加了城市真正存在的可能性。

所以，只要从我的模型删除例外，在我推进的任何方向，

我都会抵达那些总是作为例外而存在的城市。

但是，我的操作不能推到某个界限以外，

我会得到可能性过高，反而不存在的城市。

——卡尔维诺（Calvino），看不见的城市

Chapter8

第8章 表 现 与 再 现 Expression and Reappearance

——中国当代建筑创作中的类型学实践研究

世界的四大文明发源地由东到西是：中国、印度次大陆、"肥沃的新月形地带"（两河流域）以及地中海地区（尤指希腊和意大利）。从文化系统的时空上我们通常把它们划分为东、西方两大体系：西方即希腊－罗马文化；东方则包括中国文化、印度文化和闪族（即伊斯兰文化）。由此可见东方文化涵盖了四大古老文明中的三个，因而其悠久的历史传统是不容置疑的。而我们前面所一直探讨的建筑类型学理论基本上是在西方文化传统的基础上产生发展起来的。但它们不是没有相通之处，那就是同样依托于悠久的历史传统与地域传统。正如我们所知道的，罗西的类型学城市建筑理论正是诞生于意大利这个受传统强烈熏陶的特定环境之中，因而西方当代建筑类型学理论带有明显的历史、传统特征。在这种前提下，在全球化与地域性问题备受关注的今天，我们不难看出建筑类型学的发展必然可以受到东方传统地域文化的启示。

8.1 日本及其他东方文化地区现代地域性建筑的类型学启示

日本早在 6 世纪前，就有了作为其代表建筑特色的"神社"建筑。以木构架建造，多为两坡顶、悬山造等，其形态以洗练简约、优雅洒脱见长。如早期的伊势神宫，素面木构件纹理清晰、色泽柔和温暖，不施雕饰且节点简明，可谓寓"巧"于"朴"。7 世纪后，随中国建筑的传入，形制与式样在延续中产生了变异与整合，斗拱、雕饰、中国式平面和结构普遍运用。然而作为日本地域建筑文化传统依然不失：木架平台、板壁墙面、洗练风格仍得以保持。现存的 7 世纪法隆寺塔，那重重飞檐、层层斗拱，明显印刻着中国建筑文化的印迹。这种文化的整合在日本造园艺术中则更加淋漓尽致，如变异中国禅宗哲理和山水画的写意技法而发展起来的极端写意和富有哲理的"枯山水坪庭"（图 8-1），形成了独特的日本风格。

日本文化从明治维新以来就表现出了对异质文

化尤其是西方文化高度的兼容性（由此看出，政治上的变革是一种强有力的文化调适手段），然而当西方的现代建筑思想和现代建筑技术最初传入隶属于东方文化体系的日本时，依然出现了关于传统问题的激烈争执和讨论，表现出了形形色色的主张和思潮，例如"帝冠式""和洋折中论""欧化论"等。然而日本的现代派建筑师们在与学院派和文化保守主义作斗争时，并未简单地否定传统，而是采取了一种聪明的迂回式作法以获得他们所需要的社会文化支持——他们陆续举出了在伊势神宫、京都御所、桂离宫（图 8-2、图 8-3）、出云大社这些纯粹日本的样式中，建筑实际上具有与现代建筑相同的原理和概念，而且在技术表现上也与现代技术有许多共通之处。例如他们认为日本传统建筑在平面布置和结构、用材上有着相对固定的规格和模数（如榻榻米），具有系统化和标准化的特点，而这是现代工业化生产的重要基准，也是现代建筑设计中的重要特征。这种用传统和传统战斗的渐进途径在文化心理上大大消减了民众对现代建筑的技术与

图 8-1 日本龙安寺的枯山水坪庭

图 8-2 独具日本园林特色的桂离宫——图片一

图 8-3 独具日本园林特色的桂离宫——图片二

图 8-4 前川国男设计的东京文化会馆

图 8-6 丹下健三设计的香川县厅舍

图 8-5 丹下健三设计的山梨县文化馆

形式的陌生感，获得了民众的理解和支持，逐渐把现代建筑发展成为一个时期日本建筑现实的正统和主流。"所以看到日本现代建筑史上那些著名的积极介绍和摹仿外国建筑和技术的人们同时还必须把桂离宫和伊势神宫作为日本建筑模式土著的原型，这绝不是偶然的，从心理上也是可以理解的"[1]。建筑评论家 C. 詹克斯对日本的这种独特的现代建筑道路曾有专门的评述："对日本来说，现代建筑本不是新事物。神社和桂离宫的建筑传统本身就是'现代的'；它们使用表面无修饰的自然状态的材料，它们强调交接节点、结构和几何关系；甚至桂离宫

完全处理成黑白块相间的微妙的不对称形式。完整健全的国际式风格在日本已有 400 年之久，其内容包括标准化、灵活性、模数协调、网格设计和珍视设计者不留名的价值。西方必须推翻他们的传统才能走向现代，而日本仅简单地复兴自己的部分传统即可。"[2]

在日本现代建筑的早期实践中，如我们非常熟知的东京文化会馆（前川国男）、山梨县文化馆、香川县厅舍（丹下健三）等作品（图 8-4~图 8-6），建筑师们采取了一种用钢筋混凝土材料和框架结构巧妙地"摹拟"日本传统木构建筑的比例和梁柱穿插组合的表现方式，受到了当时社会和民众的普遍赞许和支持。虽然如今的大多数日本建筑师们已不再认同和采用这种设计手法，但不可否认的是，在历史上，这种方式成功地使现代建筑和现代技术在日本"软着陆"，在相当程度上避免了现代与传统的对立和矛盾，对现代建筑与技术在日

① 马国馨. 日本建筑论稿 [M]. 北京：中国建筑工业出版社，北京，1999：132.
② 查理斯·詹克斯. 晚期现代建筑及其他 [M]. 刘亚芬译等. 北京：中国建筑工业出版社，北京，1989.

本文化土壤中的生根、发展和壮大具有积极的意义。今天，建筑高新科技和材料的应用在日本广受推崇和欢迎，已不存在什么传统和文化上的障碍，这与早期日本现代主义建筑师们的个人努力和他们所采纳的循序渐进途径是不无关系的。

　　日本建筑师兼理论家黑川纪章对现代建筑的发展持一种积极乐观的态度，同时他在工业化的激流中也并未迷失方向，而是以独特的方式思考怎样才能把技术方法与更富于哲理的路子互相协调，努力探索日本本土文化和现代技术文明的连接点。20世纪60年代末，黑川纪章在探讨日本文化的象征时，通过对日本传统建筑中的缘侧、外廊、通道、格扇等空间的分析，提出了"利休灰"空间的概念和"中间领域"理论。并从原型意义上将江户时代的"利休灰"作为日本的传统空间与文化的矛盾以及歧义的象征。"利休灰"的空间即介于建筑和自然之间、室内和室外之间的具有缓冲性的第三空间，也即中间领域。灰空间没有量和形的固定，只有相对稳定的拓扑秩序，黑川认为灰空间是日本传统建筑中一种强有力的空间组织形式，而在现代建筑的创作中，通过灰空间的创造，可以使不同的材料、物质性与精神性进入"不连续的连续"或继承与同化的联系之中，使人们在材料、技术均以改变的现代场所中仍能感受到传统的意蕴，实现现代技术与传统文化的共生。在黑川看来，"利休灰"所表现的是一种简朴而又清纯的美学思想，代表着日本文化将矛盾着的东西加以融合从而具有的一种多元性和共生的哲学观。

　　例如，黑川在福冈银行总部的设计中运用钢筋混凝土巨梁结构技术创造了一个城市尺度的巨大"灰空间"，它介于公共空间与私有空间之间，是传统"缘侧"空间的超尺度放大，同时也是为城市提供了一个安逸、舒适的休闲广场（图8-7）。而在东京大同生命大厦的设计中，黑川把"灰空间"的设计手法运用得更加淋漓尽致。这栋建筑坐落在东京的老商业区，为了吸引公众，黑川把一条公共的街

道空间组织在里边，以此连接建筑前后的两条街道，并且沿公共街道空间流淌着一条有照明设备的人工小溪（图8-8）。此建筑通过2m宽的缝隙从结构上被分成两部分，这两部分在每层都由三道有伸缩缝的桥相连，人工小溪就在缝隙下流过，缝隙上则覆盖着6m跨的铝拱顶。黑川采用了不锈钢、铝板、灰色挂釉面砖和大面积的无框玻璃等多种材料，这些现代材料在灰空间——这一日本传统建筑空间中的类型关系的引领下，彼此协调一致，共同传递出日本传统建筑的空间记忆和"利休灰"的美学精神。

图8-7　黑川在福冈银行总部创造的巨大灰空间是对传统缘侧空间的超尺度放大

图8-8　东京大同生命大厦的室内"街道"

图 8-9　拉斐尔·维尼诺设计的东京国际会堂外观

图 8-10　拉斐尔·维尼诺设计的东京国际会堂室内

　　日本民族是一个对自然现象有着超乎寻常的敏锐感觉的民族，平原川川的景色、气候、温度的细致变化，风声、海浪声甚至落叶声都会引起日本人的注意和内心的情绪波动，"所以日本人对自然的态度。不是知性的而是情感的，不是科学的而是直观的"①。这种对自然的亲近态度和情感依赖从日本绳文文化时期就已形成，到今天的高科技社会依然存在，它渗透到了日本人日常生活的各个方面和细节，并且把日本的文学、宗教（禅宗）、居住文化以及日常生活用具等以一种稳定的方式贯穿组织起来，形成一个整体。许多日本当代建筑师如安藤忠雄、原广司、长谷川逸子、伊东丰雄等人都注意到了自身民族文化中的这种独特的类型关系，并在建筑创作中以各自不同的方式表达出来。因而，在东京国际会堂的竞赛中他们会选中名不见经传的拉斐尔·维尼诺的"玻璃香蕉"方案（图 8-9、图 8-10）。在这个由高技术支撑的巨大玻璃体中却

洋溢着日本传统的共生思想。维尼诺把它设计成为一个灵巧敏锐的"捕捉"器，把日本人格外关注和敏感的各种现象"收集"进去再通过高科技语言生动活泼地传递出来。玻璃体随着天气的阴暗变化和日夜的转换忽而清澈透明，忽而朦胧模糊。在这个不断变化的过程中，玻璃体本身就如同虚拟的映像，失去了物质性，成为栩栩如生的环境音乐，飘散在空中，迎风吟唱。不少日本人认为，这个巨大玻璃体准确地表达了他们难以言述的丰富细腻的自然观，形象地描述了人与自然的亲密关系。

　　不仅是日本，许多东方国家和民族的传统建筑空间中都存在一些相对恒常的理想关系和秩序，以及标识和象征自己文化特色的特定物品。很多东方建筑师也都在积极地提炼本地域、本民族中的优秀传统"原型"。例如前文曾经提到过的柯里亚通过对印度传统居住建筑中的庭院空间和印度宗教中的传统图案蔓荼罗的分析，提取了"露

① 马国馨. 日本建筑论稿 [M]. 北京：中国建筑工业出版社，北京，1999：127.

天空间"（Open-to-sky Space）这一传统空间类型，并多次将它运用在自己的现代建筑创作中（图8-11）。再如伊朗建筑师萨帕（F. Sahba）在设计印度新德里巴赫伊教礼拜堂时就把"莲花"

图8-11 柯里亚设计的英国议会大厦巨大的遮阳棚架形成的院落"露天空间"

图8-12 萨帕设计的印度新德里巴赫伊教礼拜堂

这个在印度次大陆的文脉和特有文化中具有极其特殊的意义的"原型"应用到设计中，采用了薄壳结构技术将礼拜堂的造型逼真地处理成一朵冰清玉洁、含苞待放的白莲花（图8-12）。薄壳壳体高25m，厚度仅13cm，整体全为曲线，没有一根直线。因为在印度人的"集体记忆"中莲花不仅是世界上最完美无瑕的花，而且是印度各个宗教派别团结、和睦的象征，与人们的宗教信仰和日常生活有着密切的精神联系。巴赫伊教礼拜堂借助莲花造型迅速融入了当地的文化和宗教环境，人们亲切地称它为"神圣的莲花宫殿"。远远望去，整个礼拜堂通体轻盈，一片片莲花花瓣状的混凝土壳体仿佛在随风摇曳。

同样，很多西方建筑师在处理东方设计项目时不约而同地借用了类型学的方法。但类型构成手法需要建筑师对传统文化和地方性有超强的理解和敏锐的感知，而法国建筑师让·努维尔（Jean Nouvel）便是这样的一位建筑师。他所设计的阿拉伯世界研究中心是一个在巴黎展示阿拉伯传统艺术与文化的窗口。这个建筑的设计从一开始就面临着一系列的多元辨证——阿拉伯文化和西方文化、传统与现代、历史与未来等，而努维尔则用现代高技术给予了一个创造性的完美解答。这座建筑最值得称道的是南立面的设计，努维尔设计了30000个神奇的光滤器，它们结合钢和玻璃组成了图案化的立面单元（图8-13）。在光能电池的控制下，这些大小不一的光滤器根据日光的强弱，如同照相机光圈般收缩和舒张，调节着室内的光线，并在立面上形成了平整而丰富的韵律。这些镂空的精美构造并非对伊斯兰图案的简单对照，它们实际上是建筑师对整体阿拉伯艺术进行抽象的结果，是传统"类型"的高科技再现，显示出阿拉伯传统艺术的美学精神和审美心理——精美、纤细、平面性和对光线的敏感（图8-14）。

由此可见在东方，很多著名的建筑师的最新作品都开始关注地域建筑形态特色的问题。但如果建

图 8-13 努维尔设计的阿拉伯世界研究中心的光滤器
图案单元立面

图 8-14 阿拉伯世界研究中心室内

筑师们仅仅停留在一种僵死的、写实性"地方情结"的表达上，或者以总体的文化精神代替地方精神，反而会损害本民族与本地域传统建筑文化的发展。相反，利用现代建筑类型学的方法，发掘具有地域特色的建筑形态类型，反而更加鲜明地表达了尊重文化传统的倾向。

8.2 中国当代建筑创作中的类型学实践发展

第二次世界大战结束后，西方建筑师明显感受到现代主义的局限性，为了寻求建筑的未来，人们开始对现代主义建筑思想进行反思。同时期的中国由于社会背景、时代背景等影响原因，西方的新理性主义类型学虽未传入，但我国的建筑师们也已经开始反思现代主义所带来的后果并进行了一些有探索性的建筑实践创作。从 1949 年中华人民共和国成立以来，类型学实践在我国的发展，在时间轴线上大致分为三个阶段：新时期之初的自发探索（20 世纪 40~80 年代）、理性指导下的初步应用（20 世纪 90 年代）和基于本土的多元化发展（2000年以后）。

8.2.1 新时期之初的自发探索

早在类型学传入之前，我国建筑师便已经开始了对传统建筑现代化演绎的探索。1953 年 10 月在中国建筑工程学会第一次代表大会上，梁思成做了题为"建筑艺术中社会主义现实主义的问题"的报告，提出了建筑不仅要适应我们今天的生活而且要充满民族特性，并对美国的现代主义建筑进行了质疑。可以说从中华人民共和国成立以来到改革开放西方的建筑类型学正式传入，我国的建筑先辈们一直进行着现代建筑中国化的实验与探索，这时期的代表人物有冯纪忠、吴良镛、齐康、莫伯治、贝聿铭、张肇康、陈其宽、王大闳等人。他们大部分都是早年受中国传统文化的熏陶，后来又留学国外接受了西方的现代主义建筑教育，归国后进行了大量的实践创作的华人建筑师。

1. 吴良镛

吴良镛院士作为中国建筑与城市规划的先行者，面对近几十年以来我国建设中无视历史文脉的传承和发展，放弃对中国历史文化内涵的思考和探索，而造成"千城一面"的城市现象甚为担忧。在 20 世纪 80 年代的北京市旧城改造中，吴良镛院士对北京旧城进行了深入调研，从北京最为普遍的四合院入手，从中凝练出地域文化的特殊性，提出了建造"类四合院"的住房体系构想并实施于菊儿胡同改造当中（图8-15）。"类四合院"①的提出在今天看来无疑是一种对于合院空间的原型抽象，而这种原型选择的方法也是符合当今类型学从历史和城市记忆溯源的方式。

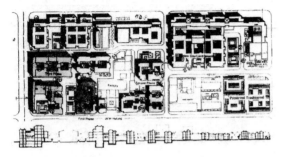

图8-15　吴良镛主持的北京菊儿胡同改造项目总平面图与剖面图

　　基于帝都的建城规制，老北京的四合院围合成的院落大都宽绰疏朗，四面房屋各自独立由游廊连接彼此。这种封闭式的住宅使北京四合院具有很强的私密性，关起门来自成天地，产生出合院空间所特有的"聚合"心理取向。同时四面房门均开向中间核心的院落，这种向心式的房屋布局方式，使得居民生活产生了丰富的交叉，可以说合院空间便是北京城的集体记忆。而随着时代的发展，四合院的居住模式发生了转变，变为人口拥挤、住房困难的大杂院，住房老化的同时生活设施也严重落后。

　　面对菊儿胡同的危房改造工程，吴良镛先生从传统旧城空间中寻找并抽象原型，提取出南方住宅"里弄"和北京"鱼骨式"胡同②的肌理，创造出新型的居住空间来满足服务于现有的混乱居住模式，最终形成了以二层或三层为主的四合院式的一个个独立院落。从今天的视角来看待，菊儿胡同不仅保留了自身的历史痕迹，也创造出了新的特色。但是对于"类四合院"这类原型空间的转化实践仍处于探索阶段，重组过后的邻里关系，由于公共空间的是组合立体院落的结构，原本是一户的内院组织结

构被用于多户时，院落原有的私密性遭到破坏。并且这种产生穿插的院落空间组织由原本是一层宽阔的院落空间尺度变为三层，光照由于建筑高度和空间范围的改变而尤为不足，使得院内环境变得阴暗压抑。虽然创造了丰富的交叉互动空间，但是并未使得邻里关系如预期般丰富和谐。

　　菊儿胡同改造是北京旧城改造的一次尝试，提取"胡同"、"四合院"这些传统北京老城的空间原型，并在新建住宅中套用，形成了新老建筑的对话，是类型学方法实践在当代城市更新的一次非常有意义的探索。

2.　冯纪忠

　　冯纪忠先生设计于20世纪80年代的松江方塔园运用了现代的设计思想把传统东方的方塔、照壁、天后宫等不同年代的特有建筑通过对其原型的提取转译组织在一起，使其在公园中成为了一组有机的建筑群体。而位于公园一隅的何陋轩更是用现代建筑技术手段把中国古代茶室的意境融为一体，达到了一种神似而非形似（图8-16）。

　　冯纪忠先生设计时突出强调了出挑深远的屋顶和平缓的层层跌落的地面，最终人们的视线直接引向了建筑后面的水塘，而从水塘对面的高地看向建筑在硕大的茅草屋顶的掩映下，支撑结构完全消失在其阴影之中，体现了中国建筑中的哲学思想，给喝茶的人们营造了一幅恍若隔世的宁静悠远的画面。何陋轩身为小岛上的竹构草盖茶室，通过硕大的屋顶、跌落的地面和纤细的支撑结构来表达东方传统茶室的意境（图8-17），而其建造方式却是抽象传统的木结构用钢竹结构表达建筑的现代性，其建筑形式则更是对中国传统建筑的现代转译。茶室基本上没有太过于复杂的功能，只是一个休憩的场所，所以在设计时强化了空间与时间的流动变化。跌落

① 吴良镛. 从"有机更新"走向新的"有机秩序"：北京旧城居住区整治途径（二）[J]. 建筑学报，1991（2）：7-13.
　　这种建筑类型，对中国影响很大，特别在50年代后期，中国建筑界拜托苏联周边式后，行列式公寓几乎成了遍及城市（包括有些乡镇）的住宅主要形式。
② 盛庆芳. 传统与现代的冲突——以旧城改造为例看城市中传统与现代的冲突[J]. 城市建设理论研究（电子版），2013（18）.

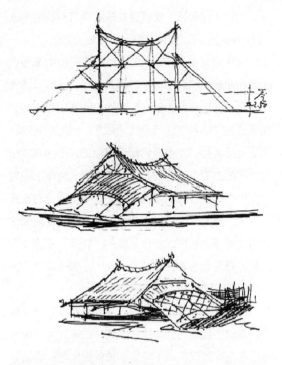

图 8-16　何陋轩草图（冯纪忠）

图 8-17　何陋轩——竹构草盖茶室

向水面的层层平台便使空间产生了错动，操作间放在了茶室一隅而不是中间，则在送茶的过程中体现了时间的流动。

"途中松江至嘉兴一带农居多庑殿顶，脊作强烈的弧形，这是他地未见的……这里掇来作为设计主题，所谓意象，屋脊与檐口、墙段、护坡等的弧线，共同组成上、下、凹、凸、向、背、主题、变奏的空实综合体。这算是超越塔园之外在地区层次上的文脉延续罢，也算是对符号的表述和观点吧"[①]。冯

① 冯纪忠. 何陋轩答客问 [J]. 时代建筑，1988（3）：4-5+58.

纪忠先生从对松江的印象出发，选取了极具特点又即将消失的江南民居为原型。随着上海周边的城市化发展，村落骤减，拆旧建新，这种弧脊农居日渐减少，而冯先生选取为原型进行抽象也是想取其形态予以继承。

3. 王大闳

王大闳先生是中国台湾地区建筑界的元老级人物，早年曾和贝聿铭同在哈佛大学念书，萧梅女士用"简单、自然、藏物于天地"来表达王大闳先生在建筑上所追求的意境，这和中国道家的"人法地，地法天，天法自然"尊重自然，顺应自然的思想文化精髓是相应的，而"道法自然"这一美学立场同

图 8-18　王大闳设计的台北孙中山纪念馆方案立面

图 8-19　建国南路自宅实景——月亮窗

时也为中国古代建筑艺术及其设计提供了方向。

20 世纪 50 年代的中国台湾地区，由官方主导的建筑形态为"外观古典、内部现代"的仿古建筑。但是王大闳先生所追求的并不只是单纯的复古，他曾经提到"时代越复杂，环境越要简单清静。是否能在比例与空间之间找到若干追寻纯净和谐的秘诀"，这无疑表现出了其对寻找某种抽象形态的想法。

1963 年，国民党中常会提出为应孙中山百年诞辰兴建台北孙中山纪念馆（图 8-18）之构想，台北孙中山纪念馆建筑委员会提出的设计原则是："应充分表现中国现代之建筑文化，并采撷欧美现代建筑之优点融合设计"。从建筑特性出发，王大闳选择了同样具有建筑性的东方传统建筑——紫禁城，抽象出其水平延展的横向空间和出檐平缓的硕大屋顶并结合了西方建筑以山墙为主要入口面的理念做了勇敢的尝试，拜托了仿古建筑的局促性。如果说台北孙中山纪念馆是其对中国传统建筑原型较为直白的探索实践，那么早前的台北建国南路自宅（图 8-19）设计则由于不受政府影响而显得更加自由，其对原型的探索与应用并不仅仅只是停留在对于古典建筑符号的堆砌，九宫格中心为"空"的平面布局和月洞门中空的设计通过抽象与江南园林中常见的中间为水面虚空的空间格局不谋而合。

4. 张肇康和陈其宽

张肇康、陈其宽先生是中国台湾地区早期现代建筑的探索者。作为 20 世纪 60 年代东海大学的规划建设者，他们从代表中国传统建筑形制的合院空间原型出发用中轴线组织校园空间，逐渐迈向融合公共空间的新秩序[①]。陈其宽在设计东海大学男女生宿舍时通过对合院空间的变形，利用院落空间组织的灵活自由性，分别营造了宿舍空间的外部交流空间的公共性和内部住宿部分的私密性。张肇康在台大农业陈列馆设计中以单栋的长方盒子作为建筑单元来组织合院空间。通过对传统合院形制的提取、

传承、演化和创新，使得这些校园建筑对我们中国未来建筑的形成过程有着深远的意义。

张肇康先生于 1954 年受贝聿铭先生的邀请，来到台湾参与了东海大学的建筑工作，与陈其宽先生一起设计了东海大学。东海的校园规划与设计，充满着对中国传统建筑形式的依恋，但在空间设计手法上贝聿铭仍使用现代建筑惯用的，不同属性空间之间强迫相互流动的方式，在空间上反而出现与中国传统庭园意趣相似的结果，倾向于历史的形式的做法。东海大学规划完全承袭了古建，合院加柱廊的空间感觉和形式也是完全的"转译"古建（虽然有可能是跟日本古建关系更大），整体营造了很宁静古典的氛围引起人们的情感共鸣。

台湾大学农业陈列馆是张肇康先生于 1964 年设计并建造完成的。如单从建筑外在形式的结果出发，农业陈列馆在对于原型的抽象提取与转译上，已超过了东海大学校舍。张肇康先生很好地解决了东海校舍建筑中存的"具象"的问题，以"转译"的方式表达何为中国建筑的现代性。

在探索"现代中国建筑"过程中，其在类型选取上从两方面考量：

首先，为了表现纪念建筑的永恒性，在创造的过程中选取了密斯后期作品——伊利诺理工学院克朗厅（Crown Hall，1952-1956），密斯在设计之初参考了德国 19 世纪建筑师辛克在柏林老博物馆建立的新古典空间构图：入口置于长方体的正中央与入口踏步一起形成稳重的纪念性构图，同时将所有的使用功能都放置在一个均质化、模矩化的透明空间，体现了建筑的现代性。张肇康先生在设计台大农业陈列馆时重新提取了最初的原型进行转译，而不是像东海校舍将传统建筑符号直接照搬使用（图 8-20~图 8-22）。

其次，为了体现中国传统建筑的底蕴，设计也提取了中国传统建筑特有的台基、屋身和大屋顶为原型。建筑主题为三段，分别是台基、隐喻屋身的

① 祝晓峰. 形制的新生：陈其宽在东海大学的建筑探索 [J]. 建筑学报，2015（1）：74-81.

图 8-20　柏林老博物馆（Altes Museum，1823-1833）

图 8-21　伊利诺伊理工学院克朗楼（Crown Hall，1952-1956）

图 8-22　台大农业陈列馆（1964）

图 8-23　台大农业陈列馆屋顶的外挑管状琉璃筒瓦

回廊，以及大面积的象征传统大屋顶的外挑管状琉璃筒瓦墙（图8-23），细部还以金黄色的大直径筒瓦代表麦穗，绿色小直径筒瓦代表稻叶，象征中国以农立国的大地景色。提取传统建筑中朱红色的柱子转译为琉璃瓦筒墙上间歇性的长条红色亚克力窗。阳光穿过表皮圆洞为室内带来的质感，夹带着传统回忆，夹带着身体感触[①]。农陈馆绝非一个古典三段式的外壳、套着一个密斯式的抽象空间，而是一栋包含丰富感受的现代建筑。

5. 汪国瑜

1987年建成的黄山云谷山庄是汪国瑜先生的一个重要作品。此前汪先生对于传统民居，庭院空间等发表过许多论文，已为山庄的设计做了许多铺垫。

早在1981年的建筑学报上，汪国瑜先生就曾发表过《从传统建筑中学习空间处理手法》从四川当地的传统山地建筑出发，大量的走访调研当地独特的空间类型，并进行了解读。通过对乌尤寺组群建筑空间序列进行解读分析，归纳出"一阻二引三通"的空间设计手法，通过阻隔和联通的设计手法使得建筑布置和环境有机的融合。在汪先生之后的黄山云谷山庄设计中，便运用了这种原型空间布局方式，达到了自然山水与诗情画意融入建筑之中（图8-24）。

汪先生一直主张"黄山的建筑风格，随势赋形归之于宜小、宜低、宜散，因形取神取之于宜静、宜隐、宜蓄。归而总之，静在静其性，隐在隐其形，蓄在蓄其神"[②]。1984年汪国瑜先生于《新建筑》发表了名为《黄山建筑风格设想》的文章，提出了"随势赋形""因形取神""以神养性"三种风格设想，并详细分析了黄山的松谷庵，在文中提到"认为起算得上是黄山建筑值得参考的榜样"。虽然整篇文章并未提及"类型"或"原型"等字眼，但是涉及了西方类型学的设计方法。汪先生在文中提出："'风格'

① 宋磊. 台湾地域主义建筑及其设计实践 [D]. 中央美术学院，2012.
② 汪国瑜. 营体态求随山势 寄神采以合皖风——黄山云谷山庄设计构思 [J]. 建筑学报，1988（11）：2-9.

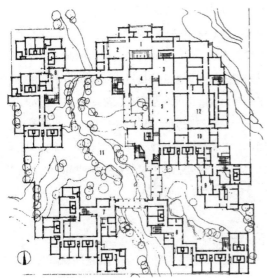

① 门厅；② 服务台；③ 酒吧；④ 休息；⑤ 中餐厅；⑥ 北区客房；⑦ 西区客房；⑧ 南区客房；⑨ 东区客房；⑩ 小餐厅；⑪ 小溪；⑫ 后勤服务

图 8-24　黄山云谷山庄平面图

的问题，认为风格是一个抽象且复杂的问题，并且不应与"形象"混为一谈造成建筑形象上的千篇一律现象，把建筑艺术造型简单化、公式化。"[1]以上种种表达都反映出其对原型挖掘与运用的思考。

　　云谷山庄处于一个高差很大的很复杂狭窄地段，其中又有溪流、巨石、名木，所以作者分区成组布置，除中心服务区外，把东、西、南、北4区分别名为"停云馆"、"竹溪楼"、"忱石轩"、"松韵堂"，彰显了所处地区的特征，分散之中又有围合。基地内散布着许多岩石，植物茂盛且地势起伏复杂。根据这一复杂的地形，选取了四川山地建筑这种灵活的空间布局为原型进行抽象，而在空间表达上，选取了黄山皖南建筑为原型，进行实体塑造，最终营造出了云谷山庄独特的建筑风韵。

8.2.2　理性指导下的初步应用

　　进入1990年后，中国建筑进入了大规模高速发展的阶段。此时已经进入信息社会的发达国家开

始了对于经典现代建筑原则的强烈批判和修正，以阿尔多·罗西为代表的建筑类型学理论在西方大肆盛行，而我国作为发展中国家，正是需要经典现代建筑的崇尚适用、经济、美观的原则来支持本国的大规模建设的时期。建筑师面临着以工业化为基础的现代建筑观尚在国内发展便需要进行批判的矛盾当中。国内基于类型学的建筑设计方法虽然已经开始，但是由于当时全国性房地产开发和建设高潮，建筑实践上并不像西方一样得到了传播与发展，仅仅只受到部分建筑师的推崇，这时期的代表人物有徐行川、彭一刚、缪朴等。

1.　徐行川

　　"在设计中，我始终强调的是将民族特色有机地融入时代风貌中，让人们从那种特定的气势和色彩山峰去赣州藏式建筑的意境，而不刻意去进行简单的富豪表现"[2]。

——徐行川

　　徐行川先生作为改革开放以来颇有成绩的建筑师，一直在寻求中国建筑的"原创性"。他认为我们的建筑应是既符合我国特殊国情又能继承传统历史文化氛围的。20世纪80年代末设计的拉萨贡嘎机场候机楼（图8-25）作为对藏族建筑文化的探索，首先在设计之初便对藏族建筑的特征进行了符号提取，在满足现代功能需求的前提下，运用现代技术条件体现了当地藏族建筑文化精髓的建筑语汇，

图 8-25　徐行川设计的拉萨贡嘎机场候机楼

① 汪国瑜. 黄山建筑风格设想 [J]. 新建筑，1984（1）：26-31.
② 徐行川. 藏族建筑文化的探求——拉萨贡嘎机场候机楼设计 [J]. 建筑创作，2001（1）：57-60.

通过这一成功的尝试，实现本土文化传统与时代要求的契合。

徐行川先生在深入感受藏族历史文化后，最终选取了西藏寺庙、宫殿等公共建筑的形体、立面进行了系统的分析：藏式建筑以坚实厚重的碉房为主体，浑厚凝重；建筑的两侧多为石砌实墙，中间为阳台和布幔等，形成强烈的虚实对比[①]。通过将这些建筑特征加以提炼和转化，最终找到了体现建筑文化风貌的现代设计语言：将立面典型特征夸大变形，以此为机场立面形象的基本构成要素，向水平方向延伸，形成舒展体型。造型设计中，运用三角形和梯形两种几何形体在空间上相互穿插，使其在造型手法上极具现代感，形成状似西藏传统建筑的立面关系（图8-26）。

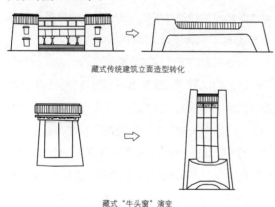

藏式传统建筑立面造型转化

藏式"牛头窗"演变

图8-26 候机楼——藏式传统建筑造型转化

从拉萨贡嘎机场候机楼设计中我们可以看出，设计师关注了传统与现代、形式与气质，反对机械的模仿传统符号，认为变形、提炼才是出路，尽量满足候机楼功能需求，试图在设计中体现时代性与地方性。"我认为对传统的理解不能仅仅停留在形式的表层结构，而应该通过直观到感悟，具象到意象，表征到隐喻的过程，从深层结构来表达对传统、地域、民族的认识，从而建构新的空间、环境和形式"[①]。通过设计师的自述，我们可以猜测此时的类型学设计方法已经对我国部分设计师产生了深远的影响与启发。

2. 缪朴

作为较早地到接受西方建筑学学习的建筑师，缪朴先生曾经提到"20世纪80年代末，我看到国内建筑界正在争论是通过'形似'还是'神似'来继承传统建筑的问题。但争来争去都是抽象理论。我觉得作为建筑师，其产品再'神'也还是要有个'形'在那里。这个形不是具体的月洞门，但也不是完全没有物质存在的文字概念，而是一个介乎于两者之间的结构性图形"[②]。缪朴先生的作品如湖南株洲朱亭堂作为村民日常礼拜的神圣空间，从我国传统寺庙空间出发，抽象出建筑组群串联于中轴线这一传统空间序列的原型，每个建筑单体在视线上串联于一条轴线上。而人行流线却因地制宜结合当地山地的地形现状，依据地形高差来回迂回而上，同时迂回的人行流线在进深相对较浅的基地中创造出纵深感，营造出朝拜过程所需的仪式感。前半段小型院落空间序列的亲切感与终点高大礼堂前院的强力对比，使整个空间体验达到高潮。基地的局限使来访人流必须穿越建筑一角再回到室外，却丰富了原本简单的矩形平面，映衬出了中国内地乡村教堂的建设的本质。

3. 刘力

"一开始我们就不打算复古或仿古，对文脉之重视不等于复古，也不想简单摹仿传统木构件或形式去代替艰苦的担风险的创作道路"[③]。

——刘力

炎黄艺术馆（图8-27）是刘力先生设计于20世纪80年代末期的中国第一座大型民办艺术馆，项目位于北京朝阳区，由我国著名画家黄胄先生集资发起创建，旨在收藏和展览中华民族优秀文化艺术品。伴随着西方类型学理论的传入和国内建筑师自

① 徐行川. 承传统之蕴 创现代之风——拉萨贡嘎机场候机楼藏族建筑文化的探求 [J]. 建筑学报, 2001（1）: 48-53.
② 缪朴, 齐欣, 徐希. 建筑的本土化和公共性 缪朴／齐欣对谈 [J]. 时代建筑, 2012（4）: 74-79.
③ 刘力. 北京炎黄艺术馆 [J]. 建筑学报, 1992（2）: 36-40.

图 8-27 炎黄艺术馆"斗"型造型

己对于现代建筑的反思。博物馆位于文化古都，而且当时北京建筑界提倡"古都风貌"，保留传统元素固然是个趋势，但已经不是移植一些传统符号那么简单[1]。为了展现我国传统文化的壮阔、绚烂，以及黄胄先生创立民办艺术馆的气魄，通过几轮方案的对比和思考，最终选择"斗型"作为建筑创作的原型，这种斜线原型来自于皇家宫殿——太和殿硕大的庑殿顶。同时从功能考虑，由于艺术馆展览功能的需要，为了避免炫光一般墙面都避免大量开窗，而采用顶光或非自然光。"斗型"建筑体量的采用正好贴合了为预留天窗所造就的上层平面要比下层小一圈的造型问题，同时也解决了由于无法开侧窗造成的建筑造型单一。

炎黄艺术馆既没有照搬当时时髦的西方近代美术馆所采用的简洁外形并在平淡中寻求变化，内部展示空间丰富多变，也没有做成明清营造法式的仿古建筑，而是从历史、地域和功能上出发，抽象出合适的原型空间并合理地运用到实践创作当中。

8.2.3 基于本土的多元化发展

随着 2001 年中国进入 WTO，我国正式进入了经济全球化的发展和建筑多元化的探索。而全国建设高潮的推进，一批中青年建筑师开始对过度建设后所产生问题的进行反思并寻求新的出路——从建筑创作角度出发，如何创造出更加具有地方特色的

建筑作品成为了建筑师非常关注的课题。2000 年至今，以魏春雨、朱锫、王维仁、王澍、刘家琨、朱晓峰、李兴钢等一批中国建筑师为代表，设计了一批以类型学为设计方法的有人文场所记忆的实际作品。建筑类型学作为建筑创作的一种方法，开始在中国建筑界有了较为活跃的表现。

王维仁提出了"都市合院主义"、"地景合院主义"，随后在光隆小学（图 8-28）的设计中，这一概念渐趋完善，线性的教室单元被层叠的置入正向矩阵的院落地景里面。在之后的创作中，他设计的主导逐步地由正向的网格系统转移成对基地的地形，风向和地形的有机反应。福民小学（图 8-29）的建筑融入诗意的树木景观中，后来又以"垂直合院"为原型，结合香港建筑高密度的特点，创造了一批具有代表性的现代建筑，如：岭南大学社区学院（图 8-30）、香港理工大学社区学院等。

魏春雨致力于"地域界面类型"研究，从集体记忆出发尝试对地域建筑进行类型转换。从地方性传统建筑中萃取其适宜的空间基因，引入到现代空间之中，以此来诠释城市环境的延续性和复杂多义型。设计了如：湖南大学教学楼（图 8-31）和湖南公民信息中心等以吊脚楼为原型的建筑创作；以"书斋"为原型，抽象出院落空间并转译于岳麓书院博物馆（图 8-32）的空间造型等许多以类型学为设计方法的建筑单体与组群。

王澍则是从中国古典园林和传统院落秩序序列中提取原型，提出了"聚集丰富差异性的建筑类型学"并摸索一套可操作的形式语言。设计了杭州垂直院宅（图 8-33）、中国美术学院象山校区（图 8-34）、三合宅（图 8-35）、五散房等众多具有地域性与人文历史性的建筑。

朱锫从东方自然观出发，在历史地域和自然中寻找原型，提出"自然设计"的建筑观念，探索中国地域特色的建筑。例如以窑、瓷、人的血缘关系为设计出发点的景德镇御窑博物馆

① 文爱平，刘力. 做有哲理的建筑 [J]. 北京规划建设，2012（2）：183-187.

图 8-28　光隆小学（王维仁）

图 8-31　湖南大学教学楼（魏春雨）

图 8-29　福民小学（王维仁）

图 8-32　岳麓书院博物馆（魏春雨）

图 8-30　岭南大学社区学院（王维仁）

图 8-33　杭州垂直院宅（王澍）

图 8-34　中国美术学院象山校区（王澍）

图 8-35　三合宅（王澍）

图 8-36　景德镇御窑博物馆（朱锫）

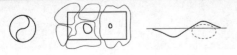

图 8-37　杨丽萍表演艺术中心（朱锫）

图 8-38　御窑金砖博物馆（刘家琨）

（图 8-36）；以苍山洱海为其原型的杨丽萍表演艺术中心（图 8-37）等。

　　刘家琨的"低技营造"则更加具有现实意义。无论是乡村建筑还是都市建筑，刘家琨都更愿意用传统易得的建筑材料创造出更多的可能性。在御窑金砖博物馆（图 8-38）的设计中，刘家琨从城市记忆出发，最终选取了霍夫曼窑这一外来砖窑与宫殿建筑为原型来承载博物馆的功能需求。

8.3　对中国传统地域建筑文化的类型学思考

　　中国古代工匠们凭借着非凡的聪明智慧创造了伟大的建筑成就，"在公元 3~13 世纪之间保持了一个西方所望尘莫及的水平"（李约瑟语）。至今中国传统建筑中仍然蕴含着许多令人赞叹不已的空间模式关系，如古典园林的空间布局中的克角空间、扑水空间、互补空间等，景观组织中的步移景异、对景、借景、框景等，如群体建筑的轴线模式和"起、承、转、合"的空间序列，以及楼、阁、塔中的竖向空间组织方式等，这些都是我国传统建筑文化中的无比珍贵的遗产，值得我们认真地研究和分析，把它们灵活地运用到建筑创作中，不仅可以丰富我们的现代建筑空间的表现，同时也为现代技术与传统建筑文化的衔接架设了桥梁，是类型构成手法的重要依据。

　　然而，中国传统文化中也还存在着崇古拒变、共性至上、人治传统、身份取向和以我为中心的民族文化优越感等消极因素。加之传统农业文明以分散的自然经济为特征，普遍缺乏积极开拓进取的"成就需欲"。特别是封建统治阶级和士大夫阶层（知识阶层）重理尚文、鄙薄工艺、故步自封，视工程技术为"奇技淫巧"的技术态度和文化观念使得大部分的技术发明难以获得广泛的开发和使用，建筑文化因而也没得到科学化和体系化的发展。这些因素不仅造成了中国传统文化中难以生长出科学理性与技术理性精神等科学发展和技术进步所不可或缺的思想与文化特质，而且穿过了岁月的长河延续到了今天，最终抑制了中国古代建筑本身的创造性、先进性，并把其发展进程引向某种畸形和厄运。举世闻名的中国古代四大发明在中国没有获得多大的实用，倒是传入欧洲后才得以发挥其各种实际功用，就是一个很好的例证。

　　任何文化系统的进化演变都不可能离开与其他系统的接触和交流而孤立地进行，作为物质形态的建筑文化更是如此。从中国木结构的几千年演变过程和西方砖石结构的发展变化可以看出，由于人类在自然环境以及宗教、习俗、技艺等方面的差异，自古以来就形成了不同地域间不同的建筑文化，以及其内在的文脉延续性，呈现出建筑文化圈层的自律性。但是从人类建筑发展的历史进程看，这种文化圈层的自律性，总要随着文化变迁的背景，外来建筑文化因素的影响，从而产生文脉上的变异。中国传统地域建筑文化，如果单从木架构的结构原则看，确乎是所谓"千篇一律"的文脉延续。而问题的另一方面则长期被忽视，这就是异质地域建筑文化所引起的文脉变异。

　　建筑史学研究表明，自西汉张骞首通西域，打开了中外陆路交通以后，中国建筑逐渐出现了新的因素，而在东汉，随佛教建筑文化的传入后达到了高潮。可以说，此时期中国建筑的文脉在外来文化

的激发下，发生了延续中的变异，表现出文化发展的整合观。我国各地的建筑尤其是民居，随着不同地域，不同生活习俗和自然环境、社会经济、生产技术条件的差别，产生了千变万化、丰富多彩的建筑风格。尽管在封建社会里建筑有营造等级法例和守则，但各地域的民间建筑却能在广义文化圈的制约下因地制宜，延续、整合和变异，成功地表现了不同地域的传统特色。其中始于南宋而以明、清两朝为最盛的"徽派建筑文化"，就是一个很好的实例。我们知道"徽派建筑文化"的特点主要表现为：第一，住宅空间模式上形成了古越巢居干栏建筑（即"高床楼居式"）＋地床院落式（即单层四合院）＋天井（院落的改造）的新模式；第二，住宅结构模式上形成了干栏巢居的穿斗式木构架＋北方四合院的"抬梁式构架"的混合运用；第三，"门"的造型模式由原先作为图腾崇拜的鸟刻横支架，糅合了北方中原四合院作为建筑部分的民居大门，把"鸟居"信息与"屋檐"造型特征整合、变异，形成了独具一格的徽式牌坊（图 8-39）。

　　虽然徽州本为古越人的天下，但分析"徽州地域建筑文化圈"产生的原因，不能忽视历史上的两次文化整合与变异：一是由汉末始，结束于两宋的中原地区对徽州的大规模移民，产生了一种被动式

图 8-39　独具一格的徽式牌坊

也是强制性的异域文化的冲突；二是由南宋始，极盛于明、清的徽州人大举外出经商，把先进的域外文化带回家乡，表现为一种主动式的文化整合与变异，丰富了该地域文化圈的内容与层次。由于地狭人稠，民皆仰给四方，加之徽人文化层次较高，精明而讲信义，采取"富而张儒，仕而护贾"，大举经商、大获成功，形成"无徽不成镇"之局面。这种"外向型"经济和"亦贾亦儒"的特征，使得业已构成的新兴地域文化，源源不断地主动汲取荆楚、淮扬、杭严、饶赣等四面八方的文化精华，充实、丰富、完善、提炼了自己的地域文化，形成了第二次文化的整合。它以徽州民居为主要的地域传统建筑，至今仍比较完整地保留着一批值得深入研究的遗产。由此我们不难看出，如果我们把徽州地区作为一个广义地域来看的话，其建筑文化的发展表现出的延续正是与外来建筑文化整合与变异共同作用的结果。

而 20 世纪 20~30 年代从"中国固有形式"到50~60 年代的"民族形式"，则是在中外建筑文化圈层自律性受到外来因素又一次强烈冲击所作出的反应，即在中国传统建筑文化延续的基础上和西方现代文化进行变异和整合的过程。从北京人民大会堂到民族文化宫，从长春图书馆到北京饭店西楼，虽作品多属复古主义和折中主义范畴，但毕竟是中国传统建筑向前迈进的一个过渡阶段，是中国建筑文化在外来影响下的一次整合，从而产生文脉上的变异。

然而在当代的中国建筑创作中，很多西方建筑师在处理中国项目时却表现出优于我们自己本土建筑师对传统类型的超强理解和敏锐感知。例如 B＋H 建筑事务所设计的厦门高崎国际机场候机楼屋顶映像着中国的传统形式，微微曲起的构架隐喻着闽南屋顶的特征（图 8-40）。而当人们站在由 SOM 建筑事务所的外国建筑师们设计的纯钢结构的超高层建筑——上海金茂大厦面前时，总是不由自主地联想起中国古代的宝塔。这不是无缘由的。SOM 的

主要设计人阿德兰·史密斯（Adrian Smith）在谈到自己是如何进行构思的时候说道："我在研究中国建筑风格的时候，注意到了造型美观的中国塔。高层建筑源于塔，中国的塔又是源自印度，但融入了中国文化和艺术之后，中国的塔比印度塔更美。我试着按比例设计新塔，它吸收了中国建筑风格的文脉。[1]"金茂大厦主体塔身的平面构图呈双轴对称的正方形，类似于中国古代的四方塔平面。立面构图是 13 个内分塔节，在塔节处微微向外斜跳。整体造型以逐渐加快的节奏向上伸展并且四角内收，直至高耸的塔尖，这与中国的密檐砖塔非常的相像（图 8-41）。金茂大厦的细部处理也颇为考究，遍布塔身的纤致的金属杆件并没有繁复、堆砌之感，

图 8-40　B＋H 建筑事务所设计的厦门高崎国际机场候机楼

图 8-41　上海金茂大厦与中国的密檐砖塔非常的相像

① 张炯，余岚. 金茂大厦的建筑文化解读 [J]. 新建筑，2001，（3）：33-34.

而是流露出典雅、高贵、内敛的东方文化韵味，而且它们随着昼夜更替、阴晴变化、远近高低视点的改变而或金或银，或蓝或灰，或隐或现，又为这幢美丽的建筑罩上了一层神秘的面纱。即使在世界范围内，它也是为数极少的具有浓厚地域文化底蕴的智能化超高层建筑。

这些合作项目是国外先进建筑技术与中国传统形式有机结合的有益尝试，在这里，类型学的设计方法再一次地显示出它的威力。笔者认为这不能不归功于外国建筑师所受的西方建筑文化体系的认知方法，同时也从另一个角度反映了中国传统建筑文化的延续应怀着开放的态度与西方现代文化进行变异和整合。

一个民族是否具有理性、求实的素养，流淌的血液中是否蕴涵着理性的精神，对于这个民族的科技发展有着至关重要的影响。我们看到，西方文化的特点之一就是自从亚里士多德和欧几里德之后，几乎所有的知识体系都从《几何原本》中汲取营养，强调严格的逻辑演绎。而希腊文化中操作理性的高度分化，也为理性的发展和科学诞生准备了条件。而具有的悠久深厚的实证主义哲学传统和注重理性分析的民族精神的德国无论是在现代建筑阶段，还是在当代高科技时代，其建筑设计方面在欧洲乃至世界范围内都保持着领先地位，其繁荣景象如同"文艺复兴时期的意大利"。有许多学者指出，这一现象并不是偶然的，它与德国日耳曼民族所拥有严密的逻辑思维和对物质进行彻底分析、分类的民族文化有着密切的关系。中国是一个需要科学精神启蒙的民族，首先在中国的传统文化里最缺乏的是纯粹

的形而上学思辨，中国文化中的思辨一直蕴含在伦理体系中。尽管伦理文化高度发达，但思辨始终停留在原始的辩证法阶段，没有孕育一套严密的逻辑体系。同时，中国文化中始终缺乏逻辑精神，中国历史上虽然出现很多伟大的思想家，但缺少逻辑严密的哲学体系。事实上，缺乏操作精神，缺乏对科学方法的主动追求，是长期困扰我国建筑领域的一个悬而未决的文化问题。

"一种文化接受外来文化时，却总是自觉不自觉地以我为主体，以是否有用为标准，去选择外来进步文化的某种要素，而产生了自体它用的感觉"[1]。就文化而言，每当一种文化成熟以后，就会变得越来越向心而趋向保守，试图保存其纯粹性，否定一切不协调的、对立的、异质的因素，并建构自身独特的等级系统。这种封闭保守的文化氛围通常会排斥或拒绝有可能带来社会变革和文化变迁的技术进步，因此有必要采取某些主动措施进行文化上的调适以保障其发展的持续性。将西方当代建筑类型学的设计方法以一种开放的姿态引入我们的设计领域中可以帮助我们建立一套严密的设计逻辑方法体系，这将有利于我们从一个全新的视点对我们的传统文化进行分析和分类。从另一方面看，东方传统地域文化的介入也可以帮助建筑类型学理论开拓自身的内在潜力，并建立更加完善的理论体系，因为人类的建筑文化总是要随着社会的进步与地域间的交流来不断充实、更新着自身，这种文化发展的特点或许正是未来广义建筑类型学生存、延续和富有生命力的根源。

---

① 庞朴. 文化的民族性与时代性 [M]. 北京: 北京和平出版社, 1988: 96.

在费多拉这座用灰色石头建造的大都会中心，耸立着一座金属的大厦，
里面的每一间房间都有一个水晶球。
向每个水晶球内张望的话，你都会看见一座蓝色的城市，它们是另一个费多拉的模型。
如果不是由于这样或那样的原因，费多拉没有变成今天这样的面貌的话，这些模型就可能成为这座城市的形式。
一个人在他的一生的各个岁月里看待费多拉时，都会在意象中把它构想成一座理想的城市，
当他建构自己的城市缩景模型时，费多拉已经不再是往昔的班多拉，
直至昨天为止还有可能成为现实的情景只不过是在一尊玻璃球中的玩具而已。

——卡尔维诺（Calvino），看不见的城市

Chapter9
Regression and Transcendence
第9章 回 归 与 超 越
——走向开放的广义建筑类型学

人们在各个领域都会遇到类型的范畴，按照类型的特征来思考问题。德国哲学家斯普朗格（Eduard Spranger, 1882 - 1963）在《生命诸形式》（1914）一书中，曾经将人类生活按照理论的、经济的、美的、社会的、政治的、宗教的六种形式设定为一种理想型。而在心理学上，也将人的性格类型划分为外向型和内向型，融合型和非融合型，循环型和分裂型等对立的概念。就美和艺术而言，类型概念也具有广泛而重要的意义，美和艺术就是在个别形态中显示其本质的。因此，在实质上，美和艺术的存在方式本身也是类型的。广义的建筑类型学就是以类型概念为中心的开放系统理论，基本上，所有的建筑问题都是类型学的问题。

9.1 狭义建筑类型学的整合与延续

所谓狭义建筑类型学是指以往通常所说的"新理性主义"的建筑类型学。它的理论体系比较完备，相关的建筑师的态度也是实践之前必有理论。阿尔多·罗西对类型学的研究奠定了现代建筑类型学的基础，并在他的重要论著《城市建筑》中深入探讨了城市建筑的类型学问题。在罗西看来，类型是一种恒定的文化元素，存在于所有的建筑之中，是建筑产生的法则。类型的概念是建筑的基础，类型与技术、功能、形式、风格以及建筑的共性与个性之间有一种辩证的关系。"类型是建筑的理念，与建筑的本质十分接近。尽管经历各种变化，也总是在'情感和理智'的支配下成为建筑与城市的原则"[1]。

在全球化进程日益加剧的今天，面对频繁的技术转移和文化交流，大量西方先进文化涌进我们的国门，我们迫切需要建立一种文化整合的观念。

从经济角度看，全球化使资源、资金、劳动力等在更大的范围内得到最佳的配置；从政治、文化和科技角度来看，全球化使人们在一个硕大的"地球村"里彼此更紧密的协调、合作与交流，有望建立更合理而有力的制度架构，因此全球化是一种进步，是历史生活向前发展的表现。从这层意义上讲，"全球化"进步论者占据了部分的真理。然而需要警惕的是，全球化绝不是匀质传播的概念，它往往是强势文化向弱势文化的流动，而反向流动是极其微弱的。因而在东方和西方都有学者尖锐地指出，

所谓的全球化是西方文化全球扩张的代名词，文化趋同的背后隐匿的是以西方价值体系为基础的普遍主义。因此进步论的潜台词往往是西方文化优越论和单一的西方文明模式替代论。然而从文化比较上来看，这种所谓的"优越论"和"替代论"并不能成立。因为"我们也许可以用某种高低标准来衡量一个国家的技术发展水平，但涉及文化时，这种标准就失去意义。因为所有文化都具有同等的价值观，也就是说，世界上的每一种文化都有其自身的标准以及由此决定的价值，试图用一种世界统一的价值标准作为基础去比较不同文化，是既不可能也不合理的"。很多当代西方学者已经开始从各个角度深刻认识到了现代西方文化的诸如即时消费、身份碎裂、人性压抑、中心丧失等文化弊病，哈贝马斯就曾指出：西方中心论的文化观流露出一种强烈的自我优越感和自大感。……将其（西方文化）看做比其他文化类型更优秀并必须成为'世界文明'的文化模式。……这种凝固、僵化的理性主义文化早已演变为一种无声的暴力，它竭力想同化陌生的文化，强迫它们忘记自身传统，接受西方的信仰、世界设计和生活方式……

建筑是一门以人为中心的学科，而人则生活在社会之中与社会组织和现象发生互动关系。建筑除了要表现时代精神和风土人文外，同时也是社会化的产物。因此，所谓广义的建筑类型学是针对以往只以"新理性主义"为建筑类型学唯一倡导者而言的，它是以类型概念的构成为中心的学说，可以通过对以往狭义建筑类型学的整合与延续而得到。美国当代解释学家，批评家赫希（Eric Donald Hirsch,

---

[1] Aldo Rossi. The Architecture of the City[M]. Boston: The MIT Press, 1982: 12.

1928）在他的《解释的有效性》一书中认为："类型是一个整体，这个整体具有两个决定性的特点。首先，作为整体的类型具有一个界限，正是依据这个界限人们才确定了某事物是属于该类型还是不属于该类型。……类型的第二个决定性特点是，它总是能由一个以上的事物去再现。当我们指出两件事物属于同一类型时，那么我们所发现的就是这两件事物共有的相同特征，而且把这共有的特征归结为类型[①]。"在这个意义上，广义的类型应该是一个具有界限的整体。正是依据这个界限人们才确定了某事物是属于该类型还是不属于该类型，由此，类型又是一种能由众多各不相同的单个事物或各不相同的意识内容所体现的整体。

在亚洲，人们发现建筑的全球化导致了亚洲许多城市失去了场所感和文化特色，变成了千篇一律的"现代化"模式。"全球化"危机论确实起到了某种警醒作用，它对全球化的运行机制的透彻分析及其对地方文化的破坏作用的描述，使建筑文化的地域性与民族性又重新成为建筑师关注和思考的问题。但是如果因此而对抗全球化，演变成狭隘、偏执的民族主义和对封闭地域主义的固守，就又错误地走向了另一个极端。在涵盖经济、政治、科技、文化各个领域的全球化成为必然趋势的今天，发展中国家如若片面强调本土文化的纯粹性和独立性，拒绝与外界的技术、文化交流，无异于放弃发展的机会，必然会导致再一次落后，同时也将扼杀地方传统和民间文化的生命。尤其是当这种错误态度与权力和政治相纠缠时，会变得十分危险。过去，我们一直片面地强调创造民族性建筑，所谓"中国固有之形式"、"民族形式"等皆然。这种片面的提倡，其实就是对全球化进程的一种消极的抵制。

面对如此复杂的状况，笔者更倾向于机遇论的说法，即将异质文化的吸收与本土文化的更新联系起来，用"批判性"的态度来解决外来文化与本土文化之间的矛盾，更加辩证地看待全球化趋势中地区文化的发展更新与文化趋同之间的关系，即顺应全球化大潮，同时也强调自身的发展机遇，这种观念和态度已经为许多发展中国家所认可和接受。这里需要注意的是，全球化是机遇，同时也是挑战，本土文化和民族传统既存在发展和更新的机遇，也存在被单一文明吞噬的危险，而且对于经济、技术、文化处于弱势位置的发展中国家来说，后者的概率更大。因此，我们必须有自己的立场。我们不能仅仅认同于全球化，也要时刻保持危机感和紧迫感，应该看到在全球化过程中的主导者不是我们，全球化的规则也不是我们制定的。加入这个进程是我们别无选择的选择，但我们的加入必须冷静而清醒，同时必须拒绝对全球化的"浪漫化"和"敌对化"的两种极端态度，而要建立一种对全球化的"问题意识"，在多重的批判中寻找自己的位置。由此，在应用建筑类型学理论及其设计方法的态度上，我们必须在文化趋同的潮流中建立一种"文化整合"的观念，并采取积极的行动，对以往狭义的建筑类型学进行整合与延续，在文化交流中找寻能够真正促进我们的民族文化的发展与更新的"异质"因素，通过整合增强本土文化的生命活力和在国际文化舞台上的竞争力，以期建构开放的广义建筑类型学体系。即所谓"如何变得现代而又能回到源泉，如何复兴一个古老沉睡的文化而又加入世界文化之中"。

由于类型学辩证地解决了过去、现在、未来的关系问题。它是从对历史模型形式的还原中抽取出来的，是某种简化还原的产物，同时又具有历史意象，在本质上与历史相联系。这些抽象出来的形象经过历史的淘汰与过滤，是人类生活和传统习俗的长期积累，具有强大的生命力。需要注意的是任何分类都不能忽视外在的形式其实乃是一个连续、统一的系统，这也再次说明类型学的研究应该是一个开放的体系。

广义的建筑类型是与区域文化的内隐部分——即文化的深层结构密切相关的。文化的深层结构是

① 郑时龄著. 建筑批评学 [M]. 北京：中国建筑工业出版社，2001：351.

指以人的精神世界为依托的各种文化现象，属于精神文化的内核，又称观念文化，包括民族性格、道德观念、历史记忆以及心理图式等，区域文化的深层结构深刻影响着组织文化的内容，又通过组织文化指导着器物文化的创造，因此它对区域文化的整体表现具有决定性的作用。在区域文化发展运动的规律中，深层结构的部分不易在社会的变迁或是文化冲突中改变，而最难改变的是深层结构中的"心理积淀"这一部分，它往往是一个民族或是一个地区经过数代人积淀而形成的心理习惯，使他们在心理中形成了一定的观念定势。因此在建筑创作中，为达到现代设计与区域文化相结合的目的，对狭义建筑类型学的整合与延续就要求我们运用通过各种可能的现代设计手段与区域文化的深层结构取得视觉、知觉或是心理感应上的关联。

例如理查德·罗杰斯在设计法国波尔多高等法院（Law Courts，Bordeaux，France）时，就反映了广义类型学形态构成的设计手法。波尔多是法国西南部的一个港口城市，以盛产葡萄美酒而闻名世界。法院外观最令人印象深刻的是立面上7个独立的、架设在特殊设计的支架上的桶状法庭（图9-1），它们被轻巧透明的玻璃外衣包裹起来，成排屹立于优美波浪曲线的铜制屋顶下。圆形平面的桶状法庭由下向上逐渐收分，由轻质多孔铝板在工厂加工成预制构件运至现场组装而成。法庭的外墙面贴面采用的是上等香柏细木条片，显然，它的造型和材料都来自当地人无比熟悉的葡萄酒酿制木桶的启发，视觉效果不仅别具一格，而且十分有趣，贴近了波尔多市民的日常生活，使这座内含威严司法权力的建筑在外观上表现出了少有的亲和力和民主气息（图9-2~图9-7）。彼得·戴维在《开放式法院》一文中专门对这7个造型独特的法庭作了评价，他说："沿着这个不规则的开放序列，人们以一种崭新的目光看待这个现代民主制度下的司法机构。"[1]

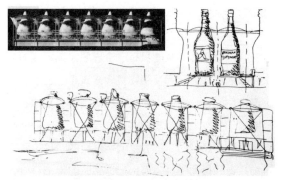

图9-1　理查德·罗杰斯设计的法国波尔多高等法院——仿佛架设在特殊设计的支架上的桶状法庭

图9-2　法国波尔多高等法院外观一

图9-3　法国波尔多高等法院外观二

① 理查德·罗杰斯建筑师事务所专集. 世界建筑导报，1997：5-6.

图9-4 法国波尔多高等法院外观三

图9-5 法国波尔多高等法院法庭采用上等香柏细木条片
贴面的外墙面

图9-6 法国波尔多高等法院法庭室内

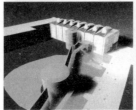

图9-7 法国波尔多高等法院法庭模型

　　而通常被看做是解构主义表现作品的李伯斯金（D. Libeskind）的柏林博物馆扩建工程——犹太博物馆（图9-8）则是一座与文化深层结构取得人们心理感应上关联的思想建筑。这座建筑之所以能够名满天下，与其说是因为它的解构主义形式，不如说是通过借助广义类型构成的手法，使它包含了深刻的文化与历史意义、民族的与政治的悲剧含义。

　　换句话说即唤醒和融合了犹太人与柏林的历史。

　　在这个设计中，李伯斯金主要将下列三个方面导入一种终极考虑：第一，柏林的历史；第二，以传统方式存在于欧洲的犹太社区的历史；第三，建筑实验，能够从计划性和社会角度处理终极问题的实验——不是从戏剧结局的角度，而是从情势角度。李伯斯金把这个项目称为"线之间"（Between the Lines），他在建筑中巧妙设置了两条思想线、两条组织线和两条联系线（图9-9）。在两线之间的总体构思中，在一系列由直角三角形构成的、象征大卫王的扭曲的六角星盾牌的平面上，设计了这座所谓"虚空之中的虚空"的博物馆。他用两条线来隐喻和触发柏林犹太人那一段无法磨灭的历史记忆和无法言喻的痛楚。从建筑空间上看，一条是被割断成许多线段的零碎的断续的直线，构成了一个非连续的"虚空"（Void），它纵贯整个公共区域，以墙和其他空间硬性分割开来；另一条是蜿蜒曲折而连续的"之"字形折线，构成了建筑的主体形态和使用空间。从表述内容上理解，一条描述了与犹太人命运不可分割的柏林历史——象征饱受集中营之苦的犹太人的历史和饱受战乱之苦的柏林的历史；另一条象征已不存在但无法消失的犹太人灵魂——即当今犹太人和柏林的现实。一条是无法在场的悲哀；另一条是还能触摸到的庆幸。建筑上可见的两条线在空间上展开对话；而文化、精神上的这两条不可见的线则在历史的进程中展开交流（图9-10~图9-13）。对此，李伯斯金解释说："从建筑上和构思上，这两条线通过一种有限而确定的对话延展开来。有时，她们也分开，互不相干，仿佛是各自独立的。这样，她们就展示出一种贯穿于建筑和整座博物馆的虚空，一种断裂的虚空。反过来，这种断裂的虚空本身在一种作为从前被摧毁的某种东西或某个独立结构的固态的残留物的连续的外部空间中被体现出来。这就是我所说的'虚空之虚空'（void of void）。[1]"

作为一个犹太人，李伯斯金在这个建筑中以诗一样的激情，展示了犹太民族的悲剧历史：外墙饰面用的是冷灰的镀锌板，天空映射在镀锌表皮上，散发着冷淡而寒心的光泽，就在这平整阴冷的镀锌板墙上，又刻出100多条方向不一，表示不同柏林人与犹太人的地址及其空间关系的线形窗缝，犹如一道道永远无法愈合的伤口，为人们在历史的追忆

图9-8 李伯斯金设计的犹太博物馆

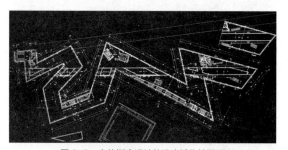

图9-9 李伯斯金设计的犹太博物馆平面

图9-10 李伯斯金在犹太博物馆中巧妙设置了两条线——外观一

[1] Dr. Andreas C. Papadakis. The new Modern Aesthetics[M]. New York: St. Martin's Press, 1990: 28.

图9-11 李伯斯金在犹太博物馆中巧妙设置了两条线——外观二

图9-12 李伯斯金在犹太博物馆中巧妙设置了两条线——室内一

图9-13 李伯斯金在犹太博物馆中巧妙设置了两条线——室内二

中搭建了演绎这幕历史悲剧的舞台。在这里，广义类型所引发的人们集体记忆共鸣使得李伯斯金仅通过一幢建筑，就"表现"了如此丰富的思想情感和如此深刻的文化内涵。

狭义的建筑类型学是以欧洲西方文化中心论为基础的类型学研究，而广义建筑类型学则试图涵盖世界范围内的不同民族、不同习俗及不同自然生存环境的地区。作为广义建筑类型学的子系统，狭义建筑类型学是建构广义建筑类型学的基础，在未来的发展过程中，它与其母系统相互影响，但同时又呈现出各自的中心性和一定的重合性。然而，它和其母系统一样，摆脱不了世界文化圈的"磁力"，特别是在"数字社会"的，社会、经济、文化方面的世界性日益增强。因此如何面对传统、面对现实、面对世界，历史发展的长河给了我们深深的启迪，建构开放的广义建筑类型学或许是我国建筑发展不可或缺的创作之路之一。

9.2 广义建筑类型学的建构

影响我们建筑创作的一大弊端是赶潮流。然而，不同地域因气候、土壤、水质、生态之互异生活形态及成就的文化内容也就大不相同，各地物质必然强烈地映射出环境的影响。若改变建筑的地域环境等实际情况，或强将他方之法直接移入，无疑是张冠李戴，破坏了地域特质及人文景观。同时我们也应看到，时代在不断前进，新的科学技术提供的物质条件和生活条件，必然冲击着各地域的传统，这是历史的必然。正视时代与地域的存在，以开放的精神去分析和建构广义建筑类型学是我们重要的研究内容。

科学与哲学的根本职能之一就是揭示事物原初的动因，目的是寻找事物的本质。在笔者看来，类型是从类的本身内部的统一方面以及与其他类的共同差异来规定的。广义"类型"是指艺术中典型的反复出现的形象，是可以传播的传统象征和隐喻，又可被称为"原型""原素""母题""动机""想象范畴""原始意象"或"模式"等。当类的概念表现为具象的"型"，并由此来把握这种统一或差异的规定性时，我们一般就可称之为广义的类型，它反映着事物的功能、形式及其根本的性质。以逻辑的术语而言，广义"类型"便是某种常数。此种思考方式是在将城市视为某种结构的前提下，"类型将存于所有建筑的人为事实之中，它同时也是一种文化的元素，因此它将存于各种建筑的人为事实的分析之中。所以广义的类型学便成为建筑的分析要素，而且在都市人为事实之中，类型学将彻底地显现"①。

由此可见，广义的建筑类型学即是以研究构成都市、城市，或建筑的元素之中首要核心的"类型"为中心的理论。单一中心的城市以及不论是集中形与否的建筑物都只是特殊的类型学的问题而已；没有任何的类型会与一种造型完全相同，虽然所有的建筑造型有可能只属于几种类型。寻找首要核心的过程成为不可或缺而合理的程序，缺少了这道程序便无法讨论造型的问题。这也就是罗西指出的为什么会强调类型学的重要性以及为什么所有建筑理论都是类型学论述的原因。类型学不仅在建筑史上扮演重要的角色，而且一旦触及都市问题时便一定得涉及类型学。因此类型的概念不仅是永恒的和复杂的因素，也是一种合理的陈述，足以构想造型并加以实现。

广义建筑类型学一方面关注的是建筑与城市，建筑与公共领域的关系，研究建筑形式的起源，在历史的演变中考察建筑形式及其与城市的关系。另一方面，广义建筑类型学也注重将建筑的形式还原为基本的元素，探讨建筑构成和形式的基本语法关系，寻找建筑师在创作中的典型意象，并在创造过程中遵循某种规范和类型。广义建筑类型学在纵向上研究建筑及其形式与历史传统和地域文化的关系，

在横向上研究建筑及其形式与基地、环境和城市的关系。由此，广义建筑类型学的建构需要我们在建筑创作中，首先要从人入手，满足人的多层次心理需求。这种需求的多层次性，其一表现在满足现代生活的需要——人们向往着新材料、新技术带来的舒适、方便；其二表现在情感的需求，而这种情感主要表现在对地域传统与特色的认同上。因此，我们创造地域的新建筑，不能拒绝先进的现代技术与现代设计方法，更不能把现代技术与现代设计方法同地域特色对立起来，而是要通过广义建筑类型学的设计方法寻找一种途径，使现代技术有利于地域建筑的创造。庞朴先生在"文化的民族性与时代性"一文中，把传统文化分为"物"的层次和"心"的层次。作为文化的建筑传统同样也具有"显"和"隐"的表现形态。广义建筑类型学的建构应包括两个方面：其一是通过"优化变异"对地域传统建筑的典型形象、结构和空间模式以抽象和象征的手法进行变异使其具有原型的"隐性表征性"；其二则是通过"隐性关联"对地域传统建筑文化进行深层把握，这种"深层"不是某些固定的外在格式、手法、形象等，而是一种内在精神。我们对地域传统建筑的回归与超越，若能以"优化变异""隐性关联"双重结合的观念和方法，定能开创广义建筑类型学富有地域个性化的多元创作道路。

9.2.1 优化变异

"优化变异"是指对地域传统建筑的结构、空间关系和形态构成所包含一般原则、原理，通过变异的方法应用于新建筑创作。在形象上可通过抽象变形、错位、逆转等手法，达到"神似"的视觉效果，使我们创造的建筑不仅引发出抽象想象，而且能引发出符合民众口味和情感的形式来。它包括对传统建筑视觉形象、结构布局关系和设计手法的认同。具体可通过以下手法进行创作：①抽象变形：指对

① Aldo Rossi. The Architecture of the City[M]. Boston: The MIT Press, 1982: 14.

典型性的形象简化、抽象、分离、切割和夸张，在采用新材料与新技术的同时，又保持了与建筑原型的"同质"并产生新形式的情趣，达到"变异生成"效果；②错位：即把视觉形象的特征元素，依据建筑师或人们的审美意识，移动、变换原有的位置而进行重组，从而打破习以为常的惯例，给人们以新形象的刺激；③逆转：则是对原型的图底关系实行反转，化虚为实、化实为虚，达到新与旧交相辉映、融为一体的效果。

诚然，"优化变异"是以对"原型"的"摹仿"为基础，但这种"摹仿"绝不是被动式的延续，而是要对传统建筑形态和特征进行研究，结合具体地域的经济施工技术等条件，对其进行简化和转换，达到"优化"的目的。"优化变异"一方面取决于建造环境是否处于地域建筑传统构成的核心地带；另一方面则取决于对作为模拟对象的地域传统建筑表层形态的慎重选择，二者缺一不可。

9.2.2　隐性关联

地域性的形成是一个"动态的"过程，所以，当代的建筑师们努力揭示的是一种新的地区文化而不是对传统地区性的简单再现。再阐释无疑是一种最重要的方法论，但作为再阐释对象的地区传统文化的"延续性"（Continuity）则是地区性命题存在的前提。所以，在从传统地域性向揭示新地域性的共同目标迈进时，基于批判性基础上的一种认识和美学上的陌生化的"隐性关联"是无法避免的。在此陌生化的"隐性关联"就是一种"似与不似"之间，一种类似"再阐释"的理论——即从全新的角度与地域传统建筑在深层上的暗合。

"隐性关联"对于建筑的地区性表现颇具启发性。从建筑学角度看，陌生化的"隐性关联"能抵

抗"乡愁"（Nostalgia）和现代消费文化的催眠效应。俄国的形式主义者维克多·舒科洛夫斯基1917年在《艺术作为艺术手段》一文中，认为艺术的方法为"陌生化"，即"诗人的使命不在于把未被认识的东西告诉人们，而是从新的角度来表现人们习以为常的事物，从而使人们产生异化之感"[①]。陌生化的"隐性关联"对于立足于本土文化的建筑师而言其重要性是不言而喻的。他们需要对熟知的传统"方言"进行再阐释，从而透过表面的形式去探索地区文化的内在精神实质，重新赋予其新的生命力。实际上，立足于本土文化并努力摆脱由于自身熟悉的文化背景而隐性地再现地域传统，是更为艰难的创作之路，它需要建筑师从他地区、他文化中汲取养分，因此更需要一种自觉的批判精神。具体地说它可分为两点：①"内在精神"可视为建筑的"隐传统"，它是建筑传统的非物态化存在，是飘离在建筑载体之外，隐藏在建筑传统形式背后的传统价值观念、思维方式、文化心态、审美情趣、建筑观念、建筑思想和建筑方法等。它们是看不见、摸不着的东西，是建筑遗产的"隐性"集合，是建筑传统的深层结构。②"抽象变异"是地域建筑"隐性关联"的补充。为使"隐性关联"避免陷入难以理喻之境，其变异过程则是对参照原型进行高度的简化、抽象和再加工，抓住"神"之所在，并保持原型的整体突出特征，形成"隐性符号"。

"隐性关联"作为地域建筑整合与超越的方法之一，我们似乎还十分缺乏。然而其共识正广泛形成。我们要走向开放的广义建筑类型学，"隐性关联"是我们应该提倡并需深入研究、探索的创新之路，是使地域建筑走向未来的重要方法。在此，"隐性关联"既可以在新功能、新技术、新载体的情况下，摆脱与此相悖的旧载体形式的羁绊，解放创作思想，又可以在深层领域取得与民族、地域传统精神的关联。

---

① 单军. 批判的地区主义批判及其他 [J]. 建筑学报，2000，11：23.

9.3 类型、原型与参数化设计
——未来研究展望

在当前信息时代下，电脑辅助设计（Computer-aided Design）的软件系统已大量地运用在设计过程的不同阶段。然而总得说来，还没有真正将其参与到设计中来，特别是对建筑形态风格的影响。对形态风格的探讨，研究者一直有许多不同的看法，但大体上的共识则认为，它是作品在外表形式上，利用共同的类型和固定的手法达成许多类似的组合。例如，我们看到不同的希腊神庙，便感受到它在形态造型上的一种特定风格，因为它以一套建立在数字上的类似比例关系作为组合的手法，并形成一种固定的建构模式。我们可以进一步推想，像希腊神庙这种构成模式是很容易利用电脑来进行分析并重新加以组合生成，只要事先将这套元素组合的比例关系，适当地以电脑语言表达（Represent）在电脑系统中，便可依事先决定好的柱子的直径（最基本的单位）、柱子的数量（神庙的规模）、柱子的种类（以配合神庙内供奉神祇的神性）以及其他的必要条件，将符合希腊风格的神庙自动"设计"出来。同样，中国的建筑风格也为人所熟知，大体上通常有几种主要的种类和组合方式。电脑系统也可以透过这套分析方式，将共通的建筑类型和组合手法以电脑程序来表达，进而可自由产生几乎没有数量限制的中国风格的建筑图。谈到这里，读者是否发觉了一个有趣的现象？建筑形态所必须具备的共同类型和组合模式，就好像人类语言中的词汇和语法（Syntax）。在建筑中将不同的类型应用到一套既定的组合模式中，可以得到合乎特定风格的作品，就好像我们将不同词汇应用到语法规则中，而得到合乎文法结构（Grammatical）的句子。对这方面深入的探讨似乎已与我们探讨的类型学取得了某种内在的联系，虽然超出本论文的研究范围，但可在后续研究中详加探讨。

以电脑系统对类型学分析出的某种风格模式加以"计算"，将很容易以电脑程序来表现这些共同类型与模式，长而自动产生许许多多"类似"的设计以供建筑师参考。其实有些建筑师已经在尝试这么做了，例如麻省理工学院建筑学院与媒体实验室教授，美国艺术与科学院院士威廉·J·米奇尔（William J.Mitchell）和史坦尼（George Stiny）就以这样的类比关系，将文艺复兴建筑师帕拉蒂奥的所有别墅建筑加以分析，找出一套在设计过程中形式上常常出现的规则（Shape Rules），通过系统地推衍便产生许许多多具有帕拉第奥风格的别墅。但这与之前历史学家鲁道夫·威特科尔（Rudolf Wittkower）的做法不同，其生成过程不是从一个完整的图形开始，而是从一个没有形式的计划开始。这个著名的电脑系统在学术领域中称为"图形语法"（Shape Grammars）。其语法的第一个任务是通过循环递归地运用有限的规则产生一个二维网格。一旦网格布局被创造，数值便被赋予网格的参数，从而根据图形语法生成不计其数的新设计。这样简单而明确的表达方式，可以被引用到其他具有特定风格的建筑类型设计中，作为分析形式类型和电脑辅助设计的利器，如赖特的草原式住宅、维多利亚式住宅、巴洛克庭园，以及中国四合院建筑等。但这样的方式是否真的可以模拟人类的设计过程，或者说由此产生所谓"科学的设计方法"吗？

而近年来，"参数化"成为业界最时髦的词汇，伴随着热切的追捧涌入中国。"参数化"给予国人前所未有的视觉冲击，多曲面、扭曲的形式几乎成了它的代名词。参数化软件原本是为了简化工作而生，就像 CAD 代替了人工绘制，连接 Grasshopper 模块这一动作代替了一笔一画的移动鼠标绘图。所以这一操作过程对结果的生成并没有决定作用，具有决定作用的是设计的逻辑。参数化设计（Parametric Design）实际上是一种使用通过计算机生成技术以可量化的参数系统来控制不可量化的参数变化的方法论。它并不是针对不可量化或可量化的具体参数及其变化而得来的相应参数的具体数据进行设计，而是针对该参数系统背后的规则／规律／法则来进行设计。参数设计之意不在于具体参数的变化，而在于影响因素之系统法则。系统法则的设计从来都是设计的一部分，这与类型学设计方法的内涵不谋而合。

这种方法带来的创新之处在于计算机中通过计算产生的图形不再是单一的静态图纸，而是一种"概念图示"（Conceptual Schema），其表现出一种无限可能的变化。对于这种图示的理解，霍夫斯塔特（Douglas Hofstadter）用了一种幽默的比喻："一旦你的猫被呈现在一个强大的计算机程序内，它就不再仅仅是一只猫了，它是'猫图示'，立刻成为很多猫的模子，你能赋予它们完全不同的皮肤。"[①]

目前这还是一个先锋实验的领域，国际上也已经有很多研究团队积极开展探索设计实验。例如荷兰贝尔拉格学院（Berlage Institute）曾开展了6年的关联式设计（Associative design）研究。其理论来源于米歇尔·福柯的"生命　政治"（Bio-politics）理论："一套机制（Mechanisms），通过它，人类基本的生物学特点变成政治战略（Strategy）、权力一般战略（General Strategy）的对象。"[②] "关联式设计是一个采用计算机生成技术来进行建筑、城市问题实践的研究项目。概括说来，这是一种参数设计，用可量化的参数系统来控制不可量化的参数变化。关联式模型的建立基于关联性几何体。以关联性几何体来描述、定义各个集合体之间的关系，从他们相互制约、紧密联系的互动关系架构设计对象。关联式设计的系列研究都是围绕城市发展过程中出现的固有需求展开的。每个城市在历史发展过程中都会形成自身的特质，假如用类型学的方式思考，这些特质即把事物的本质从具体的存在中抽离出来并概括为某种抽象的'型'"[③]。

简言之，关联式设计即通过对既有建筑或城市模型进行分类和分析，找出问题或矛盾所在，建筑师根据自己想要表达的立场（解决／缓和／激化所面对的问题或矛盾）设计出一套相应的系统／机制，这套系统／机制的建筑化形式便成为原型。同时，建筑师对具体基地环境（大环境和微环境）进行分析，找出可能影响该原型变异的因素，并最终选择出最关切的一个或几个影响因素作为变量参数。当原型被应用到该基地，受到变量参数影响时，计算机生成技术便会辅助呈现该原型在基地特定位置上的对应变异模型（图9-14）。因此，建立原型的逻辑系统才是整个参数化设计过程中最核心的步骤。由此可见，参数化设计的结果并非仅限于扭曲的多曲面体，而应被更广泛地理解为由任何形体表现的逻辑系统：以解决实际面临问题的逻辑系统为原型，在具体的基地约束价值体系上生成反馈式的变异模型；反过来讲，其在基地上的模型即是对基地具体问题一一对应的解决方案。

参数化原型旨在阐明以代码为基础的设计和原型，这既是一种方法，也是一种体现当代科技和文化的形式。新一代的设计师已经从之前的设计模式脱离出来，尝试采用更多的可操作的设计概念，深化和具体化的方法进行设计。这些对新型计算设计和生产工具的改革，在改变当代实践、研究、教育的焦点上发挥了重要的作用。未来参数化原型通过集合涵盖范围广泛的建筑师、城市规划师、工程师、数学家、程序员、软件开发商、制造商、理论家和其他专家，打破传统的学科界限。但值得我们注意的是，目前借助计算机系统虽有基本能力来讨论一些与形式或风格有关的设计议题，且已获得一些成果，但均建立在明确数字关系或有规则可循的基础上。因此如何从上述的基础更广泛地探讨类型学未来的设计方法将仍是一个漫长的思考过程。建筑类

① 薛春霖. 类型与设计——建筑形式产生的内在动力 [M]. 南京：东南大学出版社，2016：233.
② 米歇尔·福柯. 生命政治学 Bio-Politics（法兰西学院演讲系列：1978—1979）[M]. 上海，上海人民出版社，2011.
③ 何宛余. 再思参数化设计——其理论、研究、总结和实践 [J]. 城市建筑，2012（10）：62-67.

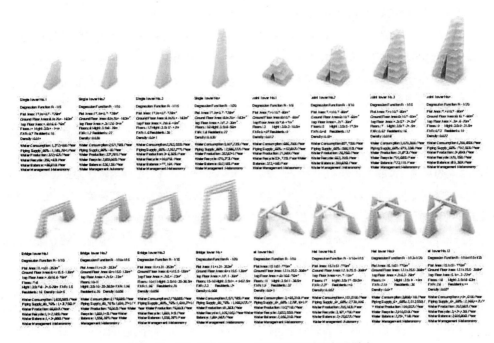

图9-14 关联式设计示例——墨西哥城关联式设计原型演变

型学理论能否借数字化变得更成熟与更普及，让我们拭目以待。

以上讨论的，当然并非有关广义建筑类型学理论的全部。建筑本来就是地域的建筑，世界建筑史就是一部广义地域建筑的发展史。封闭型的文化近亲繁殖必然导致文化的萎靡不振，开放型的文化合金熔铸才有可能带来文化的勃勃生机。如果我们不再把"意义"建立在"原本"的基础之上，世界也就不再以原来的样子呈现在我们面前了。因此，建筑与类型学也是很难加以区分的。类型可说是恒常不变的，而且也是不可或缺的。不过这种必要性，尽管是那么明确，但仍与技术、功能、样式，以及建筑的集体与个体特性产生辩证的关系。建构广义建筑类型学，或许意义就在其自身之中。本书最后

需要强调的是"广义建筑类型学"这一命题本身，就存在对传统建筑学"视觉中心论"的批判，我们应有选择地综合运用。这也许会使期待着由此"必然"出现某种"建筑形态"的人们失望，却也恰恰反映了广义建筑类型学对建筑形态地域性更深刻的影响，表面的形式与风格固然重要，然而在形式后面，却可能隐藏着建筑的真正价值。

每个时代都需要解释，需要重新理解，需要了解其过去。

保护过去是不可能的，我们所能做的一切便是提供新的解释。

—全文完—

再版跋语

当代建筑类型学理论基本上充当了一种保守的角色，与现代运动那轰轰烈烈的以社会变革为己任的英雄主义比起来，类型学强调"建筑的本分"和"建筑师的本分"——即对建筑本源的回归。现代建筑类型学理论事实上是在寻求建筑的一种解脱，寻找形式自身的价值。它回归到城市生活体验的基线上，呈现出一种老练、深沉、高深莫测的姿态，以城市的综合性、复杂性作背景，进行形式自身的地域体验。其作品所展现给我们的建筑意念的确具有普遍性，因为它已成功跨越了历史的和地域的疆界。即使在本书中，它被浓缩于一个微型巡礼中，客观上被局限在某个可把握的地理范围内时，这种普遍性依然确定无疑。这些特色显然也解释了建筑类型学在最偏远和迥异的文脉中设计与营造建筑时，所取得的同样普遍的、极其巨大的成功。它是允许形式自己的延续性和自律的结构，而不是让形式去服务于社会改良，而形式的自律结构中又包含了"永恒的人类生活"的先天品质。正因为建筑类型学对形式操作中历史与现实、普遍与特殊采取了包容的态度，所以其对建筑学的形态构成理论具有不可忽视的贡献。由于西方当代建筑类型学确认意义与形式之间既同构又可分离观察的方法，使我们可以直达事物最深层的含义。所以，比起以往的建筑理论，更能启发我们从我国特定的国情和不同角度来思考，解决问题。

"新陈代谢"是宇宙间万事万物必然遵循的普遍规律。城市和建筑也毫无例外地始终处于不断更新的过程中。如同人类创造了日益发达的外在物质文明世界一样，人类的文化心理结构和心理本体也在不断前进、发展、创造和丰富，它们日益细致、丰富、敏锐和复杂，人类的内在文明由之而愈益成长，

因而类型作为历史的产物和成果也随时代、社会的发展而不断变迁着。在具体历史条件下，总会有特定的历史痕迹——即具体的社会民族、时代、阶级的特色。如中国传统的心理结构表现在建筑类型上，想象重于感知，喜欢意在言外，强调情理和谐，带着长时期农业社会和儒道思想的痕迹。但民族性毕竟是随时代而变化的，物质生活世界的变化迫使着精神、心灵与其结构相适应。心理诸因素的配置组合也必将变化，因而缚扎在心理结构上的类型也不断有新的形式出现。

本书是在笔者原博士论文的基础上撰写的。最早于 2005 年 11 月作为"建筑学专业指导委员会推荐教学参考书"由天津大学出版社出版，2011 年 1 月该书又作为国家教育部"十一五"教材再次出版。从 2007 年开始，笔者在天津大学开设研究生课程《建筑类型学》，并一直使用该教材，是国内高校中影响较大的研究生理论课程。2015 年该课程在新修订的天津大学研究生培养大纲中被列为核心必选课程，且列选为 2015 天津大学研究生创新人才培养教改项目，从课堂研讨教学模式、评价体系以及 e-learning 教学平台三方面都积极进行了教学改革探索与实践。2017 年初，本书又被中国建筑工业出版社申报为住房城乡建设部土建类学科专业"十三五"规划教材，并作为"重点示范教材"入选天津大学 2017 研究生创新人才培养项目。经过 10 多年的教学实践与学术研究的积淀，本次再版的教材结合我国时代发展，与时俱进地增补了大量新案例、新观点与新理论，其中也包括我指导的研究生刘振垚与于璐两位同学学位论文中的研究成果，并结合教学模式改革建设相应示范教学课件，突出教材建设特色。

我国是个历史悠久的文明古国，各地都有值得人们骄傲的古代建筑遗产。城市中这些现存的具有历史意义的地段及建筑物是我们的宝贵财富，是我们所熟悉的历史背景。然而在今天的历史条件下，我们所要做的并不只是对建筑的文化特征中历史记忆的静态保留，更重要的是对形成该地区的建筑文化特征的演化方式的留存和借用。因为在建筑领域内通过世代工匠和建筑师们的努力，创造出许多建筑样式、建筑空间和场所的类型，这些类型为人们所普遍接受，积淀到个体的心理深层结构上，为我们的建筑创作提供依据，但在创作过程中我们也不能为已有的类型所束缚，不能为已有的类型抹杀了建筑师的创作热情。一旦脱不出已有类型的圈圈，建筑师就会缺乏创造性，建筑形式倾向平淡而单一，建筑形式就会内敛收缩，逐渐倾向僵化而死亡。因此，每个建筑工作者必须在类型理论的基础上，积极发挥其创造性思维，对已有的人类心理上积淀的建筑形式挑战，"只有不断地把生活的追求、观念的变更等一系列行为和精神上的意象巧妙地物化为建筑的环境特征，以及与这一特定环境相适应的建筑型制"①，才能实现对传统的发展和补充。正如路易斯·康所感到"建筑要成为的东西"最终决定于设计者而不是建筑本身。"他山之石，可以攻玉"，对西方建筑理论、流派、思潮和创作实践的关注，是为了活跃学术空气，扩大建筑视野，交流技术信息，以便更好地完成我们的工作。诚然，建筑类型学理论虽然经过数世纪建筑师们的努力，仍不能是完备而无懈可击的，它仍留有一大片空白供人们作进一步的探索。世界上没有一种真理能放之四海而皆准，只要事物在变化，问题也就要一直不断地讨论下去。希望本文粗浅的一家之言，能为我们今后的建筑理论研究和设计工作带来一些新的启示，同时吸引更多的建筑界同行重视和加强在这一领域的研究。

汪丽君
二零一八年七月于北洋园

---

① 引自张洛先等著. 城市建筑环境中的意象问题——上海地区旧城改造中关于建筑文化保护发展的思考 [J]. 时代建筑，1990，3.

参考文献

一、出版物：

[1] 包亚明. 福科访谈录——权力的眼睛 [M]. 北京：生活·读书·新知三联书店，1994.

[2] 肯尼迪·弗兰姆普敦. 现代建筑———部批判的历史 [M]. 原山译. 北京：中国建筑工业出版社，1988.

[3] 阿尔多·罗西. 城市建筑学 [M]. 黄士均译. 刘先觉校. 北京：中国建筑工业出版社，2006.

[4] 李泽厚. 美的历程 [M]. 合肥：安徽文艺出版社，1994.

[5] 克劳德·列维·斯特劳斯. 结构人类学 [M]. 陆晓禾等译. 北京：文化艺术出版社，1989.

[6] 苏珊·朗格. 情感与形式 [M]. 刘大基等译. 北京：中国社会科学出版社，1987.

[7] 朱文一. 空间·符号·城市——一种城市设计理论 [M]. 北京：中国建筑工业出版社，1993.

[8] G. 莱特、P. 雷比诺. 权力的空间化——米修·福科作品的讨论. 陈志梧译. [M]//《空间的文化形式与社会理论读本》[M]. 夏铸九编译. 台北：台湾明文书局，1988.

[9] 万书元. 当代西方建筑美学 [M]. 南京：东南大学出版社，2001.

[10] 夏建中. 文化人类学理论学派 [M]. 北京：中国人民大学出版社，1997.

[11] 朱光潜. 朱光潜全集（第6、7、15卷）[M]. 合肥：安徽省教育出版社，1990-1991.

[12] 维特鲁威. 建筑十书 [M]. 高履泰译. 北京：中国建筑工业出版社，1986.

[13] 郑时龄. 建筑批评学 [M]. 北京：中国建筑工业出版社，2001.

[14] 弗雷德里克·詹姆逊. 时间的种子 [M]. 王逢振译. 桂林：漓江出版社，1997.

[15] C. 荣格. 现代灵魂的自我拯救 [M]. 黄奇铭译. 北京：生活·读书·新知三联书店，1986.

[16] 吴良镛，周干峙，林志群. 我国建设事业的今天和明天 [M]. 北京：中国城市出版社，1994.

[17] L·芒福德. 城市发展史 [M]. 倪文彦，宋峻岭译. 北京：中国建筑工业出版社，1989.

[18] 渊上正幸. 现代建筑的交叉流 [M]. 覃力译. 北京：中国建筑工业出版社，2003.

[19] 王受之. 世界现代建筑史 [M]. 北京：中国建筑工业出版社，1999.

[20] 刘先觉. 阿尔瓦·阿尔托 [M]. 北京：中国建筑工业出版社，1998.

[21] 罗小未. 外国近现代建筑史 [M]. 北京：中国建筑工业出版社，1986.

[22] 霍尔等. 荣格心理学入门 [M]. 冯川译. 北京：生活·读书·新知三联书店，1987.

[23] 范文. 潜意识哲学 [M]. 西安：陕西人民出版社，1995.

[24] John Lobell. 静谧与光明——路易斯·康建筑中的精神 [M]. 朱咸立译. 台北：台北书局，1984.

[25] 滕守尧. 审美心理描述 [M]. 北京：中国社会科学出版社，1985.

[26] 荣格. 心理学与文学 [M]. 北京：生活·读书·新知三联书店，1987.

[27] Stanley Abercrombie. 建筑的艺术观 [M]. 吴玉成译. 天津：天津大学出版社，2001.

[28] 汉斯·尤那斯. 生命现象 [M]. 纽约：纽约 Dell 出版社，1968.

[29] G·布罗德本特. 建筑设计与人文科学 [M]. 张韦译. 北京：中国建筑工业出版社，1990.

[30] 张巨青. 科学研究的艺术——科学方法导论 [M]. 武汉：湖北人民出版社，1990.

[31] Peter. G, Rowe. 设计思考 [M]. 刘育东审订. 王昭仁译. 台北：建筑情报季刊杂志社，1999.

[32] G. 阿尔伯斯. 城市规划理论与实践概论 [M]. 吴唯佳译. 北京：北京科学出版社，2000.

[33] 安东·埃伦茨威格. 艺术视听觉心理分析——无意识知觉理论引论 [M]. 肖聿，凌君，靳蟹译. 北京：中国人民大学出版社，1989.

[34] 刘育东. 建筑的涵意——在电脑时代认识建筑 [M]. 天津：天津大学出版社，1999.

[35] 赵巍岩. 当代建筑美学意义 [M]. 南京：东南大学出版社，2001.

[36] 潘知常. 反美学 [M]. 上海：学林出版社，1995.

[37] 彼得·科斯洛夫斯基. 后现代文化 [M]. 毛怡红译. 北京：中央编译出版社，1999.

[38] 福柯. 疯狂与文明 [M]. 刘北成，杨远婴译. 北京：生活·读书·新知三联书店，1989.

[39] 马国馨. 日本建筑论稿 [M]. 北京：中国建筑工业出版社，1999.

[40] C. 詹克斯. 晚期现代建筑及其他 [M]. 北京：中国建筑工业出版社，1989.

[41] 庞朴. 文化的民族性与时代性 [M]. 北京：北京和平出版社，1988.

[42] 西蒙·昂温. 解析建筑 [M]. 伍江等译. 北京：中国水利水电出版社，知识产权出版社，2002.

[43] 方海. 芬兰现代艺术博物馆 [M]. 北京：中国建筑工业出版社，2003.

[44] 汪芳. 查尔斯·柯里亚 [M]. 北京：中国建筑工业出版社，2003.

[45] David Robson. Geoffrey Bawa: The Complete Works[M]. 上海：同济大学出版社，2017.

[46] 沃拉德斯拉维·塔塔科维兹. 中世纪美学 [M]. 褚塑维等译. 北京：中国社会科学出版社，1991.

[47] F·弗尔达姆. 荣格心理学导论 [M]. 刘韵涵译. 沈阳：辽宁人民出版社，1988.

[48] 彼得·柯林斯. 现代建筑设计思想的演变 [M]. 英若聪译. 北京：中国建筑工业出版社，2003.

[49] 斯宾诺莎. 知性改进论 [M]. 贺麟译. 上海：上海人民出版社，2009.

[50] (美) Denial Bluestone. 建筑、景观与记忆——历史保护案例研究 [M]. 汪丽君译. 北京：中国建筑工业出版社，2015.

[51] Aldo Rossi. The Architecture of the City[M]. Boston: The MIT Press, Massachusetts, 1982.

[52] Aldo Rossi. An Analogical Architecture[M]. London: Academy Group LTD, 1990.

[53] Aldo Rossi, Building and Projects, Essays by Vincent Scully and Rafael Moneo[M]. New York: Rozzoli International Publications, Inc, 1991.

[54] Editecs by Morris Adjmi. Aldo Rossi, Architecture 1981-1991[M]. Princeton: Architectural Press, 1997.

[55] Ignasib Sola-Morales. Neo-Rationalism and Figuration, New Classicism, [M]. London: Academy Group LTD, 1990.

[56] C. Alexander. Notes on the Synthesis of Form[M]. Boston: Harvard University Press, 1964.

[57] Geoffrey Broadbent. Emerging Concept in Urban Space Design[M]. New York: Van Nostrand Reinhold, 1990.

[58] Geoffrey Broadbent. Design in Architecture: Architecture and the Human Sciences[M]. London: David Fulton Publisher, 1988.

[59] Helen Rosenau. The Ideal City: in its architectural evolution in Europe [M]. London: Routledge, 1983.

[60] William. S. W. Lim. Contemporary Vernacular: An Achitectual Option in a Pluralistic World[M]. Singapore: World Scientific Publishing Co Pte Ltd, 1997.

[61] Edward Relph. Place and Placelessness[M]. London: Pion Limited, 1976.

[62] Dr. Andreas C. Papadakis (Editor) . The new Modern Aesthetics[M]. New York: St. Martin's Press, 1990.

[63] Jean-Nicolas-Louis Durand. Recueil Et Parallele Des Edifices de Tout Genre Anciens Et Modernes [M]. New York: Princeton Architectural Press, 1982.

[64] Marc-Antoine Laugier. An Essay on Architecture [M]. Wolfgang Herrmann, trans, Los Angeles: Hennessey & Ingalls, INC, 2009.

[65] Anthony Vidler. The Third Typology [C]. Rational Architecture 1978. Editions des Archives d'Architecture Modeme.

[66] Jean-Nicolas-Louis Durand. Precis of the lectures on architecture, Graphic Portion of the Lectures on Architecture [M]. David Britt, trans, Los Angeles: Getty Research Institute, 2000.

[67] G. Caniggia, G. L. Maffei. Architectural composition and building typology: interpreting basic building [M]. Alinea Editrice: Firenze, 2001.

[68] Aymonino Carlo. Lo studio dei fenomeni urbani[M]. Roma: Officina, 1977.

[69] Heinrich Klotz. The History of Postmodern Architecture [M]. Boston: The MIT Press, Massachusetts, 1988.

[70] Rob Krier. Urban Space [M]. London: Academy Editions, 1979.

[71] Leon Krier. Rational Architecture: The Reconstruction of the European City [C]. Brussels: Archives d'Architecture, 1978.

[72] O. M. Ungers. Architecture as theme[M]. Milan: Electa, 1982.

[73] O. M. Ungers, Stefan Vieths. The Dialectic city[M]. Luca Molinari edit. Franciscal Garvie translation.

Milan: SKIRA EDITORE, 1997.

[74] Roger Trancik. Finding Lost Space: Theories of Urban Design [M]. New York: John Wiley & Sons, Inc. , 1986.

[75] Adrian Forty. Words and Buildings: A Vocabulary of Modern Architecture[M]. London: Thames & Hudson, 2004.

[76] William J. Mitchell. The Logic of Architecture: Design, Computation, and Cognition[M]. Boston: The MIT Press, Massachusetts, 1990.

二、期刊类

[77] 朱锫. 类型学与阿尔多·罗西 [J]. 建筑学报, 1992 (5).

[78] 常青. 建筑人类学发凡 [J]. 建筑学报 1992 (5).

[79] 韩冬青. 类型与乡土建筑环境——谈皖南村落的环境理解 [J]. 建筑学报, 1993 (8).

[80] 黄伟平. 居住的类型学思考与探索 [J]. 建筑学报, 1994 (11).

[81] 胡四晓. DUANY & PLATERZYBERK 与 "新城市主义" [J]. 建筑学报, 1999 (1).

[82] 单军. 批判的地区主义批判及其他 [J]. 建筑学报, 2000 (11).

[83] 罗小未. 当代意大利建筑的发展道路 [J]. 世界建筑, 1988 (6).

[84] 郑时龄. 意大利现代建筑与文化传统 [J]. 世界建筑, 1988 (6).

[85] 沈克宁. 意大利建筑师阿尔多·罗西 [J]. 世界建筑, 1988 (6).

[86] 沈克宁. 设计中的类型学 [J]. 世界建筑, 1991 (2).

[87] 朱锫. 新理性主义与后现代主义建筑思潮 [J]. 世界建筑, 1992 (2).

[88] 史魔. 建筑与乌托邦 [J]. 世界建筑, 1992 (2).

[89] 汪坦. 建筑历史和理论问题简介——西方近现代 [J]. 世界建筑, 1992 (3、4、5).

[90] 沈克宁. 美国建筑 "新" 精神 [J]. 世界建筑, 1993 (3).

[91] 加布里埃尔·卡佩拉托. 符号, 形式, 设计 [J]. 世界建筑, 2001 (9).

[92] 吴耀东. 后现代主义时代的日本建筑 [J]. 世界建筑, 1995 (4).

[93] 魏春雨. 建筑类型学研究 [J]. 华中建筑, 1990 (2).

[94] 刘先觉. 当代世界建筑文化之走向 [J]. 华中建筑, 1998 (4).

[95] 王佐. 利用建筑与城市相似性的设计方法 [J]. 华中建筑, 1998 (4).

[96] 李宸. 非凡的阿尔托 [J]. 华中建筑, 1998 (3).

[97] 马清运. 类型概念及建筑类型学 [J]. 建筑师, 1990 (38).

[98] 詹克斯. 新古典主义及出现的原则 [J]. 建筑师, 1991 (42).

[99] 莱斯尼科夫斯基. 建筑的理性主义与浪漫主义 (十一) [J]. 建筑师, 1991 (42).

[100] 亚历山大·仲尼斯, 丽安·勒法维著, 李晓东译. 批判的地域主义之今夕 [J]. 建筑师, 1992 (47).

[101] 芦原义信. 隐藏的秩序 [J]. 常钟隽译. 建筑师, 1993 (52、53).

[102] 沈克宁. 三种设计方法 [J]. 建筑师, 1993 (54).

[103] 沈克宁. 建筑现象学理论概述 [J]. 建筑师, 1996 (70).

[104] 李晓东. 从国际主义到批判的地域主义 [J]. 建筑师, 1995 (65). 6

[105] 沈克宁. D/P-Z 夫妇与滨海城的城市设计理论和实践 [J]. 建筑师, 1998 (81).

[106] 王维仁. 消失的街廓——中国当代城市设计范型 [J]. 建筑师, 1998 (80).

[107] 吴放. 拉菲尔·莫内欧的类型学思想浅析 [J]. 建筑师, 2004 (107).

[108] Marc Trisciuoglio, 董亦楠. 可置换的类型: 意大利形态类型学研究传统与多元发展 [J]. 建筑师, 2017 (190).

[109] 徐亮. 空间: 历时性和共时性的交汇点——也谈类型学中的建筑空间 [J]. 时代建筑, 1998 (1).

[110] 江嘉玮. 战后 "建筑类型学" 的演变及其模糊普遍性 [J]. 时代建筑, 2016 (3).

[111] 威廉·希金斯. 内在的城市——罗西与建筑艺术 [J]. 世界建筑导报, 1997 (5).

[112] 闵粼. 格雷夫斯谈罗西 [J]. 张海涛、刘泉译. 世界建筑导报, 1997 (6).

[113] 理查德·罗杰斯建筑师事务所专集 [J]. 世界建筑导报, 1997: 5-6.

[114] 王丽方. 意大利理性主义建筑师——阿尔多·罗西 [J]. 新建筑, 1986.

[115] 阎少华. 建筑中的理性主义 [J]. 新建筑, 1988.

[116] 泽瓦·弗雷曼, 阿尔多·罗西谈建筑 [J]. 新建筑, 1992.

[117] 郭昊宇. "新" 的与 "寓新于旧" 的——从格式塔看后现代主义和新理性主义建筑思潮 [J]. 新建筑, 1995.

[118] 张炯, 余岚. 金茂大厦的建筑文化解读 [J]. 新建筑, 2001.

[119] 张世毫译. Rational Architecture——Aldo Rossi[J]. 台湾《建筑师》, 1988 (2).

[120] 季铁男. 地老天荒终不悔——论当代欧陆新理性主义之古典思潮 [J]. 台湾《建筑师》, 1988 (5).

[121] 贺陈词. 中国传统建筑的承传问题 [J]. 台湾《建筑师》,

1989（2）.

[122] 董豫赣. 景观编织——皮亚诺的特吉巴奥文化中心断想 [J] 建筑艺术研究, 1999（4）.

[123] 何宛余. 再思参数化设计——其理论、研究、总结和实践 [J]. 城市建筑, 2012.

[124] P·Buchanan. Aldo Rossi, Silent Monuments[J]. AR, 1982.

[125] Kaye Geipel. Potsdamer Platz[J]. AR, 1980.

[126] Aldo Rossi. An Analogical Architecture[J]. A+U, 1976 （56）.

[127] D. Stewart. The expression of Aldo Rossi[J]. A+U, 1976.

[128] Vittario Savi. The Luck of Aldo Rossi[J]. A+U, 1976.

[129] Micha Bandini. Aldo Rossi[J]. A+U, 1982.

[130] Mark Linder. Contingency and Circumstance in Architecture [J]. A+U, 1992（5）.

[131] Guido Canella. Essence and Appearance of A Theater[J]. A+U, 1992（5）.

[132] Alon Colquhoun. Rational Architecture[J]. AD, 1975.

[133] Alan Colquhoun. Typology and Design Method[J]. Perspecta, 1969（12）.

[134] Aldo Rossi. The Blue of the sky[J]. AD, 1982.

[135] Aldo Rossi. Casa Aurora & Other Recent Projects[J]. AD, 1982.

[136] Christian Norberg-Schulz. The Demand for a Contemporary Language of Architecture[J]. AD, 19861.

[137] Leon Krier. Houses, Places, Cities [J]. AD, 1984.

[138] Carlo Aymonino. Type and Typology [J]. AD, 1985.

[139] Interview with Mario Botta[J]. GA INTERVIEW.

[140] Tullio De Mauro. Typology[J]. Casabella, 1985.

[141] Terrance Goode. Typological Theory in the United States: The Consumption of Architectural Authenticity[J]. Journal of Architectural Education, 1992, 46（1）.

三、学位论文:

[142] 陈伯冲. 建筑形式论——迈向图像思维 [D]. 清华大学博士论文, 1994.

[143] 朱锫. Aldo Rossi——建筑理论研究及我的实践 [D]. 清华大学硕士论文, 1991.

[144] 邓浩. 区域整合的建筑技术观 [D]. 东南大学博士学位论文, 2002.

[145] 张江涛. 建筑形态的结构与构成 [D]. 天津大学硕士论文, 1997.

[146] 苗刚. 地域·理性·创造——博塔建筑理论及作品实践研究 [D]. 天津大学硕士论文, 1997.

[147] 苏海威. 类型学及其在城市设计中的应用 [D]. 天津大学硕士论文, 2001.

[148] 许蓁. 建筑构成的文化精神——一种图形学与语言学的结合 [D]. 天津大学硕士论文, 1999.

[149] 顾梅. 过去与未来的连接——关于建筑类型学的研究 [D]. 重庆建筑大学硕士论文, 1993.

[150] 刘振垚. 人文·场所·记忆——拉斐尔·莫内欧建筑类型学理论与实践研究 [D]. 天津大学硕士论文, 2017.

图片来源索引   Picture Source Index

形成的几种不同组合方案一（图片来源：O.M.Ungers.
Architecture as theme[M].Milan: Electa, 1982）

图 2-42 昂格尔斯在常数平面网格中对独立式基本类型转换所
形成的几种不同组合方案二（图片来源：O.M.Ungers.
Architecture as theme[M].Milan: Electa, 1982）

图 2-43 德国米兰的法兰克福建筑博物馆室内（图片来源：
汪丽君.建筑类型学 [M].天津：天津大学出版社，
2011）

图 2-44 德国柏林泰尔尕顿泵站（图片来源：汪丽君.建筑类
型学 [M].天津：天津大学出版社，2011）

图 2-45 德国柏林泰尔尕顿泵站室内（图片来源：汪丽君.建
筑类型学 [M].天津：天津大学出版社，2011）

图 2-46 美国华盛顿特区德国大使馆官邸（图片来源：作者自摄）

图 2-47 认为城市由公共性建筑及个人性建筑构成，而公共性
建筑具有统治地位，形态应较灵活；而个人性建筑
处于从属地位，形态应较单一。（图片来源：Leon
Krier. Houses, Places, Cities [J]. AD Architectural
Design Profile, 1984 ）

图 2-48 昂格尔斯为波茨坦广场与莱比锡广场设计的方案（图片
来源：O.M.Ungers, Stefan Vieths.The Dialectic city
[M]. Luca Molinari edit.Francisca Garvie translation.
Milan:SKIRA EDITORE, 1997 ）

图 2-49 昂格尔斯为波茨坦广场与莱比锡广场设计的方案（图
片来源：Oswald Mathias Ungers, Stefan Vieths. The
Dialectic city[M]. Luca Molinari edit.Francisca
Garvie translation. Milan: SKIRA EDITORE, 1997 ）

图 2-50 拉菲尔·莫奈欧设计的国立古罗马艺术博物馆（图片
来源：作者自摄）

图 2-51 国立古罗马艺术博物馆平面图（图片来源：汪丽君.建
筑类型学 [M].天津：天津大学出版社，2011 ）

图 2-52 国立古罗马艺术博物馆室内（图片来源：作者自摄）

图 2-53 国立古罗马艺术博物馆地下地下室发掘现场（图片来
源：作者自摄）

图 2-54 国立古罗马艺术博物馆精密细致的墙体拱券（图片来
源：作者自摄）

图 2-55 国立古罗马艺术博物馆外观（图片来源：作者自摄）

图 2-56 拉菲尔·莫奈欧设计的洛杉矶圣母大教堂（图片来源：
Stanley Abercrombie. 建筑的艺术观 [M]. 吴玉成译 .
天津：天津大学出版社，2001 ）

图 2-57 洛杉矶圣母大教堂室内一（图片来源：Stanley
Abercrombie.建筑的艺术观 [M]. 吴玉成译.天津：天
津大学出版社，2001 ）

图 2-58 洛杉矶圣母大教堂室内二（图片来源：Stanley

Abercrombie. 建筑的艺术观 [M]. 吴玉成译 . 天津：天
津大学出版社，2001 ）

图 2-59 洛杉矶圣母大教堂室内三（图片来源：Stanley
Abercrombie. 建筑的艺术观 [M]. 吴玉成译 . 天津：天
津大学出版社，2001 ）

图 2-60 美国乡村和城市住宅类型（图片来源：沈克宁.美国
建筑 "新" 精神 [J].世界建筑，1993.3）

图 2-61 霍尔应用类型学构成要素的设计——马撒曼园宅（图
片来源：沈克宁 . 建筑现象学理论概述 [J]. 建筑师
（70），1996.6）

图 2-62 马撒曼园宅将建筑的地板悬浮在地表之上来保持海岸
住宅的传统（图片来源：沈克宁 . 建筑现象学理论概
述 [J]. 建筑师（70），1996.6）

图 2-63 马撒曼园宅西立面（图片来源：沈克宁 . 建筑现象学
理论概述 [J]. 建筑师（70），1996.6）

图 2-64 马撒曼园宅东立面（图片来源：沈克宁 . 建筑现象学
理论概述 [J]. 建筑师（70），1996.6）

图 2-65 向南开敞的 4 个庭院与底层的商店（图片来源：渊上
正幸 .现代建筑的交叉流 [M].覃力译.北京：中国建
筑工业出版社，2003）

图 2-66 纳克索斯 11 号住宅的各层平面（图片来源：渊上正
幸 .现代建筑的交叉流 [M].覃力译. 北京：中国建筑
工业出版社，2003）

图 2-67 北侧凌空而架的悬梯（图片来源：渊上正幸 . 现代建
筑的交叉流 [M].覃力译. 北京：中国建筑工业出版社，
2003）

图 2-68 外部空间的 "混合、杂交、与迭合" ——庭院道路（图
片来源：渊上正幸 . 现代建筑的交叉流 [M].覃力译.
北京：中国建筑工业出版社，2003）

图 2-69 外部空间的 "混合、杂交、与迭合" ——5 层的通路（图
片来源：渊上正幸 .现代建筑的交叉流 [M].覃力译.
北京：中国建筑工业出版社，2003）

图 2-70 入口大厅（图片来源：渊上正幸 . 现代建筑的交叉流
[M].覃力译 . 北京：中国建筑工业出版社，2003）

图 2-71 室内的 "链合空间" 一（图片来源：渊上正幸 . 现代
建筑的交叉流 [M].覃力译.北京：中国建筑工业出版
社，2003）

图 2-72 室内的 "链合空间" 二（图片来源：渊上正幸 . 现代
建筑的交叉流 [M].覃力译. 北京：中国建筑工业出版
社，2003）

图 2-73 室内的 "链合空间" 三（图片来源：渊上正幸 . 现代
建筑的交叉流 [M].覃力译.北京：中国建筑工业出版
社，2003）